胡塞尔文集

倪梁康　主编

逻辑学与认识论导论

（1906—1907年讲座）

郑辟瑞　译

Edmund Husserl
EINLEITUNG IN DIE LOGIK UND ERKENNTNISTHEORIE
VORLESUNGEN 1906/07
Herausgegeben Von Ullrich Melle

本书根据多特雷赫特马蒂努斯·尼伊霍夫出版社
(Martinus Nijhoff Publishers, Dordrecht) 1984年版译出

国家社会科学基金重大项目成果

《胡塞尔文集》总序

随着胡塞尔1900年发表《逻辑研究》以来，现象学自始创至今已百年有余。"面对实事本身"的治学态度、本质直观的方法原则以及"工作哲学"的操作方法赋予了胡塞尔的现象学以一种特殊的气质。"现象学"不应当仅仅被理解为二十世纪欧洲哲学的一个重要流派或思潮的称号，由胡塞尔首创，而后扩展至以德法哲学为代表的欧陆哲学，进而再遍及整个世界哲学领域；而是应当在留意作为哲学流派的"现象学"的同时也关注"现象学"的一个更为根本的含义：作为思维方式的现象学。胡塞尔的现象学如今已经成为历史的经典。但由于他的研究所涉及的领域极为广泛，而且也因为他所给出的意识现象学的研究结果极为丰富，所以当代人仍然在不断地向他的思想回溯，一再地尝试从中获得新的启示。

胡塞尔著作等身，除生前出版的著作外，由于他长期的研究中始终以笔思维，以速记稿的方式几乎记下了他毕生所思，因此他去世后留下了四万页的速记手稿。出于对当时纳粹统治者的担心，这些手稿随后被人秘密带至比利时鲁汶隐藏起来，二次大战后才由设在比利时鲁汶大学的胡塞尔文库陆续编辑整理，作为考证版《胡塞尔全集》（*Husserliana*）于1950年出版了第一卷，现已刊行四十多卷。而另一包含十卷本《胡塞尔书信集》以及《胡塞尔年谱》

等文献在内的《胡塞尔全集－文献编》(Husserliana-Dokumente)至此也已出版十多卷。此外,胡塞尔的另外一些讲稿和手稿还被收到《胡塞尔全集－资料编》(Husserliana-Materialien)中,这个系列目前也已出版了八卷。如今还有多卷胡塞尔的文稿正在编辑之中。伽达默尔认为:"正是这一系列伟大著作的出版使得人们对胡塞尔思想的哲学兴趣经久不衰。"可以预见,胡塞尔研究在今后的很长时间里都会成为国际－国内哲学界所关注的一个课题。

汉语领域对胡塞尔思想的介绍由来已久,尤其是自八十年代以来,在大陆和台湾陆续出版了一批胡塞尔的译著和关于胡塞尔思想的研究著作。近几年已经有相当数量的关于胡塞尔现象学的博士论文和硕士论文完成和发表,而且许多迹象表明,这方面的研究方兴未艾。对此,胡塞尔文字的中译已经提供了并且还应当进一步提供基础性的支持。

2012年,由中山大学现象学研究所组织实施、由笔者担任首席专家的"《胡塞尔文集》中译"项目被立为国家社科基金重大项目。这里陆续出版的胡塞尔主要著作集便是这个重大项目的阶段性成果。

相信并祝愿这些著作的出版可以对汉语学界的现象学研究起到实实在在的推进作用!

倪梁康

2016年5月3日

目 录

编者引论 ··· 1

第一编　纯粹逻辑学作为一门形式科学理论的观念

第一章　从精确科学出发刻画逻辑之物 ································ 45
　§1　初步区分逻辑学与心理学 ·· 45
　§2　一门关于逻辑之物作为科学一般的本质之科学的
　　　观念 ··· 48
　§3　科学以明察的论证为目标 ·· 50
　§4　揣测的信念与概率论证 ··· 55
　§5　间接论证的建造作为科学的任务 ································ 57
　§6　每一个论证都服从论证法则 ······································ 61
　§7　论证形式对于科学一般与科学论的可能性的意义
　　　··· 68
　§8　一切自身不是论证的科学方法都是论证的辅助
　　　工具 ··· 70
　§9　逻辑学作为规范的评判工艺与作为工艺论 ··············· 73

第二章　纯粹逻辑学作为理论科学 ······································ 80
　§10　形式论证法则作为理论真理 ···································· 80
　§11　命题作为同一的观念意义的超时间性·科学作为
　　　 命题系统 ·· 83

§12 逻辑学作为关于观念命题与命题形式的科学 …… 88
§13 含义科学不是心理学的一部分 ……………… 90
  a) 命题的观念统一性相对于实在判断体验的杂多性 ……… 90
  b) 命题作为观念个别性不是心理体验的类概念 ………… 93
  c) 心理学是一门后天的学科,纯粹数学与逻辑学是先天的学科 ……………………………………………… 95
§14 含义学说与形式存在论的相关性 ……………… 99
§15 将形式数学编排进科学理论 …………………… 103
§16 数学与逻辑学作为每一门科学都能自由利用的真理宝藏 ……………………………………… 108
§17 科学理论的自身关涉性·纯粹逻辑学建造之理念 ………………………………………………… 113
§18 形式学科的自然秩序 ………………………… 118
  a) 命题范畴作为最高的逻辑范畴 ………………… 118
  b) 命题逻辑作为纯粹语法学与作为有效性学说的二阶性 ……………………………………………… 121
  c) 命题逻辑与集合论和算术中的集合与数 ………… 123
  d) 命题逻辑与高级存在论·整体纯粹逻辑学作为一门形式存在论 ……………………………………… 127
§19 流形论作为理论形式的科学 ………………… 129
  a) 计算操作独立于数与量 ………………………… 129
  b) 流形论作为最普全的数学·流形作为仅仅由形式决定的领域 …………………………………………… 132
  c) 一门总括演绎学科的一切可能形式的理论学说之理念 ……………………………………………… 137

　　　　d）定量数学和流形论之间的区分·纯粹逻辑学作为普全数学
　　　　　　⋯⋯⋯⋯⋯⋯⋯⋯⋯⋯⋯⋯⋯⋯⋯⋯⋯⋯⋯⋯⋯　141

第三章　形式逻辑与实在逻辑⋯⋯⋯⋯⋯⋯⋯⋯⋯⋯⋯　146
　　§20　自然科学作为单纯相对的存在科学，形而上学作为
　　　　　终极的存在科学⋯⋯⋯⋯⋯⋯⋯⋯⋯⋯⋯⋯⋯⋯　146
　　§21　先天的实在性一般的形而上学作为经验上被奠基的
　　　　　事实实在性的形而上学之必要基础⋯⋯⋯⋯⋯⋯　150
　　§22　先天的形而上学与逻辑—形式的存在论的关系⋯⋯　153
　　§23　形式逻辑学作为理论一般的理论，实在逻辑学作为
　　　　　实在性认识的理论⋯⋯⋯⋯⋯⋯⋯⋯⋯⋯⋯⋯⋯　159
　　§24　先天形而上学作为科学认识工艺论意义上的
　　　　　逻辑学的基础⋯⋯⋯⋯⋯⋯⋯⋯⋯⋯⋯⋯⋯⋯⋯　166

第二编　意向活动学、认识论与现象学

第四章　意向活动学作为认识的正当性学说⋯⋯⋯⋯⋯　171
　　§25　主观性在科学中的角色⋯⋯⋯⋯⋯⋯⋯⋯⋯⋯⋯　171
　　　　a）回溯至主观的正当性来源·排除事实—规定的个体性⋯⋯　171
　　　　b）经验的与纯粹的数学科学中的正当性意识⋯⋯⋯⋯　174
　　　　c）客观理论需要主观的正当性来源，但不研究它们⋯⋯　177
　　§26　形式逻辑学不是关于正当性来源的科学⋯⋯　179
　　　　a）形式逻辑学并不以绝然的明见性为论题⋯⋯⋯⋯　179
　　　　b）形式逻辑学的论证与归纳论证之间的区分⋯⋯⋯⋯　181
　　§27　意向活动学作为在其正当性主张方面对理智执态的
　　　　　研究和评价⋯⋯⋯⋯⋯⋯⋯⋯⋯⋯⋯⋯⋯⋯⋯　184

§28 意向活动学与康德的理性批判的关系·················· 190
§29 外部形态学地处理意向活动的问题··················· 192
§30 意向活动学的更深层次的问题与认识论问题······ 195
　　a) 形式逻辑学与朴素指明性的正当性学说都不是一个绝对善的意向活动良知的领域·············· 196
　　b) 追问观念含义与实在行为之间的关系············ 197
　　c) 逻辑心理主义的颠倒······························· 200
　　d) 理智行为关涉对象的问题························· 206
　　e) 明见性问题·· 211

第五章　认识论作为第一哲学·································· 215
§31 认识论对逻辑学科与自然科学的态度··············· 215
　　a) 认识论作为科学理论的完成······················· 215
　　b) 对数学的一种认识论评价的必要性··············· 216
　　c) 数学的与哲学的逻辑······························· 220
　　d) 自然科学与哲学···································· 222
§32 认识论与心理学的关系问题·························· 225
　　a) 认识作为主观事实································· 225
　　b) 最终反思澄清观念性和客观性与主观性之间的关系的要求······································· 228
　　c) 非心理学的认识论的可能性问题················· 232
§33 认识论的怀疑论··· 237
　　a) 独断的怀疑论作为对客观科学的意义与可能性的不清楚性的表达······························· 238
　　b) 批判的怀疑论作为认识批判的执态··············· 243
　　c) 逻辑—数学的完善与认识论的澄清之间的差异········ 247

§34 论实施悬搁之后的认识论的可能性……251
  a) 认识论的自身关涉性……251
  b) 现象世界作为绝对无疑的被给予性领域……254
§35 认识论的与心理学的研究方向之间彻底的区分……260
  a) 心理学作为自然科学附有超越问题……260
  b) 在心理学的起源分析与认识论的澄清之间悖谬的混淆……264
  c) 认识论也不是描述心理学……267
  d) 现象学的还原作为排除任何经验统觉与一切超越信仰……271
  e) 能思的明见性不是自然事实的明见性……274

第六章 现象学作为纯粹意识科学……277
 §36 现象学与认识论的关系……277
 §37 论一门纯粹现象科学的可能性……280
  a) 现象的个体性在概念上的不可把握性……280
  b) 现象学作为针对现象本质的研究……285
  c) 本质明察能够就像在感知的基础上一样在当下化的基础上形成……289
 §38 超越对象作为现象学本质研究的论题……291
 §39 本质法则相对于任何实存设定的独立性与唯一真正意义上的先天……295
 §40 绝对理性的理念及其在现象学道路上的可实现性……298
 §41 现象学对于先天学科与心理学的意义……302

第三编　客体化形式

第七章　低级客体化形式 307

§42　诸种意识概念 307
　　a) 意识作为体验 307
　　b) 意识作为意向意识 311
　　c) 意识作为执态、作为行为与意识作为注意意识 313

§43　时间意识与时间构造 317
　　a) 客观的与现象学的时间性·现象学时间分析的任务 317
　　b) 想象意识与原初回忆之间的区分 320
　　c) 想象意识与原初回忆之间的类比 324
　　d) 在时间样式交替中的时间质料的同一性·连续回坠入过去 326
　　e) 客观时间在时间流中的构造 330
　　f) 再造回忆与原初回忆的关系·时间作为个体客观性的必然形式 337

第八章　高级客体化形式 341

§44　具体的客体化的主要类型与在客体化的全部领域中的基本对立 341

§45　同一性功能 345
　　a) 分明的同一性意识相对于持续的统一性意识 345
　　b) 在次级与非本真的客体化中同一性的被给予性 348
　　c) 与同一性意识相关的客体化 350

§46　思想对象与感性对象之间的区分,思想形式与感性形式之间的区分 357

§47 普遍性功能 ·· 362
  a) 普遍之物作为相对于个体对象的新对象性 ············ 362
  b) 在其与个别之物的关涉中的普遍之物·不同阶次的
     普遍性 ·· 368
§48 进一步的功能 ·· 373
  a) 未规定性，特称与全称 ·································· 373
  b) 合取，析取，单数与复数的区分·复数的普遍性相对于
     无条件的普遍性 ·· 375
  c) 否定 ·· 377
§49 存在事态 ··· 379
  a) 充实、真理与存在 ·· 379
  b) 对"它是现实的"的意识·扩展感知概念的必要性 ······ 386
  c) 现象学的真理概念 ·· 392
§50 现象学的理智理论 ······································ 396
  a) 现象学操作的方法论·一门现象学的理智理论的任务
     ··· 396
  b) 通过对分析的与综合的本质法则现象学澄清来进行
     认识论的奠基 ·· 401
§51 对自然科学认识的现象学澄清 ······················ 405
  a) 经验的普遍性主张的证成问题 ························ 405
  b) 对康德关于认识论基本问题的表述的批判 ············ 408
  c) 彻底地区分本质主张与经验主张 ······················ 412
  d) 简单经验执态的正当性来源 ··························· 415
  e) 对休谟怀疑论的批判·经验领域中的理性 ············ 420

附录 A ··· 428

 附录 I （对第一、二编）：关于逻辑学与认识论的讲座
    （1906—1907 年）内容················· 428

 附录 II （对第一、二编）：哲学·论通常意义上的科学与
    哲学的关系·················· 434

 附录 III （对§8）：关于逻辑概念的笔记··········· 435

 附录 IV （对§22）：最终的个别性············· 436

 附录 V （对§24）：先天的存在论作为先天的形而上学
    ······························· 436

 附录 VI （对§30d 以下）：心理学的与现象学的主观性
    ······························· 437

 附录 VII （对§31b 和§32）：自然科学通过认识批判地
    澄清逻辑的与存在论的学科的完成·········· 438

 附录 VIII （对§33a）：怀疑论对于认识论的意义······· 440

 附录 IX （对§34b）：认识论的无预设性·并非所有认识
    都附有超越问题···················· 442

 附录 X （对§35d）：批判的与现象学的执态········· 444

 附录 XI （对§35d）：外感知、内感知与现象学的感知
    ······························· 445

 附录 XII （对第六章）：现象学作为意识的本质分析·
    它与其他先天学科的关系··············· 448

 附录 XIII （对第六章）：现象学与心理学·现象学与
    认识论·现象学的描述相对于经验的描述······ 458

 附录 XIV （对§37b）：论现象学的方法与它的科学意向的
    意义··························· 468

附录 XV	（对§47b的变体）：高阶的普遍性・普遍之物作为对象与作为标记	470
附录 XVI	（对§50a）：认识的客观性・观念法则性充实关系	473
附录 XVII	（对§51d）：论概率学说	478
附录 XVIII	（对§51d）：回忆的充实成就	479

附录 B 482

附录 I	认识论作为一门关于认识的绝对本质的学说	482
附录 II	认识论的任务	491
附录 III	现象学	493
	a) 针对现象的研究方向・现象学作为绝对的、非客体化的科学	493
	b) 颜色几何学与现象学	503
	c) 先天的客观科学相对于关于构造意识的科学・时间问题	510
附录 IV	先天存在论与现象学	518
附录 V	超越论的现象学作为关于超越论的主观性与一切认识和价值客观性在其中的构造的科学	521
附录 VI	逻辑的澄清与认识论的澄清之间的区分	529
附录 VII	范畴理论的阶次与它们的相互依赖・全部形式数学的系统建造的任务	534

附录 VIII　1906年9月28日给科尔内留斯的信的纲要
······················· 541

附录 IX　私人札记，1906年9月25日、1907年11月4日与1908年3月6日 ············ 546

概念译名索引················· 557
人名译名索引················· 573
译后记····················· 575
修订后记···················· 579

编者引论

本卷包括胡塞尔1906—1907年冬季学期在哥廷根以"逻辑学与认识论导论"为题所做的四课时讲座的完整文本,除了一小部分佚失。[1] 这一卷因而延续了已经出版的胡塞尔的哥廷根讲座。[2] 遵照《胡塞尔全集》系列中讲座的编辑惯例,在这一卷中也给作为主体文本的讲座文本附加上了一系列历史上和实事上相关的增补

---

[1] 关于讲座的这一部分,已经不能找到文稿底本,参阅下文第XLI页以下,以及在"文本考证补遗"中对主要文本第III章的文本考证评注,第490页。("文本考证补遗"中,除"概念索引"和"人名索引",其他部分均未译出。所注页码为原著页码、本书边码,余同。——译者注)

[2] 出自1904—1905年冬季学期的讲座"出自现象学与认识论的主要部分",关于"想象与图像意识"的第III主要部分作为第1号文本在马尔巴赫(E. Marbach)编辑的《胡塞尔全集》第XXIII卷《想象·图像意识·回忆》中出版,关于"内时间意识现象学"的第IV主要部分以海德格尔(M. Heidegger)1928年《年鉴》版的形式加上对原初讲座文本的重构的文本考证评注在波姆(R. Boehm)编辑的《胡塞尔全集》第X卷《内时间意识现象学(1893—1917)》中出版;1907年的讲座"出自现象学与理性批判的主要部分"完整出版:五个引论性讲座在比梅尔(W. Biemel)编辑的《胡塞尔全集》第II卷《现象学的观念》中出版,接下来的"事物讲座"在克莱斯格斯(U. Claesges)编辑的《胡塞尔全集》第XVI卷《事物与空间》中出版。由胡塞尔加工的1910—1911年冬季学期关于"现象学的基本问题"的讲座部分由凯恩(I. Kern)作为第6号文本编辑进《胡塞尔全集》第XIII卷《交互主观性现象学,第一部分(1905—1920)》之中。

为了在这一引论中避免不必要的重复,读者可以明确参阅这些卷册和舒曼(K. Schuhmann)编辑的《胡塞尔全集》第III卷,第1、2册《纯粹现象学与现象学哲学的观念(第1卷)》的引论。

文本——在本卷中是分成两组的附录。

一份已经为《胡塞尔全集》其他卷的引论多次引用，但是至今只能在杂志中获得的传记文献作为附录 B IX 被采纳进来。胡塞尔 1906 年 9 月 25 日、1907 年 11 月 4 日和 1908 年 3 月 6 日的日记类私人札记对于将 1906—1907 年的讲座编排进胡塞尔的工作计划和出版计划具有极其重要的意义，此外，它们也表露了胡塞尔在这段对于他的哲学发展来说如此具有决定性意义的时间中生活和工作上的内心困境和压力。因而，在这一引论的范围里也将详细地谈论这些札记。

1906 年 6 月，胡塞尔被普鲁士国王任命为私人教席教授。因而，1906—1907 年冬季学期的讲座是新任命的教席教授的第一次课。这一提职越过了学院的鉴定，而学院在 1905 年 5 月因为所谓缺乏科学意义而希望不任命胡塞尔为教席教授。[①] 如果胡塞尔由此在他的外部职业处境上最终得到了长期被拒绝的公开承认，那么，已经提及的私人札记同时有力地显示了胡塞尔在他的工作和他的作品方面内心危机的程度，也显示了克服这一危机的决心。胡塞尔遭受的痛苦，伴随着他整个研究生涯的痛苦是深切感受到的缺乏"和谐统一"、他不断分叉的研究中所缺乏的系统和自然的秩序。"清楚性的应许之地"——在其中"现实施行"统一为"普遍纲要"——总是将他的目光转向新的东西上。结果就是，胡塞尔无法使他的大量草稿和个别研究成熟到能够出版。

[①] 参阅舒曼，《胡塞尔年谱，埃德蒙德·胡塞尔的思想道路与生活道路》（*Husserl-Chronik. Denk-und Lebensweg Edmund Husserls*），《胡塞尔全集》"文献"第 I 卷，第 88、90 页和第 96 页以下；亦参阅附录 B IX，下文第 447 页。

在他的《逻辑研究》(1900—1901年)的出版和《观念Ⅰ》(1913年)①的出版之间交替的出版计划中,他的讲座扮演了重要的角色。倘若讲座的教授需要某种思想过程的统一性和系统化,那么显然,胡塞尔考虑努力加工他大量的哥廷根讲座文稿作为出版的出发点和基础。② 这尤其适合1906—1907年的讲座。当胡塞尔在1906年9月25日的札记中写道,"在选择我的讲座,尤其是那些针对高年级学生的讲座上,我必须寻求对自己的帮助,获得用于出版的草稿",在此,他当然也想到"逻辑学与认识论导论"的讲座,他正好在一个月后开始做这一讲座。

胡塞尔一开始就把这一讲座视为之后出版的前阶段,这一点以回顾的方式也在1907年5月25日致曼克(D. Mahnke)的一封信中变得明晰。在那里,胡塞尔写道:"我在上学期用本质上极为改善的形式来组织我的认识论讲座内容,详尽地发展一些之前只是简要提示的东西,附加了一些重要的补充和改善:我希望能够在下一个暑假中为了出版而加工所有这些,然后立刻开始进一步的出版工作。"③

在他的1907年夏季学期"事物讲座"——在其中的五个引论性讲座中,他给出了一种对现象学观念的规定——之后,胡塞尔在

---

① 参阅《胡塞尔年谱》,第71、77、79、87、97、122、124页;舒曼,《现象学的辩证法》(*Die Dialektik der Phänomenologie*)第2卷《纯粹现象学与现象学哲学:关于胡塞尔〈观念Ⅰ〉的历史—分析的专著》(*Reine Phänomenologie und phänomenologische Philosophie, Historisch-analytische Monographie über Husserls " Ideen I"*),《现象学丛书》(*Phaenomenologica*)第57卷,1973年,第26—35页。

② 参阅《胡塞尔年谱》,第106页;《给科尔内留斯(H. Cornelius)的信的纲要》,下文第440页。

③ 《胡塞尔年谱》,第106页。

1907年秋季也开始加工他上一个冬季学期的讲座。他的这一加工进展到多大程度，这很难确定。在遗稿中只能找到这一速写体加工的很少的、部分不相关的开始页张。① 大概，胡塞尔进展得不太远，既然他在1908年3月6日的私人札记中写道，他"在命题逻辑观念上，发现有必要澄清含义问题"。但是，命题逻辑的观念只是讲座第一部分的对象。

一份写在包含加工尝试片段的内封上的笔记指出了胡塞尔在1910年做出的另一次加工尝试。除了这一份笔记，关于此事就没有其他的凭据了，这样也就无法确认，是否有一些获得加工的页张出自1910年。很有可能，胡塞尔在1910年重新处理了他1906—1907年的讲座，更进一步说，是和他1910—1911年关于"逻辑学作为认识理论"的讲座②关联起来。这一讲座在某种意义上是1906—1907年讲座的逻辑学的和认识论的后续。

胡塞尔将1906—1907年的讲座和一份出版计划联系起来，当人们将它的内容和一般结构与1906年9月25日的私人札记中的工作计划相比较时，这一点变得尤其明显。也就是说，与这一工作计划相应，这一讲座尝试的就是给出一份理论理性的批判，至少就其基础和轮廓来说。直到圣诞节的讲座第一部分可以被视为"展示"理性批判的"目标、路线、方法、对其他认识和科学的态度"，第二部分提出一份关于理性现象学"现实的施行"的提要。这样，讲座的进程极为相似于胡塞尔在1906年9月的笔记中所称的根据

---

① 这些加工稿片段刊登在"文本考证补遗"中，下文第457页以下。
② Ms. F I 15, F I 2, F IV 1, F I 12.

他的看法准备就绪的作品的第一部,也就是"理性批判引论,尤其是理论理性"。1906—1907 年的讲座毫无疑问是胡塞尔的一次尝试,在理论理性批判的标题下全面展示和公开他在《逻辑研究》出版之后这些年的研究成果。

就像也从 1906 年 9 月的札记中可以看出的,胡塞尔在过去的暑假中集中为这一任务做准备。除了研究迈农的著作《论假定》,这一准备工作不仅包括重新阅读他自己的出版物——《算术哲学》、他近年来的书评①和《逻辑研究》的一些部分——还包括排序和概览他的研究文稿。为了即将来临的 1906—1907 年冬季学期的讲座,胡塞尔要动用过去几年大量的讲座文稿,这样,首先动用 1902—1903 年冬季学期关于"普遍认识论"的讲座文本。② 至少他也再次部分阅读了他 1904—1905 年冬季学期关于"出自认识现象学的主要部分"的讲座文稿③、1905 年夏季学期关于"判断理论"的讲座文稿④,以及 1905—1906 年冬季学期关于"康德与后康德哲学"的讲座文稿⑤。

1906—1907 年的讲座和 1902—1903 年的讲座在论题上关系

---

① 这里涉及 1903 年关于《帕拉居依(M. Palagyi),现代逻辑学中心理主义者与形式主义者的争论》的评论和 1903—1904 年《关于 1895—1899 年的德国逻辑学杂志的报告》。参阅《胡塞尔全集》第 XXII 卷,《文章与书评(1890—1910 年)》,让克(B. Rang)编,第 152—259 页。

② Ms. F I 26.

③ Ms. F I 9,A VI 8,F I 8(《胡塞尔全集》第 XXIII 卷),F I 6(《胡塞尔全集》第 X 卷)。

④ Ms. F I 27.

⑤ 出自胡塞尔关于康德与近代哲学史的讲座的"过渡部分"在 Ms. F I 142,43a—110b 中。这些过渡部分中的一部分出自上述的 1905—1906 年冬季学期的讲座。

尤其紧密,即便后者在很大程度上仍然坚持《逻辑研究》的立场。在两次讲座中,跟着第一部分系统导论部分的是认识现象学的提要。首先涉及这第二部分,胡塞尔看起来在1906—1907年讲座的结构、分节和内容上遵照着他之前的讲座。

1904—1905年的讲座——当胡塞尔在1906年9月的私人札记中在准备就绪的著作第二处称作"一部关于感知、想象、时间的极其总括性的著作"时,他想到的就是这次讲座——可能首先对于胡塞尔在1906年圣诞节之后所做的讲座部分,并且在这里首先对于关于低级客体化形式的部分尤其重要。正是对于讲座的这一部分,在遗稿中无法找到完整的文稿。不排除胡塞尔自己并没有为1906—1907年讲座而加工缺失了的关于感知和想象的部分,并且,替代它的是,他动用了他在1904—1905年的讲座中相关的阐述。从1905年的判断理论讲座中,胡塞尔大约只重视引论部分,在这一部分中区分了形式逻辑学、认识论、形而上学、心理学和现象学,并且规定了它们的相互关系。

胡塞尔在之后的年月里没有重复1906—1907年的讲座。对于1908年夏季学期,他预告了一门"科学论(Wissenschaftslehre)导论",不过代替它的是,他做了一门"关于判断与含义的讲座"①。② 正如胡塞尔恰恰在这一讲座开始处与刻画他的原初讲座计划相关的评论所提示的,他的意图一开始很可能是至少部分重

---

① Ms. F I 5. 这一讲座的出版在准备中。(这一讲座已经作为《胡塞尔全集》第XXVI卷《关于含义学说的讲座(1908年夏季学期)》[乌尔苏拉·潘策尔(Ursula Panzer)编]于1986年出版。——译者注)

② 《胡塞尔年谱》,第115页以下。

复 1906—1907 年的讲座。① 正如已经提及的,胡塞尔然后首先为了准备他 1910—1911 年的逻辑学—认识论讲座重新处理了这次讲座。很有可能,胡塞尔为了准备他 1909 年夏季学期的讲座——在这次讲座中,他给出了一份"认识现象学导论"②——考虑到了 1906—1907 年的讲座文稿。之后在 1906—1907 年文稿上的边注和插入可能几乎毫无例外都出自 1907 年和 1911 年之间的时期。没有任何迹象表明,胡塞尔在加工《观念》时动用了 1906—1907 年的讲座。

可以从封面——第二章的文稿在其中——上的一份题词中得知,胡塞尔至少在 1921 年再一次阅读了 1906—1907 年的讲座的逻辑学部分。这次阅读可能与他 1920—1921 年冬季学期关于"超越论的逻辑学"的讲座相关。③ 之后对 1906—1907 年讲座文稿的阅读所涉及的,最后还要提到一份大约 1918 年在贝尔瑙(Bernau)产生的标题为"时间客体"的文稿中的评注。在这一评注中,胡塞尔指点人们参阅 1906—1907 年讲座中关于时间意识的相应阐述。④

---

① 胡塞尔以如下方式描述他的原初计划:"在上一个学期的预告中,我的意图是,探寻科学论的普遍观念,并且界定属于这一最总括性的标题的科学理论学科,刻画它们特有的领域,或者说问题群。"(F I 5,7b)他进一步评论道:"在之前的学期中,正如我亲近的学生们所熟悉的,我已经计划了一次这样的科学论引论。"(同上)
② Ms. F I 18, F I 17, F I 7.
③ 这一讲座的部分在费莱舍尔(M. Fleischer)编辑的《胡塞尔全集》第 XI 卷《被动综合分析》和扬森(P. Janssen)编辑的《胡塞尔全集》第 XVII 卷《形式逻辑与超越论的逻辑》中出版;关于讲座的重构,参阅《胡塞尔全集》第 XI 卷,关于主要文本的文本考证评注,第 443 页以下。
④ 参阅下文第 XLII 页,注释 2。

*

　　1906—1907年冬季学期的讲座在时间上正好落在1900—1901年《逻辑研究》的出版和1913年《观念I》的出版的中间。它很大一部分是对胡塞尔在过去几年的逻辑学—科学理论的、认识论的和认识现象学的研究的总结和统一。即便胡塞尔自己并不是在意识到一次新哲学河岸的裂隙时做了这次讲座，它仍然展示了从《逻辑研究》中对纯粹逻辑学的描述-心理学的澄清到《观念I》中关于绝对意识和在它的行为中构造的对象相关项的超越论现象学的道路上的重要一步。在它之中，胡塞尔首次明确地运用了悬搁和现象学还原的方法，用以建立一门彻底无偏见的、最终澄清一切认识的认识论和现象学。首先是一份关于胡塞尔在《逻辑研究》和《观念I》之间逻辑学、认识论和现象学的构想的发展的简要展示以词目的方式被放在对1906—1907年的讲座和编者所选出附加给它的主体思想的附录B的主要思想的导引呈现之前。

　　《逻辑研究》的"导引"意在通过纯粹逻辑学来论证客观的，也就是说，科学的认识的可能性。这一纯粹逻辑学的法则限定了科学作为客观真理的演绎—系统关联体的观念—客观的可能性条件。虽然逻辑的基本法则在概念上纯粹从逻辑的基础概念得出，并且逻辑定律以纯粹演绎的方式从基本法则导出，纯粹逻辑学由此而得到论证，但是，正如胡塞尔在《逻辑研究》第六研究引论中所阐述的，它需要在认识论澄清的形式上的哲学补充。逻辑概念必须获得认识论的清楚明晰性，并且这一点是通过一门有关思想体验和认识体验的现象学来完成的,它描述意识体验,在此之中,逻辑概念和法则获得本真的被给予性。逻辑概念的观念性以及语言含义的观念性被胡塞尔在《逻辑研究》中规定为种类的观念性。据此,逻辑概念和语言含义在相应的逻辑的和含义给予的行为的确定因素中个别化。

在《逻辑研究》中,胡塞尔将对认识现象学的描述把握为心理学的描述,它的研究领域限定在实项的内在领域上,它对超越对象的自在存在和自在规定不表态;超越对象要是研究的论题,只有当一个行为借助于它的内在行为质料关涉如此这般规定的对象。正如所有其他的超越对象那样,经验自我也被排除出去;论题性的实项内在被把握为经验自我的"现象学成分"。

1902—1903年关于认识论的讲座本质上采纳了《逻辑研究》中涉及逻辑学、认识论和认识现象学的关系的一些规定性。被讲座的论题所规定,在它之中,关于观念的真理和理论与一方面自在存在的对象性和另一方面认识主体之间关系的本真认识论问题更明显地出现在前景之中。在1902—1903年的讲座中,胡塞尔虽然仍然坚持将现象学规定为描述心理学,但是对自我统觉的排除变得彻底,因为他不再视"现象学成分"为自我—成分。这一对自我统觉的彻底排除在这一讲座中被他视为与扬弃对现象一般的个体统觉和将现象学建立为本质研究具有同等意义。只是稍晚一些,胡塞尔利用对自我统觉的排除来在现象学和描述心理学之间做出区分。①

胡塞尔在排除包括自我在内的超越方面和将现象学刻画为本

---

① 参阅《III,关于1895—1899年的德国逻辑学杂志的报告》(1903—1904年),《胡塞尔全集》第XXII卷,第206页以下。

质研究方面的立场原封不动地保留在 1904—1905 年关于"出自认识理论与认识现象学的主要部分"和 1905 年关于"判断理论"的两次讲座之中。在关于"判断理论"的讲座导论部分，胡塞尔重新将认识论规定为一门补充形式逻辑学的学科。胡塞尔在这一讲座中认为，植根于现象学之中的认识论和纯粹逻辑学共同产生出形式的形而上学。① 在 1905 年讲座第二部分中关于现象学判断理论的具体施行中，作为命题的对象相关项的事态概念为一种对含义概念的意向相关项的理解做好了准备。

所谓西费尔德页张产生于 1905 年夏季②，在其中，胡塞尔之后发现"已经有现象学还原的概念和具体使用"③。在这些页张中，胡塞尔从他在 1904—1905 年讲座中关于感知意识和时间意识的阐述出发。在将超越对象作为意向的内在被给予性包括在现象学研究之中的意义上的现象学还原在这些页张中当然还没有实施。毋宁说，胡塞尔的阐述恰恰涉及还原到实项—内在的绝对自身被给予性领域。然后，在这一领域中，胡塞尔尝试描述在对其现象学—相即感知的连续流动的同一性意识中的内在感觉和显现的同一性构造。

在 1906—1907 年的讲座中，胡塞尔第一次明确将现象学还原的方法用于为彻底无偏见的认识论和现象学奠基。然而，被意指

---

① 在出自 1903—1905 年、下文作为附录 A XIII 刊登的文本中，胡塞尔将"依赖于纯粹逻辑学的认识批判"标识为形式的形而上学；参阅下文第 380 页。

② 参阅《胡塞尔全集》第 X 卷，第 237 页。

③ 同上。关于胡塞尔对他的西费尔德页张之后的其他相同意义的自我解释，参阅舒曼，《胡塞尔论普凡德尔》(*Husserl über Pfänder*)，《现象学丛书》第 56 卷，第 162 页以下。

对象第一次在讲座的系统—导论性部分的结尾处被包括进来;还不能本真地谈及在之后超越论的构造分析意义上的相关考察。

在这一讲座中,认识论仍然关涉逻辑学——它分化为形式的、实在的和意向活动的逻辑学——和科学理论;它是完成科学理论的学科。通过对这些逻辑学科的认识论澄清,一切严格的科学认识都就其客观有效性主张而在认识论上得到澄清和论证。这一认识论的论证并未为了对其领域的新认识而扩展个别科学,根据胡塞尔,它不可以和对科学的逻辑论证与逻辑完成混淆起来。认识论植根于作为普全意识科学的现象学之中。但是,没有现象学,认识论是不可能的,而胡塞尔在这一讲座中考虑现象学作为一门独立的、不再仅仅关涉认识问题的科学的可能性。虽然在1906—1907年的讲座中,胡塞尔不再将这一对自我统觉的排除视为与还原至体验的本质具有同等意义,但是现象学之所以作为本质研究而是可能的,只是因为在意识的时间结构和流的特征的基础上,现象的个体规定性无法在概念上被固定和把握。

在导引他的1907年夏季学期"事物讲座"的关于"现象学观念"的讲座中,胡塞尔已经极为清楚地获得了关于作为他的认识论和现象学的基本方法的现象学还原的意义和范围的自身理解。如果说在1906—1907年讲座中,现象概念在术语上仍然始终局限于实项的内在,那么,胡塞尔现在已经明确区分了在实项—内在行为意义上的现象和在意向—内在地被意指对象意义上的现象。现象学被规定为对在两种意义上的现象本质的研究。对于胡塞尔来说,在这一讲座中,认识论问题在于事物性对象的超越之谜。尤其是"事物讲座"显示出,胡塞尔在1907年春季还没有完全达到意向活动—意向相关项的相关性研究和构造分析的高度。在那里施行的构造分析主要是意向活动学的,以原素材料及其立义为导向。

在出自1907年9月的研究文稿——它们在下文刊登在附录B I—IV中——中,相关性思想和构造思想同样在多处获得明确的表达。① 以这种方式,胡塞尔在另一个地方将关于体验的本质学说区分于关于被意指对象的在体现象学,在此,他当然将在体现象学视为依赖于意向活动的现象学。②

在1908年夏季学期"关于判断与含义的讲座"中,胡塞尔通过区分"物候学的"和"现象学的"含义概念成功地表述了含义领域的相关性思想。即便胡塞尔在讲座的对含义理论阐述的简要引论中确切地表达了他自1906—1907年讲座以来演替发展的普遍相关性思想和构造思想,看起来接下来对含义概念的新规定与这一发展没有发生任何内部—系统的关联。缺乏关联这件事的理由可能在于,在胡塞尔那里,认识论问题,以及由此而来的现象学还原的运用和意义规定逐渐被事物性超越之谜所规定,而不再被在认识论上澄清纯粹逻辑学的任务所规定。

在出自1908年夏末和秋季的研究文稿中③,胡塞尔首次为了超越论的,或者说现象学的观念论而扬弃他至今主张的认识论和

---

① 人们或许可以说,纯粹现象学还原的转变为超越论的,或者说超越论—现象学的还原在本质上是通过这些文本而得以完成的。关于胡塞尔的将现象学的还原规定为超越论的,参阅《观念 I》,第 204 页(《胡塞尔全集》第 III 卷,第 1 册,第 228 页)。
② 参阅下文第 411 页以下。
③ Ms. B II 1, B IV 6, K II 1. 这些文本将编入《胡塞尔全集》的另一卷中。(这些文本最终编入《胡塞尔全集》第 XXXVI 卷《超越论的观念论:出自遗稿的文本(1908—1921年)》,罗宾·D. 罗林格[Robin D. Rollinger]与罗胡斯·佐瓦[Rochus Sowa]编,2003 年。——译者注)

现象学的形而上学中立性。胡塞尔从在事物——实在的对象方面对构造思想的具体化中得出现象学还原的观念论后果。在实施了现象学的还原之后,这些对象只能被视为原则上未完成的并且不可完成的经验杂多的单纯统一体;它们的现实性预设了现时存在着的意识,实施并且能够实施相应的经验杂多。

在接下来几年的讲座中,胡塞尔坚持他的认识论和现象学在形而上学上的中立性,不受他在这些研究文稿中的论证的影响。众所周知,即便在《观念 I》中,超越论的,或者说现象学的观念论也并未获得表达,虽然胡塞尔在这里多次动用他在 1908 年夏季和秋季文稿中的论证。

在其接下来 1908—1909 年冬季学期重要的讲座"伦理学的基本问题"[①]中,胡塞尔谈到逻辑的和数学的对象和事态的构造问题。与对理论理性和价值理性之间的关系的分析相关,胡塞尔重新转向科学理论和认识论的关联。在 1910—1911 年冬季学期,在其关于"逻辑学作为认识理论"的讲座中,胡塞尔已经将这一复杂问题和讲座中的纲领性阐述联系起来,以便在那里系统地展开科学理论的观念。自 1906—1907 年的讲座以来,为了探询对对象区域的本质性划界,科学理论问题扩展开来。对认识论问题群的规定依赖于对象区域的划分和划界。相应于每一门科学理论学科的是一门针对它特殊的认识问题的认识理论,在此,这些特殊的认识理论被一门普遍的认识论所包含。

认识论和现象学向对形式数学和形式存在论以及质料存在论

[①] Ms. F I 24, F I 23, F I 11, F I 21.

的超越论澄清看齐,与此平行,胡塞尔给出了现象学的引论,它从对自然态度的刻画出发。在转入现象学态度时,自我仍然继续被排除。在 1909 年夏季学期的讲座"认识现象学引论"①和 1910—1911 年冬季学期的讲座"现象学的基本问题"②中,胡塞尔超出现象学感知的范围,将现象学的被给予之物的范围扩展至再回忆和同感。由此,在 1906—1907 年讲座中主张的现象学的事实陈述的不可能性及由此现象学的经验科学的不可能性变得可疑。

在 1912 年夏季学期的讲座"现象学引论"——它在时间上和实事上已经直接接近于《观念 I》——中,人们发现了在超越论—现象学的还原的普遍有效范围方面最终的澄清。③ 现象学的还原也被明确地运用在区域存在论之中的观念性实在性设定上,这一思想已经隐含在将认识论规定为对形式先天和质料先天的超越论论证的活动了。在《观念 I》中,除了质料存在论,胡塞尔最终也给形式逻辑学和形式存在论加上了括号。④

*

XXVI 在 1908 年 3 月 6 日的私人札记中,胡塞尔写道,在直到圣诞节的 1906—1907 年冬季学期讲座的前半部分中,他"给出了普遍

---

① Ms. F I 18, F I 17, F I 7.
② 《胡塞尔全集》第 XIII 卷,第 111 页以下。
③ Ms. F I 4, F I 16, B II 19.
④ 参阅《观念 I》,第 113 页(《胡塞尔全集》第 III 卷,第 1 册,第 117 页)。胡塞尔已经在出自 1906—1907 年讲座文稿的附录 A IX 中说过,形式逻辑"不可以被使用";参阅下文第 369 页。

的科学论引论"。"我寻求获得科学论观念所要求的本质性划界的可能性。"标记为1907年11月6日的加工讲座的尝试始于这句话:"在接下来的页张中,我将要尝试发展逻辑学的观念,并且通过指明属于这一观念的不断深入的问题层次,将读者向上提升至真正的哲学。"①这一向着真正哲学的向上提升在讲座中展示为对科学论观念的逐步扩展。

为此,胡塞尔能够联系到在《导引》②中的科学理论研究,这些研究涉及对逻辑学观念的规定、对不同逻辑学概念的界定和对这些不同的逻辑学概念相互之间以及与其他科学,尤其是心理学的关系的规定。这些研究的最重要的成果是凸显了一门纯粹理论逻辑学的观念,并且与此相关反对心理主义。纯粹理论逻辑学首先是关于观念含义、关于在纯粹语法学和有效性学说以及推论学说这两个阶次上的命题和命题形式的科学。

在《逻辑研究》中,胡塞尔将现象学的被给予性领域局限于作为种类的观念性的实项内在,他已经通过与此保持内部的一致来规定含义的观念性。在那里,含义被他视为赋予含义的行为的可能杂多性的观念——同一的种类。"与种类含义相应的是意指行为,并且前者只不过是后者的在观念上把握的行为特征。"③

---

① 关于加工讲座的尝试,参阅上文第XV页以下。
② 《逻辑研究,第一部分:纯粹逻辑学导引》,1900年;新考证版载于霍伦斯坦(E. Holenstein)编辑的《胡塞尔全集》第XVIII卷。
③ 《逻辑研究,第二部分:现象学研究与认识论》,1901年,第五研究,第322页;《逻辑研究》的这第二部分以新考证版载于潘策尔编辑的《胡塞尔全集》第XIX卷;在那里参阅第352页。这样,胡塞尔1903年也在关于《帕拉居依,现代逻辑学中心理主义者与形式主义者的争论》的评论中说:"因而命题面对每一个这样的判断行为,它作为这些判断行为统一的意指而属于它们,就像红的种类属于'同一个'红的个别情况。"(《胡塞尔全集》第XXII卷,第157页)

在1906—1907年讲座的第Ⅰ编中,胡塞尔远离了这一学说。①由此,属于命题概念的不是作为个别性的心理体验;命题自身是一个观念的个别性,它能够在无限多的现实的或者可能的判断中被给予;如果我们说到命题,那么我们指的不是心理体验的规定性,简而言之,命题概念不是心理学的概念。

不过不完全明晰的是,胡塞尔的论证是否针对自己之前对含义观念性的规定,或者是否它们只是针对将命题概念把握为心理行为的经验性的类概念。② 至少引人注目的是,胡塞尔并没有指点人们参阅他之前在《逻辑研究》中的学说。为此,与他在讲座第Ⅲ编中关于现象学真理概念的阐述相关,他重新与《逻辑研究》完全一致地将命题规定为行为种类。③ 尽管如此,看起来胡塞尔在许多表述中都意在相关的—意向相关项的含义概念,即便首先在第Ⅱ编结尾处才将被意指的对象包含进现象学的研究之中。

首先是在胡塞尔1908年"关于判断与含义的讲座"中,涉及含义概念和命题概念的相关性思想获得清楚的表达。在那里,他区分了物候学—显现学的和现象学—在体的含义概念。前者意指作为观念的行为种类的含义的意向活动学概念,后者作为"给予方向者"涉及"在那个种类意义上的含义概念的纯粹相关项"。④

与含义和对象的不可扬弃的相关性相应,关于含义形式和命题形式的科学与一门形式的对象学说和事态学说、一门形式存在

---

① 参阅下文第45页以下。
② 关于观念与经验的类概念之间的区分,已经参阅《导引》,第186页以下(《胡塞尔全集》第ⅩⅧ卷,第188页以下)。
③ 参阅下文第324页。
④ FⅠ5,31a.

论相关。但是，正如胡塞尔在1906—1907年讲座中所阐述的，一门形式存在论的观念不是通过将形式—命题法则转变为对象法则来详尽阐明的。这只产生最低阶的形式存在论，它对对象一般给出了形式规定。在此之上为更高级的纯粹形式地规定的对象，比如基数和集合，建造起了更高的阶次。这些更高级的对象通过对非独立的命题形式的对象化而产生出来。以这种方式，用"和"表达的复数形式被对象化为作为高级对象性的多和基数。数学学科由此表明是命题逻辑学"主干上的分支"。

纯粹逻辑学和科学论的观念通过将作为理论形式科学的流形论包括进来而经历了本质上的扩展。[①] 它是一类普全数学，但它不再处理基数，而只还处理演绎理论的形式，其中也包括通常的基数算术。命题逻辑学、形式存在论和流形论统一进一门普全数学的观念之中，它包含一切仅仅植根于思想形式之中的真理。通过一门这样的普全数学的构想，纯粹逻辑学和科学论的观念获得了第一次完成的和足够清楚界定的规定：它是一切形式学科的系统统一体。

借助于材料和形式之间的先天关联，一切形式逻辑学科最终关涉可能的实在性认识。但是，实在性自身仍然服从先天法则，它们是一门先天形而上学、一门先天实在性学说的对象。根据胡塞尔，这门在实在存在论意义上的先天形而上学需要区分于后天的形而上学。这门后天的形而上学是完成的和终极的存在科学，它不仅预设了具体的实在性科学，而且也预设了先天学科及其在认识论上的评价，并且遵循它们。然后，以这种方式，一个关于逻辑

[①] 也已经是这样，《导引》，第247页以下（《胡塞尔全集》第XVIII卷，第248页）。

学和科学论的总括性概念就形成了，据此，这门逻辑学和科学论不仅研究纯粹形式先天，而且也研究被形式规定的质料先天。在这种意义上的科学论可谓朝向全部客观先天，不管是含义先天，还是形式的和实在的对象先天。

讲座的第 I 编以此结束。明确地联系到《导引》，尤其是它的第一章和最后一章，胡塞尔在这里将他出自过去几年关于纯粹逻辑学的建造、数学的规定及其与命题逻辑学的关系的研究成果统一为令人难忘的完整展示。正如他自己所评论的①，在规定形式存在论，尤其是规定数学学科的形式—存在论特征和将形式存在论编排进形式学科系统之中时，相对于《逻辑研究》，胡塞尔成功地向前迈出了关键的一步。② 胡塞尔之后在本质上也坚持在这里提出的构想。将先天实在性学说包含进科学论之中，这是新的和具有前瞻性的，因为在这里存在着之后关于区域存在论的科学理论问题、对最高级存在区域的规定的科学理论问题的萌芽。③

*

在讲座第 II 编中，胡塞尔转向科学的主观方面。对作为普全

---

① 参阅下文第 78 页以下。

② 在《导引》中，胡塞尔已经回到形式学科的统一性，而没有进一步阐述不同学科公理植根于其中的范畴的基本概念的同质性。参阅《导引》，第 246 页（《胡塞尔全集》第 XVIII 卷，第 247 页）。

③ 胡塞尔在 1910—1911 年的讲座"逻辑学作为认识理论"中会说，自然存在论还不是最总括性意义上的科学理论的，而首先是"一种研究，它要概览可能的确定科学一般的总体领域，并且寻求本质性的划界，这些划界将此领域彻底分解为诸存在区域"（F I 12, 28b）。

数学和先天形而上学的科学理论之观念的规定只是就其作为命题——它们关涉事态——关联体的客观方面而言涉及科学。但是,科学也以经验行为和思想行为的形式而具有主观方面,在这些行为中,科学理论得到设立和论证。每一科学陈述的正当性都必须在这样的观察行为和论证行为中指明出来,它在这样的行为中得到明察。在经验科学中,为了论证其陈述而完全明确地诉诸感知和其他直观行为。但是在形式的和数学的学科中,也在绝然明见性的主观体验中进行着证成。对这一主观的正当性来源在其正当性主张和相对的正当性关系方面的研究由此同等地涉及一切科学,并且在某种程度上具有科学理论的特征。普遍的认识正当性学说,胡塞尔称为意向活动学,属于一门现实普遍的、把握科学完全本质的科学理论。这门意向活动学是一门不同于普全数学,但是由此与它处于本质关涉之中的学科,即,每一演绎论证的明见性都服从以逻辑法则表达的形式条件。①

胡塞尔区分了表层—宏观的意向活动学和深层—微观的意向活动学。前者的任务是凸显和区分不同的明见性类型,以及根据证成来规定思想行为含义内容的划分。然而,现在决定性的是,围

---

① 在和这一意向活动学观念类似的意义上,胡塞尔已经在《导引》中谈及认识的意向活动条件。情况是这样的,当他一方面将这些意向活动条件规定为"观念条件,它们植根于主观性一般的形式和它与认识的涉及之中"(《导引》,第111页[《胡塞尔全集》第XVIII卷,第119页]),另一方面将它规定为主体转向的形式逻辑的认识条件(参阅《导引》,第240页[《胡塞尔全集》第XVIII卷,第241页])。

将形式逻辑法则转换为主观的明见性条件,这当然只是意向活动学的**一项**任务。意向活动学不可以从所谓形式逻辑与存在论中导出。正如胡塞尔在他之后1910—1911年的逻辑学—认识论讲座中所说的,人们不可以相信,"整个形式正当性学说只是存在论分析学的转换,并且就好像在这里不会有任何进一步的东西需要研究"(F I 12,61b)。

绕着这样一门"朴素指明的正当性学说"而对科学论的扩展也尚未在我们的科学认识主张方面产生任何"绝对善的意向活动良知"。

XXXI 通过朴素地指明和凸显明见性类型和它们所依赖的形式—观念条件，人们并没有理解"有效的，因而现实地切中一个客观性的认识的意义和可能性"。必须从一门外部形态学的意向活动学推进至这样一门意向活动学，它想要"在内部的分析和追求最终的明察中"澄清客观性意识，这就是说，想要借助于观念含义完全澄清思想行为与对象性的关涉。① 为此，它必须明见地澄清，"明见性是什么"。这门最终澄清的意向活动学只不过是认识批判的现实施行，认识论的基本问题，即客观存在如何能够在主观性中被意识到和被认识，获得最终的解决。

只有将认识批判包括进来，一门科学论或者逻辑学的完整范围的观念才被给出。然后，科学论的这一完整范围包含了一切关于客观先天的形式学说、在表层意向活动学意义上的认识的正当性学说（它通过分类凸显出了主观的明见性类型）和认识论（它获得对主观认识行为、观念含义和客观存在之间的关系的最终理解）。

一切科学认识都通过在认识论上澄清其他科学理论学科，首先是关于客观先天的学科，也就是说，普全数学和实在存在论，而获得最终的评价和意义规定。认识论借助于在认识论上澄清一切自然科学共有的思想形式而关涉它们。在对我们的经验体验和思

---

① 当胡塞尔在讲座中谈及认识行为时，他始终指的是理智行为、思想行为，它们借助于语言含义，以陈述命题的形式关涉对象。不过，在一个之后的边注（参阅下文第154页）中，他曾经明确提出问题，是否前语言的与前述谓的直观行为同样具有一种含义内容，借助于它，这些直观行为关涉它们的对象。

想体验的反思考察中有效地将一切形式的、实在的和意向活动的范畴和公理提升至最终的清楚明晰性。

撇开术语学上的差异不谈,通过这一对认识及其与形式学科的关系的规定,胡塞尔并未在本质上超出《逻辑研究》中相应的规定。在那里,他已经将认识论把握为"对纯粹数学的哲学补充",它想要"通过回溯至相即充实的直观而将纯粹认识形式和法则提升至清楚明晰性"。① 在此,相即直观是对认识体验的反思考察的直观,通过在一门认识体验现象学中对认识体验的描述分析进行着认识批判的澄清。

但是,现在对于达到或者错失认识论目标来说决定性的是,正确规定认识论和心理学之间的关系。在这一中心点上,胡塞尔在《逻辑研究》——他在它出版几年后就明白了——中并未成功地证明,在《导引》中对心理主义的反驳和《逻辑研究》第六研究中通过回溯至主观行为而在认识论上澄清的纯粹逻辑学之间的所谓矛盾只是表面上的矛盾。对他的著作这两部分之间显著的矛盾的误解还因为不幸的术语学而加深,因为胡塞尔也将现象学说成是描述的心理学。遵循讲座的阐述,人们可以将这一矛盾把握为对一个当时尚未解决的二律背反的表达:借助于并且建基于心理学之上的认识论是不可能的;它导致丧失了一切观念有效性,并且导致悖谬的怀疑论。认识论必须是心理学,如果它还要研究主观性和主观行为的话。

寻求消解这一二律背反,是规定着胡塞尔在《逻辑研究》和《观

---

① 《逻辑研究,第二部分》,第一研究,第 20 页以下(《胡塞尔全集》第 XIX 卷,第 27 页)。

念 I》之间的逻辑思想和认识论思想的发展的基本动机。本质还原和现象学还原是两种方法,胡塞尔最终相信通过它们能够反对心理主义,并且同时保留了它的真理内容。事实上,胡塞尔在《逻辑研究》中就已经进行了本质还原和向意识本质的回溯。正如他自己在《〈逻辑研究〉"前言"草稿》中以回顾的方式所写,在《逻辑研究》中已经"事实上……这些分析作为本质分析被施行,但不是处处都在清楚的反思意识之中"。之后,他写道:"对心理主义的整体反对建基于,这些分析,尤其是第六研究和〈其他〉研究的分析被用作本质分析,因而被用作绝然明见的观念分析。"[①]

在1906—1907年的讲座中,胡塞尔现在也首次运用现象学还原的方法,以便表明对主观性及其行为的一种非心理学的研究的可能性,并且由此表明对客观性意识的认识论澄清——它并未附有心理主义的悖谬后果——的可能性。在此,他的出发点是"无预设性原则",在《逻辑研究》中胡塞尔已经将它用作认识论的基本原则。[②] 认识论作为对一切认识和科学的意义和可能性的彻底的和最终的澄清,不可以预设任何这些未被澄清的认识和科学,不可以预设任何需要澄清的东西。由此,允诺彻底无预设性原则的认识论态度是一种方法上的怀疑论。认识和科学的有效性既不被否认,也不被预设,毋宁说,它被搁置起来。认识论始于在被给予的认识和科学方面的绝对悬搁。

[①] 《〈逻辑研究〉"前言"草稿(1913)》,芬克(E. Fink)编,载于《哲学杂志》(*Tijdschrift voor Filosofie*),1939年(第I期),第329页。两段引文根据原稿F III 1,152有所改善。

[②] 参阅《逻辑研究,第二部分》,引论,§7,第19页以下(《胡塞尔全集》第XIX卷,第24页以下)。

在其方法特征上,认识论态度和笛卡尔式的怀疑论有类似之处。不过,认识批判的目的不同于笛卡尔的目的。笛卡尔借助于他的方法上的怀疑论以便为科学的建造找到一个绝对不可怀疑的基础,而认识批判则寻求理解和证成被给予的科学的意义和成就。认识论不为自然科学内部的论证提供任何前提,并且认识论的澄清也不要和在逻辑上对科学的完善——它涉及定义和演绎的数学上的精确性——混淆起来。

为了阐明认识论的怀疑论与历史上的和独断论的以及笛卡尔式的怀疑论之间的差异,并且与此相关,为了规定认识论本真的意图,胡塞尔明确动用了他 1902—1903 年的讲座。[①] 不过,在那里,这一展示更简练地和更不系统地得到处理。

将无预设性原则极端化为在一切认识和科学方面的总括性悬搁,必然会提出问题,即在实施了悬搁之后,一种科学认识还应该如何可能。如果一切认识一般都是成问题的,那么认识论的认识也是如此。对这一问题的回答在于正确地理解认识批判的立场。认识批判的立场不是否认一切认识的立场,也不是放弃一切判断执态的立场,而是将事先被给予的和未被澄清的认识搁置起来的立场。但是,通过与笛卡尔式的怀疑考察联系起来就显示出,存在着一个领域,对它的认识无须澄清,并且不可怀疑。这就是绝对无疑的主观现象的被给予性领域。只要认识论保持在这一领域中,它就并未附有客观性意识的谜。

现在,通往完全澄清认识论和心理学之间的关系的道路敞开

[①] F I 26,90a 以下。

了。"真正的阿基米德点"在于单纯的"细微差别",但是这一细微差别"对于一门可能的并且唯一可能的认识论,并且由此对于一门真正的哲学的构造来说是决定性的"。这一对于认识论和哲学的命运来说决定性的细微差别在于意识及其行为和行为因素的经验的统觉方式和现象学的统觉方式之间的差异。

心理学从未逾越经验的统觉。即便当它作为最严格意义上的描述心理学而在排除一切非内在无疑地被给予的禀赋、特征和习惯状态的情况下涉及意识现象,它也不是彻底无预设的,如果它将被给予之物立义为一个体验着的人的体验和自然事实的话。但是,在认识论中只可以要求绝对现象是无疑的。在进行现象学的还原时,对现象的经验统觉的最终剩余物,即它与超越自我的关涉由此被扬弃,即,正如一切其他的客观性,自我也只是作为单纯的自我现象自身而成为认识论澄清的对象。

胡塞尔将现象学的还原视为彻底排除一切自然的、逾越了无疑地和没有问题地被给予之物的客体化的方法。通过它,一个本己的科学研究领域就通过现象世界而向我们开放。然后,一切认识论问题就必须在作为关于现象的科学的现象学中得到解决。没有现象学,一门自身一致的认识论是不可能的。但是,本真意义上的认识论不是独立的科学,而是必须为了解决特殊的认识问题而利用现象学的研究成果,而现象学可以作为一门并不特别针对认识问题的独立科学而产生出来。①

---

① 胡塞尔已经在下文作为附录 A XIII 刊登的、大约出自 1903—1905 年的讲座部分中说,没有现象学就没有认识论,但是现象学独立于认识论的考虑是可能的。不过,是否需要将现象学建造为分别于认识论与心理学的学科,胡塞尔在那 (转下页注)

然而，正如在实施悬搁之后会提出问题，认识论仍然如何可　XXXVI
能，在实施向即时被给予之物的现象学还原之后也会提出问题，关
于这一被给予之物如何还能够有科学的描述和规定。也就是说，
纯粹现象被表明是以一种对于它的研究极其不利的方式在时间上
被规定："它们总是在流动，总是来来往往……"在其绝对个体性中
的现象在排除了一切客体的空间—时间性之后不再被固定，并且
个体现象摆脱了描述的确定和规定。

由此，现象学不可能作为一门关于个体事实的科学，不管这些
事实会是如何摆脱了一切超越的含义。与此相对，现象学很有可
能作为关于现象本质的科学。然后，它不再对现象的存在和个体
性方面感兴趣，而只对它们的属和种以及这些种属之间的种类关
联感兴趣。现象学绝没有由此而逾越了绝对被给予性领域，因为
正如现象自身，现象的本质也属于这一领域。①

在 1902—1903 年的讲座——在此之中，胡塞尔总是一再地将
现象学标识为描述的心理学——中，正如已经提及的，胡塞尔将排

（接上页注） 里还只认为是一个纯粹实践问题。在 1905 年判断理论讲座中，关于认识论与现象学的关系胡塞尔也评注道："人们从事总括性的现象学分析，无须考虑认识论的困难，这是自在自为可设想的。"然后当然为了前进："然而，根据实事对自然的研究仍然总是具有形式，即，人们从语词出发，人们通过这些语词表达逻辑之物，语词，比如命题、概念、判断、真理等等。然后，人们在澄清中求助于直观，更进一步说，求助于现象学的直观、最严格的明见性，这样，错误的、与这一本质分析冲突的解释就自动压迫模糊的反思，并且经历到它的抵制。这样，在实践上，判断和认识的现象学与认识论，正如一般来说现象学与理论的、实践的和评价的理性批判相互转化。"（F I 27, 33a）

① 对他在讲座中关于作为本质科学的现象学的阐述之重要的并且自我批评的补充刊登在下文作为附录 A XIV 的文本中，它大约是与关于现象学的讲座部分直接相关地产生的。胡塞尔在其中指出，现象学还原并不因而隐含本质还原，因而现象学始终也陈述个别意识与作为现象学事实的个别体验。

除经验的自我统觉和将现象学描述局限于严格意义上的被给予之物视为避免一种心理主义的认识论的决定性步骤。既然他将体验的自我统觉和它的个体统觉等同起来,那么排除经验—个体的统觉因而就意味着纯粹向现象内容,也就是说,向"最低种差化的普遍之物"的还原。① 以这种方式,我们将在认识现象学中"描述的不是本真的和自然的意义上的心理体验,它被认为是在某些人中的事件。虽然现象学家有体验,但是它们不是作为体验、作为时间上被规定的个别性而被考察,而是作为本质、本质性(Essenz)而被考察"②。在 1902—1903 年这一讲座中的另一个地方,胡塞尔为了排除行为的经验—个体统觉方式甚至已经利用了现象学还原的概念:"重要的不是人,不是他瞬间的行为,根本没有谈及它,它被现象学的还原所排除了,重要的是这些表象的普遍本质、它们的普遍种类……"③

作为一门无矛盾的,也就是说非心理主义的认识论之预设的向着绝对被给予之物的现象学还原与将现象学规定为本质科学的活

---

① "在这里所分析的东西从客观上说是心理现象;但是作为此,它们并非在现象学的直觉中被给予,毋宁说,只是在变异了的笛卡尔式的明见性状况中作为'这个'被给予,这大约已经是最低阶的观念化。因为如果'抽象'意味着,必然有一个个体现象为它奠基,那么,这要是真的,唯当个体统觉是可能的。但是它不必实施。如果我关注'这一现象',那么我纯粹关注它的'内容',它并未被意指为在空间、时间和个体意识中的某物。因而已经是一个普遍之物、一个最低种差化的普遍之物,即便不是亚里士多德意义上的属(因而普遍意义上的具体项)。"(F I 26,84a)为此参阅附录 A XIII,下文第 386 页以下。在这里,胡塞尔同样首先将个体统觉与经验—心理学的统觉等同起来。不过,在文本结尾,这一等同以自我批评的方式受到质疑。

② F I 26,83b.

③ F I 26,165b. "它被现象学的还原所排除了"可能是之后加入的,既然它是超出字行写在边上的。不过,在写作方式和笔墨上它并未不同于其他文本。

动之间的这种关联也在作为附录 A XII 给出的文本中得到明晰的表达,这一文本大约出自1905年夏季学期的判断理论讲座的引论。根据这一文本,对现象在其个体性上的科学规定只有在放弃了现象学的统觉方式时才是可能的。"因为对任何未规定的这里的这个的每一科学规定都将它转变为被规定的事实,并且事实属于自然的关联体、物理的或者心理的自然的关联体。自然是一切事实的全部领域。"

也是在1906—1907年的讲座中,现象学的还原首次终结于本质还原。虽然排除包括本己自我的超越的现实性设定在内的一切超越的现实性设定并没有剥夺体验的个体性,但是没有经验的中介,这些体验无法被固定。彻底无预设的,因而在认识论上无问题的认识只有作为本质认识才是可能的。由此才有可能表述"真正的哲学任务":对于一切理性学科来说就是通过回溯至作为"认识的真正母体"的直觉本质而完成"超越论的任务"。

尤其值得考察至今尚未提及的,在讲座第 II 编结尾处出现的将被意指对象包含进现象学研究领域的思想。将在1906—1907年讲座中的现象学还原的方法本质上区别于过去几年讲座中的排除体验的自我统觉和与此相关的本质还原的东西,是这一将行为的对象相关项作为意向的内在被给予性而包含进现象学的研究领域之中。

在《逻辑研究》中,胡塞尔将现象学局限于"单纯描述分析体验的实项成分"[①]。在行为中被意向的对象仅仅属于对实项行为内容的相即内感知的情况;超越对象由此不被包含进现象学的分析[②],

---

① 《逻辑研究,第二部分》,引论,第21页(《胡塞尔全集》第 XIX 卷,第28页)。
② "对于现象学考察来说,对象性自身什么都不是;普遍地说,它当然超越行为。"(同上,第五研究,第387页[《胡塞尔全集》第 XIX 卷,第427页])

而只有行为的质料——行为通过它表象一个确定的超越对象——被包含进来。在《逻辑研究》中，胡塞尔并不将超越对象的存在或者不存在视为认识论的问题，而是视为形而上学的问题。

XXXIX　　在1906—1907年的讲座中，首先是在向着真正哲学的提升的结尾处，胡塞尔可以说是偷偷地产生了如下洞见：超越对象以正确理解的方式也属于现象学的本质法则性研究。尽管他的通过将其规定为悬搁、规定为搁置而将认识批判的怀疑论区分于独断论的和笛卡尔式的怀疑论已经本真地隐含着将被意指对象包含进来，但是胡塞尔首先只考虑还原的否定含义：通过现象学的还原，一切超越都被排除。"据此，现象学意义上的现象领域包含了每一现时的感知、每一现时的判断，它自身作为其所是，但是无关乎在它之中被感知的、被判断的、在超越的意义上被设定的，或者隐含地一并被设定的东西。"根据这一陈述，胡塞尔在1906年也仍然完全处在《逻辑研究》和他过去几年的讲座的阶次上。只有当他思考一门现象学作为关于通过现象学还原而展开的纯粹现象领域的可能性时，胡塞尔才被引导至认为，悬搁仅仅本真地扬弃对超越之物的素朴的存在设定，但是，超越之物在其内容上作为相关行为现象的相关项正如这些行为现象那样是绝对地被给予的。

这样，超越《逻辑研究》的步骤就附带导致了，人们可能很容易忽略它。在术语学上，现象概念仍然局限于实项内在领域，并且将超越对象包含进现象学的研究之中，这在一些表述中以同样的方式出现，以这种方式，《逻辑研究》已经在对其片面地针对意向活动的行为中顾及了超越对象：当胡塞尔确立，感知的本质包含了，它感知一个对象，并且人们现在可以问，它将这一对象感知为什么，情况就是这样的。① 胡塞尔的发现也仍然没有明显地影响到他在接下来的讲座部分中关于不同客体化形式的展示。

在对这里作为§38刊登的讲座部分的阐述中,最终仍然插入了将作为关于实项—内在意义上的现象的本质学说的纯粹现象学转变为作为关于不仅在实项意义上而且也相关地在意向—内在的意义上的现象的本质学说的超越论的现象学,仅仅几个月之后为胡塞尔1907年夏季学期的"事物讲座"所做的关于"现象学的观念"的引论性讲座显示出了这一点。② 即便或许胡塞尔在这一讲座期间尚未意识到新立场的完整的含义和有效范围,就像接下来对事物意识和事物构造在其片面意向活动的指向上的具体阐述让人揣测的那样,他也仍然能够已经就像一个定理那样说出支配着

---

① 参阅下文第231页。

② 相关性思想与现象概念向体验的对象相关项的延展已经在1906年9月28日的《给科尔内留斯的信的纲要》中得到表达(参阅附录B VIII,下文第441页)。在1906—1907年讲座中表述了相关性思想之后,胡塞尔很快就在1907年1月12日给霍夫曼斯塔尔(H. von Hofmannsthal)的信中重新明确地将被意指的和被认识的对象包含进现象学研究之中。在那里,关于认识之谜唯一可能的解决,他写道:"这个谜要可以解决,唯当我们站在它的地基上,恰恰将一切认识视为可疑的,并且由此不采纳任何存在作为事先被给予之物。由此,一切科学与一切现实性(也包括本己自我的现实性)变成了单纯的'现象'。现在只剩下一件事:超出单纯现象,因而没有预设并且利用任何在它们之中被意指的超越存在作为被给予的,澄清内在于它们的意义;因而澄清,认识本身与被认识的对象性本身意味着什么,并且根据它们的内在本质意味着什么。'认识'的一切类型、形式情况皆如此。如果一切认识都是可疑的,那么恰恰'认识'现象是唯一的被给予性,在我允许某物为有效的之前,我观视,并且在纯粹观视中(所谓纯粹感性的)研究:有效性一般意味着什么,也就是说,认识本身意味着什么,并且通过它和在它之中'被认识的对象性'意味着什么。"(胡塞尔给霍夫曼斯塔尔的信发表于《语言与政治:恭祝多尔夫·施特恩贝格尔六十寿诞》[*Sprache und Politik, Festgabe für Dolf Sternberger zum sechzigsten Geburtstag*,弗里德里希[C.-J. Friedrich]和赖芬贝格[B. Reifenberg]编[1968年],第111—114页。)

他未来的认识论和现象学的相关性思想和构造思想:"认识现象学是关于双重意义上的认识现象的科学,关于作为显现、展示、意识行为——在其中,这些那些对象性展示出来,被意识到,被动地或者主动地——的认识,和另一方面关于作为自己展示着的这些对象性自身。"①

XLI　他关于现象学还原的意义和有效范围的自身理解在出自1907年9月的研究文稿——它们在这里作为附录 B I—IV 被采纳——中获得第一个结论。或许紧接着这些文本,并且与尝试处理1907年秋季的讲座相关,但是也或许与他在1910年秋季阅读讲座文稿和一次可能进一步的加工尝试相关,胡塞尔在讲座不同地方通过边注指出了在讲座文本中缺乏的将被意指对象包含进来。

在他的讲座第一部分中,胡塞尔以关于现象学和先天科学以及和心理学的"正当关系"的一个简要的、总结全部思想过程后果的思义来结束他的科学论和哲学引论。

*

正如他在1908年3月6日的笔记中所写,他在圣诞节之后"尝试简要地提出不同的客体化形式"。在第一部分纲领性引论后,紧跟着的是一部分"现实施行"对意识的现象学的本质描述。这一施行自身只具有图式特征,但是包含了全部理论理性的行为结构和成就。

---

① 《胡塞尔全集》第 II 卷,第14页。

胡塞尔自下面从低级的客体化形式开始他对客体化形式的展示。这一部分在遗稿中无法完全找到。不过,不仅从对这一讲座部分的两个可重构的片段中的评注,而且从几个对在关于高级客体化形式的讲座部分开始前的几个讲座课时的总结性和回顾性指向中可以明确地得知,除了两个片段的论题,胡塞尔还谈及什么。

在这一讲座部分上,胡塞尔不仅可以遵循他 1902—1903 年关于认识论的讲座,而且也可以遵循他 1904—1905 年的讲座。正如在 1906—1907 年的讲座中那样,在 1902—1903 年的讲座中,在引论性系统部分之后是得到施行的认识现象学的提要。也是在这里,胡塞尔自下面从原始认识行为开始:他首先给出对非相即感知的分析,简要地将相即感知与它形成对照,然后分析想象意识和感知意识的关系,简要地谈论物理的图像意识,以便最终处理与这些直觉行为平行的象征意向、专名表象。之后,他转向综合行为和充实意识。

根据 1906—1907 年讲座中关于时间意识的讲座部分开端处的评论——关于它胡塞尔在之前关于"感知、想象、图像意识,以及象征表象和空乏意向"的讲座中已经讲授过了,在 1906—1907 年讲座中关于低级客体化形式的阐述——它缺失了文稿底本——在结构上恰恰相应于 1902—1903 年讲座中的阐述。不过胡塞尔在 1906—1907 年只是简单重复了旧讲座中的相关展示,这一点可以出于内容上的根据而被排除。在 1904—1905 年讲座中,胡塞尔在分析想象意识和图像意识,并且由此也间接分析感知意识时获得新的明察,由此超出了 1902—1903 年讲座中相关的、仍然完全处在《逻辑研究》层次上的阐述。① 在 1902—1903 年的讲座中,胡塞

---

① 参阅"编者引论",载于《胡塞尔全集》第 XXIII 卷,第 LIV 页以下。

尔也没有谈及时间意识。由此，胡塞尔可以不仅在内容上，而且在一系列处理的论题所涉及的东西上动用 1904—1905 年的讲座。在这一讲座中，他同样首先处理感知意识和注意力意识，然后处理想象意识和图像意识，并且最后处理时间意识。

作为 §42 和 §43 刊登的关于低级客体化形式的讲座部分的片段没有形成任何连续的文本。不过，可以肯定的是，关于时间意识的 §43 中的阐述①完成了讲座的这一部分。胡塞尔在这一 §43 中对时间意识和时间构造的描述在内容上并未超出 1904—1905 年讲座中的描述。胡塞尔之后的、大约在 1909 年产生的自身批评的边注非常有趣，在这些边注中，他指出了在原初文本中仍然缺乏的使内容和立义的图式在时间对象的构造方面成为问题的活动。②

从历史上看，§42 的阐述具有重要意义。它们指出，胡塞尔在 1907 年初就已经谈及体验（包括内在感知）在绝对的、时间上流动着的意识中的构造。同样，在出自 1907 年 9 月作为附录 B III 再次给出的研究文稿中，胡塞尔谈及绝对意识问题。

胡塞尔在 1906—1907 年的讲座中给他的听众提供了"关于原初时间意识的几点看法"之后，转向对高级客体化形式、思想形式的展示。为此，他能够动用他在《逻辑研究》第六研究中的明察，但也

---

① 这一关于时间意识的阐述的一些部分被收入海德格尔的《年鉴》版，它关于胡塞尔出自 1904—1905 年讲座关于时间意识的讲座部分，源出于施泰因（E. Stein）的加工。不过，这些相关部分出自 1906—1907 年的讲座（为此参阅"文本考证补遗"，下文第 491 页）。显然，当胡塞尔在 1917—1918 年集中研究时间问题时，他再次阅读了他出自 1906—1907 年讲座的关于时间意识的阐述。在大概 1918 年在贝尔瑙产生的带着标题"时间客体"的文本边缘处，胡塞尔评注道："1906—1907 年讲座（'逻辑学与认识论'）第 14 页以下的简要展示非常好。"（D8，33a）

② 为此参阅"编者引论"，载于《胡塞尔全集》第 X 卷，第 XXX 页以下。

能够动用在 1902—1903 年讲座中相应的阐述。在思想客体化上，他处理的是全新的客体化，但是它们在低级客体化的低阶中具有其类似物。思想对象是在感性对象中奠基的对象。然后，胡塞尔简要地处理了个别的逻辑基本功能，从基础性功能①、同一性功能开始。

为了展示它，胡塞尔选择了一种不同于《逻辑研究》中的系统。在那里，他在与将认识规定为充实综合的关联中处理同一性功能，然后，在此之后的是对真理概念的规定。其他思想功能首先紧随其后在对范畴直观的描述框架中得到表达。与此相反，在 1906—1907 年的讲座中，胡塞尔首先给出关于不同思想功能的简要概观，并且在此之后首先在与对存在概念和真理概念的规定的关联中谈论充实综合。正如胡塞尔在之后的一个重要的边注中以自我批评的方式确认的那样②，他在 1906—1907 年讲座中对真理概念的现象学规定，正如在《逻辑研究》中已经是的那样，是以永恒的本质真理为导向的。

紧随对现象学的真理概念的规定之后，胡塞尔然后再一次给出了对现象学操作方法和理智的现象学理论任务的普遍刻画。理性和意识一般的现象学研究分析在纯粹内在反思中的行为和行为因素的本质和植根于本质之中的本质法则，以便"通过恰恰以被给予之物为导向的语词含义和命题含义"来相即地表达它们。讲座中这些仅仅片段性的分析需要延展至一切属于理智的形式和范畴上，从原始的逻辑形式进展到复杂的可能性。

---

① 关于现象学的功能概念，参阅《观念 I》，§86，第 176 页以下（《胡塞尔全集》第 III 卷，第 1 册，第 196 页以下）。

② 参阅下文第 323 页。

但是，现象学的本质研究不仅澄清分析的、属于述谓形式的先天。行为本质也包含综合的本质法则，更进一步说，一方面涉及意识本质自身的形式和法则，另一方面涉及已经在科学论引论中提及的实在的范畴、事物性存在的先天形式，作为属于事物性客体化的本质法则。通过施行这些关涉综合先天的现象学分析，在形式数学之后，实在存在论和现象学自身也获得了它们在认识批判上的奠基。

XLV　　通过为了进一步的现象学研究而表述这一工作纲领，讲座的全部思想进程达到了一个自然的完成。现象学的起源澄清和由此对科学理论学科的认识论的澄清以及现象学的自我澄清得以成就，尽管部分上仅仅是片段性的，部分上仅仅作为纲领。但是，正如胡塞尔在讲座之前的几个地方所阐明的①，一切自然的经验科学在认识论上应该通过在认识论上澄清科学理论的学科而得到奠基。

但是，与此明确地相互矛盾，胡塞尔现在主张，通过至今的澄清，自然科学作为事实科学的可能性和成就尚未完全得到理解。正如一个边注让人认识到的②，胡塞尔之后大约自己注意到了这个矛盾。经验真理的问题必定与对实在存在论的范畴和法则的现象学澄清相关。

在《逻辑研究》中，胡塞尔局限于对纯粹逻辑学的认识论澄清。但是，由此还未在经验科学的澄清上获得完全的成就，这一点在《导引》最后一段中变得明晰。在这里，胡塞尔指出，经验科学虽然和一切科学一般一样都服从纯粹逻辑法则，但是附加的观念的可

---

① 参阅下文第 166 页。
② 参阅下文第 334 页。

能性条件适用于它们。根据胡塞尔,这些观念条件的理论、经验认识和经验科学的特殊逻辑学是纯粹概率论。从文稿中的相互参照中可以看出,胡塞尔在他讲座的最后部分中极其强烈地以他在1902—1903年的认识论讲座中相应的展示为导向。

在1906—1907年的讲座结尾处提出了认识论的问题,在经验判断领域中的理性证成是什么,是否有这样的东西,并且它是如何可能的。这一证成问题尤其支持普遍的经验判断,它们主张法则的关联。因为即便人们给予感知陈述和回忆陈述以相对的正当性,仍然有一个问题,即人们如何能够在个别感知和回忆的基础上为未来的经验证成一条法则。如果这一证成应该是理性的,那么就存在着先天的原则,根据这些原则,其中一个揣测相对于其他揣测理应具有优先性。经验科学认识领域中的这些理性原则是——这样,胡塞尔就和他在《逻辑研究》以及他1902—1903年认识论讲座中的立场一致——概率原则,这样,为了终极的认识论澄清和建立在其基础上的对经验科学的形而上学解释,就需要"对概率原则的总括性的现象学澄清"。

*

最后,我还想要对附录B的选择做几点评论,并且加以简要介绍。① 附录B I—IV出自1907年9月。与附录B V——它写于

---

① 附录B包含了由编者根据实事的和历史的视角从遗稿中选出的、补充讲座的文本;不同于附录A,这些文本不是由胡塞尔自己作为附录安排给讲座的。为此亦参阅"关于文本的构成",下文第454页。

1908年,但根据胡塞尔自己的说明,部分是对1907年的几张页张的加工——相关,这些文本展示了胡塞尔关于认识论问题的意义、关于现象学的方法、关于现象学对其他科学的态度的基础性思义。即便加工他1906—1907年冬季学期讲座的尝试或许不是这些文本的直接动因,它们仍然可以与胡塞尔多方面表达的意图相关,即,最终公开他文稿中的研究成果。这样,胡塞尔在1907年8月28日给道伯特(J. Daubert)的信中表达了他的希望,"能够澄清和拟定大部分的纲要"①。1907年9月的这些文本在历史上和实事上与他在1906—1907年间讲座中的相关阐述以及1907年夏季学期在"现象学的观念"这一标题下为他的"事物讲座"做出的五次引论性讲座紧密相关。

附录 B V虽然在论题上紧随着1907年9月的这些文本,但仍然需要明确认识,它也只是不久之后就出现了。在术语上回应了从他1907—1908年冬季学期关于"康德与后康德哲学"的讲座开始的对康德的"深度处理"②,其中首先包含了大量运用"超越论的"一词来进一步标识他的现象学。通过这一文本,胡塞尔在他关于作为超越论的相关性研究和构造研究的现象学的意义和任务的自我理解上获得了某种初步的完成。正如在卷帙的内封上的题词所表明的,胡塞尔为了加工《观念》重新阅读了这些文稿。

在附录 B I 和 II 中,胡塞尔首先尝试澄清认识论和现象学相对于其他科学,比如自然科学和科学理论学科的位置。在此,决定

---

① 《胡塞尔年谱》,第107页。

② 为此参阅凯恩,《胡塞尔与康德》(*Husserl und Kant*),《现象学丛书》第16卷,1964年,第28页以下。

性的是如下明察:认识论的和现象学的研究在客观的和自然的科学的畿域外面。根据这些文本,与此相应,认识论也不可以为克服对科学认识的怀疑论上的怀疑这一任务所规定。认识论既不接纳自然科学内部的论证功能,也不接纳科学理论内部的论证功能。认识论仅仅在这种意义上论证科学认识,即,它通过对其本质的现象学研究来澄清和理解科学认识的可能性。然后,当然通过这一现象学的本质研究,胡塞尔也就排除了趋入怀疑论的动机。

胡塞尔出自 1906—1907 年讲座的明察,即,现象学从它单纯用于认识论的功能中解放出来,并且独立为一门关于绝对意识的科学,引导他获得关于一条不依附于怀疑论问题的直接的现象学道路的思想。如果对于胡塞尔来说,在《观念 I》中,从自然态度向现象学态度的过渡作为"我们完全自由的实事"无须任何特殊的动机化,那么在此,这一直接道路的观念规定了他。①

附录 B III 内容丰富的文本是一份典型的研究文稿。② 与之前普遍做出的关于现象学、现象概念和现象学还原的阐述相关,胡塞尔被引导至在体验的本质学说和关于"如其被意指的"超越对象的在体现象学之间的重要区分上。但是在这里,胡塞尔认为,一门独立于行为分析的在体现象学是不可能的。

紧随这些阐述之后,胡塞尔想到颜色几何学和声音几何学的特殊问题,也就是说,谈论一门关于内在的、在主体时间流中构造

---

① 参阅《观念 I》,§31,第 53 页以下(《胡塞尔全集》第 III 卷,第 1 册,第 61 页以下)。
② 关于胡塞尔研究文稿的普遍特征,参阅"编者引论",载于《胡塞尔全集》第 XIII 卷,第 XVIII 页以下。

的客观性的本质学说的可能性。[①] 胡塞尔发现，在这些客观性的同一性上面对的是一个经验上有中介的同一性。几何学、运动学、测时法的情况则不同。这些本质科学无须任何经验的设定，它们是纯粹存在论的，它们规定着自然的观念。从这里开始，胡塞尔回到对一门绝对意识的科学的追求，并且由此关联到时间和自我问题。

附录 B IV 的文本的标志是它明确地凸显了相关性思想和与此相关的构造思想：在认识体验的本质和对象的本质之间存在着一种不可扬弃的关联。为此，这份简要的文本中也包含了对对象性范畴和领域问题的初步指示，其中也包含了理论对象和价值对象之间的关系问题。然后这一问题形成了胡塞尔的 1908—1909 年伦理学讲座和他的 1910—1911 年逻辑学—认识论讲座中的一个重要论题。

上面已经简要提到的附录 B V 接纳了之前文本的动机。它值得让人感兴趣，尤其是因为它大概在时间上直接接近于出自

---

① 胡塞尔大约是受他在 1907 年 9 月初阅读迈农（A. Meinong）的书《论对象理论在科学系统中的位置》(*Über die Stellung der Gegenstandstheorie im System der Wissenschaften*)（1907 年）的激发。在这本书第一编的开始，迈农立刻谈及作为非心理的对象的感觉内容和与空间几何学类似的声音几何学和颜色几何学。在《心理学与感官生理学杂志》(*Zeitschrift für Psychologie und Physiologie der Sinnesorgane*) 第 XXIII 卷（1903 年）他的文章《关于颜色物体与混合法则的评论》中，迈农详细地处理了颜色几何学。迈农的这一作品也在胡塞尔的图书室中，并且胡塞尔至少阅读了它的第一段。
在他关于一门内在一客体显现的本质学说与这门本质学说必然的经验中介的可能性的阐述中，胡塞尔也可能受到他对施通普夫（C. Stumpf）的著作《科学划分》(*Zur Einteilung der Wissenschaften*)——它于 1907 年 3 月出版——的仔细阅读的影响。对于施通普夫来说，现象学是一门关于作为客观之物相对于我们的显现及其结构法则的独立科学。在另一个地方，根据施通普夫，现象学研究需要"实验处处的参与，以便改变对神经的刺激作用"（同上，第 32 页）。

1908年夏末和秋季的研究文稿而产生，在它之中，胡塞尔以证明的形式为超越论的或者说现象学的观念论展示了他超越论的现象学的形而上学后果。① 与此相反，相关性思想和构造思想在这里的文本中还没有表达出有利于观念论的明确的形而上学态度。超越论的现象学通过排除一切经验设定而区别于作为一种经验现象学的描述的心理学。它的问题是"每一类型的客观性在超越论的主观性中的'构造'问题"。为了理解客观性和主观性之间的构造关联，人们必须追寻行为之间的目的论的充实关联。在存在与意识之间的必然相关的基础上，超越论的现象学属于一切存在论。

出自1908年9月的简要的附录B VI属于胡塞尔关于认识论的意义和方法的自我理解的关联体。它在内容上在某种意义上紧随着出自1907年9月的前两份文本，它们由此凸显出了客观科学和认识论之间的彻底的差别，即，在它们之中，怀疑论问题的解决不被视为认识论的本真的任务。在1908年的文本中，胡塞尔在这种意义上严格区分了科学的意向活动—逻辑学的完成——它的理想是一门这样的科学自身——和对认识可能性的认识论的澄清。

附录B VII包含了出自1908—1909年冬季学期关于"旧逻辑学与新逻辑学"的讲座的一个部分。这一部分文本为胡塞尔在1906—1907年讲座中关于形式学科的系统建造的阐述提供了重要的补充和推进。在这份文本中，胡塞尔尝试指出，尽管一切形式学科相互依赖，形式数学的阶次建造如何可能。

作为附录B VIII，除了已经提及的私人札记，最终通过胡塞尔的"1906年9月28日给科尔内留斯的信的纲要"收录了第二份传

---

① 关于这些研究文稿，参阅上文第XXIV页。

记文献。在 1896 年末,胡塞尔写了一篇关于科尔内留斯的著作《存在判断理论的尝试》(1894)的详细书评,关于它,当然只有一份节本发表在《关于 1894 年的德国逻辑学杂志的报告》中。① 在《导引》第 9 章和《逻辑研究》第二研究中,胡塞尔严厉批评了科尔内留斯的《心理学》②,根据他的看法,这本书追求对逻辑学和认识论在马赫和阿维那留斯意义上的思维经济学的论证,并且"展示了一种尝试,在现代心理学的基础上全面地施行心理主义的认识论,像它曾经被认为的那样极端"③。但是,看起来胡塞尔和科尔内留斯只在 1906 年 9 月和 10 月相互通信。④ 现存的信件草稿包含了对现象学的起源澄清和发生说明之间的区分以及对现象学和描述心理学的划界和关系的几点确切的阐述。胡塞尔将通过进行现象学的还原——它尤其扬弃体验的自我统觉——"将现象学研究分别于心理学"视为"一种彻底和真正的理性批判的可能性预设"。

*

正如所有迄今为止的卷册那样,《胡塞尔全集》版的这一卷能够出版,也只是因为编者得到不同方面的支持和大力协助。这样,我想要在这里特别感谢全集版的领导者伊瑟林(S. IJsseling)博士、教授和波姆(R. Boehm)博士、教授的信任和持续的支持。我

---

① 参阅《胡塞尔全集》第 XXII 卷,第 136 页以下,第 357 页以下。
② 科尔内留斯,《心理学作为经验科学》(Psychologie als Erfahrungswissenschaft),莱比锡,1897 年。
③ 《逻辑研究,第二部分》,第 206 页(《胡塞尔全集》第 XIX 卷,第 211 页)。
④ 关于这次通信,参阅"文本考证补遗",下文第 529 页。

尤其感谢鲁道夫·贝奈特（Rudolf Bernet）博士，他在文本组织、文本选择和注明文本日期上帮我解决了许多问题。我也要感谢他为这一引论的撰写提供的富有价值的指点。我和雷托·帕潘（Reto Parpan）有过几次关于本卷大小问题的有用的谈话。我想要感谢我的妻子在誊清稿的校对和制作上提供的帮助。最后，我衷心感谢玛丽安娜·莱克博尔-吉费斯（Marianne Ryckeboer-Gieffers）女士的合作。她在校对、打印稿的产生和打印校样的校勘上给了我许多周到的帮助。

乌尔利希·梅勒（Ullrich Melle）

第一编

纯粹逻辑学作为一门形式科学理论的观念[①]

[①] 关于讲座的第一、二编,参阅附录 A I:关于逻辑学与认识论的讲座(1906—1907年)内容(第359页以下)和附录 A II:哲学·论通常意义上的科学与哲学的关系(第363页以下)。——编者注

〈第一章 从精确科学出发刻画逻辑之物〉

〈§1 初步区分逻辑学与心理学〉

人们普遍地,并且已经几千年来在逻辑学与心理学之间做出了区分。不仅心理学与思想和知性相关,逻辑学也是如此。对你们来说,这肯定不是什么新东西。从一开始,你们就已经将这样一种观念与逻辑学这一名称联系起来,即,它是一门科学,这门科学与确定的思想——更确切地说,其目标为真理的思想——规则、规范相关。此外,你们也熟悉这样一种观念,即,真理恰恰是一个目标,因而不是自动地并且从一开始就被给予之物,而是说,它必须以某些方式,通过某些固定形式的思想程序,通过所谓的方法而达成;进一步说,所谓的逻辑法则是这样一些规范,人们必须依照它们,或者很好地遵循它们,如果他想要现实地实现这一目标,并且如果有方法的道路应该是现实可行的。这已经表明了——即便还只是以模糊的并且绝不充分的方式——关于认识和(一般地说)思想的逻辑学与心理学之间的某些区分。

心理学与每一种思想相关,每一种思想——甚至错误的思想——都是心理活动。此外，逻辑学与思想有关，倘若它有方法地朝向一个目标、真理目标的达成，仅仅与以这种方式朝向的、正确的并且意在正确性的思想，也就是与逻辑的，或者确切意义上合乎知性的思想相关。**通过这一目标，通过正确性的观念，规范这一对逻辑学来说本质性的概念就进入到了它之中**。心理学并不进行规范，物理学也同样如此。前者是关于心理自然的事实和事实法则的科学，而后者是关于物理自然的事实和事实法则的科学。物理法则是自然法则，它们说的是，各种各样的物质和能量普遍地以如此这般的方式运作。同样，心理学谈论心理体验的事实作为，谈论规整它们在给定的心理与心理—物理关系之下的往来变化的法则。但是，规范说的不是"情况普遍如此"，而是说"情况应该如此"；思想应该具有这样的形式，否则它就不是或者不可能〈是〉正确的思想，它达不到真理的目标。这可以暂时提供一种看法，一种关于一方面心理学和另一方面逻辑学处理思想的方式的某种不同之处的看法。

与这一暂时的对心理学和逻辑学的区分相关，我们也逐渐注意到，在我们上述的那种考虑中，并且尤其是在将**逻辑学称为一门"思想学说"**时，**思想概念**并非包含一切属于理智领域的行为，而只是包含所谓**更高层次的行为，也就是说，只有在这一层次上才谈及有方法的针对真理的目标**。这样，比如，我们并不把我们必须也归属于动物的思想称为逻辑的思想。动物具有感知，事后它有回忆，它通过习惯性的或者本能的期待而超出当下和过去。在某种意义上，动物也具有经验，它也"判断""统握"，它也"推论"，但是所有这些都不是逻辑意义上的，正如自然人和在广大的日常精神活动领域中的人也并不以确切意义上的逻辑来思考，也不逻辑地行事。

但这说的是什么？**什么构成了在低级和高级的、本能和逻辑的表象方式之间的这种区分？**即便我们还不打算深入到去理解它的最终极的和最深刻的理由，我们也仍然必须进一步澄清它，以便我们首先能够对它做些粗略的区分。现在，当我们涉及科学事态时，情况看起来最为简单：正如动物虽然有想象力，并且喜欢游戏，但是没有艺术，它有感知和经验，但是没有科学。"科学"这个词立刻引导我们的思想前进。动物没有语言。科学本质上是以语言的形式来进行。不过仅仅这一点还不构成区分。语言不仅表达思想，而且也表达感觉和意欲。进一步说，错误也以语言的形式进行，空乏的争论、夸谈都以语言的形式进行。

科学纯粹以真理为目标。它让我们争论的不是意见，不是主观信念。它不是要影响感受，比如通过修饰讲究的话语，就像修辞学那样，它不是想要使我们出于伦理—政治动机或者其他的实践动机而在某种党派立场上获得胜利。它的畿域是最冷静的实事性。并且，它只承认一种强制和动机，有良好根据的强制。**科学进行论证**。它确立它的出发点，在此基础〈上〉进一步前行。它所确立的是真理，首先是最简单的基本真理。我们不是根据担保或者权威而相信这是真理，而是说，我们看到，我们把握它自身，并且毫无疑问地，我们看到，以这种方式确立的东西不是模糊的意见、空乏的想法或者臆想，而是说，它是一个被给予之物，怀疑它是没有意义的。虽然一切科学起初都是始于模糊的、从非明察的经验中发展出来的日常生活意见。但是科学通过对它的批判、通过有方法的工作而发展起来，这种工作以明察的方式造就被给予性和被规定性，首先取得稳固的出发点。并且以某些在明察的行为中自身展现的有方法的形式，它提升至越来越远离日常意见和看的真理。科学不在于直接的把握和看，而在于间接的推导和论证。它进行比较和区分，它进行分类，它从被给予之物中得出结论。它通过推论建造起证明，通过证明建造起理论。并且所有这些都是关于某种特有内容——论证的说服力和明见性都依赖于此——的方法程序。当然，理性的确立和论证也已经存在于日常生活的个别情况之中，但是只有科学原则上排除一切并非明察的、可明察的判断动机，它不允许任何步骤没有得到有方法的保障，并且通过它的有方法的形式而为得到论证的思想的说服力提供了完全确定的和可见的保证。

〈§2 一门关于逻辑之物作为科学一般的本质之科学的观念〉

在昨天的讲座中，通过几个直接的，并且初学者最容易想到的思考，我们尝试使得思想的心理学，或者正如人们也会说的，认识的心理学与逻辑学之间的区别变得可感，并且通过最粗略的轮廓使得它变得可见，并且，我们尝试在**广义的思想和狭义的逻辑意义上的思想**之间的区分上获得同样的成就。我们最后处理的是后一种区分，它应该有助于深化和澄清第一种区分，并且，它由此而同时有进一步的目标，去帮助我们提出一个比我们一开始所运用的内容上更加丰富并且更加深刻的作为逻辑思想之科学的逻辑学观念。

我们按照科学来指导逻辑思想的观念。科学提供给逻辑之物显著之物(κατ' ἐξοχήν)。它自始至终是逻辑的。它特有的思想或者至少它本质性的思想代表了一个更高的理智层次。我们并不将这样的思想归于动物,虽然它也以它的方式具有理智,具有感知和经验,进行推论,等等。但动物也没有科学。低级的、非逻辑的思维方式是人和动物所共有的。我们当然并不总是逻辑地思考,我们也不总是进行科学活动。虽然在前科学的表象和判断中,尤其是在自然人的情况中,而且也在我们自己日常实践活动领域的表象中,思想行为个别地出现,我们可以主张它们是逻辑的,并且是和科学本质上同样类型的:得到良好论证的判断、以逻辑的方式严格进行的并且得到论证的推论。但是,这也只是偶然发生,并且只是短暂的。但是,在一切现实的科学思想过程中,科学,真正的科学原则上排除低级的思维方式;进入科学统一体中的东西都具有逻辑的功能和逻辑的特征。因而,在它上面,我们必须研究,什么本真地是逻辑之物。不过,在我们这么做之前,在我们为刻画逻辑之物而勾勒出最初的草草几笔之前,在我们面前已经浮现出了一种逻辑学的观念,它将这门学科置入与科学观念的本质性关联之中。既然科学自始至终都是逻辑的,并且根据其本质绝对不允许包含任何逻辑上无意义的东西,那么很显然,**逻辑特征对于科学特征来说是构造性的**。因而,不管涉及的领域有多么的不同,一切科学都具有本质上的共性,作为科学的科学当然从本质上是通过我们尚未进一步认识的逻辑特征所包含的东西来刻画的。

但是,如果情况如此,那么这样一门科学就必定是可能的,它**处理科学的普遍本质本身**,因而它教导我们关于一切必须归于整个现实的和可能的科学的东西，如果它们要配得上科学这一尊称的话。一言以蔽之，必然有一门**科学论**。那么，科学论因而就是关于**逻辑之物本身的科学**。

我们更加经常要处理的逻辑学概念是一个非常多方面的概念，这就是说，存在着人们可以给予逻辑学科的不同的广义和狭义的界定，或者同样地，存在着不同的、部分一致和部分重叠的学科，它们共有同一个名称：逻辑学。不过这里已经很清楚了：有一个逻辑学的概念肯定可以被正当地理解为，它与**关于科学一般的科学**、科学论相合。这一等同只是给出了一小点并且已经自我证实了的前提，也就是说，在科学之外，逻辑之物并没有显示出任何相对于在科学中出现的而言的特殊形式，因而，在科学中的——在现实的和可能的科学中的——逻辑之物原则上包含了一切逻辑之物一般。

⟨§3 科学以明察的论证为目标⟩

如果我们现在把握住了这一逻辑学的观念，那么，我们计划的对逻辑之物更确切的刻画就有助于更加确切地刻画这一观念自身。根据我们处处都遵循的归纳和抽象方法，让我们现在看一看任意的科学或者科学的思想过程。在它们之中处处都有具体的逻辑之物被给予。我们当然可以使它作为被给予我们之物而现实地起效。当然，我们已经从不同的科学，更进一步说，从真正的和现实的科学那里知道了很多东西；我们在实践中得到培养去理解真正的科学，并且在这方面我们是依照最好的并且最无疑的科学，比如数学或者精确的物理学,而非比如招魂术、巫术以及类似的神秘的伪科学。① 这一归纳的思路不会带来损害——唯灵论者当然可能会主张,他的招魂术是真正的,甚至唯一真正的科学,并且只有在它之上才找得到科学的典型特征,这一点将表现在我们的明察以后的推进上。

现在我们问,特殊的科学之物或者逻辑之物是什么,比如在欧几里得几何学或者现代物理学的思想过程中?我们最近已经说过:科学追求真理,并且将它把握为规定道路的目标。**科学并非单纯地主张,科学想要使人信服**:但是它并不想要夸夸其谈,而是想要通过根据来使人信服。科学并不随意立论,科学进行论证。科学(Wissenschaft)的名称来自知识(Wissen);但是,科学所陈述或者主张的东西,在最大程度上是通过有方法的立论形式才成为知识的,与此形式紧密相连的是如下明察:这里所说的东西,不仅仅被说出、意指、主张,而且客观上有效,它以某种方式有立足点,这样,没有反论有助于松动这样的保障。我们现在要进一步研究这种情况。

科学给出明察,而非盲目的信念。明察在这里意味着**以明察的方式得到论证的**信念。它不是任何未被动机引发的信念。此外,不管信念可以是如何有动机引发的,如果它为盲目的习惯、感受和类似的其他动机所规定,那么它在逻辑上就被视为未被动机引发的、未被论证的、非理性的。那么,它就不是为实事的理由(ratio)所要求,而是不同的,为非实事的动机所要求。在对实事

---

① 毋宁说,分析的道路(类似于康德在《导论》中的说法)。

的表象和合乎判断的权衡中——在这里,总是科学提出一个陈述,并且主张为真——存在着一个正当根据(Rechtsgrund),并且它是可见的,对于任何能够完全整体地实现科学所预先规定的论证思想过程的人来说都是可见的。因而,然后"明察"被给予了。看的比喻显然说的是,在逻辑上得到论证的信念上,比如,在得到论证的设立的公理或者在论证关联体中得到证明的定律上,已经存在着一种可直接把握的特有特征,这一信念在论证的思想过程中,更进一步说,作为它的结论部分而具有这一特征。在这一现时进行的论证关联体中,被论证者显现**为**,更进一步说,在和在这一意识统一体中一并被给予的正当根据的关系中显现为得到了论证的。并且这些正当根据自身被刻画为给予正当性的、引发正确性的,也就是说,涉及展示为通过它得到论证的信念。在精确的科学论证中,完全起支配作用的是这一典型的、每一个人在例证中都能看到的动机引发,并且在此,它不是作为含混臆指的动机引发而活动(就像比如在模糊的谬误推论中那样),而是完全被观视和被给予的,并且是在其被给予性中可直接把握的。

对于这一逻辑明见性,对于这一被论证的信念的明察性(在此之上,被论证这一特征直接被观视),我说:这一逻辑的明见性显然完全不是如信念的一种特别的**稳固性**或者"**强度**"。一个信念可以具有**最强的稳固性**和**最大的生动性**,无须由此在逻辑上得到一点点论证并且是明察的。反之亦然,可能缺乏这两者或者其中之一,尽管有逻辑的明察性。**生动性**(关乎感受色彩)甚至与明察性成反比。人们不会为了逻辑明见性而激动不已。完全确凿的和逻辑上明察的真理,比如 2 加 2 等于 4,很少带着特别的生动性吸引我们。信念的稳固性也无关紧要,既然一个得到论证的信念可能会失去,一旦论证的思想过程已经终止,比如因为对立的感受动机或者其错误未被认识到的被视为确定的反信念,或者因为未被注意到的多义性,这些多义性完全改变了认识的意义,等等。

此外,人们不可能向任何人指证逻辑的明察性特征,它如何不同于盲目的,并且不管如何稳固的信念,而只能指示出它,就像指示出一切只是在直接的观视中的给予者。甚至在日常的感性感知中,情况也没有什么不同。人们只能去感知基本的感性素材,比如颜色或者声音,所有间接的指示都只用于让他人注意到,他的感知可以在此发现我们〈已经〉看到的东西。如果他一再声明,他没有发现它,那么我们对他也爱莫能助。感知不是需要论证的东西,为此,它自身给予根据。并且这同样适用于明察性。我可以预设,在无偏见的考察上,你们不会留有任何的怀疑。

在你们的科学经验中,你们发现手边有足够的例证来把握逻辑明察性(作为论证的明察性)和非逻辑的信念之间的区分。每一个真正的公理都是逻辑上明察的,更进一步说,直接明察的。比如,我们看这一定律:我们通过单纯将 a 和 b 这两个集统一为一个集,这个集是一样的,不管我们是将 b 这个集附加给给定的集 a 还是相反。这一定律是非明察地被陈述的,如果我合乎习惯地说出它。它立刻具有了逻辑论证的特征,如果通过检验和论证,我们从陈述回溯至直观,这意味着,如果我们在某个例证上澄清定律本真的意义,并且现在看到,类似情况总体有效。在这里,向"直观"的回溯和对它进行的直觉的总体化是造就明察的东西,是以逻辑的方式进行论证的东西。

情况会更加简单，如果代替**可以直接论证的普遍陈述**，换句话说，代替**公理**，我们取一个关于**单一事实**的陈述。这类陈述或者信念也允许直接的论证。比如，如果我感觉到一个声音，然后又感觉到一个声音，并且根据将这两个声音现时地联结起来的相似性意识的统一体而陈述，这个和那个声音内容彼此相似。我的陈述不是无根据的，它不只是绝对地说"情况如此"，而是说，我看到了事况自身，我所说的东西恰恰就是这一被观视的东西；我明察到，我的陈述在直观意识中有其论证。

在所有直接明察的论证的情况中，信念、现时进行的陈述得到了绝对的论证，真理绝对地被给予。在其他情况中则不同。陈述的**间接论证**形成了一个巨大的论证领域，并且在谈到论证时，我们甚至倾向于优先考虑这样的论证。在此之中，陈述的有效性、真理并非直接被给予，而是在间接根据的基础上以明察的方式被接受。陈述有效，是因为某些先行的陈述有效，或者至少被接受为有效的；或者它们之前得到了论证，或者它们没有根据就已经被接受为有效的。在间接的论证行为（任何明察的推论、任何明察的数学证明都为此提供了例证）中，真理自身并未本真地以明察的方式被观视，并且被论证的陈述的真理绝对如此，而被观视的只是"情况如此"的主张植根于事先给定的根据或者前提之中。然后，被推导之物和被表明之物的值就进一步依赖于它的有根据或者无根据。但是，不管情况如何，相对有效性的明察性、间接论证的明察性、在假〈定〉前提下的论证的明察性仍然成立，它是对被证明的命题本身的意识中的典型特征。它使这一命题明确区别于盲目的、武断设定的或者通过非逻辑的动机而引发的信念。

〈§4 揣测的信念与概率论证〉

我们至今已经谈到通过为其奠基的对所陈述事态的直观而对一个被表达为陈述的信念的直接论证。并且还谈及通过植根于其他先行的信念中的推论或者证明而对一个信念的间接论证。在这两种情况下，我们是在信念下理解确定性。因而在每种情况下都是对"情况如此"的意识，对一个真的，一个存在着的、成立着的事态的意识。现在我们必须补充道，**也有这样的信念，它不具有完全的确定性特征**；或者如果我们进一步观察它们，并且权衡它们真正的意义，我们不愿意坚定地并且严肃地说，情况如此，而是"情况大概如此"。我们更确切地称它为**揣测**（Vermutungen）：不过，在此所理解的不仅仅是懒惰的揣测，而且也是那些具有强大丰富的概率意识的"信念"，就像它们在一切经验科学中处处出现，并且径直以稳固的陈述形式说出的那样。实际上，关于最著名的和根基最牢靠的**自然法则**的陈述，比如重力规律、力学的基本规律等，虽然具有信念特征，但是绝不具有比如像数学家的信念那样绝对的确定性。每一个自然研究者都知道，一个自然法则只是在通过未来的经验而进一步加强的条件下而起效，并且非常有可能，经验范围的扩展会强迫他改变在狭窄的经验范围中非常可靠的自然法则。这其中已经隐含了，他并没有赋予对这些法则的陈述以完全确定性的值，而只是赋予了经过良好论证的并且与经验认识至今的状况相关的概率性的值。或者同样地：这些信念具有"揣测"性，如果我们保留这个区分性的并且现在不再令人误解的表达的话。

从上述内容中就已经得出了，**在揣测信念的领域中**，就像在确定信念的领域中那样,也有论证这样的东西。在这里我们也区分模糊的、逻辑上未动机引发的、未被论证的揣测和此外得到论证的揣测。并且也有直接的和间接的论证的区分。日常生活的揣测意见大多是未动机引发的,也就是逻辑上未动机引发的;当细致的逻辑—科学的考虑只检测到一点概率性时,我们却视这个那个为最有可能的,当绝对不是迷信愚昧时,我们却认为根本没有任何的概率性。在科学中情况则不同。

主导着事实科学的逻辑工艺的主要部分是**概率估值和概率论证的工艺**;它处处起着最大的作用,甚至在并未明确地谈及概率性的地方也是如此。当一打训练有素的观察者利用同样充足的工具比如来确定同一颗星的位置时,确定它的数据从来都不会是完全相同的。这样,哪一个确定了"真正的"位置?现在,天文学家根据"最小平方的方法"从它们之中评估一个最大概率的值。他并不主张,这是真的值,具有绝对的确定性。但是,它是根据现有的观察而最有可能的;接受它是唯一正确的和理性的,只要没有新的观察使得更好的、更有可能的规定得以可能。这同时也是关于**在概率判断领域中的间接论证**的一个例证。并且每一个普遍命题的论证,比如某个自然法则的论证,都是这样的。

此外,这里也有**直接的论证、对概率性的直接逻辑的明察性**。虽然我们比如非常清楚,**回忆**会出错,并且它经常出错,但是我们仍然信任回忆。并且这是有根据的。无论如何,一个陈述——通过它我表达了我自己想起来的一件事——并不是未被论证的。它不是空乏的、无根据的随口说出的话。并且它显然直接植根于回忆,但是不是作为确定性而得到论证的。它所陈述的东西,对于我来说不是像在"情况如此"的直接明见性中那样作为真理而被给予；过去了的事件甚至就在于，**我并非观视它自身**，它并非自身被给予，并且现在只是恰当地通过陈述来表达。但是，"它曾经存在"这一信念具有其理性的"分量"，也就是"根据"，更进一步说，直接明察的"根据"。

通过这些关于作为在得到论证的确定性和得到论证的概率性中的明察的逻辑明察的考虑，我们已经获得几个对于**逻辑之物的本质**、**科学之物的本质**的有价值的认识。但是，我们还不可以满足于此。

〈§5 间接论证的建造作为科学的任务〉

首先我们在这里做一点评论，如果科学，正如这个名称所说出的，指向知识，那么，这首先只是说，它指向一切主张中的明察的论证。也就是说，知识无非就是**现时的或者潜在的明察**。每一个写在科学教科书中的证明都是可能的明察的来源；每一个具有充分能力和训练的人都能够想通这一证明，并且达成对它的现时的明察理解。现实的明察只在于这一推论和证明的思想过程现时进行的瞬间。所有其他的都是潜在的明察，是禀赋性的知识，是作为能够实现那些习得的或者文字记录下来的推论、证明、理论的稳固禀赋的沉淀而现存的。

以此为前提，我们认为，一门真正科学的知识内容是统一地以陈述句的形式记录下来、关联起来展示在一本教科书之中的。什么构成了这一统一体、这一关联体？所有在其中记下的东西都是得到论证的,是在上述意义上潜在的,每一个受过训练的人都可以现时地进行论证,并且明察地观视证成者。但是统一体由此就已经被给予了吗?科学当然并不就是命题的堆积,不管它们如何得到了论证——它当然并不分解为无关联的彼此并列的命题,也不是彼此并列的证明,甚至理论的堆积。如果我们在一本书中发现写在一起的几个数学命题和数学证明,几个物理学的,几〈个〉化学的,等等,那么其中的个别命题和证明或许会是完全科学的,但是整体还不是一本科学教科书,而是不同科学的堆积。缺乏统一性。如果我们设想将欧几里得几何学的奇妙结构分解为它的命题和证明,并且任意地将它们混乱杂陈:这还会是几何学吗?

我们注意到,**科学的统一体是一种建筑学的统一体,命题与命题、论证与论证以系统的方式联结起来**,就像实事和论证的自然秩序,以及由此对研究领域合乎认识的掌握所要求的那样。并且,即便在这里有各自不同的方式来建构一个建筑学的统一体,这样,对于同一门学科来说有不同的展示、不同的体系建造的可能性,**但是,总有并且必然有一个建筑学的统一体,它赋予命题和论证以稳固的秩序和相互关涉**。在此特别重要的是法则性说明的科学,逻辑学尤其总是以此为导向。我们以数学或者理论物理学等为例:在这里,我们发现命题在命题之上,因而通过间接论证而建造起来。

理论统一体、多个理论统一为一门具体学科的统一体,一切具体学科统一为一门总括它们的全部学科的统一体,所有这些统一体都只以间接论证统一体的形式存在。为了理解这一点,我们回到最近说过的**直接论证和间接论证的基本区分**。这一区分不在于我们偶然的禀赋、我们的智力训练与技能,它不关乎心理状态、心智构造的偶然偏好,不关乎情绪和运气,不管我们是直接明察真理,直接把握和观视它,还是说,我们明察它作为通过事先被给予的真理或者信念而间接得到论证的。毋宁说,实事的本性在于,无数的确定性都**仅仅**会通过间接的论证而明察地得到证成,因而绝不会直接地通过回溯到相应的直觉而被把握为朴素的被给予性。此外,这同样适用于整个概率性领域,并且也普遍地适用于确定性和概率性的关系。

以毕达哥拉斯定理为例吧!我们可以努力以直觉的方式当下化它的内容,比如通过画出斜边或者直角边:一种直觉——它直接明察地向我们论证这一定理的有效性——并未出现。如果我们没有进行证明,那么我们就不会明白,在诸条边之间是有另一种还是根本没有合乎法则的稳固关系。只有通过最终奠基在直接明见的公理之上的证明,我们才明察到,情况恰恰如此,并且必然如此,也就是说,平方,等等。并且当我们进行证明时,情况处处如此:普遍来说,当我们进行间接的论证时,也恰恰并不直接具有明察。并且恰恰因此,一切科学都充满了间接的论证,甚至就其记录的内容而言,它只包含这样的间接论证。

间接的论证在科学展示中得到其充分的、一步一步的表达;它们通过语言记录为陈述命题的联结,因而它们在命题与命题之间建立了一个关联体。当然,间接的论证奠基于直接的论证。但是,只能直接论证的东西在科学中是简单设置起来的。对于直接的真理和概率,科学也不⟨能⟩操什么心,并且它也不能做别的什么。能够被直接明察的命题只能简单地被设置起来,并且它的直接有效性只能被主张。每一个人都可以自己去看,然后他肯定会发现它。

15 **能够直接观视的东西当然只能被指示出。因而科学本真的事务是建造间接的论证。**无数的事态要能够成为得到理性证成的主张的对象，唯当它们以某种方式与其他的事先被给予之物，并且在最下层与直接明察之物相联结，〈它们〉只在这一关联体中才明显地得到明察的证成，这一基础事实首先使得〈它们〉在科学上得以可能和可理解。

这就产生了一个任务，即，超越直接被给予性的领域。引导我们以系统的方式超出这一领域，这就是科学的意义和成就。科学就是不再自明的，而毋宁说是奠基在自明之物之上的东西的领域。现在就涉及，以合适的方式聚集和联结自明之物，由此产生新的、不再自明的东西。

如果允许一切真理都通过直接回溯至明见化的直觉而有**直接的**论证，如果这样的使之明见（Evidentmachung）至少对于每一个具有充分的天赋、某种心智结构、合适的准备的人来说都有可能，那么人们绝不会想起去建造证明和理论以及科学。主要的事情就只会是给自己创造有利的禀赋，然后睁开眼睛去看。我们不在这一有利状况下，人们可以称它为智性的安乐窝。我想说，思想不是如此简单、如此无聊的。只有在相对而言极其有限类的事态上，并且就其构造而言在最简单类的事态上，对直接论证的明察才展现出来。相应类的陈述我们称为"**自明之理**"。现在对于认识来说非常重要的是，有自明之理，有直接明察的确定性和概率性，而之所以是重要的，是因为它们以基石的方式最终承载着整个知识大厦，而它们本身又是如此无趣的、平凡的。**只有作为一个将要建造的理论认识的建筑学整体的基石**，它们才获得了它们的重要性。我们在直接的感知陈述或者回忆陈述上或者直接的数学公理上会有什么,如果在此之上没有进一步建造什么?我们的知识会是多么的贫乏,如果我们只知道,1 + 2 = 2 + 1,两个量等于第三个量,等等,或者两条直线只能相交于一点以及其他同样的自明之理,如果由此什么也没有证明,那么,由此也没有奠定算术、几何。**但是,如果一切真理都要直接明察地被观视,那么一切就都是自明的和平凡的**。科学的狂热就没有任何意义,甚至科学自身也没有任何意义。但是,事实上无数的真理都只是可间接论证的,因而并非平凡的。需要证明和方法。

并且,所获得的新的明察——它间接获得它的正当根据——自身现在又能够与其他明察一起为更加新的明察提供正当根据;人们只需找到合适的排列和联结方式。这是科学特有的事务,并且,更高的、更宽泛意义上的逻辑之物在此之中被给予。因而这一逻辑之物属于一切科学的本质。但是抽象学科、法则学,比如数学、理论化学和理论天文学具有特殊卓越的地位,因为在它们这里,论证建造的系统化完全规定了科学的系统化,这在具体的学科和自然历史学科中不再以同样的方式发生。不过,我在这里不能对此加以详述。不过,"论证的系统化"——一种确定的在论证自身中先示的秩序——意味着什么,这一点必须首先得到澄清。

〈§6 每一个论证都服从论证法则〉

现在,我们必须将我们的目光更加专注于论证的本质,更进一步说,**间接**论证的本质,如果要进一步讨论论证,就总是会涉及它。

其中包括一切简单的推理推论，一切复杂的推论网、证明、理论。

通过更确切的观察，现在**某些异常引人注目的共性**就浮现出来。它们在所有澄清活动中都是非常重要的，这样，它们一定属于任何逻辑学的顶峰，虽然至今的逻辑学都忽略去考察它们。我自己在这里利用了我的《逻辑研究》第Ⅰ卷第 17 页中的阐释。①

在通过比较来考察某些论证时，首先让我们注意到的是，它们**具有稳固结构的特征**。为了通过论证获得一个命题（作为确定性或者概率性的表达），我们不能选择任意的信念或者任意的命题作为出发点。在论证思想过程的推进中，我们不能加入任意环节，排除任意环节；注意，如果整体恰恰应该具有明察论证的特征的话。这并不是说，对于每一个命题，比如对于每一个数学命题来说，都只有一个证明。在大多数情况下都有多个证明。但是通常来说，每一个都是上述类型的自身稳固结构的统一体。

第二，我们注意到——这也更加引人注目——每一个论证都**有其形式**，并且这一形式在一切情况下都包含了一个**论证法则**。这里所说的将很快得到澄清。明察"结论命题 S 有效"，与明察"在证明中所诉诸的前提 P1，P2……有效"紧密关联。（在这里怎样的命题被视为前提，这一点对于你们来说想到几何学的操作马上就清楚了。你们知道，人们从某些已经得到证明的命题出发，并且人们并没有通过回溯至另一个或者一些命题，或者如果有必要，回溯至其他在证明过程中得出的并且已经得到证明的命题，或者回溯至公理，而进行推论。我说，这样，这一结论命题的明察的真理与

---

① 参阅《胡塞尔全集》第 XVIII 卷，第 32 页以下。——编者注

前提的明察的真理紧密相关。)

人们可能首先会想到,我们的精神构造的特点就是,在预设了某些正常的心理关系的情况下,S 的得到论证的明见性要出现,恰恰总是当之前 P1,P2……以一定的秩序在意识中产生时。人们或许据此而认为,有可能通过合适地改变我们的构造,S 的明见性就或许可以联结着完全任意的其他系列的前提,比如 P′1, P′2……或者,也可能在我的头脑中以有利的方式排列起来的东西,在另一个人的头脑中则以其他的方式来安排,在同样的心理状况下,在他那里,S 可能与某个任意的前提系统处于给定的关涉之中。一句话,人们可以设想,**结论命题和前提之间的关联虽然是主观上必然的**,但是因而也仍然**是偶然的**。

但是实际上,具体情况并非如此。一切证明都服从**普遍的、自身明见的法则**,因而它们绝对不可消解为思维法则,这样,**每一个确定的证明都服从这样的法则**,它不仅为这一证明奠定基础,而且**作为其有效性原则而为无穷多的可能证明奠定基础**。一些例证将会阐明这些思想,并且同时阐明它们的真理。

首先要注意到,每一个证明、每一个理论整体一般都由论证元素组成。每一个证明都有诸多证明步骤,并且简单的证明步骤就是简单的推论。关注这些简单的推论就够了。因为关于这些推论我们所显示的东西也适用于复杂的整体,正如人们很快就会相信的那样。

因而,我们选取任意一个简单的推论,不管它现在是自身孤立的还是作为一个总括性的证明整体的环节而出现,并且我们完全完整地表达它的思想。因而,我们并不使用某个通常非常简要的说法,它压制了自明的思维步骤,并且只是明确表达出目前需要强调的部分。比如,当我们在一个关于方程式的数学思想过程中说:这一方程式是四次的,因而它允许代数学的解答,这样,这是一个得到简要表达的推论,完整表达如下:

一切四次方程式都是可以在代数学上解答的。这一方程式是四次的,因而它是可以在代数学上解答的。

我们马上看到,这一推论不是孤立的和偶然的,而是说,无数其他的推论与它共同具有这一个原则、这一个形式。比如它在原则上是同一个推论,如果我们在语法学上说,$\pi o\iota \acute{\epsilon}\omega$ 具有一个 S 的过去时叙述体,因为它是纯粹语词(*verbum purum*),在这里当然有一个隐蔽的前提作为中介:一切纯粹语词都有一个 S 的过去时叙述体。并且一般来说,这里包含了无数的情况,在这些情况里,我们将一个之前已经获得的普遍命题转移到具体的情况中,将它运用到这些情况上面。正如人们所说的那样,所有这些推论都具有共同的形式,通过完整的表达方式,这一形式也已经体现在与形式语言的协调一致上了,并且,如果我们以代数的方式通过字母来标识变元内容,那么它也可以以典型的方式来标识,即:

所有 A 都是 α(或者具有属性 α)。
X 是 A,所以它也是 α。

我们现在很容易在每一个完整的推论中发现同样的情况,每一个都有它的形式,并且在此,这些形式都各自不同。这样,比如,在代数的一个重要理论中就在一方面证明了:每一个具有一个根的 n 次代数方程式都具有 n 个根;另一方面证明了:每一个这样的方程式至少具有一个根。并且由此得出结论:所以每一个 n 次代数方程式都具有 n 个根。这一联系不是完全唯一的、仅仅在这里出现的东西。我们立刻认识到了这一形式:

每一个是 α 的 A,是 B。
每一个 A 是 α。

———————————————

所以每一个 A 是 B。

并且不管我们考察哪种情况,情况都是这样的。在那里,我们发现了不同的形式,以这一图式的形式表达出来,它们也是我们能完全理解的,比如:

所有是 A 之物,是 B。
所有是 B 之物,是 C;所有是 A 之物,是 C。

或者:

$a = b$ $a > b$
$b = c$ $b > c$
———   ———
$a = c$ $a > c$

[20]　　　所有 A 都是 B（必然是 B）。
　　　没有 B。
　　　―――――――――――――――――
　　　所以没有 A。

　　　如果命题 M，那么命题 N 也有效。
　　　如果命题 N，那么命题 P 也有效。
　　　―――――――――――――――――
　　　如果命题 M 有效，那么命题 P 有效。

　　　如果 M 有效，N 有效；
　　　现在 N 无效。
　　　―――――――――――――――――
　　　所以 M 无效。

　　这些例子足够了。我们的结果是，每一个确定呈现的推论都是一个完全确定的推论类的个别情况，并且这一推论类的典型特征是推论思维的统一性、**同一个推论形式**。并且，同时在每一种情况中都存在着直接明见的、确定的法则，即，每一个以这种形式运行的推论一般，在前提正确的预设下都是正确的。在每一种情况下我们都确信，通过理解普遍的推论思维，如下事实的明见性也向我们闪耀：这一推论方式普遍是正确的，或者，这一〈以〉假言的命题形式把握的推论原则是法则性的真理。

　　对我们来说明见的〈是〉，如果 $a=b$ 并且 $b=c$，那么必然 $a=c$，不管 a、b、c 究竟可能意指什么。对我们来说明见的是，如果属性 b 必然联结着属性 a，属性 c 必然联结着 b，那么，属性 c 也必然联结着属性 a，不管意指的是何种属性，等等。因而，只要"根据"其他命题的被给予的或者获得的正确性，一个命题的正确性之明见性向我们闪耀，只要至少对于我们来说明见的是，这一命题为真，如果这些前提为真，那么这里涉及的就不是〈一个〉恰恰只关系到这些确定的命题或者甚至这一瞬间的主观判断的偶然的、孤立的事件，而是说，在这一关联体中总是包含了一个贯通这一思想的诸环节并且将它们统一起来的形式，用概念来把握，它立即就被引至一个普遍的、延伸至无数可能的论证的法则。

在这些阐述中，要特别注意，我们说的不是松散意义上的，而是严格意义上的论证。谁得出一个错误的推论，谁以错误的方式建造理论，他也在某种意义上进行论证；他并非单纯设置他的命题，他当然为它们提供证明。通过证明，他提出论证主张，**但是他并非在真正的逻辑意义上论证**。他的结论命题总是为他的前提、原理所动机引发，但是**不是在逻辑上被动机引发**。它们提出主张，情况是如此，但是情况并非如此。不过我们已经说过：动机引发的特征无关紧要。我们关于在其之中包含的合法则性的阐述只涉及这些真正的、现时实施的明察论证。并且当然，潜在的论证情况也类似。

最后我们还要强调第三点，我们在比较不同的推论时，或者在进一步关注推论形式时就会注意到这一点。这些形式是**推论的类概念**，但不是**与某个确定科学领域相关的类概念**。正如我们处处看到的那样，提供给我们推论法则的形式普遍化活动，排除了一切所涉及的认识领域特有的东西。至少在我们的例子中是这样的。只要在推论的类表达中还包含着实事之物，我们就还没有达到纯形式。① 在纯形式表达中剩余的，除了字母之外还有比如"所有""一些""是""不是""对象""性状""概念""命题"，等等。并且我们很快就清楚了，这是一些必然在一切科学学科中起作用的概念，这是一些本质上属于一切逻辑—论证思维的概念。据此，我们看到，**推论形式和推论法则并非划分科学或者通过科学的分化而分化出来的东西**，而是说，它们是**一切科学共有的东西**，是在一切科学中构造着科学形式的东西。

〈§7 论证形式对于科学一般与科学论的可能性的意义〉

我在这里所阐释的东西是任何对逻辑本质的思义的开端。它们既是自明之理，却也是奇怪之物。它们是**自明之理**，倘若它们所表达的东西很快就成为明见的，只要它得到清楚的概念把握的话。它们是**奇怪之物**，倘若恰恰首先需要科学反思才能揭示出，存在着普遍的、包含一切逻辑思考，因而包含一切科学的形式以及相关的合法则性，并且尤其揭示出，**通过进一步的考察**，这些合法则性赋予理论和科学的**观念以统一性和意义**。因而，只是因为这些合法则性，并且因为我们所突出的这些特性，科学这样的东西才可能充满意义，并且接下来，一门科学论、一门规范逻辑学的可能性就植根于它们之中。

如果论证是无形式和无法则的，如果如下基本的真理并不成立，即，每一个论证中都有一个法则，它包含了具有同一种纯粹形式的无

---

① 附注：并非所有推论都能够形式化，有一些推论，它们与各自的质料本质紧密相关，比如量的推论、强度推论等等。

数可能的推论,并且所有这些推论也纯粹根据它们的形式而得到证成,那么,就不会有科学这样的东西了。关于方法,关于从认识到认识以系统的方式规整的进步这样的说法就根本没有任何意义了。认识中的每一次进步都会是偶然的(《逻辑研究》,第20页以下)。①

那么,或许有一天命题 P1,P2……会在我们的意识中偶然地相遇,它们能够根据我们的精神的偶然组织而赋予命题 S 以明见性,并且然后明见性也的确会闪耀。如果论证中没有形式,并且形式并不包含任何论证法则,那么也就不再有可能为了将来而从发生了的论证中学到什么。没有论证会是任何其他论证的榜样,会具有在类似的情况下也能证明有效的东西。根本不会有相似的情况。我们进行证明和论证,因为其中有贯通的类型相似性,因为有论证形式,这些论证形式在各种各样的认识质料和认识领域中总是一再重复出现,并且也在心理学上通过成为习惯和观念联想而表明〈是〉有效的。因而我们明白,思维形式已经对于科学的经验可能性具有怎样的意义。为什么受过训练的思想者比未受过训练的思想者更容易发现证明呢？因为证明的类型形式在他的精神中总是更深地镌刻着,因为思维方式、思维习惯已经形成,这些思维方式、思维习惯并非任意地规定了他的事实的思想构型,并且让它们以符合规整形式的方式运行。如果没有思维形式这样的东西,那么也就不再有意义去追寻一种证明。我们甚至应该如何开始呢？比如我们应该检查一切可能的命题群,看看它们是否能够为眼前的命题提供有用的前提,并且赋予它间接的明见性？在这种

---

① 参阅《胡塞尔全集》第 XVIII 卷,第35页。——编者注

情况下，最聪明的人会从根本上和最愚笨的人没什么两样。对于前者来说，他的总括性思想、丰富的想象、集中注意力的能力又有什么用呢？这些东西显然只能在思维着的存在者——他的论证服从法则形式——那里才获得理智的意义。

这样，我们看到：正是有规则的形式使得科学的成立得以可能。现在同样地，形式相对于科学领域的相当程度上的独立性使得一门涉及科学一般的科学、一门**科学的科学**或者一门科学论的存在得以可能。如果论证形式不是一切科学所共有的财产，如果毋宁说它们根据科学而分化，那么或许就只有彼此并列的、各自符合个别科学的逻辑学，而没有一门为一切科学的逻辑学；因为这样的话还会为一门普遍的逻辑学保留下什么来呢？科学和论证的普遍概念？不过，这门普遍的逻辑学要能够引发一门科学，唯当逻辑学在诸多内容丰富的理论中展开，这些科学展示了对于一切科学来说是共同的、与它们都相关的丰富真理时。现在，事实上有这样的东西，它就是属于科学观念的、对于一切科学来说本质上共同的思维形式，而特殊的逻辑学只研究特殊的科学特有之物，而且并非作为本己的科学，而是作为个别科学的补充。

〈§8 一切自身不是论证的科学方法都是论证的辅助工具〉[1]

不过，这里还需要补充说明。也就是说，人们可能会说，论证

---

[1] 参阅附录 A Ⅲ：关于逻辑概念的笔记（第364页）。——编者注

当然不是唯一的、不同科学共有的东西。从主观上考察，论证是**确立间接认识的方法**。如果我们所理解的方法一般是某些有规则的组织，它们能够服务于知识的获得，那么方法概念就比论证概念更宽泛。显然除了论证还有其他的方法，它们超出个别的科学，并且部分是科学群所共有的，部分是一切科学一般所共有的。后者比如适用于定义、分门别类、名词汇编的方法。

不过，我们对论证的优先考虑马上就会得到证成。它们实际上对一切科学来说都具有核心的意义。也就是说，进一步考察就会发现，一切，或者几乎一切我们也称为方法的东西都与论证有关，并且首先通过这一关涉而具有其意义。准确地说，一切方法都关涉到**直接或者间接的明见的确定性或者概率性的可能性条件**。如果现在我们不考虑几个极其显著的方法和规则领域——它们关涉到直接明见性的获得和保障——，那么剩下的东西——并且几乎就是所有的东西——都关涉到间接明见性，并且恰恰由此关涉到使论证可能的活动，或者对论证的保障、压缩或者其他支持。因而，当我们谈及科学方法，并且并不径直意指论证形式自身，那么主要涉及的就是用于实现论证目的的辅助工具，用于准备论证、使论证更容易、保障论证、使论证未来得以可能的辅助工具。其中就已经说出了，这些方法组织绝不能被看成和论证具有同等价值，毋宁说，论证才是**原初的和本真的理论程序**（显然除了直接明察的设立）。

这样，比如**名词定义**就是这样一种有方法的操作。也就是说，对于保障论证一般来说一个重要的前提要求就是，思想以合适的方式得到表达，由此日常语言摇摆多义的表达的许多有害影响得以避免。众所周知，大多数错误的推论都源自歧义。如果一个名词具有多个在相关的思想关联体中从本质上可区分开来的,但是根据其内容很容易彼此渗透并且相互混淆的概念,那么语词的同一性就恰恰掩盖了含义的多样性;对此有效的被认为对彼亦有效,人们没有注意到这一混淆,然后混乱就已蓄势待发了。当然,很清楚,如果我比如根据法则推论:

所有 A 都是 B；
所有 B 都是 C。

所以所有 A 都是 C。

那么意思是,在第一个命题和第二个命题中的 B 是同一个、同一个规定性。同样,在前提中的 A 和 C 和结论命题所陈述的 A 和 C 是同一个。但是如果我的语词是有歧义的,并且为其中的一个 A-标识,我已经表明了,所有 A 都是 C,那么我自然不是对另一个 A-标识而证明这一点的。毋宁说,对它根本什么也没说。

有方法的定义就是要排除这一"歧义"弊病,它教我们分别主要的歧义类,教导我们,在每一门科学研究中应该如何明确区分概念,并且也通过不同的一贯的名词符号而以外在分别的方式保持不同的概念。**系统的名词汇编**的情况同样如此。我们被教导,在复杂概念总是一再出现的情况下,为了思维活动的明晰而通过本己的符号来表达这些概念,这会是有利的。使用复杂的彼此套嵌的表达恰恰是难以操作的,并且甚至论证的操作会变得完全不可能。在这里,我们也看到了与论证的关联。

计算方法的情况同样如此。在精确的演绎领域中它们起到特殊的作用，并且使通过寻常的、以原始概念操作的方式根本不可能达成的成就得以可能。它们的本质在于，一种机械的、使用单纯符号及其固定的演算规则的活动替代了用概念自身来操作的本己思维与论证。比如，在数学家已经使用公式设定了他的任务之后，他根据习得的计算规则纯粹机械地运算，他常常在黑板上进行最复杂的转换、消去、求微积分等等。在所有这些情况下他都只使用象征，就像使用游戏标记，并且使用象征规则，这些规则在某种程度上展示了游戏规则。但是，不管计算方法能够获得多少奇妙的成就，它们也只有出于与象征和计算规则相应的概念和概念关涉的本质，因而也就是出于论证思想而获得意义和证成的。

简而言之，我们可以说，**认识中每一现实的步骤都在论证中进行**。如果我们不考虑少数将有助于保障直接通达的知识的方法的东西，那么，逻辑学家传统上除了论证还处理的所有有方法的措施和手段都关涉到论证，并且将它们的逻辑特征归于这一关涉。

〈§9 逻辑学作为规范的评判工艺与作为工艺论〉

现在，论证中有方法的进程和论证的辅助工具之间的这一区分将立刻有助于让我们明察，作为一门科学论的逻辑学概念可以以不同的方式来界定。在这里，认识这一将统一封闭的问题群和属于其中的学科划分开来的自然分界线，正如我们之后会看到的，具有重大的认识批判意义。

逻辑学能够以不同的方式被定义为科学论：作为理论的、作为规范的和作为实践的学科。相对于"理论学科"，规范的和实践的学科的共同点是，它们本质上特有的命题陈述的不是一个是，而是一个应-是（Sein-Sollen）。举例来说，物理学和化学等就是理论学科。一条自然法则，比如重力法则，说出的是：事情无条件普遍是如此。而不是：事情应当是如此。此外，伦理学、美学、测量工艺、实践的计算工艺、建筑工艺、战略学就是规范的和实践的学科。

应当这一说法涉及规范观念，它在每一门规范学科中都是不同的，并且赋予各自学科的所有特殊要求以统一性。比如，伦理学中道德的善的观念、美学中的美的观念、政治学中秩序井然的国家本质的观念等就是如此。规范学科看起来有一个它据此来衡量的基本标准、基本要求。由此它的命题说出，某物必须具有怎样的性状，才能符合这一基本要求，比如一件艺术作品必须具有怎样的性状，才能够算作审美上美的东西，算作真正意义上美的艺术作品？一个行动必须具有怎样的性状，才能够算作道德的行动，等等？

一门规范学科会成为实践的，如果它不仅意在衡定标准，而且意在实践上实现的规则，也就是意在合乎这些规范标准的作品的创造或者推进活动。人们习惯于不正当地混淆规范的和实践的学科概念，因而仅仅区分理论的和实践的或者理论的和规范的学科。当然，在大多数情况下，我们设定规范性的同时也追求实践目标。我们据以衡量的理念对我们来说作为实践上可实现的理念而起效，这样，在规范评判的规则上就立刻附加上了其他的规则，如何能够最好地实现它们在规范上要求的东西？或者，为了这一实现活动,人们必须避免怎样可能的错误?这样,比如**伦理学与美学**的情况就是这样。此外,这些学科恰恰告诉我们,工艺论的特征可以脱离规范学科的特征。

比如叔本华根据其天性学说而否定了任何道德教育的可能性。意志作为自在之物一劳永逸地被决定了,它作为人的绝对固定的、不变的经验特征出现在现象世界中。并且这是一切道德性或者非道德性的来源。人们能够外部地规整行动,但是不能内部地通过教育、通过榜样和道德学说来规定从天性中涌现出来的意念。一切道德教化都是徒劳的。因而,根据叔本华,没有实践的道德,没有工艺论意义上的伦理学。但是,根据他,的确要有一门作为规范学科的伦理学,因而是这样一门学科,它要研究在道德本质中的规范原则。同样,人们可以在美学中寻求这样一种明察:艺术活动预设了天才,并且天才无须任何实践学习,除了不属于审美本质的技术上的工艺手法。不过,人们恰恰因此而能够并且将要凸显出一门美的本质学说,也就是这样一门学科,它尝试提出属于美的观念的规范标准。

在我们区分和说明了理论的、规范的和实践的学科这些概念之后,让我们回到我们的逻辑学。逻辑学、关于科学的科学是一门理论的学科,抑或是一门规范的或者实践的学科?我们将很容易明察,根据我们对它的界定,每一个这样的问题都可以肯定地来回答。

如果我们采取能够给予逻辑学的最宽泛的定义,那么这就将它把握为关于科学认识的工艺论。自古以来,人们就常常将逻辑学定义为工艺论,定义为思维的工艺论、认识的工艺论,有时也定义为科学的工艺论。所有这些定义从本质上都导向同一门学科。思维的工艺论当然意在以真理及其正确性为目标的确定无疑的思想,因而意在逻辑上明察的或者使之明察的思想。而它的最高级形态就在于科学,并且,这一定义至少一并针对了科学。

将逻辑学定义为认识的工艺论,情况同样如此。因为认识就是我们描述为逻辑思维的东西。此外,涉及科学的工艺论,我们最近已经说到了,最低级的思维形式也已经出现在科学思维的关联体中:它们正是更高级更复杂的科学由此建造起来的原始基本形式。因而很显然,科学的工艺论必须一并把握和处理思维的工艺论想要处理的一切东西,反之亦然。

现在,这样一门工艺论是可能的,并且是完全得到证成的,这一点很容易看到,并且同样明显的是,逻辑学首先可以被理解为论证思维的正确性之规范的评判工艺。根据我们已经阐明的东西,科学本身具有大量的它们都共有的论证原则。存在着大量间接论证的法则或者短程推论法则,它们依赖于论证思维的形式,而非依赖于各自不同的科学领域的划分。这些法则显然要求在我们的实践思维活动中引导我们。首先,它们提供规范、评判形式正确性的原则,我们能够据此而衡量,是否事先被给予的和宣称的论证是现实的论证。如果一个论证是明察的,如果它现实上是逻辑的,那么根据对它的阐述,一种论证形式就凸显出来,并且与此相关,一条法则说:每一个这种形式一般的论证都必然是正确的。因而眼前的论证在原则上是正确的,它之所以是正确的,是因为每一个这样构形的论证总体为真。

但是,人们常常做出错误的论证,人们也常常怀疑,一个实施的推论是否可允许,一个证明是否使人信服。现在,规范逻辑学来了,并且说出作为规范的普遍规则:任何论证,如果它应该是逻辑论证,就必须具有其形式法则。由此我们利用了一个整体普遍的标准。对于任何推论,对于证明的任何个别步骤,都必须让人指明一种形式的有效性原则。如果我转向形式,然后对我来说很明显,一个这种形式一般的推论必然为真,那么现在我就完全彻底地确信了。但是,如果在转向形式时我认识到,一个这种形式的推论原则并非普遍有效,如果我能够找到比如关于这样一种形式的推论的例子,这些推论明显导致谬误,那么我的推论就是不被允许的。因而,在此我们具有了普遍的科学理论明察的一种规范性转变。

但是,科学理论也可以以另一种方式规范性地起作用。假设我们已经在科学理论中系统地设立了一切原始命题形式和属于它们的推论形式以及推论原则——首先是原始的,然而是由此系统性地导出的,假设有效的论证原则系统是完整的或者至少在严格界定的论证范围中是完整的,那么为了检验、为了从逻辑上评判被给予的推论,我们并不需要在每一个个别情况中都检验相关的形式推论法则是否实际存在,因而考察我们是否能够使其有明察性;毋宁说,我们可以径直指向在逻辑学中系统设立的法则。如果法则在那里得到表达,或者如果它被一并包含在表达出来的法则中,那么现在一切都秩序井然。由此免除了费心去获得完全的并且真正意义上的明察;取而代之的是外部的归类活动。

我想到一个平行物,实践计算的平行物。如果我们有两数乘法表,我们甚至凭记忆学会了它,那么我们在每一次进行属于其下的乘法时就根本不再需要现实地思考,我们根本不需要任何明察,我们在表上查找。外部机械的归类行为代替了真正的思考。求方根、对数的法则以及代数学的法则等正是如此起作用的。纯粹算术本身的理论命题获得了规范性的功能，同时免除了真正的、明察的思考。以同样的方式，这些论证原则能够在规范上有所助益，并且减免了我们现实明察的思维工作。

实际上，逻辑学总是具有这样的规范意图，并且人们根据它的规则来行事。如果逻辑学一劳永逸地确立了，从单纯特殊的前提中不能推导出总体命题，并且对一个推论的形式的考虑向我们显示出它运用了单纯特殊的前提，那么现在它在逻辑上就是不被允许的。

但是逻辑学在传统上不会只是一门评判工艺，它不会只是想要将规则设立为标准，我们能够据此标准而将给定的认识，给定的推论、证明、理论评判为逻辑上正确的或者不正确的。既然我们的思想和论证，既然我们所有的在科学中的逻辑活动都为我们所能，既然我们能够有意地引导它们走向真理的目标，并且能够有方法地训练自己这么做，那么如下事情就成了一项理性的任务，即，研究我们所能掌控的条件，在这些条件下能够实践地实现逻辑上正确的、真正科学的思维活动，进一步研究利害情况，并且据此而设立规则：我们如何有最好的方法而进行有方法的科学认识教育，我们如何能够正确地建造证明、理论、科学学科，能够富有成效地筹划和界定，并且在这方面避免误入歧途和谬误推论。

因而，毫无疑问，一门关于认识的工艺论，进一步说，一门关于科学的工艺论很有意义，并且完全正当。当然，这一门学科局限于研究与科学思维的本质相关的条件和规则，而有益于或者有害于逻辑活动的进步或者逻辑禀赋的形成的远距离条件则不被考虑。咖啡和茶有时候有好处,酒精刺激人,但是也麻痹人。体力和健康是理智成就的良好前提条件:健全的精神寓于健康的身体(Mens sana),等等。所有这些都是有用的真理,但是没有人会将它们纳入逻辑的工艺论之中。

建立在论证法则之上的规则情况则完全不同。首先,论证法则自身必须提供基础,它们当然表达了逻辑思维的本质。当然它们也包含了并非单纯规范的,而且也是实践的功能。对这些法则的认识可能也会以类似于对算术法则的认识的方式在实践上对我们有用,它们实际上也不仅仅作为裁定算术正确性的规范,而且也作为实践的计算规则起作用,作为正确的计算活动所需要熟练掌握的图表起作用。在此,人们根据这些规则机械地计算,并且肯定的是,这些结果虽然是机械地、非明察地被获得的,但仍然是正确的。

但是,逻辑的工艺论不仅仅关注论证法则和它们的转换为思想的实践应然命题,而且也关注间接涉及它们的定义、名词汇编、分门别类的规则等等。因为所有这些都是——正如我们所认识到的那样——使论证更加容易并且保障论证的辅助工具,并且〈它们〉与论证的本质有着内部关涉。

〈第二章　纯粹逻辑学作为理论科学〉

〈§10　形式论证法则作为理论真理〉

不过，从这些观察中很快表明了，我们能够从广义上和狭义上界定逻辑学科。将逻辑学定义为**工艺论**，这形成了最广义的和整体上最原初的逻辑学概念。它在当下也是最广为流传的；甚至一大批卓越的逻辑学家们也认为，只有将逻辑学定义为认识的工艺论才是可允许的，只有被把握为工艺论的逻辑学才具有相对于心理学和形而上学的存在权利。我们首先还不涉及这一争议问题。但是，根据我们小心走过的道路，我们能够说的是：**对于一门作为科学论的逻辑学来说，一群法则——〈我们〉称它们为形式论证法则——要求这样的核心位置，即，如果有任何东西在原初和种类意义上配得上被称为逻辑的话，那么就是这些法则了**。不管这些法则与心理学有怎样的关系，它们都形成了一个自为的法则域，更确切地说，一个**理论法则**域，也就是这样的法则，它们本身首先并未谈及标准意义上的应当，也未谈及实践实现的规则意义上的应当。至关重要的是——并且你们之后也会明白这一点——要有一次确定地认识到，一切逻辑论证都服从的形式法则可以摆脱一切规范的和实践的意义，并且这一意义是它们的原初意义。

如果我们取所谓三段论的任意的形式命题，那么首先很自然地会说它是规范的、实践的。比如：人们不可以从单纯特殊的前提中确定地得到无条件普遍的命题。如果设定，A 有效，那么人们可以确定地推断，A 的相反的对立面无效。或者：我不可以同时主张对立的主张、矛盾。或者：从"所有（某些）A 是 B 和所有 B 是 C"这种形式的命题中人们可以推断出，所有（某些）A 是 C。但是显然很清楚，并且只需要一下子就可以指出，这一可以和不可以以及相似的表达在这里是非本质的。如果我说：从一种或另一种形式的两个命题得出一个相关形式的命题，那么在此谈的就不是可以和应当。如果我说：两个对立命题，一个为真，一个为假，那么这也是理论真理。它不是这样的规范规则，就好像是说，我们不可以自相矛盾。但是显然，这样的规则只是对原初理论命题的规范性转变。如果我想要正确地思维，如果我想要正确地推论，那么我就不可以这样推论，或者我必须这样推论，因为正是法则说出，如此这般才对现实的、逻辑的推论有效。当然，我不可以违背它，不可以与之矛盾，因为否则我主张的就是假的。从理论命题"从特殊前提得不出普遍结论"得出规范命题"谁想要正确地推论，就不可以从特殊的前提得出普遍的结论"，等等。

这里的情况恰恰就像是数学的情况。理论命题"所得值独立于诸因素的顺序"在实践计算中被转换为规则"人们在计算时可以任意顺序做乘法，而不必担心由此产生错误"，它是这一理论命题的直接明见的后果。情况处处如此。

据此，毫无疑问，我们可以首先不考虑一切规范的和实践的意图来界定科学论的观念，毫无疑问，可以建造起一门**作为科学论的逻辑学**，**它本身不是规范学科和工艺论**，毋宁说，它出于纯粹理论的意图来研究某些一切科学本身共有的本质特性。

当然，逻辑学在历史上是作为规范学科、作为科学的规则和正确思维的技术学发展起来的。不过，我们也在其他科学那里看到类似的情况。算术一开始也是作为实践计算工艺发展起来的，只是在之后才产生出对纯粹奠基于数观念的合法则性的纯粹理论兴趣。非常晚近，实际上首先是在近代，才构造起了一门不考虑一切实践兴趣的算术理论科学。它提出了纯粹理论目标，它追寻算术法则的理论关联体，而一点都不考虑实践计算和算术运用于物理学、天文学等的可能。在算术中可能的，为什么不应该也在我们的领域中是可能的呢？

在能够构造一个纯粹理论领域的地方追寻纯粹理论，这是一切现代科学的指导原则。并且事实总是一再表明了，恰恰是在一切认识领域中，纯粹理论兴趣的满足和不考虑一切实践需求的诉求，最终也通过无限量的有用后果——它们很容易根据纯粹理论的充分发展而得出——给实践生活及其兴趣带来最大利益。比如，纯粹数学理论，它们初看起来远离了一切实际运用，之后却导致了应用数学学科中极丰富的发现。其他科学的情况同样如此。200年前谁又会相信，吉尔伯特（Gilbert）关于摩擦生电的奇怪观察，由他和他的后继者们以不懈的努力在纯粹理论上加以推进，这却导致从根本上改变了之后几百年的实践生活？理论天文学家或者理论物理学家首先并且首要地追求实践效用吗？不。这是遵循物理学家足迹的技术人员的问题。这样,我们也在我们的领域中区分纯粹理论和技术,更具体地说,区分纯粹理论逻辑学,区分规范逻辑学和技术逻辑学。不过,本真的哲学兴趣完全附着于理论逻辑学,正如就其纯粹性与本己性来界定理论逻辑学,这对它来说已经是至关重要的了。

〈§11 命题作为同一的观念意义的超时间性·科学作为命题系统〉

为了进一步明察我们称之为纯粹逻辑学的理论学科的本质,我们提出以下思考。科学思想以真理为目标。真理从主观上在判断中进行,并且在陈述中说出。现在我们不考虑可能先行于判断和陈述的多方面心理活动,并且只关注判断,或者说陈述自身。**每一门科学理论都是陈述的关联体**。它是许多思想活动,感知、表象、权衡等的产物。它是自为地封闭的事物,并且实际上它提出真与假的主张。初始命题直接提出这一主张,理论、某种形式的命题网提出主张去逐步间接论证新的真理,关联体自身则主张作为关联体而是真的。这意味着,处处都是一者通过逻辑秩序与他者相关,此逻辑秩序也被说出,因而也被设置为真。

让我们取任意的陈述自身为例。这样我们可以区分:

首先:**语言的外衣**、**语法学之物**,这里我们对此不感兴趣。它是法语还是德语,这并不重要,在逻辑上重要的只是,同一个"判断"相应于诸陈述。

其次:**心理学之物**,这会是进行陈述和如这里所陈述的那样来判断的人自身的现时判断体验。

再次：新的东西，**陈述的意义**。最后又是其他的东西：**对象性**，陈述关于它有所言说。比如，开普勒第一定律：一切星辰围绕着它们的核心体按照椭圆轨道运动。或者角度之和定律。

1) 鹦鹉也可以进行语言的发出，进行发声，但是鹦鹉没有理解它，也不能对它做出判断。

2) 这一理解和判断，不管是确定地还是概率上相信，都是陈述者或者理解者的心理过程，它们延续一会儿，然后又为其他意识过程所取代。当人们谈及开普勒定律等时，人们显然谈的不是流逝着的体验。如果我重复这一陈述，那么我并没有说出两个开普勒定律，而是两次说出同一个定律。角度之和定理相对于它在此之中被确信地说出和将要说出的人们无数的判断体验而言是同一个。**我们归于命题以真理、有效性**。判断作为心理体验的来来往往，并不意味着真理的来来往往。角度之和定理有效，不管我是否明察它，不管某人是否有根据相信或者不相信它。真理被"发现"，它们在认识中被意识到，它们被明察、认识、论证。但是这些主观体验并不是真理自身。虽然真理相对于杂多判断的这一同一的、超时间的存在会是一个谜、一个奇迹、一个问题——不过有一点是肯定的，即，我们在谈到真理时指的正是这一同一性和超时间性，它们属于关于真理的说法的意义。并且任何命题的情况也都同样如此。

即便一个假命题也具有这一超时间性。如果我们区分表达同一个命题、同一个假命题 $2\times2=5$ 的不同语音和这一个命题是其信念内容的不同主观体验，那么我们由此就将逻辑—观念意义上的命题设定为同一之物，它与杂多体验和杂多语音相对立。这一对立和设定为同一性，不是我们在这里人为虚构的东西，而显然是事先被给予我们之物，存在着一个在一切科学话语中使用的概念形构。在科学研究和展示的关联体中，只要谈及一个命题，不管谈及一个真的还是假的命题，所意指的都绝不会是某个人的心理体验或者一堆语音或写在纸上的符号。所意指的东西不因为说出和重复的理解和相信而变得杂多，而毋宁说处处是同一个东西。

上述意义上的命题就是我们所谓的语法陈述的含义，或者也就是意义，因为意义和含义通常说的是一回事。在判断行为方面，命题是在判断中被意指之物，并且是同一个，不管如何经常被判断。人们也可以谈及作为行为的判断，它具有含义内涵，也就是这个什么、命题。人们也能谈及判断内容，虽然它因为立刻出现的歧义性而不是完全明晰的。

我们进一步将命题，包括真命题，区别于它所关涉的**对象**和在它之中意指的事态。角度之和定律说出一种属于空间本质的事况①。开普勒定律说的是关于星体的事，也就是关于它们围绕核心体的某种运动的事。如果命题为真，那么在此之中有所意指的对象性就**成立**。如果命题为假，那么它就不成立。但是即便它不成立，命题自身也是以其自身的方式存在着的某物。没有事物，没有实在之物，但是还有存在者。不是所有的存在者都会是一个实在之物，是一个事物。当数学家关于无穷数列做出陈述时，没有人会认为他指的是事物。几何学家的情况同样如此，当他说出关于其数学图形，甚至关于非欧几里得图形的命题时。在他的命题中

---

① 人们还必须区分事况和事态，以及臆指的和真实存在的事态和事况。

作为对象而确立的图形**"存在着"**,正如他所说的那样,但是这并不意味着,它们是实在性。一个具有三个直角〈的角度之和〉的三角形不存在,一个具有两个直角〈的角度之和〉的三角形存在着。即便观念对象也有其不存在或者存在。

我们的情况也同样如此。**假命题作为单纯的命题而成立**,但是它们不是作为真命题而成立。在科学中,既然它们追求真理,那么通常人们在命题下直接理解的就是真理。一个命题不成立,这意味着,它不为真,没有任何事态相应于它。但是,出于逻辑的根据,有必要更为普遍地理解命题概念。**一个假命题不是无**,它是一个命题,不过没有对象性相应于它,此对象性在此命题中有所陈述:它存在,并且具有如此这般的性状。

我们在陈述命题上所做出的同样的区分当然也适用于陈述命题的所有"部分"。在此之中的每一个语词和每一个语词的复杂关联体都具有其含义,并且这一含义关涉一个对象性。每一个命题主词都称谓一个对象,并且通过含义称谓它。从心理学上说与之相应的是对语词的理解或者现时的称谓,一般的合乎意义的名称运用,首先在陈述判断的关联体之中。那么这一称谓行为就是判断行为的一部分。

进一步说:我们在个别陈述命题上所做出的同样的区分显然也可以在任意的陈述命题网上做出,倘若这些命题汇合为一个复杂的思想统一体,它作为整体主张真或者假,因而在主观上被把握为判断,并且在客观上被把握为一个命题的话,不管它们如何复杂。这适用于一切推论。它由命题组成。但是这些命题组合起来,并且这一整体、推论自身是主张真假之物。因而,在这里我们也第一要区分语言外衣,第二要区分听语词以及从而同时理解和判断语词的心理现象:在这里就是,将诸个别判断联结为一个论证统一体的心理现象,一言以蔽之,推论的心理体验。第三要区分同一的观念意义:推论不在体验中变成杂多,而总是同一个。第四要区分对象性。对于无论如何复杂的证明来说,对于任何理论来说,情况都是如此。相对于无限杂多的思考证明者、理论研究者等等,我们谈及同一个证明、同一个理论。符合于它们的是在理论中合乎含义地表达出来的合法则的实事关联体。

因而,如果我们坚持科学由理论组成、理论在科学中具有整体统一性,只要它们一般地被赋予了理论的统一性,那么我们会处处发现同一件事:相对于外部的语言之物和偶然的心理之物的是同一的观念意义。这一同一的观念意义构成了给予科学——相对于探究它的人,教授、理解、研究它的人,以及相对于他们的心理行为——以同一客观的统一性或者有效性统一性之物。

比如,如果我们取现代纯粹数学的理论系统,我们直接倾向于视它为数学,那么就其本质而言,这一理论系统就是一个逻辑上关联着的陈述含义的系统、一个**命题系统**。这一系统说出关于某个实事关联体的真理,也就是构成了数学领域的数学实事的真理。这一领域并非外在于并且脱离认识而被给予我们,而是只能在认识中并且通过认识而被给予我们;并且它是在科学上被给予和认识的,只要它是在理论上完成的,只要是在有效的理论所达及的范围内,因而是在有效命题和命题关联体的形式之中。比如,这些命题的主词关涉数,谓词关涉数的属性或者数之间的关系,命题关联体关涉属性和因果关系、相容和不相容的关系等的关联体。

〈§12 逻辑学作为关于观念命题与命题形式的科学〉

从这些观察中我们看到，不同的理论科学参与了科学事实。

1) **心理学**，倘若现时的科学实践在心理个体和他们的某些行为与禀赋，比如表象、判断等等中进行。我们在这里附加了第二项，虽然它不在我们至今的考察线路上。

2) 倘若个体〈是〉一个社会共同体的成员，并且在科学实践时尤其也进行社会性结合的活动，倘若科学因而也可以被视为社会的和文化的现象，那么，它也属于社会学和文化科学，不管它是属于关于文化产品的普遍科学，还是属于历史科学，属于文化史。这一点我们在这里并不涉及，它也不是我们所关心的，它只是出于完整性而被提及。

3) 科学思考以语言的方式进行，科学陈述属于某种语言，并且它们本身是语言科学的对象。

4) 根据其**本质成分**，根据其理论成分①，正如我们所知的那样，科学是观念含义的系统，它们结合成一个含义统一体。至少对于每一门自身独立的、确切意义上的理论学科来说，情况都是如此。重力理论、分析力学系统、热力学理论、度量几何学理论或者

---

① 更好的说法是：根据其"客观理论"*上的内容的科学，它抛弃了与研究者主观性的关系。科学包含这一内容，这一点是它的本质。但是它也包含其他的陈述。

* 在此还必须详加阐述：每一门科学都具有一个领域，它为此寻求真理，它为此寻求所有真理、领域理论。

射影几何学理论,所有这些都不是关于某个人的心理体验或者他的心理禀赋的系统统一体,而是始终由观念材料组合而成的统一体,由我们称为含义之物组合而成的统一体。并且这里有真假,有使得科学成为逻辑上把握并且完成一个客观性领域的客观的、超个体的有效性统一体的东西。

含义,在这里就是:概念、命题、命题关联体,它们现在是一门可能科学的对象。**不过还必须有一门科学,它研究本质上不同形式或者类型的含义,研究不同的样式——据此而出于基本形式建造起更加复杂的形式,并且进一步研究,哪些有效性法则本质上植根于这些形式之中**。然后,这门科学包含了所有含义,不管它们也出现在哪一门科学之中。但是它不研究个别科学确定的含义和出于其确定性而在有效或者无效方面的成果,而研究**独立于其个别科学划分的含义**、真正普遍并且根据种类上不同的类型或者形式——它们植根于含义以及有效性一般的最普遍本质之中——的含义。

这是怎样的科学?它只是与含义相关?或者我们还必须引入其他的概念系列作为在本质法则上与含义相关联的?首先很清楚,这门科学与在我们开始论证时就向我们敞开了的那门科学相合。因为一旦我们认识到,论证,即便不是处处也在极其广泛的范围中并不在种类上依赖于不同含义的质料,依赖于区分不同科学的东西,毋宁说,论证属于命题及其联结的纯粹形式,这样,任务就成了,**系统地区分所有可能的命题形式,然后系统地研究属于这些形式的有效性法则,原始的和导出的法则**。①

---

① 但是由此给出了限制:限制在演绎的和形式的论证上!这一点必须进一步详细阐述!

然后,所有含义形式都被包含在命题形式之中,因为任何含义要么是命题,要么是命题的可能部分。在此,显然命题和命题形式实际上是在含义和含义形式的观念意义上来把握的。所面对的不是论证行为,而是作为推论、观念意义上的推论的论证,是作为观念命题关联体的论证。并且论证法则首先是这些推论根据其观念形式所服从的法则。只是通过规范的转换,它们才成为心理学上的现时论证的规则。当我们在日常话语中,就像通常在不同科学中那样,谈及这样那样的推论方式,谈及这样那样的证明,比如欧几里得的角度之和定律的证明,我们指的当然不是心理体验,而是**这个**证明,它相对于无穷多的教授者和再造证明者是同一个。并且由此,当我们谈及推论或者证明形式、谈及理论形式时,我们指的也是观念含义统一体和有效性统一体的形式,而非心理体验的形式或者规定性。因而很显然,一旦我们限制逻辑工艺论,并且着眼于**理论**命题——它们必然属于理论学科——的核心内涵,我们就处在上述**逻辑—观念命题和命题形式的学科**中:我们处在**观念意义的学科**中,此观念意义属于一切陈述,并且尤其属于一切科学陈述、科学展示和教科书,并且它构成了**科学的特殊之处**、它宣称的或者现实的真理内涵。

〈§13 含义科学不是心理学的一部分〉

〈a〉命题的观念统一性相对于实在判断体验的杂多性〉

现在,这门含义科学是怎样的一门科学?它的自然界限能伸展多远？在主导性的心理主义逻辑学中被培养起来的，并且其兴趣与精神类型〈以〉心理学为取向的人，当他听说一门含义科学时，就会说：含义是表象，它们通过联想与语词联系起来。因而含义科学被编排进心理学。这就好像他会说：形式逻辑法则是形式真理法则，或者是判断的法则，因为真理只在判断之中。判断的法则，也包括推论、证明等的法则。但是判断是心理活动，得出结论、提出证明是心理活动，因而处处面对心理学法则。

这里我们当然会回答说：如果心理学家仍然称主观的含义表象、判断行为等为含义，那么一门含义科学肯定就是关于某个群体的心理体验的科学，因而是心理学的一部分。但是我们不把心理的含义表象称为含义，不把判断称为命题，不把推论行为称为推论，并且我们在含义科学下理解的不是关于所有这样的心理活动、体验或者心理禀赋的科学，而是说，我们在含义下理解的是概念或者命题，并且在命题下比如理解的不是判断，而是人们在一切科学中在命题下理解的东西，这恰恰不是判断，不是在个体意识中时间性的事件，而是**超时间类型的观念统一体**，它们能够在无限多的判断中作为意义而同一地起作用。并且这也适用于推论、证明、理论。

我们进一步说：进行关于表象、判断等的体验的科学研究，不同于进行关于命题和命题关联体，普遍地说，关于含义的科学研究。判断体验此时此地（*hic und nunc*）属于一个自我体验的某种关联体之中，它能够在这一实在的关联体中被研究。现在，在科学的心理学研究中，人们并不考察此时此地的体验，而是说，人们问道，在自我—关联体一般之中，什么适用于这样一些实在的体验，适用于判断，这一自我怎样的实在属性论证了这样的体验，它们如何规定心理生活的运行，它们在个体实在性和心理—物理因果性的关联之中一般来说扮演怎样的角色。恰恰所有这些我们在逻辑学中都根本不涉及。当我们想要处理命题和命题的有效性法则时，所有这些我们都不谈及。

如果比如我们知道，每一个命题都是简单的或者复合的，每一个简单命题至少包含一个概念，它关涉对象，命题关于此对象有所设定，或者知道，从某种形式的命题中实际上产生出这种形式的命题，或者其他同类型的认识，那么我们谈及的总是命题的观念统一体，而根本不是谈及个体的心理体验，也不是以普遍的方式。情况同样如此，当我们说：每一个命题都有一个反命题；进一步说，当我们说出有效性法则：任何的两个矛盾命题之中，一个有效，另一个无效，等等。

两个命题不是两个判断，同一个命题可以判断千遍，它仍然只是一个命题。当在给定的科学中谈及诸多命题时（并且情况完全一样，当科学理论以普遍的方式谈及诸多命题时），这里谈及的不是诸多的判断行为，就好像判断的偶然性是决定性的，而是谈及观念统一体意义上的诸多命题。此外，当谈及两个证明时，谈及的不是两个人及其证明体验或者一个人和多个证明体验，而是谈及两个观念意义上的证明。一个证明可以思考千遍，现时地在任意人的思想和明察中进行千遍。唯当逻辑学家没有做出明确的区分，并且在其科学中，当他们本应该谈及概念和命题，却谈及"表象"和"判断"时，真正的事况才被遮蔽了。人们在逻辑学中谈论判断，在心理学中也谈论判断，这个词是同一个，人们没有注意到，在特殊的逻辑领域中,在形式的合法则性的领域中,判断这个词所说的和在心理学中绝不是一回事,绝不是实在的体验,而是同一的观念意义。

〈b) 命题作为观念个别性不是心理体验的类概念〉

但是,现在一种反对意见肯定会提出来。命题是陈述或者判断的意义;逻辑命题是判断所判断的东西,是陈述所陈述的东西,因而比如是**同一的什么**,不管我或者他人如何经常说:$2 \times 2 = 4$。因而命题当然是我们根据现时的判断通过抽象和总体化而获得的普遍之物。让我们看一看平行的情况。如果我们根据我们在回忆或者感知中留存的个别感受、形成感受的普遍概念或者某个在感受中的普遍规定性,那么我们就获得了一个心理学的概念。如果我们在多个个别判断的基础上做同一件事,那么我们不应该同样获得一个心理学的概念?因而命题概念不就属于心理学,并且由此植根于这一概念之中的总体法则不也属于心理学吗?

我们必须更深入地探究这个问题。不过这里只满足于以下的回答。判断概念是心理学的概念,倘若它在心理学中是某些通过内部种类的共性结合起来的心理体验的类概念。但是如果我们形成命题概念,那么心理体验并不作为个别性而属于其中,它并未由此标识任何意识事实的类。通过一个类概念,我们说出的是关于属于这一类的个体个别之物的普遍命题;因而,通过判断概念,心理学家说出的是关于判断的普遍命题,关于在个体自我中如此这般刻画的实在事实的普遍命题。但是如果我们谈及命题,那么我们指的恰恰是作为个别性的命题,并且命题不是意识事实。虽然

46　个别命题以某种方式在判断体验中被给予,但是它不是判断,而是一个观念的同一之物或者在无限多的现实的或者可能的判断中的同一之物。个别命题,比如角度之和定律指的——虽然相对于判断的杂多性是总体的统一性——却又不是一个类概念,它涵括了这些判断或者它们所包含的个体部分或因素。毋宁说,关于角度之和定律的说法指的就是一个个别之物,它绝不会关涉并且一并一意指某些归属于其下的个体个别之物。在谈及这一定律时,我们指的不是在实在的时间性事实——我们称这些事实为体验着的个体的心理体验——之中或者之上出现之物,而就是作为一个绝对个别之物的这一命题。这一个别之物是绝对的同一个,不管我们多么经常说:一个三角形的角度之和是两个直〈角〉。

这些观念的个别性、角度之和定律、力的平行四边形定律等,形成了关于命题一般的普遍说法所关涉的对象领域,并且任何命题一般的论证法则都关涉它。我不想说,含义科学与心理学无关——心理学,关于心理个体及其实在的体验和体验禀赋的自然科学——,但是可以肯定的是,**含义学说既不是心理学,也不属于心理学**,既然它恰恰无关乎实在的体验,更不用说实在个体的体验禀赋了。我们只能根据现时的体验——不管它是判断、对判断的回忆还是判断中表象着的同感——给予命题一词的意义以清楚的例示,并且只有在这里才能直接把握命题一词所意指的东西,但仅仅这种情况还不能提供证据来证明,我们处理的是一个心理学的概念。的确,从一开始就很明显,每一个概念都回溯至所谓相应的直观。比如数的概念就是这样。一个数只能在现时的计数中被给予。谁从未数过数,他就不会知道数是什么,就像一个人从未感觉过红,他也就〈不〉会有关于红是什么的本真表象。那么我们应该说,数是一个心理学的概念,整个算术就是心理学的一个分支吗?没有人会这样想。一切被给予性都在认识中,在感知、表象等主观体验中进行。并且我们在此之上形成概念,我们判断,并且我们得出结论。**认识的心理体验属于心理学。但是被认识者不会因为它是在认识中,也就是一种心理体验中被认识而是心理学。**

〈c) 心理学是一门后天的学科,纯粹数学与逻辑学是先天的学科〉

〈在〉纯粹理论逻辑学〈上〉,倘若它是含义学说,处理的是完全不同于〈在〉心理学〈上〉的科学,这一点也非常明显,如果我们关注心理学论证并且只能这样论证它的普遍命题的方式,并且此外关注逻辑学做同一件事的方式。心理学是一门自然科学,它是一门关于实在事实的科学。它当然处理的是实在的自我和自我之中实在的过程。作为自然科学或者事实科学,它从首先给予它之物出发;这就是心理自然的个别之物,它们通过感知而被确立起来,至少直接地并且以初始论证的方式。通过感知和经验而被给予之物被置于经验概念之下,然后**归纳**产生了关于经验普遍有效性的命题。如果人们想要超越这一低级的普遍性,并且追求**自然法则**,追求在可能的经验领域中无条件有效性的普遍性,它们能够有助于从理论上说明事实和其他的普遍性,那么就只有假言假定的道路;如果假设通过总括性的演绎和求证而一再得到验证,那么这就为其作为自然法则的有效性奠立了格外的,并且不断增长的**概率性**。

这条经验的概念形构、经验的普遍化、经验的假设构形的道路,以及它所〈包〉含的一切,所有这些都为实在事实的自然所要求,而这也就是为什么,没有自然科学——不管是成熟的还是尚未成熟的——还能够设立和论证自然法则,除非是以这样一种相对大的概率性,但本身绝不是绝对确定性的方式。

逻辑学和认识批判的一项最大的任务,如果不是唯一最大的话,就是表明并且出于最终的根据来理解这一点。但是在面对这样的最终论证之时,人们总是看到,实际上一切自然科学只能以这样的方式前行。从事实中也总只是一再产生事实,并且普遍性只表明是事实上并且以揣测的方式超越至今经验的普遍性。**因此,没有能够以绝对的确定性而论证的心理学命题,在最精确的物理学中也同样如此。**

众所周知,纯粹数学的情况则完全不同,并且从纯粹逻辑学那里我们也看到同样的情况。纯粹数学作为纯粹算术研究植根于数的本质之中的东西。它不关心事物,不关心物理事物,不关心心灵,不关心物理和心理自然的实在过程。它根本与自然无关:数不是自然客体。数列可以说是一个本己对象性、**观念**对象性的世界,**而非实在**对象性的世界。2这个数不是事物,不是自然中的过程,它没有位置,也没有时间。它恰恰不是可能的感知和"经验"的对象。两个苹果产生又消失了,它们有位置和时间;但是当苹果被吃掉时,数字2并没有被吃掉,纯粹数学的数列并未突然产生一个空乏,就好像现在我们必须数1、3、4……

纯粹算术进一步获得其普遍命题,不是通过感知和建立在感知及由此产生的单一判断的论证基础上的经验普遍化。算术不是从感知中首先获得其单一命题:恰恰当我感知每一个苹果时,我能够感知2个苹果。但是我不能感知这个2。如果我们总体地判断,作为法则性有效的命题而设置,a+1=1+a,或者如果我们说出命题,对每一个数 a 都有一个数 a+1,以及其他同类的初始法则的东西,那么我们并非以归纳的方式并且根据概率性来论证这一无条件普遍的命题,我们不是逐步地说,2+1=1+2,3+1=1+3……并且最后说,它将以揣测的方式这样进展下去,就像在所有上述的个别情况中那样。我们首先不是作为一个假设说出 a+1=1+a,然后在进一步的经验中通过更新的个别发现或者以归纳的方式根据自然科学的方法标准来加以验证;毋宁说,数学家一下子将 a+1=1+a 设定为无条件有效和确定的。他怎么做到的?现在完全显然的是:数(原初意义上的基数)的意义包含了,情况就是如此,并且如果人们在这里想要否定〈这一点〉,这就好像是打了多少(Wieviel)的意义一记耳光。"基数"①的说法的意义包含了,每一个基数都允许加一。说一个基数、一个多少不允许增加,这就意味着不知道人们所说的东西,这就意味着违背了"基数"的说法的意义、同一的意义。

直接的算术法则、真正的公理是以这种方式产生的。它们直接以确定的明见性产生。并且这一确定性和明见性特征延及一切通过演绎论证的定理。所有数学命题,倘若它们现实地是纯粹数学的,就都表达了属于数学之物的本质、属于其意义之物。由此,否定它们是荒谬的。**没有任何自然科学命题,没有任何关于实在事实的命题——它现实地是自然科学的(并且不是比如一个本质法则命题向个别情况的单纯传递)——是通过明见性而被论证为**

---

① 基数自身就是一个"意义"。

确定的，否定它们绝不意味着荒谬、悖谬。如果我否定重力法则或者力的平行四边形法则或者习惯、观念联想的法则等等，那么这样我就打破了经验，我违背了明见的、极富价值的概率性，经验及其有方法的进展已经为法则而论证了这种概率性；但是我并未造成悖谬，我没有说什么"不可思议的"东西、悖谬的东西，也就是恰恰明见地扬弃语词意义的东西，就像比如当我说"2×2不等于4，而是等于5"时我所做的那样。

　　当然，在数学中也会发生，人们根据已知的规则以揣测的方式假设普遍性。但是对于数学家来说，这并非解决问题，而只是提出了一项任务。因为正如植根于事实世界的本性中的是，事实命题只能以归纳的方式并且以概率性而被论证，同样，植根于所谓数学世界的本性中的是，与它相关的命题必须能够明察地被论证为确定性。

　　这种情况也同样适用于纯粹逻辑学，就我们至今已经以例子澄清了的法则领域而言。每一个原始推论法则、每一个原始逻辑"原则"都是能够直接通过明见性把握的总体确定性。对于两个矛盾命题而言，一个为真，并且一个为假：这一点总体上被视为绝对确定的。谁否定这一点，他就不知道，矛盾意味着什么，真假意味着什么。人们不可能否定，而没有打这些语词的意义一记耳光。命题就是"概念"内容的"展开"，它纯粹植根于这些概念之中。

　　对于原则来说直接有效的，也对于从它们之中演绎导出的〈命题〉间接有效。我们恰恰并非处在心理学之中，在经验和概率性的领域之中。**数学和纯粹逻辑学的世界是观念对象的世界、"概念"的世界**，就像人们也习惯于说的那样。**在这里一切真理就是本质的或者概念的分析**；这些概念所要求的东西和与它们的内容、意义不可分离的东西被认识和确立。

人们也将这一区分标识为先天和后天的区分。**纯粹数学是一门先天的学科，所有自然科学都是后天的学科。**一者始终植根于概念本质性，另一者则植根于经验的事实发生。数学命题不需要顾及经验，不需要经验归纳。"数学命题是先天的"这一表达式说的就是这一点。对它们提出这样的要求，是没有意义的。自然科学的〈命题〉情况则与之相反。不过要注意，不要用"先天"和"后天"这两个概念来胡说，并且只能将其理解为我们已经阐明的东西。

〈§14 含义学说与形式存在论的相关性〉

上述思考本质上推进了我们对科学论——由观念含义科学来代表——本质的明察。它不是心理学的部分或者分支，尽管有所有这些表现。我们同时由此也获得了一个重要的认识：观念科学与实在科学，或者同样地，先天科学与经验科学之间的关系就像观念世界与经验世界之间的关系。含义科学本身是一门先天科学、一门有关观念对象的科学。

现在我们往前推进重要的一步。我问：**科学论只能被刻画为先天的含义学说吗**？它已经由这一含义学说完全代表了吗？我们还不知道一门纯粹逻辑学作为普遍科学论的自然界限，我们还不明白它伸展多远，并且它包含哪些本质上关联着的问题群。

我们只能针对一门其普遍性是先天普遍性的科学论。我们已经排除了科学事实上的一切经验之物，它们要么属于心理学，要么属于社会学和文化史。先天之物、观念统一体、贯穿一切经验并且构成作为观念有效性统一体的科学统一体之物，现在首先是理论统一体、含义统一体。然后我们也努力深入考察，并且以此方式达至一门科学的观念，它研究属于含义的观念本质之物，不管是就其本身而言，还是考虑到有效性和无效性。

但是我们没有进一步考虑的**含义和对象之间的相关性**是这样一种情况，即，对象性关涉不可分离地属于含义。所有科学（作为观念的理论统一体）的这一对象方面不是也必须被引入来刻画一门先天科学论的本质吗？并且**对象性一般不是应该同样先天地将概念和法则提供给我们的意义上的逻辑学吗**？我们将要看到，情况实际如此，情况将会显示，实际上对象性的本质本身包含了这样的法则性，它们必须遍及一切可能确定的和被给予的对象性，它们不属于个别科学，而是只属于关于科学一般的科学；并且最终，所有这些法则与植根于含义观念之中的东西一道形成了一门内部统一的科学论，也就是以这样的方式，即，诸法则通过先天的思想束本质上彼此联结起来，因而通过以明见的方式使之明察的思想束彼此联结起来。科学观念并未产生多门无关联的先天学科，而是至多产生多门相对统一，但是又彼此高度内部统一的学科，因而产生一门唯一的全体科学。

遵循这些思想，我们将获得一个令人吃惊的明察，也就是说，**整个形式数学**属于先天的对象学说，因而属于完全总括性的先天科学理论。你们由此会明白，为什么我乐意以数学为例，并且一再在它和纯粹逻辑学之间建立起平行关系。纯粹数学的先天特征让我们倍感亲切，而我们通过我们的考察有意地一并证明了这一先天特征。但是，所涉及的不是外部的亲缘关系，而是内部的、在本质法则上不可分离的统一体。

现在让我们做一番详述。含义和对象先天地,也就是说,根据其意义明见必然地相关。① 对象对于思想来说恰恰只是作为被思想的对象而被给予的,并且,然后思想通过其含义内容、通过概念和命题关涉它。② 与之相反,含义的本质包含了,它要么作为称谓表象而表象一个对象,要么作为命题而设定一个对象。③

在对象这一标题下可以包含所有的一切:它可以是经验对象、事物或者自然过程,它也可以是观念对象,比如无穷数列、椭圆函数,又比如数学命题、化学概念等,甚至含义,比如当我们说出关于命题的命题时。含义与对象不是同一个,并且它们也绝不重合。两个表达式,比如"当今的德国皇帝"和"当今的普鲁士国王"不是同语反复的表达,具有不同的含义,但是它们关涉同一个对象。

我们也已经说过,就像适用于其他的含义,这一相关性也适用于整个命题。一个事态相应于命题,恰恰是这个在命题中被设定为成立的事态。如果命题为真,那么事态实际成立(并且相关对象实际存在),如果命题为假,它就不成立。

有时我们也已经提到了,正是关涉这一相关性,正如每一推论

---

① 斯宾诺莎说:"观念之间的秩序和联结与事物之间的秩序和联结是同一的。"(ordo et connectio idearum idem est ac ordo et connectio rerum.)如果我们将 ideae 理解为含义,将 res 理解为相关的对象,那么我们就能够正确地解释这一命题,但是当然我们最好回避它。

② 表达是可疑的!思想具有其被思的什么,并且在此之中具有作为有其含义形态的同一之物的被思想对象性。

③ 含义的本质包含了,是命题或者命题环节等,并且,在此之中包含了在某种形式的主词、谓词等上的对象性内涵作为同一性极点、论题内涵。每一个命题都具有"相关对象",并且在与它的关涉中具有谓词、关系等。

法则都可以被视为某种形式的命题的有效性法则,它也可以通过一种自明的转变而被视为事态的成立与不成立的法则。现在我们首先需要利用这一点。

在纯粹的含义学说中,我们具有一个法则和理论的领域,借助于上述相关性,就像面对含义,它也**面对对象**,而且同样地超出一切个别科学。由此我们已经具有一个涉及最普遍的对象一般的纯粹形式先天。因为当然,既然逻辑法则在谈及含义时并不包含任何特殊科学的特殊性,那么相关地,它们也不可以在转而谈及对象时却由此而局限于某个特殊的认识领域。如果我将矛盾律翻译为对象性之物,如果我不说"两个矛盾命题一个为真并且一个为假",而是说"两个相应的事态一个成立并且另一个不成立",那么实际上就只是引入这样一些完全缺乏内容的对象概念,比如事态、成立或者不成立。这样一些概念当然是一切科学本身的共有财产。

每一门特殊的科学都有它特殊的对象,它用特殊的名称来称谓它们,通过特殊的含义来思考它们。① 但是,所有对象现在也恰恰都是对象,对象这个概念因而可普遍运用于一切科学之中,并且这是先天的自明之理。可通过谓词来规定,这一点植根于对象一般的本质之中。因而谓词规定性的概念、性状概念也就是最普遍的对象性概念,它必然是一切科学——包括现实的和可能的科

---

① "平面几何学""椭圆函数"理论等:它们各自是一个统一体,尽管有着完全不同的展示和理论纲要。同一之物是在平面上的可能形状的全体系统和它们的"事况"(本质—事况)的全体系统。因而理论这个词是两义的:维尔斯特拉斯、黎曼、雅可比(Weierstrasssche, Riemannsche, Jacobische)的椭圆函数理论。但是它不是事况大全,而是根据理由和结果而规整的大全,每一个规整物与另一个都是"逻辑上等值的"。这样也是"同一门科学",但是以不同的"理论展示"。

学——必要的共有财产。成立概念同样如此，条件概念亦如此，比如事态以事态为条件、谓词以谓词为条件，等等。

很显然，与这些概念一道，植根于它们的意义之中的、与它们的意义不可分离的纯粹真理（因而是先天真理）也不可能只属于特殊科学。毋宁说，它们必然属于一切科学的共有财产，因而属于我们以先天科学论的标题所标识之物。**因而先天的科学论包含了一门先天的和形式的存在论**，就像我们也可以说的，包含了一门关于对象一般的先天科学，也就是说，关于纯粹可能的对象的先天科学，并且它们如此普遍地被设想，实事上如此未被规定，以至于没有预先假定任何关于可能对象的特殊科学。为此，我们要进一步来谈一谈形式存在论。①

〈§15 将形式数学编排进科学理论〉

迄今为止，我们只是认识了来自形式含义法则（含义的有效性法则）的自明转换的形式—存在论命题。**形式存在论作为一门先天学科**——它以形式的普遍性研究一切属于对象性一般的本质之真理——的观念，范围却更广，至少比我们举例优先说明的领域的命题所期待的要广得多，因而比传统的形式逻辑学的领域更广。毋宁说，这一最普遍的对象学说、这一形式存在论包含了**整个形式数学**。在这里要注意的是，形式数学这一标题排除了几何学。它包括纯粹基数学说和序数学说，组合学说和一切所谓分析学、数论、函数理

---

① 1) 没有预设任何对象的现实性，谈及的是对象的纯粹可能性。2) 没有实事的对象类型是被优先考虑的并且在内容上被预先设定的。

论、代数、微积分的学科,欧几里得和非欧几里得流形论以及一切流形论一般:全部"算术化的"数学,用克莱因(Klein)教授先生的话来说。对于那些不熟悉数学的人来说,指出纯粹算术和代数——它们最基础的东西在学校里已经教授了——就足够了。

将作为先天科学论的纯粹逻辑学与形式数学统一起来,这初看起来——而且不仅对于初学者来说——像是一个奇怪的念头。**逻辑学与数学有什么共性呢**?人们已经习惯于(一个几千年的习惯)将两方面的知识群放在彼此远离的抽屉里。几千年以来,数学一直被视为一门特殊的科学,自身封闭独立,就像自然科学和心理学那样。而此外,逻辑学被视为一门以同等的方式关涉一切特殊科学的思维工艺或者也被视为一门思维形式的科学,它与数学的关系和与其他特殊科学的关系没什么两样,并且也没有与它更加有关。

不过,有一件事肯定会引人注目,即,莱布尼茨——随着对他的极其丰富的文稿的逐步认识,他的历史重要性也迅速提升——在普全数学(*mathesis universalis*)的标题下形成了一个得到格外扩展的纯粹数学观念。根据他,这门最普遍的数学不再只是与量、与量和数有关,而是也与根据其单纯形式的非量相关。一切形式论证(*argumenta in forma*)都属于它,其中有传统亚里士多德—经院哲学的逻辑学的整个形式理论。最近,洛采(Lotze)谈到算术,说它就是纯粹逻辑学的一个独立发展的分支,里尔(Riehl)有时也同意这一点。即使这些研究者的观点仍然是零星的,他们也还缺乏对事况更加深入的研究,不过,我们可以确定,他们无疑已经看到了正确的东西。

迄今为止仍然妨碍逻辑学家加入他们的行列中的因素是缺乏对逻辑学本质的内部理解。大多数人仍然依赖于规范的和实践的学科的观念，并且陷入心理主义的基本错误，将逻辑学视为心理学和（必要时）形而上学的技术上的附属物。我们比如取现代德国逻辑学的杰出成就西格瓦特（Sigwart）的逻辑学为例，可以说，我们在此之中看不到任何关于某一门先天的含义学说和对象学说的存在的看法，而我们这里对它们的规定、界定和澄清尤其感兴趣。这同样适用于冯特（Wundt）、埃德曼（Erdmann）的逻辑学以及其他声名卓著的作品。

即便那些逻辑学家——他们步康德和赫尔巴特（Herbart）的后尘，将逻辑学视为先天的、独立于心理学的学科——也并未澄清先天逻辑学的独特本质和自然界限。即便他们也没有达至一门在我们至今的含义学说和对象学说意义上的先天的和理论的科学论的观念，这样，他们也没有认识到纯粹数学与纯粹逻辑学的统一性。我必须以某种方式只将一位重要的新康德主义者作为例外：几年来，并且独立于我，纳托尔普（P. Natorp）持有逻辑学与数学的统一性观念，这里，他持有这一信念并且规定逻辑学观念的方式当然本质上不同于我的方式。他在其《社会教育学》的引论和关于逻辑学的讲座笔记以及关于哲学引论的讲座笔记中都谈及这一点。① 我自己自从我的《纯粹逻辑学导引》——它形成我的《逻辑

---

① 纳托尔普，《社会教育学》（*Sozialpädagogik*），斯图加特，1898 年；《以学术讲座为指导原则的逻辑学》（*Logik in Leitsätzen zu akademischen Vorlesungen*），马堡，1904 年；《以学术讲座为指导原则的哲学概论》（*Philosophische Propädeutik in Leitsätzen zu akademischen Vorlesungen*），马堡，1903 年。——编者注

研究》的第Ⅰ卷,并且是对我在1895年于哈勒(Halle)所做的讲座的本质性加工——以来已经取得了本质性的进步,它们有助于当前的讲座。

现在,如果我们回到我们的先天科学理论的观念,那么,无须大型器械就能明察到,形式数学的基本概念和本质上植根于此的法则是科学理论性的。让我们扼要重述如下:作为科学理论的逻辑学包含什么?我们将一切经验之物从科学理论中排除出去。我们显示出,也存在着极其不同的经验研究,它们涉及科学一般:经验—语法的、社会学的、文化史的、心理学的研究。我们可以排除所有这些,就像排除所有针对规范的和或多或少奠基于心理学的科学工艺论的意图。因为联系着形式论证法则,我们已经认识了大量先天理论形式法则,它们在最内部根据的层面上赋予科学观念以统一性,没有它们,所有进一步的关于科学的经验的和技术的研究都没有了根基,因为如果它们无效,科学一般就不再是科学了。当然,我们必须完全普遍地说:一切认识一般——如果它们无效,科学自身作为有效性统一体就丧失了其意义、可能性和有效性——都属于先天的科学理论。我说"科学作为有效性统一体",就是说,科学作为相互关联的,而非相互捏合的陈述的系统;根据其含义形成理论统一体的陈述。

在探寻自然的界限中,我们已经达至先天理论含义学说的观念;在最内在的本质上,科学是含义统一体。并且含义学说借助含义与对象性的相关性而引导我们达至一门先天对象学说、一门形式的和纯粹理论的存在论的观念。

现在很显然，这一意义上的一切纯粹数学之物实际上都是科学理论性的，并且种类上，它属于形式的和纯粹的存在论，其范围因而或许远比与传统三段论的相关性要广得多。我们比如取纯粹算术和它所包含的流形论的基本概念为例，多和一或者集合和集合的元、顺序、组合、排列、基数和序数、整体和部分、关涉和联结、相等和不相等等概念。我们听说，对象一般的概念自明地属于科学观念本身，因而是纯粹逻辑性的。因而这也必然适用于每一个这样的概念，它本质上，也就是根据其意义并且仅仅根据其意义，与对象概念相关。对象本质本身难道不是包含了，每一个对象都能够被确定为一个；对于每一个对象，"另一个""不同于"它的对象是可设想的；一个对象和另一个对象可以聚合为总和、集，然后被数作"2"，以及一般来说不同对象的总和，它们可以被数作 2、3……吗？在事实上数数时，面对星球、化学元素、地质时期、电子还是其他的什么，这是事实的个别科学的事务。但是不管怎样的对象，因而一切对象都可以作为一来设定，来数、比较和区分，进一步排序、组合、排列，等等。所有这里提到的概念因而都并未包含某种认识质料的特殊性——对它的科学工作在某一门质料科学中进行，而只包含了这样的内容，它们本质上属于对象一般的观念所铸造的和与它处于先天关涉之中的东西。

如果数学研究先天地——也就是纯粹根据其内在意义——植根于这些概念之中的法则，比如，植根于基数的本质之中的可能规定性和功能依赖性，那么**所有这些，因而整个先天数学都被编排进科学理论之中**。

〈§16 数学与逻辑学作为每一门科学都能自由利用的真理宝藏〉

这里可能产生一个疑问。难道科学理论不是研究属于作为有效性统一体的科学的普遍本质的东西,因而是一切科学——现实的和可能的——的必然共有之物吗?但是数学如何会是一切科学共有的,既然它还只是在某些科学中、在理论自然科学中扮演重要角色,以至于只在它们那里人们才会倾向于说,数学属于它们;理论—抽象的学科,力学、光学等是具体的数学学科,恰恰相对于它们,纯粹数学是纯粹的,它形成了形式理论,这些形式理论现在在"精确"科学中处处被运用到它们特殊的质料上。

不过,我们不要被弄糊涂了。纯粹逻辑学的或者纯粹科学理论的概念、法则、理论,这说的不是事实上在一切事先被给予的科学中使用的概念、法则、理论,而是这样的概念、法则、理论,它们**原则上属于科学观念本身**,并且它们由此形成了一个宝藏,一切科学都同样能够利用它,而不是说,它是其中某门科学的私有财产。科学的本质本身在某些原始概念中表达出来,这些概念**对于科学的观念来说〈是〉直接构造性的**,就像含义和对象、真和假等概念。并且属于这些原始概念、这些直接构造性的概念的是,**某些基础原则作为科学一般的可能性条件**植根于它们的本质之中。

现在,能够从这一原初宝藏中先天地导引出来的东西、能够在依赖性的和复杂化的概念上纯粹根据其本质而明察地形成的东西以及能够在系统理论上由此导引出来的东西,都总是仍然属于科学一般的本质和可能性，即便是**间接地，倘若扬弃它会扬弃对于科学来说直接构造性的因素的可能性和有效性**。但是，因而这些依赖性的或者在合乎属的本质中种类化的概念和植根于此的演绎法则并不需要在每一门个别科学中都出现，不需要处身于每一次运用之中。比如，没有含义就没有科学；使客观有效性得以可能的东西，就是在其不同的基本形式的概念和命题中的含义。因而，含义观念，概念和命题对于科学一般的观念来说就是构造性的。

进一步说，先天的含义学说——它系统地研究先天地属于含义本质之物——因而是科学理论性的。**而这也就是为什么每一种含义科学的演绎形式并不需要在每一门科学中都现实地出现。就先天的合法则性而言，含义形式的复合体是一种无限的复合体。但是每一门科学都只包含了有限数量的命题和形式**，至少就其现时的成分而言。因而并非一切都出现了。即便就科学的无限发展而言，人们也不能说，所有观念的含义形式都必然现实地出现。

植根于对象一般的观念本质之中的形式和法则的情况也同样如此，发展它们是先天对象理论的任务。它之所以是科学理论性的，也恰恰是因为每一门科学本身都与某些对象有关，因而本质上总体地属于对象观念之物是科学理论的财产。但是特殊的形式——由此某一门科学的对象性根据其实事上的特殊性而在理论上展开——并非一切可能的形式一般。并非每一种可设想的逻辑对象形式都必须在每一门科学中具体地实现。科学理论是关于科学本身的先天本质的总体科学，因而是就其外部经验的成分而言。而它根本不是一门在经验上进行比较的科学，这门科学由此从事的是，收集在一切科学中现实共同出现的特性和形式。这会给出关于最小值的认识,但一点也不能保证我们明察到,在事实的成熟科学中被视为共同的东西就是真正意义上科学理论性的,就必然直接或者间接地属于科学一般的普遍之物。

因而这也适用于我们称为形式—存在论的科学理论领域,并且尤其适用于数学学科。从无限丰富的数学真理那里,每一门科学都能够具体地实现它的步骤,并且在其有方法的活动中,它能够如其所愿,尽其可能地大量使用这些丰富的内容。在此,不同的科学有不同的做法。一门科学利用数学多一些,另一门科学利用数学少一些。并不是每一门科学都恰恰和某个对象领域相关,对于这一领域来说这些数学规定的形式特别地并且同样地是可有丰硕成果的。**但是,原则上数学和纯粹逻辑学一般形成了每一门科学都能够自由利用的真理宝藏**,它是纯粹知性真理的宝藏,这些真理不包含任何那些决定了一种与特殊认识领域的种类归属关系的特殊认识材料。① 毋宁说,它们始终并且纯粹植根于单纯的"思维形式",植根于形式的含义思想和对象思想的本质,这些思想类似于模子,它首先必须填充进材料,才能产生与含有实事的对象②相关的含有实事的思想。

思想就其不可扬弃的本质而言恰恰是这样构成的,即,它必然在这样一些形式中运行,并且对象性也是这样构成的,如果它应该被思考并且在理论上被认识,即,它必须以相应的存在论形式被把握。如果我们想要使用亚里士多德的术语,那么我们可以说,没有

---

① 两方面:(1)纯粹可能性,(2)排除一切质料先天。

② 可能的含有实事的对象。可能性命题被"运用"到现实对象之上;现实性命题不能被填充。

μορφή 就没有 ὕλη，没有形式就没有材料，反之亦然。但是如果在纯粹思想中，我们突出形式，也就是说，如果我们思考以未规定的普遍性来规定具体之物的材料，并且如果我们从现实性过渡到可能性，那么我们就认识到了，存在着对于一切、对于一切"一般可能之物"——只要它恰恰以这样那样的形式被把握——都有效的真理。

此外，存在着这样的真理，它们之所以有效，并不是借助于以某种形式理解材料，而是因为形式恰恰由这一材料所充实，这些真理因而依赖于材料。如果 a 比 b 更强，那么 b 就比 a 更不强，这是一种推论形式，但不是纯粹逻辑的。这植根于强度的特殊之处。对于任意一种关系来说，比如如果我们用关于任意关系一般的未规定的思想来代替强度关系，这是没有意义的。如果我们追寻材料，追寻所谓的"认识质料"，如果我们问，什么对于如此构成的、实事上如此这般规定的东西来说有效，那么我们就活动在实事科学之中了。但是既然构〈成〉实事性的东西，原素（ὕλη），必然以某种形式被把握，并且在对实事的认识中，形式也总是一并起作用，并且对于认识的进步来说也是一并规定着的，那么形式也恰恰必然被顾及，并且必然被问到，更进一步说，以科学的普遍性，哪些真理植根于纯粹思想形式，首先，这些真理是哪些，如何能够系统地规定它们。这门科学正是科学理论，正是因为它排除了构成用来区分不同实事科学之物的材料，所以它是一门以一切科学原则上和本质上共有之物为其理论研究的出发点和客体的科学。①

如果我们研究属于作用于一个物质点的 2 个力 p_1、p_2 的法则

---

① 这还不够，因为经验的和先天的科学之间的区分还不充分。

性关系,那么我们就在从事力学。但是如果我们研究属于"2"这个观念的东西,那么我们就在从事科学理论。因为"2"可以是2个力、2个颜色、2个声音、2个心理禀赋,以及任意2个什么,它是1加1。一是任意的对象:在实事上规定之物是以未规定的普遍性而被思考的。然后,在运用中它可以由任意材料充实,因而在力学中我们将思想对象形式"1+1"运用到力上,在声学中运用到声音上,等等。并且一切形式数学之物的情况皆如此。

同时我们看到:一门形式科学理论的可能性奠基于在思想本质中包含的在**含有实事的**和纯粹**形式的思想**之间做出区分的可能性,或者奠基于这样的可能性,即,在一个含有实事的思想被给予的情况下,能够通过在其出现的任何地方都引入未规定之物、某物一般的思想——它现在各自根据相关思想的构造性意义而采取了对象、性状、关涉等的形式,从而排除其中的一切材料、其中的一切构成含有实事性的东西。①

对于苏格拉底和柏拉图,我设定一个对象和一个对象,对于一个人和一个人,我设定一个通过某种类型特征 α 规定之物和另一个通过同样的特征 α 规定之物。对于谓词表象"红的和圆的"我设定 α 和 β,也就是说,某种方式的性状和另一种方式的性状,等等。由此产生了纯粹逻辑形式,它们简单地通过 1 和 1、一个 A 和一个 B、X 是 α 和 β、X 处于与 Y 的关系 ρ 之中来标识。这些形式的思想都是普遍法则植根于其本质之中的形式的普遍性。然后,这些法则就无条件地并且必然地适用于在形式中出现的未规定之物的

---

① 这也排除了经验的常项。

整个可规定性领域；基数命题适用于数一般，并且每一个数都是未规定之物的复合体，这就是说，它们有效，不管统一体可能在质料上如何被规定。性状命题适用于任何性状，未规定的性状可以为任意规定的、含有实事的、现实的属性所替代，等等。

这一包含实事上的不确定性并且排除存在的形式特征，导致**科学理论超越于一切含有实事的科学之上**，导致这一超越展示了一切科学的一项**共有财产**：必然植根于科学本质本身之中的东西。但是这绝没有包含，一切形式必然出现在一切科学之中。因而对数学的科学理论特征的反对意见是无效的。它得到表明，只要它的真正意义上的形式特征得到表明。

当然，将形式数学编排进科学理论之中，并不意味着会改变数学自身的内容和方法，并且也根本不会比如导致对它的改良。这只意味着一项从哲学的视角来看，在数学相对于其他的、含有实事的科学的地位方面，在它相对于旧的形式逻辑学的地位方面极其重要的认识。

〈§17 科学理论的自身关涉性·纯粹逻辑学建造之理念〉

在某种程度上我们还没有完全消除对我们将数学编排进科学理论逻辑学中的证成性的疑问。当然，并非所有科学理论的形式、法则、理论都必然在所有科学中起作用，尽管它们都是一切科学的"共有财产"。不过，数学自身就是科学，它以逻辑的方式行事，并且一种流行观点由此而是正确的，这种观点说：**正如任何其他科学**

那样，数学也服从逻辑学，这难道不是显然的吗？它作为科学服从使得科学就其本质而言可能的概念和原则：它服从科学理论，因而自身不是科学理论。

我们回答说：这里所说的，实际上是明显的和毫无疑问的——除了结论，因为说数学自身因此而不属于科学理论，其自身不是科学理论，这是错误的。对这一事况的澄清将很快带给我们一个进一步重要的对科学理论的刻画。这就进一步为我们产生了在科学理论的自然组织方面重要的认识，它们将澄清数学的特殊性和旧的形式逻辑更加总括性的和基础性的意义。

我们开始做以下考虑。这里提出的反对意见当然不仅涉及数学学科，而且涉及人们希望以某种〈方式〉归在科学理论的标题之下的一切学科。如果人们一般视一门纯粹逻辑学为科学——而人们又如何能不这样呢？——，那么这门科学就服从先天地植根于科学本质本身之中的概念、原则和理论。但是如果情况如此，那么反对将纯粹数学编排进逻辑学的意见就不再有意义。不过我们现在对逻辑学的返回关涉性更感兴趣，并且想要更确切地考察这一引人注目的事实。

纯粹逻辑学作为科学——不管人们在多么狭义上来把握它，比如只是作为传统亚里士多德逻辑学三段论的复合体——具有和任何数学学科一样的特征。它当然是先天学科，在其中，形式的基本概念直接奠定了某些公理，它们是原始的、直接有效的法则：矛盾律、双重否定律以及原始推论法则。这些原始法则是建造在其上的理论的基石，在其中更新的推论法则间接得到表明。通常的推论链法则，比如一切 A 都是 B，一切 B 都是 C，一切 C 都是 D，所以一切 A 都是 D，就已经不是直接的明察的法则，而是需要表明的法则。

在这里,证明当然是通过 2 到 3 步而提出,因而几乎是自明的。但是如果人们提出一个任务,去建构三段论领域的一切可能推论法则的系统,因而构建一门理论,它允许以组合的普遍性而为一切在这一领域范围内的前提形式和任意多的前提演绎出相关的推论法则,那么这就不再是自明的了。但是在原则上普遍地提出和解决这样的任务,是逻辑学在三段论领域内的科学目标。如果我们现在考虑现实地详细阐述这一理论,那么它作为理论、作为论证统一体和含义统一体显然服从植根于含义本质一般的普遍法则,这样,在这里它本身又以三段论的方式完成,恰恰是在三段论的法则之下。

正是**纯粹逻辑学**的一种极其引人注目并且还完全自明的**向自身的回涉**,使得纯粹逻辑学突出于其他一切科学之上,并且植根于它的研究领域的独特性之中。每一门含有实事的科学都具有某个实事领域[①],〈它〉通过某些铸造性的概念、通过含有实事的概念来把握实事、实事的属性和关系。它谈及动物和植物,谈及历史过程,谈及自然力、量、距离,等等。**在这种意义上,纯粹科学理论根本没有任何领域**,它关涉一切,因而关涉任何领域一般,但是以完全未规定的方式,排除了一切含有实事的概念。它的基本概念——对象、性状、关涉、属、种,以及相关的含义概念——概念、命题、主词、谓词等等,因而具有完全不同于含有实事的科学概念的特征。并且它们已经显示了对于纯粹逻辑之物来说典型的回涉性。

概念的概念以概念为其对象,并且自身是概念。对象概念以对象一般为其对象,但是概念自身实际上也是对象,等等。因而如

---

① 某个实事领域:此在领域或者本质领域。

果纯粹逻辑学谈及一条含义一般的法则，或者如果它详细阐述一种含义一般的理论，那么此外法则自身也是含义，理论也是含义之网；因而，每一个普遍有效的含义一般的法则，比如逻辑学说出的命题一般的法则也包含逻辑学理论由此而建造起来的所有法则。如果逻辑学为三段论的推论一般论证了法则，那么，这些法则在此之中得到表明的三段论论证也属于这些法则。完全普遍地说：如果我们思考一门在我们的科学理论意义上的关于思维形式和思维法则一般的科学，那么，组成科学理论自身的每一个形式都必然出现在它所处理的形式之下，它为它们颁布法则，并且这些法则必然同时规整着纯粹逻辑学自身。

　　这一对于纯粹逻辑学来说完全典型的并且属于其本质的事况并不意味着比如一种逻辑循环，正如我为了安慰你们而马上要说的那样。因为一个现实进行的推论所服从的推论原则不是推论的前提。如果我推论：所有人都是有死的，卡尤斯（Cajus）是人，所以卡尤斯是有死的，那么这一推论是完整的。结论命题纯粹从两个前提，并且不从任何其他东西中得出。我能够事后抽象出"普遍地从'所有 A 都是 B''S 是 A'形式的两个命题中得出'S 是 B'形式的命题"这一推论原则、这一法则，并且能够把握其明见性，由此也明察到，眼前的推论实际上是以正确的形式得出的；但是原则不是一个前提。当然也很容易看到，如果我们表述出原则，并且不仅仅根据它，而是出于它进行推论，那么由这一附加的前提补充的新推论自身就必然也具有一个推论原则，这样，我们就陷入可笑的无穷后退之中了。因而在纯粹逻辑学实施的推论方面，也很显然：为即时推论展示原则的逻辑法则不是前提，因而，当逻辑学家想要证明推论原则,并且在证明它的每一步中都实施服从这些原则的推论时,这并不是逻辑的循环。

此外,当然人们必定会说:对每一思维活动的最深刻的证成就在于,它并非未经反思地被接受,而是说,〈它〉回溯至它的原则,这样,每一步都在反思中指明是正确的,更进一步说,是原则上正确的。现在,如果逻辑学家在反思他自己的理论步骤时依赖他之前还未确定的和很好地论证的推论原则,这会是不合适的。因而产生了一个**理念**,即,不仅在建造纯粹逻辑学时避免循环,会是一个逻辑错误,而且也这样来安排推导,以至于在任何论证步骤形式中,都没有任何并未事先以理论的展示性内容表述出来的原则起效,不管它是被设立为公理,还是已经得到了表明。

使这一理念可行的东西和我们在这里尤其感兴趣的东西是,**原始的思维步骤**和**公理性原则**在某种程度上是明见地相合的。一个简单的论证步骤、一个简单的推论是这样的推论,在此之中,被推论之物直接在前提之中,因而可以被明察为直接包含在此之中。但是如果情况如此,那么相关的原则、形式论证法则就是直接的,可以明察其直接有效性的东西,就是一个公理(参阅之前的例子)。

我们来利用这一点。就像任何科学一样,纯粹逻辑学也包含总括性的并且最终远离直接明察的思想的理论,比如更高级的代数和分析理论,单纯理解它们就需要多年的准备工作。但是,这些理论和学科的一切个别步骤所服从的原则,现在虽然也属于这一科学的统一体,但是不属于它的高层和顶端,它们不是需要通过复杂而困难的推理才能在理论上表明的法则,而是说,它们属于直接的原理,它们是公理,它们是纯粹自明之理。

〈§18 形式学科的自然秩序〉

〈a) 命题范畴作为最高的逻辑范畴〉

我们现在更进一步。现在涉及的是让**纯粹逻辑学的本质性环节**出现，它们〈一方面〉澄清旧的形式逻辑学作为一门基础学科的特殊地位，另一方面澄清纯粹数学作为一门本身后来的和需要改进的学科的特殊地位。

如果我们现在关注这些承载着整个全部逻辑学大厦——包括纯粹数学——的公理，那么我们会注意到，它们结成了群；它们植根于构造它们的原始概念之中，并且这些原始概念具有某种阶次的等级和贯通的含义。但是这决定了**理论和学科的自然秩序**。构成传统亚里士多德逻辑学核心内容的形式理论，**根据其本性**先行于纯粹数学理论，纯粹集合论、纯粹算术、纯粹组合论、纯粹序数学，等等。根据其本性，我说：将数学在等级上置于旧的形式逻辑之前，这会是颠倒的。这里包含了对这样一种观点的证成，这种观点认为，形式逻辑与算术和数学一般的关涉和与任何其他科学的关涉是一样的。当然，人们还没有更宽泛的和完整的形式逻辑学概念，而只注意到亚里士多德的三段论；对〈它〉来说这是完全正确的，只是，人们没有同时认识到那些本质法则性的关联，它们最终为纯粹数学和旧的形式逻辑学而要求科学的统一体。这是怎样的自然秩序？

存在着这样的逻辑概念或者相关的概念群，它们具有如此贯通的重要性，具有如此总括性的支配领域，以至于我们不可能设想任何理论，甚至任何推论、任何命题，如果没有考虑到这些群的概念的话。存在着其他的概念群,它们虽然仍然总是纯粹逻辑性的,但是自然不必在每一个不管多狭窄的理论领域中得到考虑。这很容易通过例证而认识到。

每一门科学、一门科学的整体理论内涵完全由含义组成,并且含义处处是在其对象关涉的有效性和无效性方面而被考虑到的。它们分节为作为封闭的含义统一体和有效性统一体的命题。很显然,据此,命题、有效的和无效的命题,或者甚至真与假这样的概念也必然总是并且处处可运用。当然,这里还包括这样的概念,它们在形式普遍性上表达了命题的可能构造项,比如主词和谓词、普遍性和特殊性、单数和复数。这里一般地也包括命题和可能的命题关联的一切形式,不考虑确定的认识质料,它们展示了在命题的普遍本性中的可能性,去以命题形式把握任意的质料,因而去以含义统一体把握任意的质料,这些含义统一体根据其本性提出有效性或者真理主张。

每一个命题本身都说出,某物存在或者不存在;恰恰由此,它提出有效性主张。但是,一个普遍表达,即说出一个命题"某物存在或者不存在",总括了杂多的特殊情况,它们以不同的形式铸造自己,这些形式植根于作为一个设定对象性的统一体之命题的普遍本性之中。因而,这一命题在特殊情况下说出,某物存在或者不存在,性状 α 属于或者不属于一个对象;如果性状 α 属于它,那么性状 β 也属于它,或者,它不属于它,或者之所以不属于它,是因为这种或者那种性状属于它。此外,如果性状 α 属于一个 S,那么性状 β 就必然属于一个 Q,等等。这些命题形式和将它们组合而成的复杂命题的形式就包含了植根于这些形式的本性之中的法则、根据单纯形式而有效或者无效的法则。显然,这些形式概念和相关的法则必然具有完全贯通的普遍性；一旦说出命题，一旦命题联结为理论形态，联结为推论、证明、理论，这些形式就具体地出现，并且相关的有效性法则由此而是可运用的。

与此相对，整体和部分、联结、顺序以及量、基数、组合等概念则退入背景之中。它们虽然植根于普遍的对象性观念之中，这使得它们最终可以运用在任何可能的认识领域之中，但是它们根据其本性在等级上处于第二层次。**它们并未表达本质性的命题形式，属于它们的法则并非植根于命题本质一般的真理的法则**；而是说，它们先天地铸造了可能的对象类型和植根于其形式本质之中的东西。由此产生了一个分叉口。如果我们称纯粹逻辑学的原始概念为"**逻辑范畴**"，那么它们就结成一个围绕着**命题范畴作为最高范畴**的群。这分化为一系列特殊的命题范畴，并且这些范畴通过其形式构造而区分开来。杂多形式元素出现在此，它们通过概念上的区分而产生一系列相关的形式命题构造项范畴，比如，主词、谓词、归属、是、否、如果、那么、和、要么……要么、复数、单数、一切、一些、一，等等。这建造起了命题范畴：存在命题、定言命题、假言命题、选言命题、联言命题，等等。其中部分还没有名称。

联系到亚里士多德表达命题的语词 $\dot{a}\pi\acute{o}\varphi a\nu\sigma\iota\varsigma$，我们称这些范畴领域为**命题范畴**（apophantischen Kategorien）。

I. 我们在**命题逻辑**下理解的是属于命题（Apophansis）观念，因而属于命题观念的本质法则的总和。① 如上所述，这里处理的

---

① 但是我之后还要谈及一门形式学说，因而也要谈及事态的法则学说，人们自然不能够将它分离于命题学说。情况会是别样的，如果我们考察"事况"。或者在事态下处处指的都是这样一些事况，唯有它们能够与朴素对象"等量齐观"吗？它们包含了这些法则（作为不同命题含义形态中的同一之物）。之后，实际上命题逻辑也关涉事态。

是构成思维规范化的最普遍的和绝对不可或缺的基础之法则区域。撇开规范化不谈，如果没有这些法则，那么真和假、属于和不属于、预设和得出，因而"是"和"否"、"如果"和"那么"、"要么"和"要么"等所有这些说法就不再有任何可能的意义。

〈b〉命题逻辑作为纯粹语法学与作为有效性学说的二阶性〉

人们在这里可以区分出两个阶次。

1. 较低的阶次处理先天属于含义本质或者命题（它不是本质性的限制）本质的含义形式，**不考虑真假**。**一门形式学说、一门单纯的命题解剖学和形态学先行于纯粹命题法则学说**。因而，我们不问，先天可能的命题形式是否具有可能的真理。比如，和形式"S 是 p 并且同时是 q"一样，形式"S 是 p 并且同时不是 p"也可以出现在这里。我们也将这一形态学称为**纯粹的语法学**或者算作纯粹语法学，因为相对于不同语言的各种经验性区分、流行语以及语法形式和规则上的区分，它凸显出了一切语言先天地因而必然地共有之物。

属于命题本质的思想形式必然以某种方式在每一种语言中起效。因为在每一种语言中，当然都应该有所言说。但是每一个陈述都具有一个同一的观念意义：也就是我们所谓的逻辑意义上的命题。这一命题在每一种语言中以不同的方式得到表达，但是既然每一种语言都应该表达它，那么这些语言就必然具有某〈种〉手段，以便一并唤起命题形式，并且铸造它，不管是以完整的还是以不完整的方式。无论如何，属于命题观念本质的形式学说提供了理想的支架，它在经验语言中以不同的方式穿上了经验的语言材料。人们必须首先认识它，才能够以正确的方式建造一门经验的语法学。只有通过关涉纯粹语法学的观念形式，如下问题才获得了意义：德语、汉语、通古斯语等如何表达"是"和"不是"、表达假言形式、表达复数和单数，等等。有可能一种语言没有自己的屈折变化、介词等来表达我们通过这样的语言手段而表达的同样的东西。但是思想在那里，即便缺乏形式，并且必然在那里，因为否则陈述的意义就丧失了。

既然在以纯粹语法学的方式设立的命题形式中，含义元素以某种方式聚合起来，并且很容易看出，并非比如任意地重新安排诸元素就又给出了一个命题，那么命题形式就因而表达了法则。含义元素，或者说，命题范畴元素构成了材料，它只能以某种方式相互排列和组合，否则就产生不了统一的整体，产生不了统一的意义。这同样适用于命题中相关的统一部分，比如复合的主词思想或者谓词思想。因而在含义领域中，一种将统一的意义与无意义分开的合法则性独立于真假而起支配作用：这是纯粹语法的合法则性。①

2. 在纯粹语法领域上又建造了**本真的逻辑法则领域**；在有意义的因而以纯粹语法的方式确立的形式领域中，它们区分出根据其形式产生或者不产生可能真理的命题，以及先天地并且纯粹地根据形式而有效或者无效的命题。

命题逻辑本质上是旧的形式逻辑学的科学的实现和完成。因为后者本质上局限于这里相关领域的问题，当然没有把握它们的特性并且没有以所要求的理论普遍性来解决它们。

---

① 这一领域的纯粹语法之物在口语中被称为纯粹句法学。纯粹语法学也包括纯粹数学的基本概念、更高的纯粹逻辑学领域的基本概念。在口语中更进一步的详述。

〈c〉命题逻辑与集合论和算术中的集合与数〉

II. 命题逻辑只构成了广义上的纯粹逻辑学的一个很小的领域。在更广阔的领域中，通常意义上的数学学科（不过排除了几何学、运动学和数学—物理学科）对我们来说显得幅员辽阔，内容丰富。它们都共有的是，它们都编排进**形式和先天存在论**的观念，并且恰恰在此之中同时具有排除某些其他数学学科——它们的基本概念空间、时间、力等不是纯粹逻辑意义上形式的，正如我们之前已经详细阐明的那样——的根据。不过现在需要——这也不是非常容易的事情——**在刻画中区分命题逻辑和扩展领域上的形式存在论**。以某种方式，借助命题和事态、概念和对象这些概念的相关性，命题逻辑也包含了一门形式存在论。

从我们为了界定命题逻辑而采纳的立场来看，命题观念是基本范畴。我们也可以更通俗地称之为陈述、述谓观念。倘若它作为陈述关系到某物的是或者不是，那么这是有效性主张或者真理主张的观念。植根于作为有效性统一体的命题的本质中的东西，应该得到研究。因而以某种方式涉及一种真理逻辑。真理就是真命题。如果我们想要研究，什么植根于真理的本质，那么我们必须回到本质上需要区分的命题形式，我们因而需要一门命题的形式学说；并且在此之上作为更高阶次——本真的目标是它——而建造的是逻辑的法则学说：植根于这些形式的本质之中的有效性和无效性法则。如果我们现在借助含义和对象的相关性而进行**立场的转换**，如果我们因而现在采取对象性方面的立场，**那么相应于命题的形式学说的是相应事态的形式学说**。

然后我们可以比如这样进行：在每一个陈述中都对某些对象有所陈述。如果我们不考虑一切对象的被给予性和规定性，如果我们不局限于任何实事性规定的对象领域，那么我们可以问：关于对象一般可以陈述什么，并且首先：以何种形式人们能够对对象一般有所陈述？如果我们排除陈述观念，那么我们可以问：怎样的事态形式在涉及任何对象 A、B……时是可能的？然后回答比如是：关于某个对象 A 我可以陈述，它存在；或者：一个可能的事态形式是"A 存在"或者"A 不存在"。此外：性状 α 属于或者不属于 A；属性 α 和另一种属性 β 属于 A；A 处于与 B 的关系 ρ 之中；A 等同于 B 或者不同于 B；A 和 B 是 α，等同于 C 和 D；等等。或者一个 α 和一个 α 是 m，2α 是 m，多个 α 是 m，等等。此外，假言和选言形式：如果某物是 α，那么它是 β；如果 a 是 α，那么 b 是 β；等等。

因而我们追问这样的形式，以这些形式，关于对象——不管是关于规定的还是未规定的对象——能够存在着先天的和纯粹形式的事态。这些法则涉及这些对象并且涉及它们由此而以形式的未规定性得以刻画的属性和关系。现在也出现了作为形式的数，然后总和也出现了。原初形式当然也包括和-形式，比如当我说：苏格拉底和柏拉图，或者形式上的"A 和 B 是 p"。此外：一个 α 和一个 α 是 p，多个 α 是 p，当然，2α、3α 等是 p。数也可以在谓词方面起作用，它可以在事态的不同位置上形式地起作用。

不过，这里在命题领域中，在命题和事态的领域中（参阅下述），集合和数以完全不同于在算术和集合论中的方式起作用。关于对象做〈出〉陈述，比如一个属性 α，在陈述之中，数特征作为形式——由此而是非独立的——出现,这是一回事,关于数本身就它们是对象而言做出陈述,这是另一回事。如果我说:A 和 B 和 C 和 D 是 p,那么我通过"和"将对象 A……D 组合起来。但是"和"在这里是形式并且奠立了复数述谓的统一形式。我以复数的方式对对象 A、B……做出判断,我判断的不是由它们形成的全体集合。我这么做了,比如如果我说,由元素 A、B 和 C 组成的集合是由元素 A、B、C 和 D 形成的集合的部分,⟨后者⟩包含"更多的元素",那么我将集合作为一个主词、一个有关的对象;在现在的事态中,集合是项,在之前的事态中,个别对象自身是述谓的项。因而在集合论中,我们现在普遍地对集合做出判断,它们在某种程度上是高阶的对象。我们并非直接对元素做判断,而是直接对元素的总和和任意元素的总和做判断,而总和,也就是集合,才是相关对象。**与每一个复数相应的都是一个集合,但是在命题形式,也就是事态形式的学说中,集合不作为对象出现**:在它们之中,相关对象始终是未规定的 A、B……毋宁说,在它们之中只出现复数,它构成了关于任意对象的述谓形式。

同样:只要一个复数述谓存在着,相应于复数的就是某个基数,并且如果复数是未规定的,那么相应的就是一个未规定的基数。但是我又必须面对一种新的思想形态;**在命题的形式学说中,数仅仅作为形式,而非作为对其做出判断的对象出现**。在陈述中,也就是在命题**或者事态**中的每一个形式都是非独立之物。我们可以将一个对象思想归属于它,比如,"是"在命题中是非独立之物。我们可以将它独立化,并且形成一个思想"是"。我们可以将"相同性"归属于非独立的形式思想"相同的",等等。但是由此产生新的对象、更高阶的对象,而形式——它们原初地在低阶上有助于构造对象性——的对象化并非自为地是对象。我不可以为了"上帝是公正的"(Gott ist gerecht)而说"上帝是着公正的"(Gott das Sein gerecht),这没有意义。或者为了"a 相同于 b"而说"a 相同性 b"。因而,比如"和"和"2,3"以 2 个人、3 座房子的方式在形式中出现,但是,集合并非作为对象、数并非作为相关对象而出现。通过询问以何种形式对象可被设想为这样的事态,以及何种法则对事态根据其形式的成立有效,**命题逻辑处理命题的或者说事态的形式**。①

但是集合论问:什么适用于我们称为集合的独特的高阶对象?比如,2 个集合联结为一个新的集合,2 个集合 a、b 彼此相关,要么 a 是 b 的部分,要么 b 是 a 的部分,要么它们相交(一个集合作为部分是共有的),或者凸显了,它们是同一的、相合的。**这些真理和由此导出之物不属于命题逻辑、谓词逻辑本身**。它们形成了一个本己的领域:集合论。同样,从对象上来把握,基数作为集合特有的形式的规定形式给出了一个领域,它不属于单纯的**对象一般及其事态形式的学说**的范围。后者只包括关于对象本身的复数谓词形式。但是,在算术上有命题,比如:任何数都可以与任何数相加;如果 a 是一个数并且 b 是一个数,那么 a+b 也是一个数;任何数都可以减一或者加一。数形成一个从零以至无限扩展的系列。然后有不同的加、减、乘法法则,等等。

---

① 但是,在这里命题当然又被撇在一边了。虽然:(1)根据其形式的命题(判断)、根据其形式的真命题;(2)根据其形式作为被臆指性,然后作为真实存在的对象的对象、事态、事况,等等。

〈d） 命题逻辑与高级存在论·整体纯粹逻辑学作为一门形式存在论〉

从这些阐述中，你们同时看到，命题逻辑和纯粹基数论与集合论彼此如何紧密关涉。这是一种先天的关联。某些可能的事态形式先天地植根于对象性一般的本质之中，并且复数在构造形式中出现。属于所有这些的本质的又是，每一种形式规定性都可以被做成一个本己的对象、一个高阶的对象，或者先天地相应于每一种形式规定性的是这样一个对象。因而，每一种复数形式也是这样的。**所有这些高阶对象的法则形成了本己的纯粹逻辑学分支，但是在一种纯粹逻辑学的枝干上的分支。主干是命题逻辑，但是分支先天地与主干统一。**

命题逻辑还包括关于关系的事态形式的普遍学说。但是，当人们研究不同类型的整体、部分关系与联结关系时，正如当人们处理属、种和最低的种差等时，就产生了分支。

纯粹逻辑学的一个分支产生了，如果人们区别整体观念和同一类的整体的观念，并且进一步规定，后一类的整体可分为同样的部分，它们依次又属于同一类。① 这样产生了原初的量概念，数概念至少可以在形式上归属于它，也就是说，如果人们将

---

① 我们还没有获得整体概念，就像获得比如数的概念那样。因而我必问：这不是已经属于存在论了吗？这样就像我的整个《逻辑研究》第三研究吗？通过称谓化构造新的对象。对象一般可以具有或者逻辑上产生含有实事的统一性，但是具有其原初的对象概念、它们的原形式，并且其中包括"整体"，等等。"形而上学的"，倘若形而上学也被设定为存在论，并且当然是区分了形式的和质料的、先天的和后天的形而上学。

空乏的与-联结——它结合数的单位——和实事的结合都放在一顶帽子下。

在整个算术和集合论中，就像在量值理论中，整体和相关的相关项的概念是主导性范畴，因为它处理的是先天的对象学说。但是，量并且首先整体是这样的概念，它们并非源于数论和集合论。它们源于对象一般的形式本质，并且其中包括集合和数以及整体和量。对于量和数的纯粹数学，我们也可以将其标识为量的纯粹逻辑学。在本质法则上，它们始终属于纯粹逻辑之物的关联体。

关于关系形式的一个命题学说的分支是关于系列和量——它的部分并非仅仅以总和的方式而单纯无序地，而是以固定的顺序统一起来——的学说。这就又产生了本己的数学学科，产生了序数论和关于矢量、向量的学说。

或许我们根据这些考虑而能够得到证成地说：超出了命题逻辑的那些纯粹逻辑学科由此而得到刻画，即，它们以植根于直接的逻辑形式的本质之中的高阶对象作为研究领域。因为高阶对象返回诉诸下层对象，它们在高阶对象的纯粹逻辑普遍性上仍然是完全未规定的，所以对这些对象有效的纯粹法则获得了与最广泛的存在论领域的关涉。据此，**整体纯粹逻辑学要被把握为一门形式存在论**；最低阶的、命题逻辑研究先天地在第一阶次上关于对象一般能够以可能的形式陈述的东西，高级的存在论则处理高阶的纯粹形式规定的对象形构，比如集合、基数、量、序数、矢量，等等。

看起来，通过这一考察，我们就现实地超越了我之前在《逻辑研究》中的阐释。不过尚需不同的考量，以便验证这一观念是否适用于形式存在论的所有领域。

〈§19 流形论作为理论形式的科学〉

通过至今的考察,我们已经区分了两个层次的纯粹逻辑学科。现在得出第三个和最高的层次,由此普遍科学理论的存在论的观念再一次得到扩展。这处理的是现代数学家常常在流形论标题下——当然不是非常明晰地——标识的东西,并且情况会更不明晰,如果他们常常说的是公理数学的话。

这样,关系到后一个标题,自古以来在哲学中普遍使用的公理概念在这种情况中完全被抛弃了,并且流形论的名字也是成问题的,既然其中也总是一并包含了集合论,而根据我们的细心阐释,它属于另一个层次。在我的《逻辑研究》中,我已经尝试规定这门学科的最普遍的观念,并且已经将它标识为理论形式的科学。

〈a) 计算操作独立于数与量〉

让我们从普遍的数学概念开始。首先我们注意:通常意义上的数学标题在形式—存在论的学科上所涵盖的东西,并未填充整个存在论领域,正如从至今的考察中已经得出的那样。因为通常意义上的数学束缚在数和以数的方式可规定的量上。但是在普遍的存在论中,我们发现了这样的领域,它们与数无关,它们是量的规定所不可通达的。这就是植根于整体的本质、联结独立和非独立的因素成为更高阶统一体的活动的本质之中的最普遍的区分和法则,尤其是所有属于属、种和个体的区分的东西等。这里,仍然有一片广阔的领域期待着纯粹逻辑学的深入研究。

我刚刚说过，通常意义上的数学处理量和数。其中有绝非实事本性所要求的限制。近来，数学自身已经开始逐渐摆脱这一限制。**数学的本质不在于对象，而在于它的方法类型**，此方法根据其本性延伸至一种纯粹象征的，因而最终计算的操作为止。计算操作却绝非以某种〈方式〉束缚在量和数之上，它在每一个纯粹逻辑论证领域之中，因而在每一个纯粹演绎学科之中都有其自然家园。人们可以将几何对象的演算回溯至算术的演算，因为这些对象根据其本性可以被把握为量，并且可以通过数值或者算术函数来刻画。几何构形的属性和关涉在其量的规定上通过算术函数和关联而找到其完全刻画性的表达。但是人们也可以更直接地操作；无须回溯至几何构形的量的特征，人们可以从几何学的基本构形的原始关系依赖性出发，将它们确立为公理，然后通过纯粹演绎得出结论，导出依赖于它们并且不断〈更加〉复杂化的空间构形，并且寻求支配它们的法则。由此，在最广泛的几何学领域中，人们可以排除一切量的概念和一切量的规定性，并且产生了一门几何学，在此之中最终完全可以像在解析几何中那样计算，但是不是用数，而是用构形来计算。莱布尼茨的天才已经——科学已历经了两百年——看到这种可能性，它首先在19世纪得到实现。

论证的计算方法处处获得其合乎本性的运用，只要在基本概念和属于它们的原理的一劳永逸给予的基础上，我们只关心去以系统演绎的方式，因而纯粹逻辑学地把握所有包含其中的不断〈进一步〉发展的概念和法则。但是这适合于一切纯粹演绎的，因而一切纯粹逻辑的学科，并且只要它们一般系统地被把握，它们就当即被构造为数学学科,比如甚至三段论也是这样。从专业逻辑学方面,人们虽然也可以听到关于所谓数学化逻辑的恶言恶语。[①] 但是逻辑学可以如何来应对,既然庸常的逻辑学家对数学方法了解得这么少?他们的异议并没有改变如下事实,即,甚至对于精确地解决三段论问题——只要它们以充分的普遍性被提出——来说唯一可能的形式也是数学的形式。

人们可以用概念和命题计算,就像用线、力或者面等来计算。当然,用数值来衡量命题,这是没有意义的,因而计算不是使用量和数来计算。但是,如前所述,这一点并不属于计算的本质。计算只包括纯粹逻辑地演绎;当思想局限于某个由固定概念界定的范围,当这些概念包含这样的原始法则,出于这些法则总是可以无限复杂地为封闭领域导出不断更新的结果,科学的进程就自动导致计算操作。包括在其中的——这当然在实践中至关重要——首先是〈去〉完整地并且用最严格的公式来收集原理,然后引入代数符号学,它赋予一切概念和概念部分以最严格区分性的表达。

这样,在代数中,数学用字母来标识数一般,用不同的字母来标识不同的数,用相同的字母来标识相同的数。原始的复合体——它们能够从数中又导出数——通过新的符号,通过联结符号"+,-,·,:"来表示,相等关系获得了众所周知的符号"=",等等。以这种方式,象征表达成就了完整的命题,首先是原理,比

[①] 与此相反,里尔(Riehl)对数理逻辑抱有善意。参阅托伊布纳版(Teubnerband)。〈参阅里尔(A. Riehl),《逻辑学与认识论》("Logik und Erkenntnistheorie"),载于《系统哲学》(*Systematische Philosophie*),欣内贝格(P. Hinneberg)编,托伊布纳(B. G. Teubner)印刷出版,柏林和莱比锡,1907年。〉

82 如 a+b=b+a,a+(b+c)=(a+b)+c,等等。现在就得出,比如,任意多个被加数——它们自身又可以是和、诸和之和——的和不依赖于被加数的顺序,一个得数……这就为任意组合和、得数、括号的演算提供了规则一般,等等。人们将所有这些导出的命题用作机械的计算规则。最终,人们不再需要考虑处理的是数这件事,人们处理字母,就像处理游戏标记,种种形式的规则适用于它们。但是其根据在于,每一步都是纯粹逻辑的,并且我们当然知道,当推论正确地进行时,它就服从原则,并且进一步说,用这些项说出的特殊质料是可自由变化的:因而,如果我具有一张推论网,那么关联体就仍然是正确的论证关联体,即便语词或者代数符号突然意味着完全别的东西,比如,不是数,而是线或者其他什么,只要初始命题会为这些新的含义产生出有效的意义。因而,在字母上,人们实际上根本无须想到数。如果它们意指任何有意义的事物,并且如果种种形式的命题——正如演绎的初始命题所显示的那样——适用于这些任意的对象,那么一种导出形式的理论也有效。因而,我也可以赋予代数字母以游戏标记的意义,人们可以用它们来在纸上进行初始命题显示出来的那种形式的书写。然后,人们进一步机械地演算,结果就产生了得到认可的和得到证成的书写。然后,如果人们从游戏含义过渡到原初的数的含义,那么所获得的命题就必然正确地被解释为数的命题。

〈b〉流形论作为最普全的数学·流形作为仅仅由形式决定的领域〉

83　象征—计算操作一方面具有无可估量的认识实践意义。通过引入字母代替日常语言的语词,人们摆脱了大量附着在这些语词之上的所有摇摆不定的多义性。此外,这种操作要求将概念最精确地分析为其基本概念,并且最精确地区分不同的联结和关涉形式,最完整地凸显属于它们的公理,并且最精确地固定它们的意义,并且由此最完全地开发其中包含的逻辑关联。

当然,没有操作仅仅因为消除歧义就提供这样的抵制虚假结论的保障。一旦这些费力的准备活动一下子完成了,就没有什么会在这种程度上使得思想变得容易,并且由此使得对最普遍问题的提出和解决得以可能。思想变得更加容易,因为既然演绎操作的说服力只依赖于逻辑形式的合法则性,并且由此,词项的概念内容本质上是根本无关紧要的,那么人们就避免总是一再地想到概念内容,人们只需想到字母,并且通过计算规则给予其游戏含义。

只在 a、b、c 下思考某物,这件事会变得不可思议地更加容易,由此人们可以用 b+a 代替 a+b,或者用 b·a 代替 a·b,或者用 a 代替 a-b+b,等等。单位无须总是一再地关注,这些是数,一个数的单位加上第二数的单位产生和相反的情况同样的数……并且在其他的领域中,在谈及力等的地方,情况也是同样的。人们因而避免想到数、力、能量、光线,等等。字母和计算规则足矣。此外,通过字母和联结符号,比通过概念要更加容易进行可能的组合,人们因而获得了对一切相关可能性、一切要提出的问题或者析取出来的部分问题的一种更省心的综观。这样,问题就最完整和最普遍地得到了解决。

但是,计算方法的最大成就在纯粹逻辑领域。通过这种方法,人们首先完全地注意到逻辑形式相对于认识质料的角色,并且进一步导致了一门新的学科和方法论的形成，它超越了一切特殊的计算学科，并且形成了一门新型的最普全的数学，所谓超数学、更高阶的数学。这就是上述的作为关于可能的理论形式的学说的理论学说。

从方法上说，一切纯粹逻辑学科都是数学的。除了纯粹逻辑学，几何学、运动学、数学力学等也都是如此。正是这些学科作为纯粹演绎的学科在不同的事先被给予的领域中建立起来，它们来自固定给出的概念群和命题群，然后以纯粹逻辑推论的方式发展出理论。**每一门这样的数学都是一张逻辑推论的网**，每一门这样的数学都形成了一个整体、**一个统一的逻辑关联体**，它作为整体具有其形式。正如每一个推论都有其形式，这样，每一个推论链，并且最终每一门纯粹逻辑地进展的理论和学科都有其形式，不管其如何具有总体性。①

这些形式首先纯粹地出现在数学方法之中：也就是说，通过代数符号和感性的外部关联形式。字母在每一门学科中都意味着不同的东西、确定的东西，但是我们可以超越这一确定的含义，因为我们当然知道，和每一个个别的推论一样，整个推论网也仍然有意义和有效，唯当这些字母获得任意的含义，它们赋予初始命题有效的意义。然后就可以良好地运行，并且情况常常是，两门在完全不同的实事领域中建立起来的数学理论在形式上完全一致，因为两者都来自这样一些原理和基本概念，它们虽然在内容上具有不同

---

① 任何自明的含有事实的命题，任何从命题到命题的简单步骤都必须现实地得到阐述，并且并非作为自明的而被取消。或者更简单地说：不能禁止任何含有事实的公理！这一点必须在之前就已经特别强调了。

的含义，但是在形式上具有完全相同的构造。

比如，如果字母意指集合或者数，并且"＋"意指集合与集合的联结、数与数的联结，并且是以这样的方式，即，一个集合的成员被置入另一个集合之中，或者一个基数单位被加入另一个基数之中，这样，命题 a＋b＝b＋a 有效。但是，我们也可以在字母下理解线段，并且在加号下理解一段线段向另一段的推进和在另一个方向上的推进，一段的终点和另一段的起点汇合，它们由此形成一段线段。这样，a＋b＝b＋a 也有效。命题具有不同的意义，既然现在谈及的是线段和具有某种确定方式的线段的联结，但是就形式而言，这一命题和之前的命题完全一致，并且由此也获得相同的代数表达式。

因而，如果人们对于数具有比如一整套原理，并且如果表明是，有一整套原理在另一个完全不同的领域中有效，它们在形式上与一整套的算术原理逐点一致，因而通过字母获得完全相同的表达，那么很显然，**相应于每一个可能的算术命题都有一个新领域的命题，反之亦然**，这是因为，和原理一样，一切推理、结论、证明、理论也都是**同构**的。当然，人们因而也无须现实地进行两次推论。一旦人们认识到了**原理的同构性**，人们也就先天地知道，所有这一切都必须以确切一致的方式运行。

因而，根据这一观察，很显然，人们能够将数学系统的形式从其领域，也就是其质料中解放出来，并且形成以下假言的普遍思想：假设一般地给定一个实事领域，它具有 a＋b＝b＋a 形式的原理，那么如此这般形式的命题、理论就会在其中成立。**因而，人们建立的这门数学并非作为基数的数学或者量的数学**，或者其他什么实事上被规定之物,而是建立它作为**以未被规定的普遍的方式被思考的**领域一般的**数学**。关于这一领域,人们只需预设,在它之中出现的客体是这样的,即,对于它们来说,某种联结±、·等产生新的客体,更进一步说,固定形式的法则对这一领域有效。

这一领域是经验的还是先天的,它是〈处理〉力或者命题还是数或者其他属于纯粹逻辑领域的实事,这都根本没有谈及。领域概念仍然是未被规定的,就像当我们说"某个'对象'"时的对象概念那样。**唯一的规定者是形式**。一个这样未被规定的、完全普遍地被思考的并且只是通过形式而进一步确定的领域,现代数学家称为一个流形。他称形式推理的理论系统为**关于此流形的理论**。称它为流形形式会更好,并且,与此相关的表达当然就是理论形式了。

如果人们已经明白了这一点,那么很显然,人们能够**通过任意的定义而建构**流形(也就是以未被规定的普遍性而被思考的领域,它们是一门可能的数学的基质)。如果人们从某个得到规定的领域,比如平面上的线段出发,那么这当然就不是任意的了,正如人们从数的领域出发,或者从力的领域出发等的情况那样。在这里,实事的固定的和事先被给予的本性规定了,它们允许怎样的联结和关涉,怎样的原理对它们有效。通过概念和命题,更广泛的理论的形式事先被给予了。但是,如果人们保持在未被规定的普遍的领域之中,在单纯的流形一般的思想之中,那么人们就可以慷慨地赋予它任意的属性,也就是形式的规定性,既然人们只需关心,它们会不会在逻辑上相互矛盾。$a·b=b·a$ 适用于基数。但是人们在构造流形时也同样可以设定,$a·b≠b·a$,比如 $a·b=-b·a$。

并且其他原理同样如此。

如果人们只是把自身相容的命题形式系统汇合在一起,那么它们可以有助于定义自身相容的流形一般的观念,然后,人们可以在数学上演绎出一门形式上如此建造的流形理论。比如从实事上被奠基的数学学科的原型出发,人们可以一步一步改变其形式,这样,不同的可能流形再一次结群,并且被置入合法则的关系之中,这一点可以凸显出来,并且这也符合真理。这样就产生了一个创造性的自由的数学研究领域,而这正是普遍的流形论(或者理论形式的科学)。

〈c〉一门总括演绎学科的一切可能形式的理论学说之理念〉

这一向着纯粹形式普遍性和考察流形形式的合法则性转变的提升会给知识带来怎样巨大的增长,这对于以科学的方式处理在事先被给予的实事领域和含有实事的数学之中的问题会有怎样的益处,我在这里不能有所描述。① 而我们这里所关心的是,**这些最高的数学方法和理论始终在我们的意义上的纯粹逻辑学领域中活动**,并且会始终被包含在其扩展的范围中。它们形成了一种更高的层面②,超过一切我们至今已经刻画为纯粹逻辑的理论,并且它们也属于一门最普遍的形式存在论的领域。

作为基数论的算术、序数论、组合论等是在我们的意义上纯粹

---

① 根据其本质上植根于此的前提的分离而分离理论。
② 更高的楼层不是好的图像:理论学说的数学普遍性实际上根据其形式本身包含了特殊的学科,因而也包含纯粹逻辑的学科。

逻辑的。它们都以未被规定的形式普遍性而关涉对象，它们规定它们所关涉的最终的对象性，不是通过"认识质料"，通过原素，比如通过经验的感性规定性，而是通过纯粹思想形式。在此计算、排序、组合的单位是完全未被规定的，一切事物都能够在此之下来得到理解。相对于纯粹流形论，上述的学说是具体的数学，它们与特殊的实事相关；"特殊的实事"在这里已经以纯粹逻辑的方式来刻画了，并且根本不是在经验或者其他材料上被规定的个别科学意义上的特殊实事。

如果我们进行**新的抽象**，比如从算术到流形论的抽象，它不再和数相关，而是和具有相同的形式合法则性的任意客体相关，那么我们就过渡到了一个更高的抽象领域。但是我们还停留在纯粹逻辑学之中。如果我们以更高的抽象方式谈及某个实事领域一般，在此之中种种形式有效，那么这一思想是由什么建造的呢？我们运用的规定性是怎样的？回答当然是，流形和流形理论的每一个概念都正是由**纯粹范畴概念**建造起来的。

"流形"是什么？一开始只是以完全的未规定性和普遍性来思考的对象的"总和"或者"类"。现在，它们还是纯粹的范畴概念。进一步说，如果我们说，我们规定这些一开始还完全未被规定的类的对象，对它们有某些联结±等，然后 $a+b=b+a$ 等对它们有效，那么这些概念就再次发生"某些"联结，当交换联结的顺序时仍然相等，等等。纯粹的逻辑—范畴概念。符号"±"在这里只意味着表示未规定地思考的联结符号，而非表示比如量的联结或者其他确定事物的符号。因而，这一符号并未带来任何超越范畴范围的东西。我们因而建构了关于可能的对象性的纯粹逻辑概念；未规定的普遍的对象性以多种方式被命题形式——它们应该对其有效——所刻画,由此产生可能理论的普遍概念,它们只具有假言—形式的有效性:如果一个实事领域,比如一个经验对象领域,相应于这一概念,那么具有之前建构的或者说演绎的理论形式的诸理论因而(*eo ipso*)也都有效。

我们也可以以下述方式来刻画事况。如果我们突出**属于科学一般的理论内涵之本质的基本概念**,并且研究植根于它们之中的法则性,那么我们首先在纯粹逻辑学的标题下获得了一批学科,它们包含了一门理论和(就这方面来说)科学一般的直接和间接的可能性条件。这是一个基本法则和由此发展出来的学科的宝藏,一切科学都能够同样地利用它,并且没有科学能够并且可以违背它,因为它恰恰包含了要么对于科学来说直接是构造性的东西,要么是其纯粹后果的东西。

就其形式来看,科学中的一切命题、推论、证明、理论都是合乎法则地建造起来的,并且合法则性恰恰是这一纯粹逻辑的合法则性。但是,如果人们已经在这样的程度上建造了纯粹逻辑领域,那么它的概念和法则成分就进一步——不考虑现时的实事科学以及关于它们的现时理论——使得人们能够建构可能的理论和可能的科学的先天形式,并且利用这些理论形式及其关联的合法则性来进行对实事领域的现时理论化,不管是关于先天的,还是关于经验的实事领域,我们通过对世界的现时研究而逐步界定这些实事领域,并且有望对它们加以理论化。在这里,我们在初级数学学科中实际上已经运用的一套操作得到了完成。

数和数的关联体,或者量和量的关联体、秩序关联体等出现在被给予的经验范围中。我们不满足于恰恰处理这些在具体领域中出现的数、量、顺序关涉，而是说，我们提升至一门完全抽象的和普遍的算术和量值理论上。我们在理论上以完全抽象的方式追寻一切一般可能的量的形构和量的函数关联形式，而不去追问，这些是否依其本性而能够得到实现。众所周知，这一操作已经被证明是极其有效的。只有这样，数学才成为自然研究的重要工具。

现在，针对科学建筑的全部范畴形式，我们做同样的事情，不仅仅为了合乎数的东西，而是始终如此。进一步说：我们先天地筹划一切可能的证明和理论形式，我们甚至将已经始终是纯粹逻辑的算术及其理论形式把握为一种单纯的特殊性，我们将它把握为一种原型、一种理论类的特殊性，我们最终追求一门总括一切的理论学说、一门关于一切可能的演绎学说形式的科学，或者至少关于划分主要类型和在主要类型中诸类型系统地相互促进的科学之理念。我们以如此完整的演绎来做这件事，这样，我们事先就已经设立并且完善了属于主要类型的理论学科的任何可能的形式。然后，甚至在我们知道这些领域——在这里，这些理论将表述出并且解决这些领域的任务——之前，我们就已经具有了一切理论。这样，就像是物理学家，当他获得了一个线性微分方程时，他马上就知道：这是一种数学形式，它已经由数学家们完全在理论上完成了，人们只需查找，并且将解决形式运用到被给予的特殊情况之中，这样，在未来，如果在一个领域中构造一个作为原理的命题系统的理想实现了，那么一切理论工作就已经完成了。人们以代数的方式表达这些命题，人们关注形式，并且现在说：这产生了一门属于种种数学原型的演绎理论。为此，数学家已经在理论上以形式的普遍性导出了一切形式上可能的后果。因而，这里还能做的只是运用、归类，然后事情就完成了。当然这一任务只是在小范围内解决了。

非欧几里得和高等欧几里得流形论都属此列。如果凸显了，在物理学的任何部分，比如离子物理学之中，或者在其他任何地方，都存在着形式关系，它们作为所谓的公理刻画了一个四维的罗巴切夫斯基（Lobatschfskysche）流形，那么所有理论工作就都已经完成了。因为这种形式的流形理论已经一劳永逸地完成了，而且从根本上来说，整个纯粹的分析学就是一个通过流形立义并已为任何可能的运用而事先提出的那些纯粹理论之系统。

〈d〉定量数学和流形论之间的区分·纯粹逻辑学作为普全数学〉

但是，人们必须通过科学理论的刻画而将上述理论学说学科严格区分于初始和原初意义上的数学学科，比如，常负曲率流形的学说或者二维流形的学说等，区分于基数代数或者纯粹量值理论，等等。

纯粹逻辑领域的原初数学学科来自**被给予的纯粹逻辑的基本概念和真正意义上的公理**，来自植根于这些纯粹逻辑范畴的本质之中的**直接明察性法则**。比如，基数概念根据其本质被给予，并且它包含了原始的数律，它们是被给予的直接明察性的真理。在此之上建造了依赖性的数律，并且现实地，一门关于事先被给予的和被规定的领域——即便是范畴领域——的科学就这样构建起来。

但是，所谓"非欧几何"的公理，实际上不是完全的命题，正如基本概念实际上不是概念。这样，非欧几何实际上**不是通常意义上的数学科学**，不是纯粹演绎地植根于基本真理〈之中〉的命题的理论系统。普遍地说,这样一门流形论的意义是:假定有一个领域,在此之中,客体服从某些关涉形式和联结形式,种种形式的公理对于它们来说有效,然后,对于一个形式上如此类型的领域来说,种种形式的数学也会有效,然后种种形式的命题、证明,种种形式的理论就产生了。这里,人们**现实上没有领域,没有现实地被给予的概念,没有现实地被给予的联结和关涉,并且最终没有现实的公理**,而只是说,**如果人们具有一个领域,并且如果种种形式的公理对于它来说成立的话**。因而,所谓这样的自称为公理性的数学的公理不是提出有效真理主张的现实的公理、现实的命题。这些公理形式与现实公理的关系,就像命题形式和现实命题的关系。

"S 是 P"这一思想不是命题,而是一个思想,它普遍地表象一个命题,并且将它表象为具有某种形式原型的东西。如果我们说:假定有一个领域,在此之中种种形式的公理有效,比如"a + b = b + a"形式的公理,那么,我并没有任何公理。而只是说,假定有一个这样的公理,对于领域的诸对象和一个未知的并且被称为 + 的联结来说,交换性有效。因而这里没有任何真理。这样,整个依赖性的理论也只是一门理论的形式。它实际上只是说:从这样的形式的公理(如果具有这样的形式的公理是可产生的)中会产生种种一并被规定了的形式的理论。如果人们在某处现实地发现一个实事领域,对于它来说,原理具有所要求的形式,那么,在这一领域的运用就立刻产生出一门现实的数学:**不是假言的科学形式,而是真正的和现实的科学**。

充分理解这一简单的事况,是至关重要的。即便在数学家那里,我们也发现——并且这是一种完全日常的经验——一种观点,即,这一公理数学穷尽了一切数学。在任何演绎学科那里,在任何事先被给予的现实的数学那里,我们实际上都能够抽象出相应的理论形式。比如在普通的基数论那里,我们取消字母的基数含义,并且代之以关于对象一般的思想,对于它们来说,算术形式的公理 a + b = b + a、a·b = b·a 等应该有效。然后,我们就表明了理论形式的纯粹逻辑类原型,除了无数可能的领域,基数领域也服从它。但是,这样我们就没有算术,而只有一种可能的数学的类原型。然后,人们可以在形式意义上谈及数,但它们不是基数,而是由公理形式未规定地、普遍地定义的对象,正如它们尤其在基数上现实地表现的那样。在这里,正如在任何理论形式或者流形形式中那样,"公理"是命题形式,这些形式是定义的组成成分。

正如在算术中,人们也可以在量值理论中,甚至在科学的命题学中,简单地说,在任何原初纯粹的逻辑学科中对置树立其形式的理论原型。但是人们不可以认为,现在就已经使得纯粹逻辑学和一切确定的数学变得多余了。当然,人们处处都可以回到形式,并且根据形式导出整个后果系统,或者毋宁说,后果形式系统。当然这具有巨大的优势,只要这些同样的理论形式再返回到不同的领域之中。(比如,基数算术和序数算术和很大一部分的量值算术等在形式上彼此相合。)即便三段论数学也可以列入其中,人们可以在理论上建构一个唯一的流形原型,通过它的理论,基数论、序数论、关于绝对量和有序量的科学,甚至三段论在形式上所包含的一切理论因而也完成了。的确,理论形式方法论的至关重要性很大程度上就在于此。

但是,此外,形式流形论本身或许什么都不是,如果它不是从首先使得现实科学一般得以可能的源头那里产生它的所有认识的话。在流形方法论中，人们谈论数，并且用它指的不是基数，不是数量的数以及其他类似的东西，而是这一算术原型的形式公理对其有效的所有东西。这样，所有纯粹逻辑的基本概念都以类似的方式被排除了。**但是，这就更确定了，人们在流形论的现时操作中需要它们**。既然人们科学地推论，既然人们——即便以假言的方式，并且根据形式规定性——思考，从论证进展至论证，既然人们不可能避免做出从 n 到 n＋1 的推论等，那么就已经由此证明了，处处都包含了纯粹逻辑之物，**正如整个流形论是由纯粹逻辑的材料建造的**。我们已经充分地表明了这一点。

人们不能排除纯粹逻辑范畴，命题逻辑提供整个操作运行所根据的**原则**，并且同样地，更高的二阶对象的逻辑提供基本概念，比如基数、序数、组合等概念，即便在现时地思考纯粹假言—形式的思想构形时，人们也不可能避免这些概念。人们恰恰不可能思想，如果不思想，这意味着，如果不一并具有和预设所有这样的东西，如果没有它们，无论何种形式和说法的思想都没有任何意义。

因而，现代所谓超数学的理性目标不可能是排除命题、概念、基数、关系、相等、量等概念，并且代之以形式概念、概念—形式。因为这会是纯粹的非理性、纯粹的悖谬。毋宁说，目标是，以一种全新的特有的方式获得属于这些范畴和一切可能的理论领域的学科。与其处处纯粹执着于概念，并且自为地建造公理，并且由此为每一领域建造相关的数学，不如说，已证明更具有巨大优势、更富有无限成就的是，建造一门普遍的和由此假言性的理论学说，它定义了理论①的主要类型,并且完全根据其形式建造它们。这样,对于一般地允诺了一门数学的每一个事先被给予的纯粹逻辑的或者非逻辑的领域,都无须重新详细阐述这一数学自身,而只需要通过简单的归类于相应的理论形式而获得它。但是,人们处处演算的东西——并且这由此而是一切演绎的原则——是纯粹逻辑概念和不同学科的纯粹逻辑公理,只需归属于相应的理论原型,就能够有方法地凸显和现实地实现它们。**逻辑范畴恰恰形成了一切科学本身的来源**,因而是一切科学根据其理论形式的来源。

如果我们将理性和非理性思想之间的区分等同于逻辑的和非逻辑的思想之间的区分,那么作为逻各斯(λόγος)的**理性观念**就完全由**纯粹逻辑范畴**和属于它们的**原始范畴法则**,即真正意义上的逻辑公理的**总和**来定义。然后,理性领域作为纯粹理性就完全由作为普全数学的纯粹逻辑学所填充,并且,这一数学的普全性总括了命题逻辑、范畴的和原初意义上的数学学科以及最高意义上的数学,即关于可能理论一般和可能数学一般的形式类型之数学。②

现在我们已经完成了吗?逻辑学王国现在已经全面地划定了吗?当然,我们已经告一段落。但是,科学的先天、属于理性思想本身的先天只是在我们定义的范围中的形式存在论的先天吗?

---

① 在这里,"理论"恰恰意味着"纯粹逻辑的"或者形式逻辑的理论、"演绎"理论,关于这一点比较第 96 页(参阅下文第 126 页以下)。需要更进一步规定这一理论概念!

② 需要详述:一切都还原为两方面:(1)先天概念和原则;(2)普全理论学说,它借助于(1)在形式上一并总括了一切特殊的纯粹逻辑学科。

〈第三章　形式逻辑与实在逻辑〉

〈§20　自然科学作为单纯相对的存在科学，形而上学作为终极的存在科学〉

现在，形式存在论与形而上学的存在论的关系，并且与此同时，逻辑学与形而上学的关系也需要考虑。**形而上学和形而上学的存在论是什么？** 从历史上看，形而上学这个名称是亚里士多德著作的一个偶然称呼，它处理亚里士多德自己称为"第一哲学"的科学。最终它排挤了亚里士多德原初的名称，成了这一门科学的名称。

亚里士多德将第一哲学定义为关于存在者本身的科学。正如他所说，一切其他科学自身划分出存在者的某个部分领域，并且自为地加以考察，第一哲学则研究普遍地属于存在者本身的东西。如果我们注意到，这里用标题"存在者"针对的是在实在意义上的存在者，那么我们就已经由此具有一个即便是暂时的对形而上学存在论概念的规定。我们今天要以不同的方式进一步把握形而上学自身。简而言之，它的概念可以以如下方式得到最好的规定。

在某种意义上，每一门经验科学都是一门关于实在的科学。它处理实在事物、它们的实在变化、它们的实在关系，等等。因而，每一门这样的科学都以其方式是一门存在论，并且既然每一门经验科学都研究一个实在存在的特殊领域,那么,看起来一切经验科学——不管它是现实的还是尚要构造的——的总和展示了实在性的总和,并且按照这些科学的发展状态的比例在实在性方面来满足一切认识兴趣。但是对此我们不进一步考察。

经验科学不是纯粹理论精神的产物:不是以严格逻辑方法建造在绝对批判性的基础上。来自前科学的世界观和世界智慧,即便最发达的、最精确的自然科学也是非批判地带着从那个前科学的世界观中产生的概念和预设。

对于自然人来说,事物在感知和经验中被给予,要做的是如其被给予的那样来认识这些事物,根据它们持久的属性,根据它们交替的活动方式,根据它们在作用和反作用中遵循的合法则性。现在,不管科学认识如何超出自然—素朴的世界观的观点和规定性,不管它如何将后者接受为赤裸裸的真理的东西作为假象加以拒斥,它仍然总是与后者保持了一个共同的地基。它逐步改变事先被给予它的和它自身在其他阶次上赞同的现实性观点,直至在理论上坚持和遵循它们导致了悖谬和经验上的不相容。倘若情况并非如此,它就会坚持事先被给予之物,而非对其进行进一步的考察。在整体上,它比如使用自然世界观的基本图式来操作:我在此,并且在我之外事物存在,并且这些事物在时空之中,其中具有它们有时延续、有时交替的属性和关系,并且我知道这些,因为我〈在〉我〈之中〉具有某些主观体验,所谓认识体验:感知、回忆、期待、思维表象、判断等等。

现实性铸造在这些主观的思维体验之中,有时正确,有时不正确。有些思维体验具有客观的、正确铸造现实性的含义,有些具有单纯主观的含义,它们并非来自外部事物的本性,而是来自我的个体自我的本性。并且除了我还有其他人,他们就像我一样在面对世界,并且我们都能够相互理解,相互交换印象、经验,正确和错误的信念。虽然随着心理学在事实科学系列中的出现,个别情况也已经改变了,但是,原则上没有本质性的东西在图式上发生了变化,虽然这一图式包含了大量最为困难的问题,或者说,大量未经批判检验的预设,一旦人们开始对它们加以反思,它们就立刻展示为谜,所有时代最伟大的思想家都不能清楚地解决它们。自然研究者并不着眼于此,并且甚至大都根本不关注这些谜。这主要是因为,极富价值的目的,即对于实践上支配自然来说富有价值的目的已经实现了:在经验现实性中广泛伸展,建构法则公式——由此我们精确地预测和预言经验事件的进程,重构事件进程——的可能性。这些令人惊奇的理论学科就这样产生了,在今天,它们为认识本身的合乎法则的指导、为自然科学的技术做出的贡献已经毋庸置疑。

　　这一世界认识不是终极的,并且并不被大多数自然研究者自身视为终极的,这一点已经在一个表达上显示出来,这个表达人们今天普遍倾向于运用在自然事物和自然事件上,并且我小心地避免使用它:回忆一下那些为人所珍爱的康德学说——自然研究者当然不会想要去理解它们——也就是说,他使用"现象"这一表达,现象事物、现象世界,等等。事物是单纯的显现,真正的存在、自在之物应该在它后面。现在在这里,我们不去考虑,也不去判断其中能找到多少真理。至少有一点是肯定的,自然科学——即便是最发达的自然科学——的世界认识也并不是终极的实在性认识。这一点最明显地显示在,不同的自然研究者绝不怀疑成熟科学的理论内容,而一旦他们开始反思对它的诫命真理的终极解释,就立刻分道扬镳。因而,具有同样得到承认的理论成分的同一门科学仍然允许不同的"解释":一者解释为唯物论者,另一者解释为唯心论者,第三者解释为实证主义者或者心理一元论者,而第四者在对世界的能量学解释中找到最终完成性的真理。

这是很典型的。在具有了精确的力学、声〈学〉、电子学等时,我们还未具有终极的认识、对自然本质的最终的和完成性的认识,情况是,**自然科学的进步对此什么也没有改变**。派别之争同样不涉及自然科学认识的空乏,而是涉及对不管如何高度发展的理论的"解释"。显然,这些解释的可能性就建基于,在精确科学的奠基中和在它们如何从基础中导出的方法中,缺乏最终批判性的明察,但是它的缺失对于实践上有用的后果、对于建构理论、对于表达出指导性的法则来说是无害的。毫无疑问,人们具有富有价值的结果,但是因为缺乏对基础概念和基础原则的意义的那种批判性明察而无法澄清,人们在此拥有什么,什么由此而终极地得以成就,因而在何种意义上人们可以采纳这些结果作为对终极存在的表达。

经验科学服从原则,这些原则支配着自然科学的思考和研究,使得自然科学一般得以可能,并且因而其本身不能又由自然科学的思考和研究来探究。一旦人们反思所有这些原则,它们就都是不清楚的和有争议的;它们**在实践中**、在应用中是清楚的。每一位自然研究者(比如)都谈及原因和结果,都处处由因果性原则来引导;这属于那种"基础图式"。只是人们不能问他们这一原则最终的意义和来源。每一位自然研究者都知道时间是什么,但是正如奥古斯丁已经说过的:你不问我,我就知道,你若问我,我却不知。

这就足以明察，除了并且超出单纯相对的存在科学，必然还有一门终极的存在科学，只有它才〈可以〉满足我们最高的和最终的存在兴趣，它要研究在最终的和终极的意义上作为现实之物起效的东西。这门彻底的存在科学、这门关于绝对意义上的存在的科学，就是**形而上学**。显然，它通过对经验科学原则性基础的最终意义和价值的某种批判性研究，通过对它们的澄清和最终巩固而产生。如果这一批判得以进行，那么就可以确立，何种存在解释被证明是真的和终极的。因而，形而上学显然是一门涉及其他实在性科学并且已经预设了它们的科学。这是怎样的一种批判，它要在经验存在〈论〉的基础和原则上得以成就，我们对此尚未谈及。我们很快就会大量地谈到这一点。

因而，形而上学也是存在论，**彻底的存在论，是关于真正的存在**（ὄντως ὄν）**的科学**，而非关于经验意义上的存在的科学，对后者，我们以为有了很好的认识，而通过进一步的考察，它有时表现为令人迷惑的和虚幻的，有时表现为存在的一个不清楚的指示，我们越深入研究，此存在就越深入地回退，并且无法终极地被把握到。

〈§21 先天的实在性一般的形而上学作为经验上被奠基的事实实在性的形而上学之必要基础〉

正如我们至今的研究所显示的那样，普遍的存在论概念允许不同的界定。最后，我们谈到关涉实在存在的形而上学存在论。但是，在阐释一门先天科学理论的观念时，我们也触及一种存在论:它处理最普遍的存在一般,这样一种普遍性远远超出了形而上学领域。最广泛意义上的存在者,在作为形式存在论的科学理论的意义上的存在者,是所有能够作为一个陈述的主词的东西、所有我们实际上谈及的东西、所有实际上能够被标识为存在着的东西。这不仅涉及事物、事件和其他的实在之物,毋宁说也涉及数、矛盾、命题、概念、理论、伦理或者审美观念,简而言之,涉及多种多样的观念对象,关于它们人们不可能有意义地说,它们在时空现实性中占据了位置。当然,所有形式逻辑的区分都适用于形而上学领域,后者的范围更狭窄。形而上学的存在论与逻辑的存在论处于何种关系之中①,对此我们尚需考虑;首先我们还需要阐明一个属于形而上学的存在论的区分。

现在,我们显然可以以如下方式来划分形而上学意义上的科学存在论:形而上学应该研究在最终和绝对意义上实在(*realiter*)的东西。**它将进行对经验实在性科学的解释和终极解释**。我们已经说过,它本质上关涉这些科学的内容,通过这一内容,它获得与现时存在的现实性、如其事实存在着的现实性的关涉。

但是为了能够进行这样的解释,或许还需要一些事先的研究,其中首先就是**确立植根于实在存在本身的普遍本质之中的真理**。在这里就产生了一门先天存在论的观念,并且不是形式逻辑的存在论,而是形而上学的存在论。只要谈及实在性,我们在生活和一

---

① 但是,逻辑—存在论的基本范畴"对象一般"及其逻辑学的变换回溯至——并且当然是合乎本质地——个体性范畴及其逻辑学转换。个体性一般的存在论,因而一切逻辑命题也都返回关涉它。个体结合、整体、部分、关系、个体的,也就是说关涉个体的属和种(相对于数的形式的属和种等,相对于命题、逻辑形式、矛盾的属和种)。个体性原则等,个体世界的形式理论。形式的形而上学。

切经验科学中就都运用到一些概念，比如事物、实在属性、实在关系、状态、过程、产生和消失、原因和结果、空间和时间，这些概念看起来必然属于实在性的观念。现在，不管所有这些概念是否现实地对于实在性的观念来说是构造性的，肯定有这样的概念，有实在本身就其本质而言由此被把握的基本范畴。因而，必然可能有大量的研究，它们只是考虑所有那些没有了它们实在性一般就不可设想的东西。这就是整个先天时间学说、先天运动学会属于的地方，纯粹几何学亦是如此。如果有一些人认为，没有一切实在性与三维欧几里得空间和一维的、所谓线性的时间的关涉，实在性一般就不可设想，他们是正确的。这样的研究还没有给出任何对事实现实性的认识，因为它们既涉及事实的，也涉及任何可能的现实性。当然，这里的一切都极有争议，并且一门这样的先天存在论的观念本身就遭遇了最猛烈的抨击。

现在在这里，无论人们能够如何首先怀疑有序的欧几里得三维空间对于每一实在性的先天必然性，可以肯定的是，一个最普遍的实在一般之概念可以并且必然区别于植根于实在本质之中的特殊性。作为自为存在或者最广泛意义上的事物的个体实在，以及最广泛意义上的实在属性、实在关系，以及时间、原因、结果，类似的概念肯定都是任何可能实在性的必要思想，并且要求本质分析的和本质法则的研究。因而必然有一门关于最普遍的实在存在者本身的科学，并且**这一先天的形而上学会是经验上被奠基的形而上学的必要基础**，后者不仅想要知道在现实性一般之观念中的东西，而且想要知道现在事实上现实存在的东西，首先普遍地作为对事实实在性的一般的但只是事实的规定性（元素、属性、法则）的追问,然后〈想要〉以特殊的方式在事实的存在领域中规定终极现实,〈以便〉能够终极地理解其中的实在之物。

现在我们可以再说一次,先天的实在存在论是形式的形而上学,虽然最好是避免这一表达。[①] 本真意义上的形而上学是质料的形而上学。我们可以进一步说,前者是先天的,后者是后天的形而上学。前者先于一切经验科学,后者后于一切经验科学。

当然,人们也可以谈及一门逻辑—形式的存在论,说它给这一形而上学提供了地基,倘若属于存在本身的东西也属于实在的存在,这一点是自明的。在这一意义上,逻辑学一般当然为形而上学奠基。但是,我们还要听一听,形而上学在何种程度上给它带来了其他格外困难的问题。

〈§22 先天的形而上学与逻辑—形式的存在论的关系〉

现在,先天的实在性存在论与逻辑—形式的存在论关系如何?人们可以将它与后者——它实际上是更普遍的——归为一个层次吗?因而可以同等对待形而上学范畴与纯粹逻辑的范畴吗?针对

[①] 注意。有些人会说:这是先天的或者"纯粹的"自然科学,并且自然是单纯的显现。在此之后存在着自在之物的世界。由此,既然我们对这些自在之物、对学说参与的方式不可能有所知,并且对这些范畴我们缺乏认识和明察,那么,接下来进一步意味着,没有作为关于这一自在的科学的形而上学。现在,然后我们也不把形而上学的名称用作这一"缺失的"科学的科学名称。形而上学作为一门科学的名称就会是这一纯粹自然科学的名称。但是如上所述,我们这里不预先判断。人们承认,存在着关于自然的、关于现实性的科学,然后也有一门普遍的和先天的科学,这就够了。

这一同等对待，人们可以反对说：概念和原则是纯粹逻辑的，如果抽象掉一切认识质料，并且借助于这一抽象，也就是借助于它们在质料方面完全未被规定的普遍性，这些概念和原则关涉任何可能的认识领域、任何可能的科学，也就是就它们理论上的内容而言。因而它们也关涉我们区分出来的普全数学自身，关涉三段论、算术等等。对象、性状、关系、整体、部分、复多、一、基数、顺序等概念具有这样的最普遍的含义；其中也包括普遍和个别。

每一个科学领域都说出普遍命题，将普遍性状归属于其对象，并且使用其命题关涉最终的个别性。以这种方式，算术命题用字母说出命题，这些命题是法则、代数法则；这些法则和这些算术命题一般所关涉的最终个别性，是自然数列的数。1、2、3……这些是所谓的算术的个体。① 因而，我们处处都看到单一表象和普遍表象之间的区别。但是单一之物并非处处都指个体实在，并且在纯粹数学中也绝非指个体实在。与此相应，单一属性、联结、关涉应该处处被接受，但是，实在的属性、实在的联结、实在的关涉则非处处如此。4 这个数不是实在性，4 和 8 之间的数量关系不是实在的关系，等等。同样，一个确定的命题是含义系列中的一个单一之物，但不是实在之物，等等。

但是此外，人们可以进行如下思考：当然，观念科学②的命题

---

① 在算术中我们以未被规定的普遍性关涉任意客体的任意的基数。我们这里没有本真的单一性（被规定的个别性）。从算术上说，数不是在红在"颜色几何学"中意义上的最终的种差。

② 对立不是在观念科学和实在科学之间，而是在形式科学（它关涉无限定的范围，这些范围由范畴—先天的概念所界定）和实事科学（它关涉含有实事的确定范围）之间。据此，这里所阐述的一切都是不正确的。

所关涉的最终个别性是观念的个别之物，而非个体的实在性。但是，观念的个别性情况如何？其本质不是包含了，以某种方式——即便以未规定普遍的并且常常极为间接的方式——自身返回关涉其他个别性，这些个别性不再是观念类型的，或者归根结底不是观念类型的？

在算术中，在数的科学中，2 是一个最终的个别性。数一般是属，2 是最终的种差。但是 2 自身是一个普遍之物，也就是说，2 是 1+1，它作为普全形式涵盖 2 个苹果、2 个人、2 个矛盾、2 个命题，甚至 2 个数，等等。这些统一体要么比如自身是实在性，要么也算作观念对象，但是它们自身又回指向其他个别性。有一点是肯定的：观念可以再次关涉观念，但是也总是可以关涉实在。一个确定的命题是一个观念个别之物，它本身能够关涉观念对象，但是最终，处处并且先天地存在着产生关涉实在的可能性。**因而，观念个别性向实在个别性的返回关涉之可能性不是属于个别性一般的本质吗**？

我们可以用以下了然的形式来进行思考：正如我们之前所说的，在其含义内涵和对象内涵方面，一切认识都预设了**材料和形式**。在每一个命题中我们都发现了词项、语词内容，它们意指着所陈述之物，以及此外，述谓形式，以形式语词、词缀或者词项的语法形式，比如名词形式、形容词形式等说出。现在，正如在每一个具有纯粹逻辑内容的命题那里的情况那样，这些词项也可以是范畴概念，因而标识着形式的单纯对象化，并且在这一点上只意指着相对的材料。但是，恰恰这一对象化也最终返回诉诸原初的形式，并且返回诉诸可能的命题，在此之中这些形式将词项结合起来,这些词项不再具有单纯的范畴本性,因而包含了绝对意义上的材料。

如果我们想象一切绝对意义上的"认识质料"(相对于那种相对的质料,它关涉对象化了的形式)都不存在,那么范畴之物也不再会具有意义。一切逻辑之物都通过其未规定的普遍性而诉诸非逻辑之物,诉诸要在逻辑上把握的实事性,但是首先必然在此,由此逻辑理解才发现要把握之物。不管逻辑之物如何能够又关涉,并且常常关涉逻辑之物,最终包含在这一关涉中的——即便是间接地——又是一种对非逻辑之物、对一个原素世界的关涉。但是这意味着,逻辑形式**先天地指向需要赋予形式的、需要逻辑化的或者合理化的材料**。因而,实在个别性和观念个别性的区别,实在的和观念的关系、联结、属和种等的区别,是原本质性的,是先天不可设想为不存在的。

在这一事况下,现在人们首先可以设想(我的意思是,借助于这一先天的共属性),恰恰实在和观念的区分必须在逻辑学中讨论,并且必须进一步讨论在实在性内部的本质性区分。① 因而,除了形式存在论的范畴,也有实在的范畴。依照这一事况的本性,这些实在的范畴当然不可能是脱离了一切逻辑之物的东西。它们必然具有逻辑形式,否则通过它们就什么也没有思考。事物这一范畴包含了个别性的逻辑形式,因而是个别性这一形式范畴的实在化。"实在的关系"这一范畴与"关系"这一形式范畴处于类似的关涉之中。如果你思考时间、生成等,那么你马上就会注意到,时

---

① 重要。

间被设想为顺序,并且顺序是一个形式范畴。形式范畴的实在化总是产生新的概念、实在的基本概念,根据今天所说的观点,它们一并属于逻辑学。进一步说,先天属于实在范畴的法则也会属于纯粹逻辑学。我们应该如何面对?

很明显,这取决于我们想要规定和以某种方式规定逻辑学概念的方式,以这种方式,我们划出植根于实事自身的本性之中的本质分界线。有一点是肯定的,命题学和一系列普全数学学科一般与我们必须分派给一门先天实在性学说的诸种区分和法则处于先天的关联之中。肯定地,我们进一步看到,诸形式学科形成一个自身封闭的统一体。所有加起来,它们构造了一门关于所有在形式($μορφή$)方面先天属于理论一般的本质的东西之科学,并且在此能够得到科学的发展。① 或者它们构造一门科学理论,倘若科学根据其本质必然包含理论,并且科学只在它提供理论时才是完成了的科学。但是在这里还没考虑形而上学之物。因为它属于原素。

我们处理的学科复合体完全是命题的,完全属于形式,没有此形式,陈述是不可能的。它要么是狭义的命题之物,要么是在更高阶次上在命题的并且纯粹在这样的命题基础上建造的先天之物:我想到数和复数形式之间的关系等。纯粹关涉形式的科学构造了一个封闭的统一体。形式当然指向材料,因而,归根结底,一切形式逻辑学科都借助于形式和材料的这些先天关联而关涉可能的实在性认识领域。最终的个别性不再与任何其他东西相关,也就是

---

① 形式存在论,我们称为普全数学,与这一实在性的存在论是何关系?

没有任何属于其内在意义的思想关涉,它们是实在的——更普遍地:个体的!——个别性,是在材料上确定的和个体的个别之物。① 但是在科学上,材料可以以未规定的普遍性来思考,并且由此先天地通过形式的本质来为一个认识领域确定方向,并且然后,诸纯粹逻辑学科就产生了,或者统一为**关于形式一般的科学**。

此外,在材料上获得充实的认识产生出不同的科学。它们通过在一门终极的实在性科学上的完成而产生出确定的实在性科学。并且它们又产生出一门关于实在性一般的普遍本质的科学,并非关于事实的实在性,而是关于思想上必然属于实在性本身的东西,属于构形了的材料本身的东西,但并不是在单纯的形式方面。其中包括了在我的《逻辑研究》的意义上关于抽象和具体的学说,关于含有实事的整体和部分的学说,关于独立之物和非独立之物的学说,关于亚里士多德式的属和种的关系,比如颜色和红种差(LU II 和 III)的学说;进一步说,关于实质的个体性的本质、自为存在的事物性的本质的问题,关于因果依赖性的本质、原因和结果的关系的本质的问题。

正如我们之前已经注意到的那样,逻辑形式必然处处一并被给予和规定着,并且是以这样一种方式,即,它必然恰恰事关最深刻的研究。因而,先天的形而上学并非我们的意义上的普遍科学理论的。虽然它也是科学理论的,但是更特殊地只是考虑到一切实在性的科学。它涉及一个除所有纯粹逻辑之物外这些实在性科学本质上共有的区分和理论的宝藏。

---

① 参阅附录 A IV:最终的个别性(第 364 页)。——编者注

只有以这样一种方式，人们才能够证成逻辑学的观念超出先天——实在的存在论的扩展，即，人们说：**根据其最终的目的，一切认识都关涉实在性，并且指向它们。**① 一切有助于我们认识实在性的东西、一切先天属于实在性认识的可能性的东西，都会是逻辑的。因而普全数学的学科复合体就是逻辑学，既然它根据形式属于实在性认识的可能性，并且普遍的实在存在论就是逻辑学，既然它根据质料属于实在性认识的可能性。在第一部分，逻辑学同时包含属于其本己可能性的诸原则。这不会是一个得不到证成的逻辑学概念，但是毕竟是〈一个〉不同于我们的逻辑学概念的概念。

〈§23 形式逻辑学作为理论一般的理论，实在逻辑学作为实在性认识的理论〉

在上一讲中我们已经面临一个问题，即，先天形而上学——它研究铸造实在一般的本质之范畴和原则——与形式逻辑学是否应该融合为一，是否应该被建构为一门唯一的科学。我们可以清楚地看到，关联，更进一步说，先天的关联，从形式领域延伸至实在领域之中了。此外，这并未改变，一条严格的分界线圈定了我们的意义上的形式逻辑学的领域，它由此展示为一门自身纯粹的并且严格划分了的学科。正如我们已经显示出的那样，每一种形式都先天地诉诸通过它而被赋予形式的那些质料。这些质料只能是相对的质料，正如我们所谈论的对象自身是形式逻辑性的，就像在数学

---

① 处处缺乏〈体〉观念的种差化。它必然处处意味着的并非"实在的"，而是"个体的"。种类意义上的实在性是一种特殊的，甚至多方面需要区分的东西。

普遍性上的多和数。但是归根结底，在一切形式之物的背后是——或许未被规定的——关于绝对的个别性因而关于实在的个别性的思想，以及关于属和种、关于实在个别性的属性和关系的思想。实在性自身在命题思想中得以铸造的地方，就是确切意义上含有实事的词项、表达原素的词项之所在。去发现这一区分的起源和最终根据，首先是更加深入的现象学研究的事务。但是我希望你们清楚这一点。它必然如此，如果形式逻辑学的整体特性应该能够被看到和固持的话。至于原素，我已经暂时地指明，我们用感性这个标题来代表。为了刻画这一区分，我在这里已经更加突出这一点，这或许是好的。

绝对意义上的材料处处存在于感性直观——更进一步说，现实地带着它的感性内涵——必然为了让我们明见相关词项的意义而行动之处。在比如树、桌子，或者更简单的，比如红色的、蓝色的、坚硬的、粗糙的、声音等词项那里，情况就是如此。我们称谓一个个体并且意指它为这个确定个体的地方，同样，我们意指属性、内部规定性或者个体之间的实在关系的地方，就是感性起作用之处。与此相反，比如一或者多、存在或者非存在等概念，以及一般地所有纯粹逻辑概念都不可能通过关注所引起的表象的感性内涵而获得其明见性，获得其清楚的意义。以下情况与此相关：我可以描画和描摹一个人、一棵树等等。一个一、一个多本身、一个质数、代数数字的特征、普遍性和单一性特征，简而言之，逻辑之物不可能被描摹、被描画。我们可以画两棵树，不过我们画的是这棵树和那棵树。但是二和"这"和"那"不是可以在树上比如使用某种笔法画出来的东西。你们注意到，这里实际上存在着两个根本不同的思想领域，与此相关，引导我们获得材料性概念、本真的属和种概念的普遍化，完全不同于将我们提升至逻辑形式，并且从低阶形式提升至高阶形式的普遍化。**数学的普遍化完全不同于含有实事意义的抽象和总体化。**

从对人、动物等的感知或者想象直观出发，我们提升至人一般、动物一般的普遍概念，然后是更普遍的有机存在者一般的概念；从对某些个别被给予的颜色的感知或者直观出发，我们提升至红一般、颜色一般、感性质性一般的概念。在这一总体化中，目光总是朝向内容的特殊性，朝向它的质性，朝向它的如此这般的类型，我们突出的恰恰是总体的类型。但是，如果事关将被直观之物立义为一个，立义为某物，立义为"不同于"这个和那个的"他物"，或者立义为与那个共在，并且又将这个和那个的共在立义为二或者三，那么，显然没有任何被直观之物的特殊性进入现在获得的一和他性、多和二等的含义之中。现在，在这一对立中，〈我们〉以严格的并且不可跨越的方式遭遇**材料和形式之间绝对的和本质性的区分**。人们必须在一定的时候澄清这一点。

在对象性的直观和现实被给予性的领域中，材料和形式显然是不可分的。但是，材料恰恰在思想中被设定为未规定的和普遍的，由此，自为地考察并且从逻辑上考虑形式关系的可能性就在思想上是可行的，并且是有意义的。通过这一在思想上对材料的排除——它等同于**形式化或者数学的普遍化**——**形式逻辑学**就构造起来了。它活动在纯粹的形式规定性和相关的法则的领域之中，它处理命题一般，或者说，命题形式一般，推论形式一般，相关地，处理事态一般、对象一般、集合一般、数一般等等。

无材料的，因而形式的并且纯粹意义上数学的概念的世界延伸得多远，我们在多大范围上谈及对象一般和实事一般，不过纯粹就它们通过单纯的思想形式而被规定地思考而言，我们也可以刻画为形式存在论的形式逻辑学就延伸得多远。它最终达至一门理论学说、一门理性的形态学和先天可能的理论的生理学，或者用相关的说法来说，一门关于流形、关于完全通过其理论关联体的形式而被定义的科学领域的理性学科。因而，这就给出了一个完全封闭的统一体，它恰恰由此被刻画，即，一切材料原则上都被排除了。因而其中不包括形而上学，即便是先天的形而上学，虽然归根结底，一切形式都先天地返回指向材料①，并且一切关于对象一般的说法都丧失了意义，如果对象从不会现实地被给予的话。②

此外，恰恰这一关联体也提供了一个基础来理解将形而上学包含进逻辑学这种观点的正当性。当然，然后逻辑学概念也必须被把握为不同于我们的形式逻辑学概念的概念。我们立足于科学一般的观念，由此我们也获得逻辑学的这一概念作为最基础的逻辑学概念。因而，我们绝不在科学之间做出区分，我们一视同仁。我们发现在种类上关涉不同的实在性领域的科学，但此外也发现已经完成的和高度发达的科学，比如纯粹数学，它不这么做，它完全排除一切与一个确定的实在性领域的关涉。由此突出了两方面的共有之物：纯粹形式。科学一般的本质包含了——不管它是处

---

① 材料等同于含有实事性，然后首先是个体性的形式、种类性的形式。参阅我的关于关系的核心内容的学说。

② 当然，但是最终的对象必然总是实在的（事物性）吗？

理观念之物还是处理实在之物——理论形式、命题之物①,以及建立在它上面的东西。因而,存在着一门最普遍的科学理论,关于理论一般的理论,关于最终植根于提出有效性主张的陈述、命题的本质之中的东西的科学。(相关地:根据其逻辑形式的对象性的科学。)

但是我们也可以采取另一种立场。也就是说,我们可以说:根据其最终的目的,一切认识都关涉实在性。② 实在的实事具有其逻辑形式,倘若它们成为某种形式的陈述的对象,并且我们可以考虑借助于这一形式被归属于对象一般的东西的话。但是这一点之所以重要,从根本上来说只是因为我们追求实在性认识,并且对于实事认识来说,形式认识当然具有格外的方法意义:形式正是现实的和可能的实事的形式,如果没有它们,无物会成为我们可认识的实事。据此,人们可以**在逻辑学之下把握一切先天属于实在性认识一般的可能性的东西**,或者在逻辑学之下,如果你愿意,理解**科学理论,但不是科学理论一般,而是关于实在性科学一般的理论**。然后,逻辑学就总括一个**双重的先天**,纯粹形式的先天和被形式规定的质料的先天。

实在性作为对象性因而服从一切属于对象性一般的本质之形式和法则,并且这种实在对象性的理论都必然服从属于不管何种对象性的理论一般之法则。因而,**形式逻辑学就是关于这第一个先天的科学**。此外,**属于实在性观念本身**的先天会得到考虑。关涉本质性的实在性范畴(事物、属性、[事物之间]实在的联结、实在

---

① 不是每一门科学都是理论的(演绎的),但是每一门都包含了命题构形。
② 不满意!科学也关涉价值。含有实事性总是意味着实在性吗?

的整体、实在的部分、原因和结果、实在的属和种等）的真理总和是任何进一步的实在性认识的基础和预设。它们对于实在性科学的全部领域而言是必要的共有宝藏，并且针对这一全部领域而言是"科学理论的"。我们也可以将这种意义上的逻辑学标识为一门实在之物的科学理论。它总括整个形式逻辑学。

但是我们也可以提出两个分离的逻辑学概念：我们可以在形式逻辑学下理解关涉形式范畴的科学，此外在**实在逻辑学**下理解关涉被形式规定的质料的范畴、关涉种类的形而上学的范畴科学。然后我们就会有一个区分，它在某种意义上与康德的区分一致，即，一方面是普遍的和纯粹的逻辑学和另一方面是超越论的逻辑学之间的区分。

实际上，关系到前者，在科尔巴赫（Kehrbach）〈版〉的〈《纯粹理性批判》，第〉78〈页〉[1]中：

1) 普遍的逻辑学本身抽离了一切知性认识及其不同对象的内涵，并且只与单纯的思想形式相关。

2) 作为纯粹逻辑学，它没有任何经验的原则，这样，它不像人们有时相信的那样，从心理学——它因而对知性法规根本毫无影响——中得出点什么。它是一门得到证明的教义，并且所有在它之中的东西都必然是完全先天确定的。"它只关注对象之间关系的逻辑形式，这是思想一般的形式。"〈同上，第〉79〈页〉。它抽离了一切与"客体"的认识关涉。它处理能够从表象获得的知性形式，不管它们还可能源于何处（不管它们是在我们自身之中先天地被

---

[1] 康德，《纯粹理性批判》，1781年版文本，附有1787年版的全部改动，卡尔·科尔巴赫（Karl Kehrbach）博士编，第二修订版，莱比锡，没有出版年代。——编者注

给予的还是经验地被给予的)。〈同上,第〉80〈页〉。

他明确地区分了普遍的和应用的逻辑学,〈就其〉主要实事而言,它是我称为工艺论的东西,一门一并建基于心理学之上的思维工艺。很遗憾,康德没有区分逻辑学形式法则的纯粹理论特征和它们的规范运用。当然,对于康德来说,这一普遍的纯粹的逻辑学被还原为传统经院哲学逻辑学意义上的贫乏的命题学,他没有认识到,诸形式的数学学科属于这门科学的统一体。比如,〈他〉将纯粹算术带入与时间的一种完全不被允许的关涉之中。

3)此外,至于超越论的逻辑学,它不像普遍的逻辑学那样抽离了一切与"客体"的认识关涉(在康德那里,这意味着,实在性关涉)。根据他的观点,它来自关于实在客体的纯粹思想和经验思想之间的区分,并且在对这样的客体的纯粹(＝先天的)思维规则中看到它的目标。这些命题指向一门先天的存在论。

但是,尽管与康德超越论的逻辑学有着亲缘关系,甚至部分重合,人们仍然不能很快就确认这样一门在我们所关注的这种意义上的存在论的观念。差异主要来自对**认识批判**的意义和现象学与各自具有不同界定的逻辑学之间关系的不同理解。还需要指出康德的超越论的感性论和超越论的逻辑学之间的区分,我在这里就不能深入了。根据我们的学说,时空作为必要的实在性形式就属于形而上学的存在论,但是时空现象属于现象学,关于这一点,我们还要详细阐明。我还想要提一提,康德将分析思想和综合思想之间的对立与这些区分联系起来。对他来说,分析性领域与命题学意义上的纯粹逻辑性领域相合,只不过,正如我们已经一再提到的那样,康德没有认识到形式数学的本性和位置。他界定分析性概念的方式始终是不充分的,甚至完全错了,不管他对此有多么自豪。综合的先天也绝不与超越论的逻辑学和超越论的时空学说的先天相合。

〈§24 先天形而上学作为科学认识工艺论意义上的逻辑学的基础〉①

通过最近的这些思考,我们已经获得了重要的进步。我们已经将作为关于述谓形式的最普遍科学之形式逻辑学和属于它们的对象性的形式范畴置入与形而上学的正确关系之中。并且将事实现实性的形而上学区别于先天形而上学的存在学说,后者是一切个别实在性科学的总体基础。我们由此也理解了这一学科与**在一门科学认识工艺论的原初意义上的逻辑学**之间的关系。这样一门工艺论——它当然不仅会在我们的形式思维活动和根据其形式成分对理论加以评判的活动中有助于我们,而且也在我们从理论上支配经验现存的现实性的活动中有助于我们——不仅在形式逻辑学中,而且也在实在的存在论中具有先天的理论基础。

为了能够为富有成果的经验—科学活动——它应该提供给我们现实的经验认识——提供规则,我们必须理解经验科学的意义或者本质;其中除了形式逻辑学,还包括理解基本概念和原则,它们〈是〉所有这些科学必然共有的,倘若这些科学是实在科学的话。当然,在实践中,为了在显现着的世界中合法则地指导的目的,人

---

① 参阅附录ＡⅤ:先天的存在论作为先天的形而上学(第365页)。——编者注

们具有相对含混的概念就够了，不需要对属于实在性本质本身的相关原则的完整和精确表述。但是，这之后就遭到了报复，在所有成果方面都遗留下来不同解释的可能性。

如果逻辑学家严格对待认识的目的，就像他作为哲学家通常会做的那样，那么他就要求从科学那里获得终极认识以及形而上学的完成。据此，他将为了规定实在性科学一般的观念——它应该被他用作规范目的——而必然回溯至实在性一般的基本概念和先天基本法则。因而，这种情况完全说明了**将先天形而上学存在论理解为一门逻辑学**，进一步说，理解为认识工艺论意义上的逻辑学的一个分支或者部分的观点。但是，如果人们排除规范的和认识实践的视角，并且探询与科学本身相关的理论研究，那么形式逻辑学（作为一门关系到单纯形式的存在论）就作为一门自身封闭的科学突出出来，并且形而上学的存在论作为一门不同于它，虽然通过先天关涉与它联结的学科突出出来。①

---

① 旧的形而上学——它想要是先天的科学——区分存在论、宇宙论、神学、心理学。宇宙论：关于时空的学说等。

第二编

意向活动学、认识论与现象学

〈第四章　意向活动学作为认识的正当性学说〉

〈§25　主观性在科学中的角色〉

〈a〉回溯至主观的正当性来源·排除事实—规定的个体性〉

现在我们要进行新的一步。通过至今的思考，一门科学理论的观念还未在每一个方向上走得足够远，不管我们是遵循实在性科学的立场还是科学一般的立场。我们在界定形式逻辑学时特别注意科学和理论的成分。理论是命题的关联体，通过这些命题，实事在存在和性状、根据和结果方面的状况获得有意义的表达。理论由诸单个命题建构起来，并且每一个命题都表达了各自领域内部的一个事态。为此，诸命题和诸命题之间推论关联体的形式学说和法则学说同时也就具有——根据相关性观点——一门关于事态的形式和法则学说的特征，因而具有一门形式存在论的特征，同样，实在范畴和相关的法则也谈及实事，并非就单纯形式而言，而且就质料而言。

但是我们很快注意到，在科学话语中，甚至在通过科学论述而表达的东西中，并非所有概念和命题都具有和实事的这样一种关涉，即，铸造它们的形式的或者实在的本性。**在科学中，主观性也得到表达，并且规定了多个命题的意义**。唯当我们局限于纯粹数学学科，甚至完全局限于形式的学科，我们才可能忽略这一点。在这些学科中，不同于客观—理论的概念和命题的东西被说出，任何这种情况都只以例外的方式发生。在自然科学中情况则不同。在这里，主观性在极大程度上进入科学话语的范围之中。

但是我们必须区分非本质之物和本质之物、逻辑上有含义之物和逻辑上无含义之物。一切向研究的历史事实性的回溯，因而关于谁发现这个那个定律、谁批驳它、谁正确或者错误地证明它的陈述，都是逻辑上非本质的。科学作者关于他的研究动机和动因的任何叙述同样如此。但是还有其他形式的主观话语，它们缺乏和进行研究的或者进行论证的个体的历史关联或者和共同研究者与读者圈的历史关涉，或者在这里，本质性的东西不是历史的或心理学的事实，而是与此交织的、奠基于实施的行为本质之上的论证关联体。[①] 然后，这一陈述说出，**如果或者因为采取一种这样那样类型的理智执态，一种更进一步的执态就会理性地被要求或者证成**。比如，甚至在数学的展示中，展示者也会在提出铸造纯粹客体的思想链之后继续说道：这一点得到确立，这是一个得到证成的问题……或者这是一个得到证成的揣测。或者：如果人们肯定，命题 A 有效，那么人们现在可以

[①] 还要关注历史研究（历史科学），它与它的给予性概念一道引入主观性。一般来说，存在着在主观性在历史科学和法则科学以及具体的自然科学中的角色方面的区别。

不再怀疑,命题 B 有效,既然它可以出于前者而得到表明。这样的说法还有很多。它们谈的不只是单纯的数学事态,而且谈论我们的判断及其确定性,谈论我们的疑问、揣测等,更进一步说,就它的证成方面而言。有时人们听说:"我们必须已经承认命题 A 有效,因为它是一个直接的明见性、一个公理或者可以出于直接的明见性而明察地被表明的。"或者:我们虽然不知道,A 是否存在,但是根据已经发展出来的理论,我们有"根据"、有"正当性"揣测它,视它为可能的,等等。

在给定的情况下,个体可以是一个确定的个体,或者一个共同研究者的圈子,它可以在经验上——即便不是确切地标识——被视为这些疑问、知识行为、揣测的承载者。但是,一旦谈及这样一些行为的正当性,一切确定的个体性就都可以被排除,并且只是通过这一排除,纯粹的正当根据才出现。比如,在类型上:如果某人一般地知道这个那个,并且对其他事情一无所知,那么他就有正当性如此这般地揣测。相应的揣测、疑问等的正当性植根于一个内容上被如此这般规定的知识和无知的本质之中。当然:知识、揣测、疑问预设了一个自我,但是这是人的还是动物的,是神的还是天使的,是无关紧要的。假定,掷出一颗骰子,"人们"只知道,除了一个面,骰子所有的面都未被标识,并且这一面配上了(比如)一个点。很明显,"会是一点"的确定信念是没有得到证成的,毋宁说,"会显现为一个光面"的揣测更为优先,但是只是在某种程度上得到证成的。如果水妖或者天使要掷骰子、做判断、揣测,那么他们会是无理性地或者无证成地行事,倘若他们想要以不同于恰恰知识和揣测事况的本性所要求的方式行事的话。

〈b) 经验的与纯粹的数学科学中的正当性意识〉

以这种方式，主观性扮演了一个重要角色，在经验科学中实际上扮演了几乎主导性的角色。如果我们取已经完成了的理性理论及其关联体，就像它们在数学力学、天文学、光学等中那样，那么当然我们只发现了宣称表达实事本性的命题。论证关联体始终是命题性的。在这里，根据形式逻辑学的法则，命题联结着命题，理论具有数学形式，并且服从理论学说的、形式普全数学的类型和法则。关于论证自身，这里还未谈及。人们纯粹客观地谈论命题或者实事以及由此得出和未得出的东西。**但是科学的一个主要部分先于理性理论。演绎的和数学的理论只在承载它的原理得到论证之后才能建立起来**，并且这些命题并不又以命题的方式被论证，而是说，它们的论证在经验科学中常常大量借助于观察、实验、归纳成果和假设；在那里，感知、回忆、期待、假定、揣测等起了作用，并且这些行为的本质包含了**论证原则**，这些原则一步步规范化评价着的正当性评判活动。

进行的并不是单纯以心理学的方式在经验科学中从事的个体行为，就好像带来事实上经验的关联和经验的心理学法则性。科学行为由**正当性意识**承载，并且不断根据"理性"、正确性、证成动机的视角来安排和变异。**理性要求**实施某些行为，或者，如果实施了这些行为，那么其他的内容上被如此这般规定的行为就在此之上建造起来，并且，它们又以某种方式被评价、赞同，被评判为论证了正当性。但是我们排除关于理性的神秘说法，如果我们关注相关的关联体自身，并且看到，正当性要求植根于行为的本质之中，并且，独立

第二编　意向活动学、认识论与现象学　175

于个体及其作为人的或者非人的心理学特性的偶然性，一些论证形式得到证成，另一些则未得到证成，那么它们的立足点恰恰在于这些行为、感知、回忆、期待、判断、揣测、疑问等的一般本质中。

让我们为了阐明的需要而开始以下思考：**自然科学始于共同经验的被给予性**。不管它如何驱除在每一经验领域中的素朴明察的偏见和混淆，并且通过决定性的根据否定它们，它仍然并未从原则上抛弃自然的自然考察建造于其上的经验地基。相反，它只想要遵从经验。因而，在它的眼中，经验证成着，并且其中有：感知证成着，回忆证成着。在同样的情况——这些情况在感知和回忆中被立义——下，同样的并且毫无例外的重复结果论证了得到证成的期待，并且论证了得到证成的揣测，这一论证建立在关于相关类型的结果出现在相关的同样类型的前提之下的普遍主张之上。

感知、回忆、期待会出错，这一点每个人都知道，但它们仍然证成着。不是被感知的、被回忆的、被期待的事实存在的绝对确定性，但仍然是理性的揣测。如果自然研究者说出一个事实，所说出的命题的正当性回溯到哪里？最终只回溯到这样的主观行为。在最简单的情况下，当提出正当性问题时，他只能回答说：它是这么观察到的。或者：它是这样的，因为我看见它或者我曾经看见它。更好的说法是：对此我有清楚的回忆。这一向主观之物的回溯证成着，这一点是明见的，明见的是，如果这样的回溯没有正当性，那么对于事实一般来说就不再有论证；甚至它们存在这件事也会如此。但是，在一切认识之外的事实对于认识来说可能是无，它们对于认识来说不是事实，对于认识来说不驳斥任何所谓的事实。因而，最终感知驳斥感知，或者更普遍地说，所谓的经验行为驳斥其他经验行为的正当性，也就是说，驳斥臆想的事实性由此得到展示的其他行为的正当性。

所有这些当然说得很粗略。单纯的观视、感知、作为回忆的当下化、合乎经验的期待是无关紧要的。需要的是**方法**。需要的是合乎思考地理解被感知之物。需要的是同一化，它在重复的感知——关于它们我们说，是"同一个"对象在其中被感知——之间建立统一性。**统一性意识必须经过分离的行为**，并且同样地，从对对象 A 的感知向对对象 B 的感知的过渡之中的区分意识必然使我们可以说，A 和 B 不是同一的，而是不同的。需要的是**述谓的综合**，由此对象和性状依次分列，并且还又被设定统一起来，等等。首先由此，谓词形式才出现在理智行为之中，并且通过它们才产生本真的思想行为，即判断、揣测、假设、怀疑、疑问以下内容：S 存在或者不存在，S 是 P；或者 S 是否存在；或者如果 S 存在，那么 P 存在；等等。在所有这些样式的直观和直观被给予性的思想构型中，某些合法则性具有其根据，它们为这些行为和行为关联体而展示了关于正确性和不正确性的规范。

虽然逻辑构形和相应的述谓也是在"经验"的基础上进行的，但是这类事情并不立即具有终极认识的价值。思想有方法地从逻辑程序走向逻辑程序。它不单纯以感知判断和普通的经验判断的方式来表达，它不执着于直接直观的成分。毋宁说，它不断地远离它们，并且当我们关注理论——它们是自然科学的骄傲——时，我们看到，它们的主要命题完全远离了直观。感知或者具体经验的直接观视、建立在它们之上的直接抽象和逻辑构形，并不提供任何类似于这些原理的东西。我只需想到力学、光学等的原理。但是，一切事物都主张建立在经验之上，归根结底回溯至此。**因而主观行为引发一切**。并且甚至更进一步，被引发者也是主观性：判断、揣测、疑问等总是一再被证成或者被拒绝、被论证或者被驳斥。

我说过，在数学学科中，这类事情退到次要位置上。但是，即便在这里，也可以并且必须追问设立原理的正当性。它们应该是真理。但是它们有什么正当性被主张是真理呢？现在，人们说，通过"明见性"，通过"绝然的明察"。因而，绝然的明察证成着。但是，绝然的明见性，对直观的、现时体验的（并且并非单纯伪造的和臆想的）必然性的意识仍然是**主观之物**、一种独特的体验，并且其中有正当根据。每一个数学步骤都在**演绎的动机引发的明见性**中具有其正当根据，如果我们将它把握为在现时证明中的判断步骤的话。如果我明察了原理，或者至少我确信它们的真理，那么我就有正当性去对这些定理做出判断，接受它们为真理，因为我看见，它们被蕴含在原理之中，可以通过明察的推论从原理之中判断出来。**正当性在判断动机引发的关联体之中**。在这一纯粹演绎的领域中，证成着的明察性完全由述谓含义的形式和顺序所规定，这一点使得我们根本不必谈及判断的主观因素和判断的明见性，而是说，以客观理论的方式摆置命题和命题关联体就够了。

〈c〉客观理论需要主观的正当性来源，但不研究它们〉

但是现在产生了一个怀疑。根据迄今的阐述，难道不是一切，也包括客观理论都最终消散入主观性之中吗？客观理论和所有它的纯粹逻辑关联的命题的真正意义不就在于主观的关联吗？或许其中有一个真理核心。但是这里接下来是要回答：

1）如果我们在一门纯粹客观理论中让命题接着命题，并且展示它们在逻辑上联结着，比如以这种形式：从命题 A 中得出命题 B，或者事态 A 规定了事态 B，那么我们具有一个纯粹客观的立场。我们并未谈及我们的或者任何人的判断一般，而是谈及命题和事态。我们不是说：关于内容 A 的判断证成了关于内容 B 的信念，等等。

理论展示为一个命题的关联体，在这些命题中，对象和与它们相关的事态的关联体从逻辑上得到铸造。在想出或者想透理论时，我们生活在主观行为中，我们生活在某种信念和假定的活动中，我们明察地体验它们的证成。**但是我们并不关心主观性以及对它的刻画，我们不研究它**。生活在这一主观之物之中，我们关注含义内涵和对象内涵，我们追寻实事及其关联体。

2）如果人们追问恰恰主张这样的陈述命题以及它们如此相互奠定的正当性，那么人们就改变了思维的方向。人们现在被引向绝然的明见性，引向某种明察的必然性，它直接证成我们的公理，并且同样证成每一个逻辑上形式正当的推论步骤，或者当涉及经验研究领域时，人们诉诸主观行为，它们将事实陈述证成为经验的确定性和揣测。人们诉诸感知、回忆，诉诸在多方面经验的基础上明察的揣测。关于所有这些都可以并且常常在科学思考中充分地被反思，并且关于它也谈得不少了。科学当然想要始终只做出其正当性已经确立的陈述。没有充足根据就什么都不是！这是科学的原则。

此外，它并不持续地并且在每一步骤中都谈及此，并且它在完成着的理论的建造中几乎根本不谈及此。它并不持续地，甚至以原则的普遍性这么做，因为主观之物及其正当性不是它的研究客体。它不研究明见性、感知、经验等的正当性,而是研究它们的领域的实事。**它需要这些正当性来源,但是它不研究它们。**此外,既然它需要正当性来源,那么它就要谈及它们。情况也普遍是如此。只有在纯粹演绎学科和理论的领域里,这才不发生,并且是出于特殊的理由。在这里,人们实际上可以确信,每个人都会体验到演绎过程的明察性。每个人都只需要"后思",他只需要深入命题和命题关联体的意义之中。然后,推论的必然性就肯定会向他显明。人们只能从客观上说;人们在顶峰表述原理,并且进一步前进:由此得出命题 1) 和 2),从它们又得出命题 3),等等。在演绎领域中,也就是说,在这样的状况下,即,同样的认识来源、绝然的明见性总是一再地在这里得到考虑,并且这一对明察的必然性的意识始终紧密关系着含义关联体的固定形式,正当性问题很简单。这一事实导致了,在演绎理论的领域中一般不需要反思并且谈论正当性问题和正当性来源。

〈§26 形式逻辑学不是关于主观正当性来源的科学〉[①]

〈a) 形式逻辑学并不以绝然的明见性为论题〉

现在,对认识的正当性来源之原则性的和系统性的研究属于哪种科学?它处理的是一种同等涉及一切科学的情况,因而处理

[①] 目录中标题为"形式逻辑学不是关于正当性来源的科学"。——译者注

的是一种科学理论的情况。形式逻辑学——它首先向我们显现为普全的科学理论——是这门关于正当性来源的学说吗？

这一回答必然会是否定的。**甚至涉及它尤其关涉的演绎—理论的思想时，它也不进行对正当性问题的原则性研究。** 形式逻辑学关注科学的理论，关注它们的命题和种类意义上逻辑的命题关联体。它抽象出形式，将植根于这些形式的本质之中的逻辑原理确立为公理，并且在此之上建造纯粹逻辑理论。

以这种方式，在命题逻辑中就表述了矛盾律和排中律、双重否定律等，在算术中表述了定律：两数之和不依赖于相加的顺序；加上 a 个单位，并且减去 a 个单位，什么都没改变，等等。现在，如果从公理出发进行演绎，就以纯粹逻辑的方式导出结果，不同的三段论定理、算术定理等。这里处理的是**数**、**谓词**、**命题**等，**不是正当性来源**。当然，演绎中的每一步都伴随着明见性，并且在其正当性意识中进行：否则逻辑行为就不是科学行为。但是这一正当性意识和它所论证的东西不是研究客体。关于此还根本什么都未谈及。

这里就过渡到我们之前关于演绎理论和理论学科的一切展示所说的东西。**形式逻辑学自身又是一门理论学科**（由此，根据其内容，它服从它自身设立的法则）。因而它被纯粹客观地展示，并且此外还被视为自明的是，每一个反思者都会在其判断中体验到这一明察的必然性。如果他使它以被展示的命题和命题关联体为导向，并且，当正当性问题被提出时，他会诉诸这一明察性作为正当根据。**但是，如果我们原则上并且普遍地提出正当性问题，那么必然处处都会回溯到主观性。** 比如，这里回溯到判断的明察的必然性，并且，什么构成了数学的和形式逻辑学的判断的正当性以及其他的以认识为目的的理智活动的正当性，这必然会被普遍地考虑。

在这里，只有一点可能会让人迷惑。形式逻辑学因而不是包含了任何科学领域一般的一切演绎理论的总体正当性吗？它还是关于理论一般的理论。它处理一切演绎、一切理论和演绎学科都以数学的普遍性而服从的法则，它们必须满足这些法则，以便成为正确的理论。当然，如果我们已经确保了纯粹逻辑学的正当性，那么它就会给一切演绎理论提供普遍的正当性来源。**但是，纯粹逻辑学自身不处理最终构成演绎理论的正当性的东西，不处理绝然的明见性**，而是处理命题形式和命题的真理根据其形式所服从的法则。但是，是真理概念，而不是判断明见性概念才是纯粹逻辑的。明见性依赖于命题形式，这一点使得纯粹逻辑学得以可能，但是它自身并非纯粹逻辑认识。

据此，很显然：如果形式逻辑学在我们的意义上被理解为形式的和普全的数学，那么它就不是关于正当性来源的学说。它是一门客观的理论学科，就像任何其他的理论学科那样，那么，它也就像其他的理论学科一样，为其演绎而要求正当性，并且也的确有其正当性，并且在研究和教授中它也通过检验而确立了这一点，但是，它并未以正当性为研究对象，更谈不上它原则上普遍地研究正当性一般。

〈b）形式逻辑学的论证与归纳论证之间的区分〉

并且正如从至今的研究中已经看出的，这当然也包括了，到目前为止，形式逻辑学与出现在科学关联体中的一切科学进程无关，有些不受这门形式理论学说规整的东西也被称为理论,并且在某种意义上有理由这么称呼。

迄今为止,我们对"理论"一词的使用都以理论算术、理论量值理论、理论物理学(理论力学等)等例子为导向。在此,"理论的"所意味的显然就是纯粹演绎的,因而本质上就是数学的,并且这是在形式逻辑学意义上的逻辑的:从事先被给予的命题和尤其普遍的命题中提取出命题——先天地蕴含于其中之物。

当然,我们之前已经将理论的和实践的学科对立起来。而在非实践学科中,我们尤其注意在狭义的和更确切意义上的理论的学科,它们的目的最终向着形成演绎理论,就像抽象的或者法则学的自然科学始终所是的情况那样。

但是,在这些科学中,演绎理论——它将自然领域的一切法则性都安排于某些基本法则之下,并且通过它们来演绎地说明——是科学工作的目的,但不是开端。并且这种作为演绎说明的理论化活动开始之前还有很多东西:整个归纳论证的领域,它首先给予我们基本法则,正如我们之前阐述的,演绎说明必须从这些基本法则开始。

这样,**在理论物理学之前有实验物理学**。在某种显然不同的意义上,实验物理学也"理论化",它根据严格的方法操作。通过这些方法,一切实验成果和主张获得其正当性,获得其作为得到论证的科学成果的地位。通过这些成果有方法地安排的序列和联结,最终为建构说明性理论而造就了基础,获得了理论学科的主要命题。重力法则、力学的基本法则等现在首先可以被设定为假定的说明根据。然后,通过对从演绎理论导出的结果加以实验或者经验的证实,这些结果获得了,并且由此,整体理论获得了更高的概率性特征和〈在〉这种意义上,有效的基本法则和理论的特征。

但是,形式逻辑学不处理所有这些论证的正当性,甚至不是以某种间接的方式——以此方式,逻辑法则包含了就其演绎形式和推论方面的一切演绎理论的全体领域——处理,**而没有此正当性,理论及其基本法则就浮在空中了**。归纳不会以明察的必然性从固定的命题中得出形式逻辑的结论,不会从事先被给予的命题中导出在其意义上并且借助于其形式已经隐含的东西;毋宁说,人们从具有经验判断特征的陈述出发,并且它们得到考虑,并非就其单纯的命题意义而言,而是就其作为恰恰在质料方面具有经验根据的判断、作为经验论证的事态而言,我们也可以说,作为"经验的确定性",它们不能宣称绝对的有效。

这些经验的确定性和(或许)经验的揣测现在给出了一个根据,以便理性地证成这种类型的进一步的确定性和揣测。正如人们所说的那样,通过第谷(Tycho)的火星观测,开普勒推导出其法则。火星观测自身首先不是命题。如果人们说出它们,那么人们就获得了关于在某时的火星的某个位置的陈述。从这些命题中,人们现在当然不能以形式逻辑学的方式推导出开普勒定律,因而比如,火星的一切位置,甚至一切将来的位置都在圆锥曲线上,并且现在甚至是,一切星球一般都在圆锥曲线轨道上运行。在这些命题的意义中当然根本找不到所有这些东西。但是,火星观测和关于它们确立的陈述所直接展示的经验知识的确提出揣测并且证成以开普勒定律的形式表达的揣测——或者它们论证了新的经验确定性(但是它允许是别样的)。开普勒定律并非以逻辑推理的方式从逻辑意义上的命题中得出,而是说,从经验知识(它本真地只有概率性特征)——它具有这样那样的逻辑内容——中(以概率和归纳的方式)得出,其内容是开普勒定律的揣测得到证成。① **形式逻辑的关系属于命题。在现在的领域中出现的论证关系不单纯属于命题,而是属于经验信仰、揣测等等。这些理智执态是对某物的执态,并且"某物"这个词在这里代表任意某个命题。**② 因而,命题总是包含其中。

我们具有经验信仰,它具有其经验根据(和"充盈"确定性的正当性):星体以圆锥曲线运行。每一个信仰都是对某物存在或者不存在的信仰。每一个疑问、每一个怀疑等同样如此。Daß-命题表达了执态的"内容"。执态的相对的和绝对的正当性关系当然为它们的内容所一并规定,但是不只是为它所规定。只有在"分析的"、纯粹命题的思维的形式逻辑领域中,论证关系才纯粹为"内容"所规定。③

〈§27 意向活动学作为在其正当性主张方面对理智执态的研究和评价〉

我说,纯粹逻辑的关系完全属于命题,属于这些"内容"。比如,任何"A存在"的形式的命题都在真理方面排除了相关形式"A

---

① 这当然是错误的。就像我们具有意向活动的和意向相关项的判断学说,我们也有意向活动的和意向相关项的关于可能性、概率性的学说等等。在经验和归纳理论中同样需要区分意向活动的和意向相关项的东西。

② 进一步的东西也没有被正确地看到。

③ 这一切根据我之后大约在1909年的明察而完全改变了。

不存在"的命题。这是一个形式逻辑学的主张。在这里,命题就像客体那样自为展示。它们恰恰只是作为命题被考察。当我们活动在具体的逻辑领域中,并且从质料上确定的命题以逻辑的方式得出质料上确定的命题时,情况同样如此。我们不需要引入这些命题在其中作为执态的内容被给予的那些行为。实际上,说"从命题A得出命题B",与比如说"'A存在'的信仰、确定性理性地引发了'B存在'的信仰、确定性"是不一样的。纯粹地考察命题及其逻辑关系和考察揣测、疑问、怀疑、中止判断的执态——它们具有同样的命题"内容"——甚至是完全不同的东西。尤其在整个经验的领域中,我们不能全神贯注于我们的陈述的单纯"意义"(陈述的含义),并且展开我们发现明见地蕴含在其中的东西。这会是经院哲学。

事实上,经院哲学的根本错误就是,它高估了形式逻辑学,并且虽然说它想要以纯粹逻辑学的方式获得一切含有实事的自然认识和形而上学的认识,这会是一幅历史的经院哲学的漫画,但是就像每一幅成功的漫画那样,这一幅漫画也以夸张的方式表达了这一根本错误。这种倾向是存在的,当人们本应该深入自然自身之中时,他们从事形式逻辑的分析。深入自然自身之中,这意味着,有方法地收集、安排、联结,"逻辑地"处理感知和经验。但是在这些活动——在这里,单纯的意义和在其形式逻辑活动中的活生生的明见性并不足够——中,必须持续地关注杂多的主观行为。**它们必须在反思中指明其正当性**,并且因而其正当性必须受到考察。活在感知之中,这是不够的。感知常常出错。单纯观察是不够的,不管用多好的工具。观察会骗人,会有多方面错误的来源,工具可能在这方面在相反的方向上被建构,等等。提出揣测并且素朴地信任揣测的正当性,这是不够的。有人们感觉良好的非理性的揣测。良好形成的禀赋、受过训练的并且由自然资质培育的科学感很有用。但是其中有许多世代的有方法的遗产。

正如在数学中,通过良好的引导,人们学习计算、微积分,并且能够完全正确地行事,无须理解实事的本质,自然研究者也可以学习在方法上正确地工作,无须哪怕一点点内部地证成他的行事,无须理解它们。智慧不在他那里,而在方法的创造者们那里。他们必须为每一有方法的步骤努力地奋进,他们不断地反思他们新的经验知识的正当性,他们针对感知、回忆、经验的普遍化、概率性推论等进行更加尖锐的批判,并且与幻觉和假象——它常常足以损害所有这些认识行为的价值——做艰苦的斗争。当然,他们想要研究实事,想要认识物理的或者心理的自然。但是如何把握实事?这些实事在哪里被给予,并且它们如何揭示它们的属性、它们的关系、它们的法则?它们看起来在感知中被给予。但是感知何时能够有正当性并且能够无疑地说,它给出实事?回忆,甚至清楚的回忆,何时是对过去的现实传达?期待和预期何时现实地切中未来?此外,甚至感知和经验在何处能够表明其正当性,或者这种正当性在何处保持为无争议的,其中有多少实事现实地进入认识之光之中,并且人们如何通过归纳、类比、假设、概率而超越它?

所有认识都作为主观行为而进行,并且主观行为必然包含了表明并且论证其正当性主张的东西。只有在此之中去寻找〈正当性〉。并且实际上要在此之中去做出正当性区分,去通过指出必然可承认的正当性而拒绝可疑的、与它们相冲突的正当性主张,这是批判的和有方法的创造性自然研究者的一贯做法。但是，至于普通的自然研究者，在方法上，他更多的是工匠，他虽然也批判认识程序的正当性，但是毫无明察地单纯适应所习得的方法模型，单纯服从或者根据单纯有方法的训练而进行判断。这一自然研究者只是偶尔在具体的情况下并且根据需要而进行这种有方法的批判。据此，它既不够普遍，也不够彻底。在创造性研究者那里，本能和感觉也扮演了重要的角色，并且进一步得到科学成果的验证。通过单纯本能的和直觉的清楚性，人们同样更进一步，人们获得新的理论，它们更有成就，能够支配更大的经验领域，并且敞开新的领域。如果人们陷入看起来不在实事上的矛盾，那么人们就修正方法，然后人们或许会找到被忽略的点，人们进行修改。然后，情况就好转了。

不过，就方法而言，只有这些偶然的、依附于特殊科学的操作是不够的。特殊科学的特别方法是个别科学的财产。但是它也只是有方法的元素——它们不是特殊科学特有的，它们在一切自然科学的思维中起效——的一种特别形态。

一切方法、一切配备与固定了正当性主张的认识论证程序就在于我们在**认识**这一宽泛的**标题**之下来把握的不同的理智执态。所有这些执态彼此通过本质关涉结合起来，所有这些都作为执态提出正当性主张，并且所有这些正当性主张都部分地由个别行为自为地提出，或者在先行的其他执态的预设下提出。判断论证其他判断，判断也论证揣测、论证怀疑、论证疑问，等等。没有任何的科学——所有这些行为最终都不出现在其中——能够并且必然提出正当性主张，并且因而遭受批判。

132　　　显然，由此必然有一门**新的学科**，通过在其正当性主张和相关的正当性关系方面研究所有可能的认识行为，它在这方面同等地指向一切科学。此外，借助于这一在这些行为的含义内容方面贯通了所有科学的普遍性，它受到相应的普遍性的支配，它并不偏向任何特殊科学。但是，这一普遍性就是**形式的普遍性**。含义内涵的形式不仅仅在判断领域中，而且也在揣测和其他执态的领域中对正当性或者论证问题有影响。对此，整个概率理论就是最突出的例子。实际上，通过与归纳理论的关联，它形成新的科学论的最大领域。

　　这里可能让人迷惑的只是这种情况，即，概率理论被构造为一门数学学科。① 在某些被精确地划分的领域中，得到证成的揣测的程度可以用数来规定，并且相关的原理使得一门纯粹的演绎学科和一门以量值—数学的形式发展的学科得以可能。但是，这不是形式数学，正如原理和基本概念已经告诉我们的那样。这样，拉普拉斯借助于同等可能情况的基本概念说明了概率性的基本概念，并且他说明这些情况为这样的，关于它们，我们在同等程度上是无知的。关于概率，他说，它部分涉及我们的无知，部分涉及我们的知识，等等。

　　这里也包括**演绎认识学说**，它与作为数学（Mathesis）的形式逻辑学有着最紧密的关涉。正如我们已经阐明的那样，这一数学自身——它就像任何指向实事的学科那样正当地操作，但是不以正当性为研究客体——不属于认识的正当性科学。但是，它当然包含普遍的考虑，即，每一个判断——它依据逻辑形式和法则，它依循推论形式和理论形式，由事先被给予的判断所引发——都具

---

① 概率理论实际上是数学理论，并且关系到合乎正当的揣测的理论，后者是意向活动理论。

有明见的可明察的正当根据。

在开始我们的逻辑考察时,我们已经从这样一些事实出发,即,演绎论证的明见性依赖于形式和法则。之后,我们只是让判断自身和认识行为一般发生,正当性意识在它们之中进行,并且将正当性特征归于它们,只是为了我们能够专注于形式自身和形式法则。这样我们将逻辑界定为数学的理论学说。现在,让我们回到这一出发点,并且将目光转向判断和展示了本真论证的判断动机。在一个判断在其含义内涵上违背了逻辑的形式法则之处,它显然是未得到证成的,它一开始(*a limine*)就会作为不正当的而被抛弃,而即便实际上没有这么做,那么它至少在形式上是可能的。此外,当判断事先被给予,并且在其固持的正当性主张之上以这样一种方式做出新的判断,即,含义内涵联结成为一个形式逻辑上合乎法则的推论统一体时,通过这些动机"导出的"判断就正当地得到论证,它是正当的,如果事先被给予的判断是正当的。**这样,判断的正当性遵循形式逻辑的合法则性。**而这一事实始终属于认识的**普遍正当性学说。**

不过,现在是时候考虑术语学了。如果我们遵循历史传统,那么逻辑学这个标题也总括了现在所刻画的问题群。因为对于一切时代而言,与思想行为相关的正当性问题都在逻辑展示中扮演其角色,即便常常是非常微不足道的并且与问题的范围不相称的角色。既然逻辑学主要被理解为,并且仍然被理解为实践学科、认识的工艺论,那么,通过这一理解,就已经建立起了与对认识的正当性主张的评估关涉。从理论的、非技术的角度看,新的学科算是一门不同于普全数学,虽然与它有着本质关涉的学科。二者同样属于普全科学理论的观念。在此,逻辑学的名称更适合这一数学。因为它说的是关于逻各斯,因而关于含义(既然语音当然是非本质的)的学说。但是,关于形式普遍的含义的学说和这里产生的形式—数学的学科就是这门数学。更加确切地说,我们想要保留形式逻辑学这一表达,但是它标识作为**认识的规范学说**,或者更好地说,作为**意向活动学**的新学科。

我更好地说,因为我们不把它理解〈为〉——正如"规范学说"这一名称看起来所说的那样——一门对需要事先给予正当性主张的认识的实践评判工艺,而是理解为这样一门科学,它出于纯粹科学的兴趣而依次研究认识行为,也就是根据其本性提出正当性主张的理智执态,并且评价属于它们的正当性关系,不仅就它们的独立情况,而且就它们的联结和相互奠基而言。但是,它是通过指明内在特征——这些特征在每一种这样的执态内部都标示出相对于单纯臆指的证成性的真正证成性(或者说,相对于未表明的和不可指明的证成性的表明了的和可表明的证成性)——来进行这一评价。同样地,它必须研究植根于这些执态之中的种类本质和含义内涵之中证成的直接和间接可能性条件。

〈§28 意向活动学与康德的理性批判的关系〉

在探寻我们的学科的合适称谓时,每个人都立刻会想到出自康德主义的,虽然自身并非康德的名称,即认识批判或者认识论。[①] 实

---

① 我们还必须区分与纯粹逻辑学平行的普遍的认识论和诸种特殊的认识论,后者平行于诸种认识区域。

际上,规范学说,即便它自身不是认识批判,仍然使得这样的认识批判得以可能并且论证了这样一门认识批判。对认识的证成来源的认识将有助于在现时的认识生活中必要地区分出真正的和所谓的认识。不过,还是必须说,康德哲学意义上的认识批判(和使用认识论这个词的通常意义上的认识批判)不完全与我们这里在意向活动学的标题下首先关注的东西一致。

康德写下对纯粹的和更确切地说理论的理性的批判。在此,他只是给出了对先天的和综合的认识的批判。也就是说,他认为,不需要"对理性的经验使用的批判",也不需要对理性的纯粹逻辑学的(用他的术语就是分析的)使用的批判。后者以矛盾律为标准,前者以经验为标准。这里已经很明显,康德为一些我们至少至今还未考虑的问题所支配。因为如果人们已经澄清了,认识行为在自身中并且根据其本质提出正当性主张,并且必须能够只在自身中显明这一主张,那么就必然在原则普遍性上对于一切认识类型提出这些显明问题,并且绝不能说:这种或者那种认识方式不需要任何批判。

现在,甚至经验认识的领域也是如此。感知、回忆、合乎经验的期待、归纳和类比就不需要一种研究,并且是对其正当性及其正当性界限的一种极为困难的研究吗?形式逻辑学的思想,并且尤其是纯粹演绎的领域不是也必须进一步被提出正当性问题吗?在这里,仅仅指出人们不然会陷入其中的矛盾,这可能是不够的。

第一次系统地研究认识来源的尝试,在近代哲学中是由洛克在他的《人类理解论》中做出的。正是在引论中,洛克标识他的任务是研究人类认识的起源、确定性和范围,信仰和意见的根据和阶次。为阐明后一点,他也说:他想要研究意见和知识的界限,以便检验,我们应该根据何种标准在我们对此没有确定认识的事物上规整我们的赞同,并且衡量我们的信念。许多不属于这一普遍计划的东西完成了,但是我们仍然发现在第 6 卷中,他尝试系统地区分和刻画知识和概率性,在知识内部区分感性的、直觉的和证明的认识,等等。关于这门学科的位置和自然界限——其中关系到其他学科,尤其是形而上学、形式逻辑学、作为认识的工艺论的逻辑学和心理学——他当然一点儿也不清楚,所有的东西都混在一起,这极大地损害了哲学和哲学进一步的发展。在我们这方面,我们已经在很多方面完全清楚了。在其他方面〈我们〉还需要澄清。与问题群——一方面与心理学的问题群和另一方面与在康德的理性批判中支配性的问题群,并且由此也与形而上学——的关系,我们还没能有所澄清。

〈§29 外部形态学地处理意向活动的问题〉

首先我要说,意向活动问题可以用两种方式来处理:表层的和深层的,宏观的和微观的,外部形态学的和在内部地分析与追求最终的明察中的,也就是生理学的。此外,这里每一种处理方式都自有其正当性,甚至外部的处理方式同样如此,由此说出的应该不是一个缺陷,但当然还是一个欠缺。

涉及这一外部形态学的意向活动学就首先产生以下任务:因而,人们区分比如不同类型的认识行为(和属于它们各自具体的统一体的因素,对于此统一体,正当性问题是重要的)。人们区分自身具有直接证成的认识行为和这样的行为，后者通过某种与其他认识行为的关联而获得证成，只是相关地和间接地具有这样的证成。人们考虑认识行为的含义内涵在证成上具有的分量，以及如何由此建立不同类型的事态之间的关涉。由此比如提出问题：什么直接证成了普遍的和纯粹概念的命题的主张，也就是说，什么刻画了公理？什么证成了间接的主张是绝对确定的？什么证成了间接的主张是相对确定的，也就是在前提主张及其预设的正当性的预设下？什么证成了关于事实的、关于当下和过去的个别事实的直接主张？什么证成了普遍的事实主张？等等。

基于这些，人们指明了，相对于相应的单纯正当性主张，正当性证明行为具有卓越特征，并且第二，研究这样一些条件，在这些条件下，证成的卓越特征是可能的。比如，主张一个数学命题。这一主张可能是无正当性地或者没有现时给予的正当性证明而做出的，就像当某人陈述、相信，但是之所以相信，只是因为他猜测实事是真的。他之前曾经证明了命题，或者没有现实的理解，而是从书里学来的，等等。这从心理学上产生影响：现在他相信，而不是在其正当根据的基础上正当地知道。此外，具有这一命题内容的主张可以明察地做出。它或者是"直接—公理地明见的"，或者是"通过出于明察公理的证明而明见的"。

因而，人们比如指明这一区分，并且尤其是指出与模糊意见对立的对"情况如此并且必然如此"的"明察性"的意识。或许，人们还会常常反思这一点，当人们比如说：这一区分会在例子中被把握，人们看到，判断在这种和那种情况下以不同的方式被刻画。谁要在这里产生了疑虑，他就可能考虑到，**如果在意识自身中没有区**

分，如果在任何地方都绝没有区分，那么，任何时候都不可能有认识甚至科学的说法了。那么，此外还有什么能够帮助我们呢？通过经验的验证？但是为了知道经验是否验证着，展示着验证的判断自身恰恰必须较之胡说八道而更为卓越。而这一卓越的标记又是明见性。

因而，以这种方式人们可以确立明见性的特征，通过指明来凸显出它们的类型。但是，第二，为此也要研究明见性特征所依附的条件：这样，比如形式逻辑的条件。**整个形式逻辑学就是这样的条件的系统**，判断的明见性依附于形式，并且依附于属于形式的法则。

因而由此标识了一系列最初的任务和研究；虽然它们仍然浮于表面，并且在证成特征方面满足于单纯的指明和摆出区分，它们还没有以系统的方式充分地得到处理。在这一方面做得更多的是对明见性的本质条件（如果我们想要以这种方式完全普遍地标识证成意识的内在特征的话）的研究。柏拉图和亚里士多德的逻辑学工作的意图就涉及认识的正当性学说，亚里士多德第一个成功地严格表述了几条演绎明见性的可能性所依赖的原则。通过进一步推导，他达至其三段论。（当然发展的结果就是我们的形式数学，它完全摆脱了和认识的正当性学说的关系。）但是此外缺乏的是，**系统地刻画所有不同类型的明见性和它们为相应的认识行为设置的正当性界限**，同样缺乏的是，系统地研究在这些行为的含义内容中的明见性的可能性条件，因而，缺乏的是一门完整的意向活动的公理学说。

当然，我并不想说，在这些方面，在形式逻辑思维和认识的范围之外还缺乏有价值的基础工作，在所有逻辑著作中有一些工作，它们的确想要提出所有的规范法则和规则。但是，总而言之，这是一门逻辑学，或者说，关于表层的、关于外部的和宏观的区分的意向活动学，即便它本身或许已经提出了足够多的问题。它必须补充以更加深入的、从根本上展开和剖析认识本质的认识的解剖学和生理学，在此，我理解的生理学是一门功能学说，它澄清**不同的认识形态之间的目的论的本质关涉**。当然，人们也可以说，如果没有更加深入的分析，关于认识及其正当性关联的任何的宏观形态学都不可能完全成功，而没有这些分析，已经浮于表层的东西中的本质之物和有含义之物就缺乏正当的意义，并且这也就是为什么如此重要的一点仍然被忽视和没有得到表达，而一旦人们注意到它，那么它居然会被忽视，这件事看起来就会是多么的奇怪。

〈§30 意向活动学的更深层次的问题与认识论问题〉

现在要做的是，去刻画我们的认识正当性学说更深层的问题。处于与它们不可解开的关联之中的是**超越论的哲学的问题**，对这些一切科学问题一般中最困难的问题，几千年来最好的头脑也仍然徒劳无功。所有这些不仅是一切问题中最困难的，而且也是最重要的问题，因为一门科学的形而上学的可能性，因而一种并非单纯相对的和实践有效的，而是（即便以低的标准）绝对的、终极的实在性认识——就像一种终极认识一般——的可能性依赖于这些问题的解决。

〈a〉形式逻辑学与朴素指明性的正当性学说都不是一个绝对善的意向活动良知的领域〉

终极认识是这样的认识,它如此确定所认识的实事,以至于对它来说,在它为这些实事确立的东西中不再并且没有任何方面是可疑的。这是绝对善的良知的认识,这种认识不仅事实上就其现实所是地认识这些实事,而且对它这么做确信无疑,因而,它直接现实地具有这一成就的意向活动价值。现在,在构造形式逻辑学和先天形而上学之后,并且在某种朴素指明性的认识正当性学说之后,我们已经具有了这一绝对善的意向活动的良知了吗?

在先于科学理论的多种个别科学中,我们显然不具有这一良知。在它们之中缺乏对它们的基本概念——在所有自然科学中,比如在其形而上学的基本概念方面——得到证成的意义的最终明察,并且它们也缺乏对有方法之物的明察、对最终证成其有方法的程序的东西的明晰明察。

140　　在历史上,对这一明察的追求是构造一门科学理论的主导性动机。事实上,如果我们有一门科学理论,而且也是完整的和洞察的,以至于它是绝对善的意向活动良知的纯粹成就,那么,它可以很容易帮助我们,在所有个别科学的认识中获得这样的良知。以一门科学论为目标,我们现在首先把目光投向科学由此建造的那些陈述的意义和它们的理论内涵上。述谓形式和属于它们的法则突出出来,作为有效命题、有效理论,进而科学的可能性条件。这样,我们获得了形式逻辑学,它的自然界限包含了全体形式数学。现在我们的问题是,这一形式逻辑学是否已经是绝对善的意向活动良知的领域了。并且,同样进一步地,附加的逻辑学科是这种朴素指明性的认识正当性学说吗?

回答一定是否定的:在形式逻辑和实在逻辑(先天的实在性存在论)方面,情况已经是,它客观地进行,就像任何其他的学科那样;它将它的善的良知归功于它的行为的正当性,就像任何其他的学科那样。但是,只要关于认识一般的正当性还没有得到澄清,形式逻辑学也不可能**绝对确定地**保障其行为的正当性。它进行着,我们可以说,**以意向活动上素朴的方式**。需要的是对认识及其成就的价值的普遍反思。我们因而指向意向活动学。但是在这里,我们很快陷入了困境。

一开始,人们可能已经发现了一个困难,即,意向活动学——虽然以不同于形式逻辑的方式——关涉自身,不是在其陈述的形式方面,而是在其正当性来源方面。它逐步指向带着正当性意识的认识行为,因而指向明见性类型,以及明见性特征各自依赖的条件。但是意向活动学自身主张是合乎正当性地操作着的,它自身利用了它首先应该证明其价值的正当性来源。

但是,更大的困难来临了。指出意向活动的区分,评估正当性证据,即便以原则上的普遍性,这仍然并不意味着理解了这样的正当性评估的意义和可能性,或者换句话说:**理解了有效的,因而现实地切中一个客观性的认识的意义和可能性**。我们还缺乏的理解是怎样的? 在这里,存在着不同的、实际上不同的晦暗不明。

〈b) 追问观念含义与实在行为之间的关系〉

我首先又从形式逻辑之物开始。根据我们的阐述,形式逻辑学与意向活动学具有致密的关涉。这一关联由此设置,即,理论态度的,尤其是判断和揣测的本质包含了"意义",由此我们处于概念和命题,以及相关的对象和事态的领域之中。判断和揣测的明见性的本质可能性条件处于命题形式或者事态形式之中。形式逻辑的和数学的法则总体地说出这些条件。现在这里存在着极大的困难①,理解的困难,而非数学的困难。它们不涉及逻辑—数学领域内部问题的解决,不涉及我们的认识中可感觉的空乏——它至今仍然嘲笑着数学家的工作能力和洞察力——的填满。它们在其他维度之中。它们为我们所感觉到,如果我们追问形式数学——即便它完成了理想——和心理学的关系的话。

一切思想和认识都是主观之物、心理行为,它来而复往,有始有终。此外,每一个思维行为都有其意义、其含义内涵,并且正如我们所阐述的那样,这应该是观念的和超主观的东西,它并非来而复往,开端与终止、时间性的存在一般是不可运用于其上的范畴。某个人说出角度之和定律,他思考,他判断,他认识它。这一思考和认识是他的心理体验。他思考和认识的东西,却应该是一个真理。现在这就意味着,一个真理是其所是,不管哪个人思考、说出、认识它,并且这是很有道理的?我们从这一作为事先被给予之物的区分出发。它事先被给予我们,世界上所有人都认识它并且利用它。在一切科学话语中,命题和真理都在这一观念的超时间的意义上说出,没有人认为,角度之和定律或者其他真理始于主观思想行为并且终于它,人们说,真理被发现。人们视它为客观性,它

---

① 含义自在问题。

是自在的,并且必须被发现。现在,形式逻辑学简单地接受这些客体化,真的和假的命题、无矛盾的和一致的概念,在一切现时的科学中支配性的意义上接受它们,它研究这些观念含义的形式和真理纯粹根据形式而服从的法则。但是,这里不是隐藏着一个大问题吗?命题,尤其比如,真理是一个超主观的、超时间的、观念的东西,思想行为是一个主观的、时间性的、心理实在的东西。观念之物如何进入实在之物?超主观之物如何进入主观行为?判断判断着,S 是 P,三角之和〈等于〉两个直〈角〉,等等。判断的什么是判断的内容。这是判断的一个因素,一个个别成分,就像绿色是绿叶显现中的一个个别成分那样吗?但是与实在的整体一道,它的实在的部分、它的实在的因素也有生灭。如果绿叶消逝,那么这一颜色因素也就消逝了。如果判断消逝,那么所有构造判断的部分或者个别成分的东西也消逝了。**但是命题是其所是,不管它是否被思考。**[①] 同一真理由许多个体在许多判断中承认和明察,它是一,行为和个体是多。并且这些还不是连生的,就好像它们真的具有一个共同的部分。

科学有效性的客观性依赖于这些逻辑统一体的含义[②]的观念性,依赖于它们的形式和形式法则。科学理论是超主观的。它有效。它在主观上被认识,但不是研究者或者学生的主观认识。它的有效性在一切它的理论上确立的结果方面超越了一切主观思想和一切思维着的个体,恰恰因为它是观念的、根据法则关联着的含义统一体的总和。显然,含义统一体的观念性首先使得一切科学

---

① 命题自在。
② 观念自在作为含义。

理论的观念性得以可能。但是现在如何来理解这一点？如果本真意义上的含义在判断中、在思维行为中，那么它恰恰是它的一部分，那么它就是实在之物。但是它不是这样的。此外，判断具有含义，相信这个那个命题，明察这个那个真理，这应该意味着什么？如何一般地来把握观念的和实在的对象性之间的对立和关系？①

〈c）逻辑心理主义的颠倒〉

谁在这里走入歧途，谁就陷入最荒谬的颠倒之中。这发生在逻辑学的心理主义者身上，并且很遗憾，大多数在世的逻辑学家都属于这一类。不过在这里，人们不应该被搞糊涂，因为近来，并且或许并非没有我的《逻辑研究》的影响，反对心理主义的论调将成为时尚，并且突然没有人再想坐在火炉后面，然后从后面被惊起。一般来说，新的反心理主义者仍然根本没有获得实事的本质，并且在痛击心理主义时，他们还总是陷入心理主义的窠臼。

我已经说过：大多数逻辑学家还没有澄清由鲍尔扎诺首先做出的命题和判断、概念和主观表象、观念含义和主观意指体验之间的区分。在这一方面，人们只需要关注新近的比如穆勒、西格瓦特、埃德曼、冯特等的逻辑学著作。由此，他们缺乏形式逻辑的观念，他们既没有在我们所界定的严格意义上的命题，也没有扩展的

---

① 这是非常一般的表达。不过然后分为这些问题：(1)数学的、纯粹逻辑的、几何学的、纯粹概念的命题的观念性。因而相应的判断类型及其观念内容。(2)经验的、机遇性的命题——它具有即时的有效性——的超主观性。小鸟飞起来了：现在，只要它飞起来。纸是白的：现在，只要它不是彩色的，不是黑的，等等。月球学说、植物学、地理学以及物理学的科学判断。机遇性判断的含义！与非机遇性判断的含义对立。

普全数学的观念,后者首先展开对一切数学的真正理解。既然他们没有看到含义的,首先是命题的纯粹观念性,既然他们将这些解释为判断、解释为活生生的心理行为,那么,形式逻辑法则当然对他们来说就转变为判断法则了。现在人们处于心理学之中。判断当然是心理体验。因而,判断的法则必然是心理学法则,必然说出心理学事实的合法则性。显然与此一致,并且有助于加强心理主义立场的是,长久以来,形式逻辑法则——比如矛盾律和排中律,双重否定律等——就被叫作思维法则。思想法则如果不是心理学的法则,又应该是什么呢?

据此,自贝内克(Beneke)和穆勒以来,对于大多数逻辑学家而言,并且恰恰是他们被视为最进步的,逻辑学被视为对认识心理学的一种单纯的补充。经院哲学逻辑的无所成就应该在此有其本质根据,即,经院哲学逻辑学家不知道这一依赖性,或者因而缺乏一门真正科学的、经验的心理学而不能真正利用好它。如果说,尽管有反经院哲学的对立观点,而这种观点自文艺复兴以来就支配着近代哲学的发展,传统形式逻辑仍然总是一再复兴,并且在康德和赫尔巴特这样的人物那里获得其重要代表,那么,这一点就出于历史动机、出于扎根几千年的偏见的自然冲力而得到说明,等等。因而,根据这种观点,逻辑学中的所有理论之物都应该属于认识心理学,因而属于更广阔的心理学一般的范围,逻辑学作为一门不同于心理学的学科的独特证成就可能只是出于技术观点而得到证成的。因而,逻辑学是一门工艺论、一门认识的技术学,它以认识的心理学为导向,就像比如物理的或者化学的技术学以理论物理学、理论化学为导向。

145　　　我已经谈过这一逻辑心理主义所陷入的荒谬之处。它们显示在一些心理学家严格从他们的立场中推导出来的结果上。我在这里尤其要提到 B. 埃德曼和海曼斯（Heymans）。不过，不一致性也——即便不是如此广泛地——出现在所有其他心理主义的逻辑学家身上。这是怎样的不一致性、悖谬，甚至显著的矛盾呢？我在这里只能举几个例子。（你们在我的《逻辑研究》第Ⅰ卷中可以找到详尽的辨析和反驳。）

因而，所谓的思维法则应该是心理学的法则。据此，人们必须以这样的方式来把握，并且必然能够把握法则陈述，即，它们实际上展示了心理学的陈述。在这里，奇怪的是，相关陈述的意义——正如它们以完全可理解的方式由传统逻辑学给出的那样——极为执拗地对抗着心理学的解释。如果人们观察已经尝试过的，并且只可能尝试的不同的心理学解释，人们就会看到，出现一些陈述，它们说明一些完全不同于好的旧思维法则的东西。

让我们取矛盾律为例：它说，对于两个命题，其中一个肯定另一个所否定的，一个为真，并且一个为假。人们已经徒劳地尝试对此从心理学上说：两个矛盾的判断不可能共同被思考、共同被判断，不可能在人的意识中同时下这样的判断，等等。一方面，这些会是关于偶然的自然事实的经验陈述，它们就像所有这样的事实那样只能由经验和归纳来论证。但是显然，每一个思维法则都说了先天有效的东西，说了不能通过经验来证实或者否证的东西。人们又如何会以归纳的方式或者无论何种方式来论证这样一些东西，没有它们，就没有任何陈述一般能够有意义地起效，既然论证的每一步又都以命题的形式来进行。这些命题想要有效，因而，它们已经预设了这样的东西，没有它，关于命题的有效性的说法就不再可能有任何理性意义。当我们质疑矛盾律，因而质疑是与否是否最终就同一个质料而言不相互排斥时，我们根本什么都不能主张。如果我们说"情况如此"，那么实际上并不排除情况同时不是如此。因而，对于这样的原则的一个证明或者归纳论证的无意义还需要什么呢？

此外：这涉及，将矛盾律局限于一个个别意识上，并且将它局限于一个人类意识上吗？如果我判断 A，另一个人判断非 A，矛盾律在那里不也是说，二者中一者为真并且一者为假吗？如果我们设想天使、半人半马、神进行判断，那么情况不仍然总是，他们的判断是错误的，如果他们视矛盾之物同时为真？但是心理学是一门经验科学，它处理通过经验而知的人的以及动物的心灵生活的事实，它不处理天使的和神的心灵生活的事实。当然，我们也不是说，逻辑学由天使和神来做，而毋宁说，它处理命题，并且相关地，处理事态一般。比如，它说，如果在其他方面具有同一意义，那么彼此处于是和否的关系中的命题在真理上（in der Wahrheit）相互排斥，或者，如果在现实上（in Wirklichkeit）S 是 P，那么 S 不可能在现实上也不是 P，等等。

这个例子足以揭示出将逻辑学命题解释为心理学的、因而经验—事实的陈述的颠倒混乱。这一颠倒混乱显然不会更小，如果我们以类似的方式解释三段论法则，并且比如，就像海曼斯所做的那样，将它与化学公式平行对照。作为形式逻辑学中心理主义立场的进一步后果而产生出来的损害会变得更加明显，倘若这种立场推进至一种悖谬的相对主义和人类学主义的话。这里我也只能简要地举例说明。

心理学法则是限定人的(和可能动物的)精神本性的法则。这一精神本性是一个事实。在全部本性的关系下,人们在时间中恰恰成长为他事实所是的存在者。在其他关系下,他或许成为别样的,并且在不断变化的生物学关系下,他也很有可能会成为别样的。**心理学作为经验科学自然关涉正如其实际地合乎经验地所是的人**。如果通过生存斗争,一个表现出本质上改变了的心理特征的超人将会从人中产生出来,那么心理学也就会获得新的内容。现在如果逻辑法则是编排给人的心理学的法则,就像心理主义者的观点那样,那么它们就只是表达了人的实际心灵生活的事实,因而它们就是可能变化的东西,它们的变化肯定是可设想的。逻辑上的超人是可设想的,对他们这些法则不适用,他们的思维不再服从这些法则。这非常适合心理主义者。这实际上恰恰是在我们的时代非常流行的主张,逻辑法则,就像一切心理学的和生物学的法则那样,具有单纯符合事实的含义。法国人费列罗(Ferrero)以戏剧性的方式表述了极端的心理主义者们承认的观点:随着大脑的改变,逻辑学也发生改变。他甚至认为:人的发展已经超出了亚里士多德的逻辑,它是单纯的残余,我们还总是认为它有效,这是当前人的极大的思维惰性的证明。我当然必须承认,如果在费列罗和康德之间选择,对我来说看起来更加合适的是,寻找费列罗方面的而非康德方面的巨大的思维惰性。我们在这里有很多疑问。

心理主义和生物学主义的不可摆脱的后果是一种怀疑论,它本质上带着和古代智者的怀疑论一样的荒谬性。一切怀疑论的典型特征是,它们真正是悖谬的,倘若它们恰恰在其命题和理论的内容上否定了这样的东西,没有它,它们的理论自身等都必定会丧失任何的意义。一种高尔吉亚式的极端怀疑论说,没有真理。但是,恰恰当他这么说时,正如任何做出一个主张的人,并且在做出它时那样,他也预设了,有一个真理,也就是说:在这里他说出并且捍卫的真理。这里的情况与此类似。谁在关于与自然相关的人的大脑和精神生活发展的心理学或者生物学的理论中,谈及这样那样的心理学法则和它们的变化的可能性,他就将它们作为实际存在的事实而说出。他做出关于应该实际有效的东西的陈述。但是每一个真理假定都预设了,不可脱离真理意义的东西是绝对有效的,没有它,真理作为有效性统一体就会丧失其理性意义。由此他预设了逻辑法则。即便是主张:有可能我们的思维法则某一天失效了,并且随着人的更高的发展阶次,它们被取代了,那么恰恰这一关于可能性的主张也主张自身是真理。因而它预设了,这一可能性及其对立面并非同时成立,既然否则的话,主张这一可能性成立,就没有任何理性意义了。甚至关于这一可能性的主张也是一个主张,并且命题排除了它的对立面,否则提出一个主张,并且保证它为正确的、唯一正确的就丧失了其理性意义。但是,如果人们扬弃了矛盾律的绝对有效性——它恰恰说的是,对于两个矛盾的命题,一个为真,一个为假,如果人们扬弃它,因为人们只是视它为偶然的、属于我们的即时构造的事实——,那么,人们就陷入怀疑论的悖谬:人们提出的理论,人们保证的心理学的可能性,预设了矛盾律的绝对有效性,而人们论题上(in thesi)否定的恰恰是这一绝对有效性。

现在以这种方式,人们当然可以通过精心分析而指明对形式逻辑的心理学解释的大量缺点，并且由此驳斥它。但是这里存在的问题并未由此而得以解决。只是宣布信奉观念论的解释，这是不够的。人们不能中意改变了的立场，尽管它具有一致性，理智上的痛苦不适是未澄清的问题的证据，是缺乏人们不能也不想错失的内在理解的证据。好的。形式逻辑学不能以心理学的和经验的方式来解释。但是要如何来理解形式逻辑学和一切思维的规范化之间的本质关涉呢？逻辑法则不就正当地意味着思维法则吗？思维法则可以与心理学分离吗？当然通过我们的分析，我们已经完成了一部分准备工作。我们不再混淆行为和含义。我们知道，并且其中已经有一个重要的进步来反对流行的逻辑学的混淆，即，形式逻辑学法则是纯粹含义法则。但是，现在的问题是去理解，含义如何进入现时的思考中，并且当它们是"内容"（就像这一语词所说）时，它们在其中是什么。并且去理解，一个含义，进一步说，一个命题是一个真理，并且一个含义法则在其含义内涵的形式方面表达了证成了的判断的可能性条件意味着什么。

〈d）理智行为关涉对象的问题〉[①]

在迄今的考察中，我们只是关注含义，并且在其与即时的含义——给予思维的主观性相对的观念性中发现了问题。现在，让我们关注**对象性方面**。[②]

真命题、真推论和证明、科学的理论有效，这意味着，它关涉存

[①] 参阅附录 A Ⅵ：心理学的与现象学的主观性（第365页）。——编者注

[②] 注意，在进一步的展示中，客观性在主观性中构造自身的问题绝不会被解释为，就好像本真的问题在于与经验的和比如人的主观性的关系。

在着的实事。但是,实事不是含义、"思想"。重力法则适用于重力作用的质量,它自身不是一个质量。重力法则合乎含义地表达了涉及重力作用质量的自然的一个普遍事态:命题自身不是自然的普遍事态。在真命题的情况下,一个事态相应于它,并且在此之中是"相关的实事"。在假命题的情况下,含义**存在**,假命题总还是一个命题,但是它所表达的事态"不成立"。并且在此,"它也以某种方式关涉一个事态",我们总是还称此事态为它的。命题"人在太阳上生活"是假的。此事态在现实上并不成立。但是命题设定了它,虽然它不成立,命题(含义、命题思想)关涉这一事态,"思考"它,虽然它不存在、不成立。如果某人下判断,或者没有决断地在主观上带着这一命题展示的意义进行思考,那么,恰恰因为这一意义居于他的判断之中,在判断或者思考时,他关涉相关的存在或者不存在的实事、成立或者不成立的事态。

对于思维,对于表象、判断、揣测、怀疑、疑问等,实事只是作为被思考的、被表象的、被判断的、被怀疑的实事等。**并且,它们只是由此是被思考的实事,即,思维行为具有其含义内涵。**通过其内在的含义内涵,"思维关涉"不内在于它的实事,并且如果它们一般存在,那么就关涉自在自为存在的实事。如果它们不存在,那么它们由此也不在思想中,它们总还是超越的,它们至少被思考、意指、设定、相信为一个自在自为的存在者。但是,又要如何来理解这一切呢?

让我们假定,实事在真理上、在现实上存在着。并且,这一假定对于我们来说看起来足够自明。我们没有兴趣说出它。实事存在并且自为地存在。此外,思想达至它们、思考它们、认识它们、确知它们的存在或者揣测它们，以高度的概率性而设定它们的存在。最自明的世界关系：**还有比这些事实更加平凡的事情吗**？很遗憾，哲学的命运就是，必须在最平凡的事情中找到最大的问题。思想如何在其多种形态中（在每一处问题最终都是同一个）达至实事，既然它们当然是自为存在的实事？它如何以证成了的认识的形式与实事的本性一致？实事当然自为地是其所是和是其如何是。认识把握住它们并且将它们带入主观性之中吗？或者它描画实事，它在自身中带着一幅图像，这幅图像在有说服力的认识的情况下忠实地反映了实事的本性吗？

151　　但是，一旦我们更加严肃地进行反思，我们就注意到，一个这样素朴的观点——它首先已经在古希腊自然哲学的最古老阶段中提出了——不管用。严格的科学，比如数学、物理学、化学等是事物的画廊吗？有一幅图像就已经意味着有认识了吗？陈述不就是以某种方式彼此结合联系起来的语音现象和图像等吗？正确的、实事上有说服力的思维行为〈以〉未被规定的个别或者普遍的陈述，甚至以数学的方式表达的法则陈述的形式得到表达，这是怎样的？未规定性和普遍性被纳入图像理论之中了吗？即便涉及单一的个体认识，图像理论显然也不起效。在其中，人们将思维意识想象成了一个盒子；通过某种开放活动，一小幅脱离了事物的图像从外面挤进来。现在，人们认为已经获得了一幅合理的认识图式。但是，比如一个其中放了一张忠实的人物照片的盒子**知道**关于一个人的事情吗？**意识中一幅图像的存在肯定还不是对一个意识之外的对象的认识吧**？因而，作为图像起作用的内在内容必须与知道"它恰恰必须作为图像起效，并且一个原本与它相应"相关。但是我们如何获得这一认识,并且这一认识是什么呢?现在,恰恰又是一个主观行为。问题还在老地方。并且我们看到,这里需要区分出两个方面:感知、表象等,由此意识现象是关于不是有意识的某物的现象;思想、陈述,它根据这些直觉对显现者、被表象者有所陈述。

如果我们具有内在于意识之物,比如内在于它的颜色感觉,并且我们还有另一种颜色感觉,那么就能够理解,一个贯通的比较意识建立了一致。但是,如何理解内在内容——它在这里叫作图像——和超越性实事之间的一致呢?每一个实事作为自为存在者不是因而超越了思维行为吗?意识仿佛是一只珊瑚虫,将它的触手伸到事物上?但是我们已经让步太多。在两个内在于意识的内容的情况中,我们当然可以建立一致。但是这种一致是认识所关心的那种吗?人们说,认识是思想和实事的一致:相即(adae-quatio)等。但是,单纯的相同性什么也不算。如果内在的红与红一致,那么由此,一个红还不是认识行为,而另一个红还不是实事。思维思维着,意指着这一实事。一个红并不意指另一个红,后者不是在前者的感觉中被意指之物。如果我们注意第一个红,那么我们意指的恰恰是这一个红,而不是另一个红。虽然可能有一种关于相即的说法的良好意义为此奠基,但是它也不能这么简单地被理解为相同性。

我谈及两个阶次,并且问题涉及两者。因而,问题首先已经涉及最低阶次的表象和认识行为、"直观"行为、感知、想象和回忆表象。在感知中,实事以意指的方式被给予。在感知中,这一实事就好像自身出现在眼前。但是这意味着什么?实事是自为的,感知是为我的。前者是超越的,后者是内在的。同样地,回忆宣称将一个过去的实事当下化了。它如何能如此?过去如何进入意识当下之中?图像理论在这里当然和在任何情况下一样都失效了。

现在首先是本真的思维行为,概念的、述谓的思维行为。一切科学认识都以它的形式进行。它不仅仅包含单纯的语词。语词如何能够表达?什么给予它们含义?并且思维不是以证明、理论思考的方式推进它的内在进程,从直接的认识导致更加间接的认识,并且最终展示了应该适合实事的结果。但是,自在存在的现实性与我们的思维活动有什么关系?如何去理解,我们的思维的主观活动,如果它们遵循逻辑法则,那么最终会与实事本性符合,并且甚至必然符合?我们已经看到,这里与图像毫不相干。

但是,人们根本不需要想到现实存在的实事。一个感知可以是一个忠实的和完整的感知,从主观上刻画,就像任何其他的感知那样,但是也有可能是,对象根本不存在,或者虽然它存在,但是现实中根本不是它在此显现的那样。根据自然科学家们几乎普遍教授的通常观点,甚至任何单个的正常感官感知也不会相应于自在存在的事物。在一切感官质性中,每一个都应该是单纯主观的显象。这样,我们具有无数无对象的直观和概念的思维行为。无对象的,倘若在此被表象和被思考的对象根本不存在的话。但又并非无对象的,倘若在它们所有之中有对象意识的话:在幻觉中有一个对象在我们"眼前",在假判断中有一个思想的事态被相信。因而,在每一种情况下,我们称为思维行为的那些行为都关涉实事。理智行为的本质包含了对对象性的意识。但是如何来理解这一点呢?如何理解其被意指的对象现实存在的行为和对象在其中被意指但是不现实存在的行为之间的区分？如何一般地去理解，我们谈及存在的实事？

〈e）明见性问题〉

实事自在存在，并且我们只是到那里去并且把握、观视它们，关于它们做出陈述，等等。这一平凡的自明之理变成了一个谜。 知道自在的实事意味着，具有所谓"知识"的主观体验，并且如果实事并非同时是一个在人的意识自身中发生的事情，就像感受、感觉等那样，那么整个关于知识的说法看起来就像是虚构的。没有知识能够超越自身。知识恰恰是意识，而不是非意识的东西。①

但是，我们却必须以某种方式获得澄清。不管从素朴的观点看，我们是正确还是错误的，我们仍然必须以某种方式去面对，思维和认识据说存在着，并且**每一个都以某种形式证成了地或者未证成地具有与对象性的关涉。以某种方式，我们必须能够面对，每一个行为将这一关涉诉诸它的"含义内涵"。思想行为、思想含义、思想客体**，它们彼此如何相关，如何完全理解这些区分？②

并且进一步说，如何理解**单纯的意指和认识、盲目的和有明察的思想、非明见的和明见的思想**之间的区分？我们一方面具有**意**

---

① 但是关于意识内在的知识不也是成问题的吗？一方面关于什么确立"内在"，这不是在相关行为中"自身被给予的"，并且〈另一方面〉，什么是关于自身被给予之物的知识？什么刻画了它？根本没有什么可研究的？

② 即便我们不习惯于在感知、回忆等上以同样的方式做出区分，这里比如每一个感知自身不是也是通过以某种方式类比于思想含义的东西、构成了它的对象关涉的内在于它之中的内容来刻画的吗？这一内容不是区别于显现的对象本身和现实的对象吗？

识和对象的相关性,这一点我们显然根本不能抛弃。我们另一方面具有属于意识的价值区分,正确和不正确、自身显明的正当性和非自身显明的正当性之间的区分,这些区分与上述相关性紧密关联。当正当性特征存在,对自为存在的对象性的关涉就是有效的,也就是说,不是单纯臆指的。然后,对象就是现实的,或者说,如其被意指的那样而是现实的。**第一和低阶的意向活动学**处理这后一种区分。它探询了不同的理智行为,证明了,对于每一种这样的行为,都有正确性和非正确性的区分,模糊地说,一种明见性的区分能够被体验到。并且,明见性由此在本质上依赖于这种或者那种条件,比如这种或者那种含义形态。

但是问题现在跟着来了。**明见性是什么**?看起来所有之前提出的问题都涌向这个问题。假设我们已经理解了意识和对象的某种相关性涉及每一种意识,甚至做梦、幻觉错误意识,并且我们现在问,我们如何能够获得某个对象自在的存在,那么我们就面对**明见性的问题**,或者同样地,**被给予性的问题**。问题〈是〉:我们如何知道,某个对象在现实上存在?问题是,在何时何地一个对象在真理上被给予我们,或者我们如何知道,一个对象被给予,并且一个对象被给予我们,这意味着什么?我说,这些问题显然紧密相关。它们脱离彼此都无法解决,当然,最终它们是一起被解决或者不被解决的。

显然,明见性就是被给予性特征的一个名称。人们只需充分把握被给予性。就像大多数情况那样,人们不必局限于个别实在的存在。**明见性是如下事实的一个名称**,即,正如意向活动学家主张和指明的,**诸行为——它们不仅意指情况如此这般,而且以有明

察的观视的方式完全确定和洞明这一存在和如此存在——之间的区分。因而,实事、事态在明察——直接的和间接的明察!——中被给予,不管它在此面对的是一般的还是个别的事态。如果明见性是存在—明见性,那么事态自身就在最本真的意义上被观视。如果明见性属于揣测行为,那么本真的被给予之物和被观视之物就不是事态,而是事态的概率性。

好。这会是第一个意向活动的证明。但是,什么是**"明察"**?信念行为的一种主观特征?一种主观特征具有怎样合理的正当性,以便作为正确和错误(*veri et falsi*)的标志起作用? 一种主观特征就是主观的特征。但是实事是自为的。一个标志对我们会有什么用呢? 在这里,人们习惯于方便行事。人们去反思和建构,以取代现实地把握和解决困难。人们考虑:自明地(当然,我们都出于我们认识论上的素朴性而知道这一切)存在着正确和错误的判断。如果在它们之间没有主观的标记,如果在任何地方都根本没有一个标记,那么,在正确的和错误的判断之间做出区分的任何正当性都尚付阙如,因而必然有一个卓越标记的特征、一个主观标准、一个标志,而这就是明见性。

事实上,我们在许多情况下都有一种自然之光(*lumen naturale*);我们以某种充满光明的确定性做出许多判断。它是所要求的特征。对于这是怎样一种特征的问题,人们比如与李凯尔特和许多其他人一道回答说:它是一种感受。一种特殊的伴随性感受,并且当然,一种快感,因为认识实际上是一种享受;在我们的心灵生活中,它具有照亮真理之路的功能。事实上,这是一种了不起的功能。我们粘上和脱离一个标志、一个标记性特征。现在,比如

"一切五角形都具有 20 个直角"或者"一切数都是直的"这样的判断和其他颠倒混乱的判断突然获得这一标志,那会怎样?然后它们就是真理了吗?然后情况就现实如此了吗?根据通常的观点,感受是特殊意义上的主观之物。也就是说,一个人这样感受,另一个人那样感受。品位无可争辩(*De gustibus...*)。如果品位突然发生了变化,那会怎样?人们可能会说:这种感受、这种神奇的标志具有一种特性,即,它是不变的,它绝对正确地指示着所有人都一定会同意的真理?但是,这在认识论中是怎样的一种愚蠢的说法呢?我们怎么知道,这种感受指示真理?在明见性之外并且脱离了明见性,我们怎么知道任何的真理?我们怎么知道,所有人都必然同意这一点?难道所有这些不是单纯的建构?至少首先有一点很清楚,明见性的感受理论和标志理论完全是无意义的,并且**这里隐含了哲学问题:明见地澄清,什么是明见性?**并且应该如何理解,明见性直接与形式逻辑法则紧密相关,并且在经验的和实在—存在论的领域内部,也与概率性原则以及类似的补充原则紧密相关?并且此外需要理解,事态根据其真实的存在或者概率性而明见地被给予,这意味着什么?并且正当地意味着什么?在这些启发性研究中,最终必须解决的问题是,**客观存在如何能够在主观性**(并且明见性也是一种主观之物)**中被意识到和被认识**。

〈第五章　认识论作为第一哲学〉

〈§31　认识论对逻辑学科与自然科学的态度〉

〈(a) 认识论作为科学理论的完成〉

这些是依附在认识上的深不可测的困难：关于行为特征，关于含义，关于对象性。粗略地说，它们是困难重重的、确切意义上的**认识批判**领域所特有的问题。人们是将它与形式逻辑、实在逻辑和意向活动逻辑——根据迄今为止的研究，它们向我们再现了一门普遍的和纯粹的逻辑学的观念——相脱离，还是与它们结合为一个学科统一体，这本身〈是〉无关紧要的。但是有一点很清楚，即，首先是认识批判划定了本质上属于科学论观念的学科的界限。因而，人们有理由这样广义地来把握逻辑学概念，即，它涵括了认识批判这一门最终澄清理论理性本质的学科，同时，我们区分出来的诸种更狭义的概念也有其正当性：形式逻辑（它同时是形式存在论）、实在的存在论、作为逻辑的规范学说的意向活动学，以及最后，认识批判、认识论或者理性理论。甚至认识和科学的工艺论也借助于它的实践—技术的意图而合乎本性地关涉所有这些学科，只要它把目标设置得足够高,也就是如此地高,以至于它不仅在界定和卓有成效地处理通常意义的科学上引导着我们,而且也会在科学认识的最终完成上,因而在哲学关涉上,在向着形而上学的最终认识的趋向上帮助我们。

现在还需要补充考虑,以便刻画认识论对之前标识的逻辑学科以及形而上学和(首先)心理学的态度,并且由此清楚地突出其本质特征。

认识论是这样的学科,它想要帮助一切科学认识达到对其终极认识内涵的最终评估,帮助一切科学认识达到最终的奠基和最终的完成。**但是它通过形式存在论、实在存在论和逻辑规范学说的中介而关涉一切科学**,它首先关涉作为低阶的这些逻辑学科,并且通过它们关涉所有其他的科学认识和学科。首先,它直接关涉形式数学,并且同时关涉与其相关的意向活动学说,因为我们当然知道,形式逻辑和意向活动逻辑紧密相关,前者虽然可以独立于后者来处理,但是反之则不然;因为在关于正当性指明的明见性的学说中,明见性的形式的可能性条件也必须被引入和处理。正是这种情况使得我们明察,一门形式数学可以脱离一切规范——意向活动的兴趣而被构造是如此的困难。我现在会说:认识论直接关涉形式逻辑。这首先是在这一数学的原则基础方面、在基础概念和原理方面起效。

〈b) 对数学的一种认识论评价的必要性〉[①]

出于和自然科学类似的原因,数学作为以客观的方式处理的

[①] 参阅附录 A Ⅶ:自然科学通过认识批判地澄清逻辑的与存在论的学科的完成(第365页以下)。——编者注

学科缺乏对基础的最终澄清,它操作着未完全澄清的基本概念,这些概念在这里只不过不是关于实在性的概念。它们的单义性、稳定性和确定性程度依赖于技术—数学的兴趣。数学家,比如算术学家,为了他所追求的理论研究,在算术的客体领域及其概念界定方面具有某种充分的清楚性。以某种方式,当他谈及数时,他完全知道他所指的是什么,不管这一概念总是如何摇摆不定,他肯定不会这么做,以至于代数、数论、集合论等的理论大厦深受其害。只要数学家进行理论思考,他就在他本真的元素中,并且如果我们跟着他进入其中,那么我们的理论兴趣就得到最高的满足。但是尽管有这一照亮一切数学理论并且结合任何理性之物的明见性,为此数学在任何时候都被视为最严格科学的典范,它仍然在其基础和方法方面留有未解决的困难和问题,除非它们得到解决,否则数学成就的价值在某种程度上仍然是悬而未决的。因而,这些问题不在理论范围自身中,这些困难大约不具有理论缺陷的特征。只要表述了公理,并且区别、建构概念形构和严格演绎的进程开始了,一切就都秩序井然,获得不断更新的成果,建造不断更新的理论,以精确的规定性表述和解决不断更新的问题群,以最严格的方式完成所有这些。但是,仍然留有一个缺陷。它涉及基础和进一步说,有方法的操作原则。

　　数学家由此确定其基本概念的意义——比如数的概念的意义——的那种准-清楚性足以安置公理和理论,但是,对于在其认识成就方面对数学进行终极评估的目标而言,它还不够。只要我们将我们的兴趣指向数的概念的内容和起源,并且〈追问〉算术在认识上通过此概念支配着的客观性的最终意义,我们就陷入了困境。

很快，首先是不同的数的概念分列出来。基数概念，序数的、数量的、线性量级的、形式数的概念。算术关涉所有这些概念并且混乱杂陈吗？或者其中的一个是原初的，其他是衍生的？如果人们视其中一个为基本概念，那么人们如何解释，算术命题可全体运用到其他命题上呢？在这里不涉及数种的区分，它们在绝对数、正数、负数、虚数等的标题下出现在算术的理论大厦中。这些区分不被涉及，因为其中每一个概念都可以在基数、序数或者线性量等的意义上来解释。整个算术在它的所有技术概念上都允许不同的解释。如果我们在这方面问数学家，他们只会让我们步履蹒跚。不过他们已经注意到这一困难。即便他们实际上也偶尔感觉到需要不仅仅进行数学思考，而且要澄清他们的学科的意义。

在其著名的讲座中，维尔斯特拉斯（Weierstraß）从作为本原的数概念的基数概念出发。与此相反，克罗内克（Kronecker）从序数概念出发，赫尔姆霍兹（Helmholtz）同样如此。其他数学家比如哈内尔（Hanel）优先考虑直线概念。其他数学家又优先考虑"算术的公理结构"，并且用形式数的概念进行演算，但是并未澄清这一概念及其与其他数的概念的关系。只要数学家们进行理论思考，那么所有这些就都是必然的和毫无疑问的。但是只要他们应该提供关于他们的理论思考的真正客体的说明，那么所有的一致性和清楚性就都停止了。每一个人都具有其私人意见，并且这些意见大都截然对立。

方法上的清楚性的缺乏也表现在关于虚数的意义的极大争议上。如果人们投入数学的理论思考中，那么人们不会怀疑虚数方法的说服力。但是，关于一个这样看起来实际上无意义的演算之本真意义和最终的正当根据所提供的情况是不同的，并且绝非完全充分的。有些长期感觉到的困难,比如那些涉及无理数和连续性的概念的困难,已经逐步凸显,但是,在这里,技术—数学的兴趣也仍然得到考虑。无论如何,几百年来人们当然能够很好地演算无理整数,至少在总括界限内,但不能规定它们的意义。

这当然是一件非常奇怪的事情。因而,数学不是一个如此纯洁的科学理念,即便在纯粹数学的关系中也不是。但是,即便它在这方面在理念上是完满的,认识批判奠基的缺乏也总还是存在的。感受到的清楚性、自明感、"我完全知道数是什么",以及这个和那个原理适用于数,在数学上如此行事,人们就达至确定的结果,这些还不够。只要我们还没有严格区分相关的基础概念,并且〈在其〉意义方面最终澄清它们中的每一个,并且接着,只要我们还不具有关于数学的意义和影响的最终澄清,我们就不知道数学成就了什么,在何种意义上它可以以终极的方式来被主张。

在这里,比如穆勒说,基数表达了一个物理事实,数的法则是在和任何物理法则同样意义上的自然法则。这种观点当然是荒谬的,是很容易反驳的。还有其他人说:基数是思想的立义形式的单纯表达,数律是属于思维本质的合法则性。其中又有人说,作为思维形式的法则,它们从根本上说是心理学的法则,这些法则表达了人的思维、人的捆束活动和计数活动的特殊性,而其他人相信,他们能够赋予这些法则以一种绝对的和观念的含义,对一切可能的思维一般,并且同时相关地,对一切可能的存在一般有效。你们明白,在这里就做出一个终极决断是不现实的。

数学是自然认识最大的工具。但是它有什么正当性被运用到对现实性的认识上,如果数应该仅仅是思维形式,数的法则仅仅是思维法则呢？我们在我们的思维中进行算术思考的东西与实在的现实性、自在存在的自然相符合，这是怎么回事？自然与我们的捆束和计数有什么相干？如果算术先天地属于思维着的精神，那么如何理解它在自然后天上的运用的正当性？

〈c）数学的与哲学的逻辑〉

长久以来，人们已经感觉到需要针对上述类型问题的研究，这些研究在**数学哲学**或者**数学认识理论**的标题下得到处理。但是旧的意义上的形式逻辑学或者形式数学（它涉及概念和命题，或者说形式普遍的对象和事态）需要认识批判的奠基和评价。这一认识批判的工作甚至具有比算术的工作都更加深层的意义，倘若命题的领域根据其本性实际上处理比算术和其他因而更高阶的数学学科更加深层、更加基础的认识层次。属于述谓本身的基础形式和原则必须首先得到澄清。它们涉及任何个别陈述的形式可能性，并且它们是一切演绎的、植根于述谓本身本质的行为的原则。它们涵盖了一切领域，因而也涵盖了一切形式—数学领域。

但是，现在要注意：命题逻辑也可以纯粹客观地，并且无须终极地澄清原则而被建造为数学学科。新的"数学化逻辑"在理论建造方面成绩斐然。但是，它的代表人物关于基本概念和原理的认识价值和意义想要说的东西，就完全都是无稽之谈了。考虑到这一点，人们从哲学方面激烈地反对旧的形式逻辑的数学化，并且认为，自布尔以来形成的新的数学学科自身是无稽之谈。但是，在这里，这一无明是在哲学家方面的。这种我们在一些功勋卓著的人——我只提到洛采和文德尔班——那里发现的过度批判本不可能,如果他们具有了对数学方法本质的更深刻理解的话。

任何努力超越原始开端的演绎理论和学科的发展都需要特殊的数学方法,也就是象征—计算的方法。对它的娴熟掌握、它对不同演绎领域的适用性支配这些领域的数学理论的现实凸显和建构,这些是数学天才和持久的数学训练的事情。因而这一领域必然完全保留给数学家。因而这也适用于形式逻辑。

在这里,实事的本性需要必要的劳动分工。我们总是必须区分**数学的**和**哲学的逻辑**,或者:**数学家的逻辑**和**哲学家的逻辑**。就像我在我的《逻辑研究》中尝试阐述的那样,数学家是演绎理论的技术家。此外,哲学家的事情是批判的论证和终极的评估。每一方面都需要本质上不同的精神禀赋。有可能某个人是一位出色的数学家,并且完全无能哪怕只是理解认识批判研究的问题和方法,遑论掌握它——而此外,有可能某个人是一位出色的哲学家,但是完全无能发明和推进具体的数学方法。正如我所表达的那样,数学家不是纯粹的理论家,不是最终和终极意义上的理论兴趣的代表。毋宁说,他只是天才的技术家,仿佛设计师,他客观地并且无反思地深入多方面的形式关联体之中,建造相关的理论,就像建造技术作品那样。

就像实践技工建构机器,无须为此具有对自然的本质及其法则性的最终明察,数学家为产品、事态、数、量、流形构造理论,也无须最终明察理论一般的本质和对它们来说构造性的概念和法则的本质[①]:虽然他恰恰不断与它们打交道。他不需要最终澄清数学之物的客观有效性的意义、界限和来源。他对待数学之物就像对待一个事先被给予的客观之物,他并不以反思的方式探询

[①] 《导引》〈第 253 页〉〈《胡塞尔全集》第 XVIII 卷,第 255 页〉。

主观上[①]构造的客观性的意义和可能性之主观来源和最终问题。**这件事是哲学家的任务**；解决它〈不〉需要任何数学技术，并且任何数学技术对此也都没有用；求微分、求积分、查对数和任何其他的能力，不管多么娴熟，都完全无助于他在哲学上有所成就；在数学演绎和建构的道路上没有他要找的东西，也就是说，澄清原则的意义和客观有效性，这些原则使得演绎和建构一般是理性的和可能的。

〈d) 自然科学与哲学〉[②]

当然，这一讨论涉及整个形式数学。如果它是纯粹客观地、通过自然地转向实事来处理，那么它就是数学，并且属于数学研究者的领域。正如自然科学作为关于自然的客观科学属于自然研究者的领域。在此，操作是认识论上素朴的：人们关注的恰恰是实事，将它们视为被给予的，并且问，对于它们需要正当地说什么。**人们生活在明见性之中，但是不反思明见性**。人们发现实事，人们已经给予了它们，但是人们并未反思和在反思中研究，被给予性意味着什么，并且这样的东西是如何可能的。

在经验中，事物被给予，在计数、组合等中，数被给予，组合被给予。在素朴的思想方向——它是通常的、自然的意义上的科学的思想方向——中，人们针对相关科学领域的这一被给予性而开展工作：什么对于这些对象是有效的？它们的属性是什么？它们

---

① 主观上等同于合乎含义的。

② 参阅附录 A VII：自然科学通过认识批判地澄清逻辑的与存在论的学科的完成（第365页以下）。——编者注（目录中为"附录 VII（对§31b 和§32）：自然科学通过认识批判地澄清逻辑的与存在论的学科的完成"。——译者注）

服从怎样的法则？人们进行这一工作，人们推论并且遵循概念和命题的形式，在每一步骤中人们都体验到明见性，人们归纳并且体验到概率优先，等等。人们思考，认识，科学地工作，无须研究真正客观的有效性的最终意义、正当性、来源处处依赖的原则。

现在，超出一切**自然**科学，哲学建造起来了。它走上了一个完全**非自然的思想方向**，因为它不以任何事物为事先被给予的。没有对象，没有要研究的领域，而且也没有方法、思想形式、思想主观性、与对象性的关涉、明见性等的自明性。因而人们可以开玩笑地但又仍然以典型的方式称哲学为非自然的或者超自然的科学。

至少有一点很重要，就是去澄清这一关系。要认识到，如果哲学自己负担了属于自然科学领域的理论，这只会有所损害。这一分离是整个哲学史发展的成果。如果说，哲学原初是科学一般，那么，在很早以前就已经产生了在理论关系中真正哲学的认识批判的疑虑和怀疑；它们在与自然—科学思辨的关联中产生。分裂还不是必要的，既然它〈没有〉将自然科学，除了欧几里得几何学，带至一种独立的和富有成效的方法上，这一方法因为这一富有成效性而不会被任何认识批判的怀疑所严重震动。一旦某个认识领域的情况是这样的，并且现在一个更丰富的、更具有统一关联的，并且方法上更加可靠的严格理论成分凸显出来，那么，一门特殊的自然科学就作为一门独立的科学解放出来。这种情况涉及不同的自然科学，最近涉及心理学，并且最终也涉及三段论，后者展示了仍然保留给哲学家的自然理论的最后残余。

只有在摆脱了所有自然理论之后，哲学任务才纯粹地浮现出来。明显地，哲学，或者毋宁说真正意义上的"第一哲学"，以同样的方式对待一切认识领域和一切在它们之中建立的自然理论和科学。**它是关于原则的科学，也就是最终澄清，最终证成和赋义，因而最终成就所有这些在原则普遍性的意义上来理解的东西之科学。**它绝不以任何方式深入其中，但是，它的"批判"、它的意义澄清涉及所有一切，因为它原则上涉及所有基础、所有有方法的步骤、所有就其成就的本质而提出正当性主张的思维行为。

第一哲学，或者同样地，理论理性批判、"认识论"，并不个别地检验在现时科学中的基本概念、原理、理论，并且可以说具体地、一步一步地对它们进行必要的澄清和最终获得的意义规定。但是，以完全的普遍性，它提供了所有使得这一成就随时可能的东西。根据完整展示和认识批判地澄清一切"思维形式"，因而包括一切在自然的数学学科中发展至数学理论的形式范畴和形式公理，以及根据相应地完全澄清形而上学的形式，或者说，实在的范畴——它们为一切自然观点和自然规定奠基，它获得这一完全的普遍性。并且最终，根据澄清整体的意向活动范畴，如果我们想要接受这一表达，并且它立刻就是可理解的话。

所有在自然科学中需要从原则上澄清的东西，都服从范畴和范畴法则，它们在底层的逻辑学科中被规定，并且发展为系统的理论，只要它们向那种理论化开放。因而，如果最高的逻辑、认识批判进行对它们的澄清、最终的赋义和洞察，那么所有的对于相应的认识批判地澄清自然科学而言必要的东西就都已经准备好了，在此，这一澄清活动就已经隐含地完成了。**因而，这样就证实了，对自然科学的最终评估经过了对逻辑学科的评估之中介，也就是在它们的范畴和原则方面。**

〈§32 认识论与心理学的关系问题〉

〈a) 认识作为主观事实〉

在上一讲的结尾,我已经开始谈到认识批判研究的方法,我首先谈到某些准备性的分析,它们还在自然性的领域中进行。由此突出出来的考察会变得更加令人印象深刻,如果我直接将它与**心理学和认识批判的关系**这一大问题联系起来,并且事先转向以下思考。我提醒你们注意我们自己为规定科学理论的任务而制作并且现在已经获得新解释的图式。

我们说:在科学上,我们可以区分不同的关联体。如果我们不考虑作为属于人类文化关联体的文化现象之科学,也不考虑经验—语法,那么我们要区分:

1) **命题关联体**,这些命题以特有的方式结合为说明性理论。**纯粹语法学和形式数学**关涉命题一般。

2) **对象性关联体**,命题在真理上对它有所陈述。特别是,这一关联体在每一门科学中都是不同的,它是从理论上进行研究的科学领域。**形式存在论**(它与形式数学重合)和**实在存在论**从原则上普遍地关涉对象性。

3) **含义**、**命题**是执态行为各自的内容。〈我们〉之前只是普遍地和完全未规定地说:科学具有主观方面,它在研究和理解着的思考、感知、判断、揣测等中进行;并且我们说过,这些主观行为属于心理学关联体,进一步说,**认识心理学的**关联体。

在此期间,我们已经有理由说,主观性对于理解作为一个自身显明为正当的有效性统一体之科学而言具有特殊的意义。一切论证和反驳,一切在确切意义上的认识、单纯的意见和错误的信念之间的规范性区分,都在主观性领域中进行。**确切意义上的科学认识、归纳和演绎中的思维都具有一种方法上的统一性。**自身有其正当根据的行为通过论证而引发新的行为,这些行为又引发新的行为,并且这样就产生统一的关联体,它们具有某种规范特征,它们不断为明见性所照亮,或者以明见的方式进行。**意向活动学作为认识的正当性学说**关涉这些规范性原则,关涉它们相对于不规范或者不正当性的意义和特有区分。接下来加上**认识批判**,它也与主观性,尤其是与显明为正当的主观性相关,并且关涉含义、对象和认识的关系关联,因而以同样的方式关涉形式逻辑、实在存在论和意向活动学。

现在,问题出来了,**意向活动学**,我们同样可以说,在**认识论**更广更高意义上的意向活动学,**与心理学**关系如何？如果我们通过它而处于认识心理学之中,那么在最终的根据上**心理学**是**哲学的基础科学**吗？

我们之前已经指出,出现在科学之中并且属于它们的客观成分的论证关联体,缺乏任何本质上与某个个体主观性的关系。比如,如果说:根据这种那种观察,并且依照当下的认识,这个那个是概率性的。这里当然一并关涉当下的一代研究者,关涉他们的观察和认识,**但是,论证关联体以一种普遍性突出出来,此普遍性摆脱了经验的个体性**。如果,一般而言,存在着这样那样形态的认识,并且此外就没有任何属于这些材料的认识,那么关于相关内容的揣测就在某种程度上是概率性的。以这种方式,这样一些原则属于一切主观论证，它们摆脱了与某个主观性、人类及它们的时间关系、它们的偶然的认识禀赋和认识行为的关涉。

不过，人们首先还可以说，即便某些个体及其心理的和心理—生理的关系在顾及原则时被排除了，不过，与主观性一般的关涉仍然有必要保留下来。相关形式的判断的正当性植根于这种那种形式的判断之中。如果人们知道这个那个，那么人们有正当性进一步揣测这个那个。"人"有正当性，认识普遍地被视为任意一个人的认识，判断也总是判断，它是心理之物，揣测、疑问等同样如此。**为什么与主观性一般、判断一般、揣测一般等相关的原则应该被排除出心理学**？相反，心理学作为科学的事务不就是提出普遍的和尽可能普遍的关于心理之物的认识吗？

解决认识批判问题看起来所需要的方法也看起来证明了，它事关心理学的研究。根据我们之前的解释，这些问题在于，**观念性一方面和客观性，另一方面和主观性之间的关系**。认识是主观的事实，它在认识主体中进行，在不同类型的理智行为中，在感知、回忆、期待中，在判断中，在揣测、怀疑、明察、论证等①中进行。这些主观的、时间上被规定的、交替流动的行为应该具有**超时间的含义内涵**。命题、证明、理论应该不是判断、证明等主观行为实项意义上的内容、因素。**并且，因为具有这样的观念的含义内涵，这些行为应该关涉对象**：对象，它们的性质和关系应该在思想中被思

---

① 人们不是必须说，认识是主观的事实，它是思维、判断的事实，并且判断如果应该是认识，就应该建造在多方面其他的、与它们内部统一的行为、感知等之上吗？但是首先是判断具有含义内涵（如果我们取确切意义上的含义），判断和可能的判断成分等等。

考，在明察的认识中被认识。而对象恰恰意味着：它们是其所是，不管它们是否被思考、被明察，不管它们是否被明察地揣测和期待。

〈b〉最终反思澄清观念性和客观性与主观性之间的关系的要求〉

我们应该如何处理这些问题？当然，在这里，从上面和外面进行的哲学思考和争论还不能达成目的。换句话说，问题不会有所变动，只要我们满足于自然的和普遍而言非常模糊的概念的话。通过它们，我们一方面思考含义和对象范畴，另一方面思考意向活动范畴。这些范畴通过逻辑学家的工作已经经历了某种铸造，甚至之前在一些个别自然科学中也已经如此，这些自然科学当然常常发现有理由以普遍的方式回溯至含义、对象、执态行为，并且称谓它们的主要类型，比如命题、真理、推论、感知、判断、明见性、概率性等等。逻辑学家选择它们作为他的特殊的工作领域，由此，他显然更加严格地做出区分，并且给予更多。但是，只要他不是认识批判者，只要他比如只从事形式数学或者概率理论，或者以外部形态学的方式指明执态行为和不同的明见性，那么，解决上述问题所需的最终的意义规定和意义澄清就尚付阙如。

这是怎样的澄清和最终的意义规定？它看起来完全消解为心理学分析了。形式逻辑学家可以在其基本概念的意义规定方面极为粗略地进行。他具有他所需的概念，他看到并且掌握了那些对于评估数学—演绎的理论来说得到关注的区分，这就够了。在其他逻辑领域中情况也是如此。

我们已经听说,数学理论预设的概念的单义性和固定性不需要是现实的单义性和固定性。相反:同一门数学,同一门算术,连着所有高级的学科都可以在不同类型的数的意义上来解释。① 并且,数被视为心理事实、人的心理构造的偶然形态还是其他什么,这对于算术的理论化来说是无关紧要的。我们也已经注意到,一门精确演绎科学的建造,在相当大的(这里不进一步界定)范围内可以允许等值的概念被视为同一的。等值概念是具有不同意义的概念,但是它们保真地(salve veritate)彼此替代。这样,在演绎中它们作为同一的概念而起作用。也要注意这样的可能性,即基本概念可能被反思的理论家错误地解释,并且这还不必然会有损害,如果现实的理论工作中的本能和技巧允许正确解释的参与,或者,如果在理论工作中,带来错误解释的危险礁石借助于这一本能而被绕过。数学化的逻辑学为所有这些提供了证明。这样,比如,施罗德(Schröder)——他致力于对三段论的数学化——强加给普遍的定言命题以这样的意义:A 类被包含在 B 类中。甚至假言命题"如果 U 有效,那么 V 有效":⟨在其中 U 有效的⟩时间部分类⟨包含在在其中 V 有效的时间部分类之中⟩。

在形式逻辑的自然操作之中,在逻辑范畴的固定规定和赋予意义方面足够的东西,对于认识批判的目的而言显然是不够的。②

---

① 但是数学作为科学的更高发展已经要求,这里的一切纯粹地被区分了。我们已经对置和区别:1)自然科学,如其实际所是;2)在其完成的证成和成就意义上的自然科学,逻辑化的科学。认识批判—形而上学的洞察本真地需要第二者,为此哲学家在这种意义上进行批判,并且需要补充,它从1)过渡到2),也就是说,根据原则基础方面。亦参阅第 143 页以下⟨参阅下文第 190 页以下⟩。

② 因而这里需要进行上述区分。

我们当然需要最终的理解。如果我们想要澄清行为、含义内涵、对象性彼此如何相关,并且不仅完全普遍地,而是就一切特殊性和形态而言,并且,如果由此我们想要从根本上理解认识和科学在最终意义上成就了什么,并且相关地,自然是什么,实在的和观念的对象性在最终意义上是什么,那么,一切朴素性、一切单纯本能的确定性和准-清楚性、一切对本能和技巧的信任都必须被拒斥。当然也要预见到,所有这些深不可测的困难——通过初步的反思,它们对我们看起来几乎是无底深渊,并且将我们带到理论绝望的边缘——将来源于,首先,用作我们的操作原则的自然概念和自然实施的公理带着它们的含混性和模糊性以多义的方式混在一起;其次,即便它们是单义的,对它们的朴素实施也不够;并且毋宁说,它们也必须在反思的考察中向我们展示它们真正的意指①,并且以这种方式,即不掺杂任何我们的自然偏见、混乱的前见,并且之后用错误的解释来搞混它们。

哲学的反思追问观念性和客观性与"主观性"、意识的关系,它问,比如,命题如何相关于判断?对象性如何相关于判断?普遍命题如何相关于相应的普遍判断行为?它如何关涉一个对象性?明见性如何能够普遍地将某物视为对象一般?现在,在这里我们必须彻底理解,在这里,在命题、普遍命题、判断、普遍判断、明见性等标题下意指的是什么。在实践上对于三段论的技术和理论足够的东西对于我们来说则是不够的。

为了测定问题的整个领域,我们必须极其严格地区别一切范畴

---

① 真正的意见,这意味着什么?比如,反思的考察当然涉及客观性(观念的和实在的)和意识的关系。

的含义区分和对象形式、一切本质上不同范畴的执态行为和明见性类型。我们决不能被任何的等值性、任何的本质上得到论证的对象同一性所迷惑。不同的行为根据其本质意指同一对象性,甚至或许通过同一意义意指,或者,两种命题形式在真理上能够相互替代。所有这些绝不可以让我们将诸行为或者诸含义等同起来,而是说,我们恰恰必须多加关注,并且使我们自己清楚地意识到,这个和那个行为是不同的。但是处于如此特殊的关系中,以至于使得人们将它们等同起来,这一和那一含义形式是不同的,但是就有效性而言是等值的。**因而,认识论的终极澄清活动将包含什么**?

只有对自身包含含义并且意指对象的行为和这些内在关系包含的不同形式的研究才能够对我们有所帮助。我们必须看、观视,在那里,什么现实地存在,意识看起来恰恰如何。如果问题意指的是,是否在意识之上存在一个块片、特性,后者在那里可以被称为含义或者对象。并且如果不是,那么,谈及的恰恰是这样的具有可直观论证的正当性的内在,这说明了什么。比如,如果多个不同的行为是同义的,或者多个不同行为是不同义的,但是指向同一些对象,那么会发现什么。因而,整个研究在主观性领域中活动,在使之明见的直观、直观意识的领域中活动。我们通过回溯至主观性而说明数学的和存在论的概念,我们问,它们本真地意指什么。它们并非意指任何心理之物。但是我们只有在明见性和直观性中获得回答,在此,概念关涉相应的直观,并且在其中明确充实它的意指。① 意向活动概念自身是心理事件的概念,是判断、揣测等的概

---

① 这里已经有构造问题。说明作为明见性和说明作为"起源"研究不是一回事。

念,因而在这里我们关注心理之物自身,并且当我们想要研究相互关系和在主观性中意识到的客观性的可能性、客观法则和理论等等的有效性可能性时,我们自然首先就处在这一主观研究领域之中。表象如何与对象相关?对象在感知中被给予,这意味着什么?等等。因而所有一切始终都是心理学。

这一对在解决认识论问题时要遵循的方法的粗略勾画,让人想到一种旧的和喜闻乐见的刻画,即,将认识论刻画为关于认识的本质和起源的科学。这种意见认为,认识的本质应该在起源中被把握,并且起源自身在通常的首先看起来自明的解释中指的是心理学的起源。但是,我恰恰要坚定地反对这一解释,尽管存在着所有已有的阐释,并且通过正确的界定,我也要表明需要固持的态度。**我们不可以屈从于混淆认识论和心理学这一当然非常巨大的诱惑**。并且我们基本上不可能会这样,如果我们已经以一种比传统哲学严格得多和彻底得多的形式来处理这些问题自身的话。就像我们不可能感觉到一种严重的诱惑去混淆认识论和形而上学,并且想要通过形而上学的奠基来解决它的问题,就像传统上所做的那样。

〈**c**〉**非心理学的认识论的可能性问题**〉

认识论和心理学的关系这一大问题我们在上一讲中已经开始处理了。人们可以说,这是站在认识论的入口处的**最重要的问题**;人们对它的态度,对于人们追求的这种认识论来说是决定性的,也就是说,它对于认识论方法并且由此对于认识论设定的目的的达成或落空来说是决定性的。并且,既然整个哲学都依赖于认识论,那么你们就可以充分估量这一问题原则上的重要性了。

我们已经进行的初步考察,看起来需要将认识论奠基于心理学。普遍来说,这些问题是:含义统一体的观念性、被意指的和所谓被认识的对象性的自在存在如何在认识行为、表象行为、判断、揣测等的主观性中展示出来,如何理解认识的成就,与此相关地,被认识的对象性的自为存在和真理的自在有效性意味着什么。这些问题关涉各种各样的认识行为、含义和对象性,并且它们关涉所有这些所谓的原则,认识思维在形式逻辑、存在论和意向活动方面应该服从的原则。在提出问题时主观性已经参与进来;心理学不应该是认识论的基础吗?

关于解决这类问题的方法的粗略估计看起来的确也证实了这一点。传统将认识论标识为关于认识的本质和起源的科学,这不无道理。我们也应该如何以不同于心理学的方式行事,如果我们想要澄清,对于比如任何形式类型的命题来说,这意味着什么:这些命题——它们仍然是观念的统一体——作为判断内容起作用,并且规定了判断对对象性的指向?除了在具体的内直观中当下化一个判断——在此之中这样一个命题就是意指的内容——我们应该如何来做呢?如果对于比如一个个体对象一般,我们想要澄清,它如何能够在意识自身中被给予,除了当下化对某个个体对象的一个感知,并且深入其意义之中,我们应该如何来做呢,既然感知就是宣称使对象直接向我们呈现的行为?不仅像任何研究一样,此研究在主观性中进行,而且,我们的研究关注主观性,在主体之物及其如此这般规定的特性中,我们寻求,在此之中,对象的当下或者另一方面内在的含义内涵的当下意味着什么。有些人在这里甚至会推论说：没有人能够超出他的主观性，因而研究只能在主观性中进行，因而它必然是心理学的研究。但是，我们宁愿谨慎一些。因为这一点适用于任何的科学。即便物理自然的研究者观察自然，用事物做实验，并且由此获得关于自然的认识，他也并未超出他的主观性。因而根据这一论证，每一物理学研究都因而是心理学的。一个多么可疑的结论。这一可疑的结论——我们不想对此表态——至少让人注意到，人们在这里完全有理由小心谨慎，如履薄冰。

但是，在认识论研究中，我们回到主观性，正如心理学所做的那样，我们使得主体之物成为考察的客体，并且，我们必须这么做，既然问题恰恰关涉主观性，我们如何能从这些事实中有所获取呢？也就是说，主观性如何能够把握客观性和观念性？

不过，尽管有着所有这些自明之理，我仍然打算严厉批评这样的一种解释，它将认识论及其方法（它使得认识论依赖于心理学）解释为一种从根本上错误的心理主义。这里，我们站在了分岔口上。**特殊的认识论的罪，对抗哲学的圣灵的罪**，很不幸，人们从认识论的无辜状况中苏醒过来时必然会陷入的原罪，**是将意识和心灵混淆，将认识论和心理学混淆**。严格来说，这诱惑对我们来说根本就不大，如果我们没有接受历史上混乱的认识论问题，而是与澄清一门纯粹科学理论的观念相关联，以一种完全不同的、无比严格的方式来处理这些问题。我想要立刻补充道，这一点既适用于这一种诱惑，也适用于第二种诱惑，后者总是一再地成为历史的认识论的基础，即，将认识论奠基于**形而上学之上**，并且想要通过形而上学的奠基来解决认识澄清的极端问题。

第二编　意向活动学、认识论与现象学　235

根据我们迄今的整个考察，这实际上是完全自明的：**认识论先于一切自然认识和科学，并且在一条完全不同于自然科学的线路上**。① 如果认识和科学一般变得可疑，也就是就其客观有效性和成就的可能性和意义而言，如果我们因而不理解科学一般，那么，我们如何能够为了获得这一理解而利用任何事先被给予的自然科学呢？所有科学都仍然是自然的，只要我们缺乏这一理解的话。只要我们还处在认识论的无辜状态之中，并且还未从哲学认识之树上享用危险的苹果，也就是批判的设问，那么每一门科学都很适合我们，我们可以在每一门科学中感到快乐，每一门科学都通过它内在的明见性而让我们感到满足。我们可以将任何一门科学的得到坚固论证的成果用于任何其他的科学，只要任何理论关联体存在着。但是，当我们遭际批判的怀疑时，当认识批判的斯芬克斯提出了问题时，所有科学对我们来说就什么都不是，不管它们如何美妙。它们不可能再提供给我们我们所缺乏的东西。所有这些谜题总结起来就是：**我们不理解科学一般**。其中包含了：我们不理解任何它们的如此这般刻画的成就。并且，以彻底的普遍性。这样，就在每一个确定的认识中都存在着怀疑或者不清楚性的萌芽。② 没

---

①　在一条完全不同的线路中：这是错误的元基础，如果我们想要从自然科学中导出认识批判的结果。但是我们进一步阐明的想法是不同的，就好像缺乏的自然认识的无疑性受到质疑。但是比如数学、算术公理或许是绝对明见的，可以从它们作为认识批判的上层命题演绎出，逻辑地从它们导出某些东西？认识批判命题的意义不同于自然的逻辑命题的意义；认识批判的事态不同于自然的事态；等等。这是要确切深刻地考虑的。不过，所展示的东西也仍然有其正当性。如果我搞混了，那么我事实上没有任何正当性来使用已经建立为有效的东西，尤其当我恰恰想要排除这一混淆时。

②　当然，这里立刻就产生了怀疑：也可能没有任何认识批判。它应该如何开始？每一个开端都还是一个认识步骤，并且这难道不是可疑的，不是为同一怀疑所涉及吗？

有任何自然获得的科学成果能摆脱它,因而,我们对这些成果不能够有任何的利用,把它们当作前提,以便由此导出我们所寻求的东西:这些问题的答案。

因而首先确立了:**从心理学这门事先被给予的和自然的科学中提取出前提,以便由此导出认识论的结果,这意味着从根本上失去了真正的认识论问题的意义。而且形而上学的情况同样如此。**这里,我们只需简单地说:**形而上学预设了认识论**(如果还可能有这样的东西),**因而,它不可能支撑认识论**。为什么关于物理和心理现实性的自然科学不给予任何终极的认识,并且因而需要一门作为关于绝对存在的科学的形而上学,这个问题最彻底的原因实际上就是,认识一般的客观有效性的可能性和意义对我们来说还是神秘之物。如果情况如此,那么,任何实在性——它对于认识来说只是认识设定为实在的,并且如此这般规定的——的最终意义对于我们来说也是可疑的,因而,尽管有着所有的自然科学,我们仍然不知道实在性是什么,并且在何种意义上我们可以主张自然科学的成果对于实在性而言是终极的。因而,只有通过认识论和对自然科学进行的认识批判,形而上学才是可能的:注意,是形而上学,而非想象。

因而,所有这些首先要确定下来。但是,我们还不能满足于已经说过的东西。当然,形而上学在我们的准备活动中不会给我们造成任何困难,但是心理学肯定会。一个令人不快的两难威胁着我们。**认识论通过心理学并且根据心理学:这行不通。**这与认识论的意义相冲突。**认识论没有心理学:这也行不通。**正如这个名称所说的那样,它肯定是某种对认识的科学研究。

但是，认识这一标题关系到心理活动。在研究心理之物时，我们因而就在从事心理学。**我们应该得出结果：根本不可能有一门认识论吗？**这些问题是原则上不可解决的吗？但是，这会是一个过分的要求。在我们眼前有各种自然科学，它们主张切中存在者，它们根据其形式而服从逻辑法则。但是，说**认识切中一个对象性**，具有意义，根据其含义形式而服从形式法则，等等，这可能意味着什么？这可能清楚地，并且排除一切令人苦恼的混乱地意味着什么？这些问题会是不可解决的吗？甚至原则上不可解决的吗？不过，人们应该想到，理性地提出的问题允许理性的考虑和理性的答复。因而，我们不想要那么快地牺牲认识论的可能性，至少要更仔细地考虑考虑。

〈§33 认识论的怀疑论〉

认识论针对自然科学的素朴性。一旦它的问题被表达出来，并且这些问题完整的意义得到了把握，我们就感到**被移至一种特殊的怀疑论的立足点上了**，采纳这一立足点，并且严格坚持它，这是**认识论的首要和不可退让的要求**。这一怀疑论不比任何的怀疑论——不管它有多么极端——更不彻底：它关涉一切事先被给予的认识和科学一般。但是它具有一种完全不同于任何历史遗留的怀疑论的意义。这一认识论的怀疑论的意义以上已经说明了。我们现在想要通过和历史上的怀疑论相比较而更加确切地刻画它，以便着手对一门认识论和认识论方法本质的可能性做出必要的澄清。

〈a） 独断的怀疑论作为对客观科学的意义与可能性的不清楚性的表达〉[1]

本真的哲学从建立认识论问题开始。穿过认识论的入口，并且踏上它的地基、某种怀疑论的地基，我们因而是真正的哲学的开端者。这里，我们想起了赫尔巴特的一句漂亮话：赫尔巴特说，每一位优秀的哲学开端者都是怀疑者。但是，每一位怀疑者本身也是开端者。谁不曾经在他的生命中的某时是怀疑者，他就从来都没有感觉到这种对所有他从前熟悉的表象和意见的激烈摇撼，只有它可以区分偶然之物和必然之物、推想之物和被给予之物。但是，谁固执于怀疑，他的思想就还未成熟。

可以说，这句精妙的话达到了怀疑论的教育学意义。这涉及它对培育哲学思想的意义。通过这一怀疑，个体理性摆脱了所有在历史和个体生命的编织中强加给它的束缚，并且努力实现自主意识。这一意识是一切哲学思考的前提。

但是我们考察的是另一种，并且至少具有另一种功能的怀疑论，一种彻底得多的怀疑论。**认识论的怀疑论**引发了对一切意见和认识的最激烈摇撼，它从根上触及了思考。它不附着于经验主体的个别意见和信念，它也不附着于这一主体之前所信任的全部信念。毋宁说，它涉及**认识一般的原则的和普遍的可能性**。它依次涉及一切认识来源，科学及其所有的理论从这些来源导出它们的正当有效性、它们的客观说服力。

---

[1] 参阅附录 A VIII：怀疑论对于认识论的意义（第367页以下）。——编者注

认识论的怀疑论可以是**独断的和批判的怀疑论**。历史上的怀疑论是独断的。这意味着,它在其所有形式上是一门理论,进一步说,一门认识论,它想要通过论证和证据来证明认识的不可能性,不管是认识一般,还是任何主要类型的认识。但是,在此我们看到这一在哲学史中的独断的怀疑论的目的论功能,即,为批判的怀疑论做好准备,也就是这样的怀疑论,它构成了认识论的必要开端,并且延续地规定了它的地基。在一切独断的怀疑论中,批判的怀疑论都是一个隐含的①但是未被提纯的因素。**与独断的怀疑论相反,批判的怀疑论不是一门理论,而是一种执态和方法。**

在古希腊哲学和科学的初始阶段发展之后不久就出现了**独断的怀疑论**。这些对现实性的理论思考的初次尝试——不过,不同的哲学家借助于它们看起来有说服力的论证证明了直接对立的观点——之间激烈的冲突,最终这些具有常识陈述的理论内容之间激烈的冲突;这是认识批判反思的第一个动机。这一研究看起来有必要从实事回到认识形式和认识方法,并且回到认识由此导出它的正当有效性的来源。人的理性在此陷入的困境有利于一种怀疑论的苏醒,它就这一冲突而推论出客观真理和客观有效的认识的不可能性。首先,这是对新兴科学设立的目的之可达成性的严肃怀疑。通过古希腊的极端化倾向,这很快就成了对科学一般的可能性的彻底怀疑,当时,系统形式的科学尤其缺乏现实地表明了的并且对任何理性存在者来说都是强制性的认识:如果我们不考虑几何学的始基。

---

① 这里说得过多。

但是，智者，这第一批独断的怀疑论者，不满足于怀疑。他们在极端普遍性上否定——常常通过极端的言辞——客观的真理一般和客观有效的认识一般的可能性。并且他们不仅仅否定；他们通过理论证明来论证这一否定。显然，在这样的证明中存在着悖论。这一主张自身和对这一主张的论证主张认识的客观有效性和它们论题上〈否定〉的那个认识论证的客观有效性。

智者作为活生生的人，在现时的现实性中理性地活动，以此现实性为指导，在其中设定他们的目标，并且理性地遵循这些目标。我说，这些活生生的智者就像其他人一样相信理性和非理性的区分、认识和错误的区分。他们信任算术计算，他们信任理性的实践预期，这些预期从感知和经验中获得它们的正当性。他们的理论违背了他们活生生的信念，并且，以某种方式其中已经包含了，这些理论本真地不可能用于，或者至少本不可以用于表达他们的字面所说的东西。**本真地以这些理论形式表达的东西**，本真地隐藏在这些理论后面的东西，不是对认识一般的严肃否定或者对认识有效性的严肃怀疑，而是**对认识在其客观有效性和成就方面的意义和可能性的不清楚**。人们在反思认识时陷入的冲突，人们不可能摆脱它的圈套的不清楚性，或许的确瞬间规定了判断倾向，甚至规定了这样的信念，即，认识实际上是不可能的，没有任何确切意义上的科学的认识，没有任何认识有效性的客观性。但是，在实践生活中，已经不可能哪怕有一瞬间坚持这样的信念，它们的内部悖谬也不可能仍然被遮盖。无论如何，即便这些理论不可能被严肃地坚持，这些理论的本质性功能也仍然在于：**给理智在对认识的初步反思时就已经陷入的巨大困境提供了最明显的表达**。

随着哲学、科学和怀疑论的进一步发展,怀疑理论的这一特殊功能更加明确地突出出来。实践上理性效用的可能性所建基其上的信念,总是需要其正当性。怀疑论可以限制它的价值,但是不能严肃地怀疑和否定它。这也同样适用于成熟科学的认识。怀疑可以针对个别仓促提出的理论,它可以限制或者否定个别科学理论的有效性。但是,自文艺复兴以来发展起来的,并且给人们提供了如此丰富、精确、确定的理论的宏大科学,在每一位理性存在者面前都显得毫无疑问是有效的。每一个人都利用了自然科学技术对人的现实生活的改变,每一位专家都承认它的预测的证成性,不管他在其他方面会如何以怀疑的方式行事。

但是,即便在这些科学的发展之后,并且尽管它们的令人惊叹的和持续的进步,也仍然总是有怀疑理论,这些理论尤其针对这些科学的合理性。因而,这些理论表述的本真意义可能是什么呢?当然,只能是为关于这样的认识及其客观有效性主张的一种令人绝望的不清楚提供了最极端和最明显的表达,并且接下来**将认识问题转变为哲学最基础的东西,转变为对于科学的一切终极澄清和评估来说决定性的东西。**

不过,在这里,我必须通过和智者的怀疑论的对比而提出以下对**新的怀疑论**的刻画。我们不仅称这样一些主张和理论为怀疑论的,和智者的怀疑论一样,它们也否弃了任何认识一般和科学一般的可能性,因而,它们想通过考虑认识的普遍本性和检验人的认识的一切来源而证明,在任何个别情况中都不能保障拥有真理。我们在近代哲学中称为怀疑理论的东西,毋宁说是这样的理论,它们否认任何本质上主要类型的认识和科学的理性证成的可能性,并且寻求科学地论证这一否定。

当然,不同的"认识来源"的关联体是这样的,否定其中一种理性的富有成效也会阻塞所有其他的来源。与此相关的是,通过确切的分析,任何怀疑理论——即便是最合乎现代风格的——也都包含了在古代怀疑论上如此明确地表现出来的同一类型的悖谬。这就是一切怀疑理论的本质特征,这就是我们认识它们的标准,即,它们在其理论内容中反对的并且尝试证明为不可能的东西是它们自身作为理论预设为前提之物;或者至少是:它们自相矛盾,否弃了那些它们自己以怀疑的方式通过论证形成的理论之可能性的本质条件。理性在任何真正的怀疑论中都自相矛盾。近代哲学中最伟大的怀疑论者大卫·休谟公开承认这一矛盾。他反对任何事实科学的合理性,不仅包括形而上学的合理性,而且包括一切自然科学的合理性。而且他还认为,如果人们在实践上不为自然科学的信念所引导,并且现实地怀疑它的有效性,那么他就是疯了。因而,休谟根本不想要放弃新的自然科学,并且将它们与比如炼金术和星相学一道作为虚构和蠢行而抛弃掉。因而,他的怀疑论可能意味着:归根结底,只是对理解事实科学的客观成就和有效性的可能性感到绝望。

因而,近代怀疑论实际上并不针对科学。它也从来都不损害科学,从来都不被科学视为敌人。它所针对的是这样的观点,即,科学加在我们身上的理性强制——如果我们在其中研究或者思考它已经成熟的理论——已经包含了对科学的意义,对它的客观成就的意义的理解和对这些客观成就的理解。

任何怀疑理论都是对我们陷入其中的令人痛苦的困境的表

达,我们会陷入困境,一旦我们开始反思科学的本质,因而,一旦我们不考虑确定的研究领域和对它们来说在事实和法则上起效的东西,而是提出我们刻画为认识论的问题:客观的有效性会是什么?并且它如何在主观行为中展示?客观有效的理论如何在认识中、在它的各种各样的形态中成为主观财产,并且在此能够切中自在存在的实事?如何理解,我们(比如)在自然科学中能够提出理论,它们超出直接感知和事实经验而涵盖具有无限的过去和未来的整个世界万有?并且,**这一在科学中认识的现实性自身是什么?现实性科学得到理解和澄清的意义给现实性自身的观念规定了怎样的意义**?①

〈b) 批判的怀疑论作为认识批判的执态〉

我已经证明,理性与自身的内部冲突在独断的怀疑论中得到表达。在自然状态中,在自然科学的理论化中,理性感受到完全的满足,但是,一旦它开始反思认识的意义②和可能性,就立刻陷入最痛苦的困境之中:这一困境终结于对能够理解认识一般的可能性或者对认识的主要领域就客观性的有效性和意义而言的可能性感到绝望。但是,从字面上来看,即便不必然是现实的观点,独断的怀疑论说出的也不是事实上的困境、事实上的无能理解,而是相关认识类型的客观的不可能性,并且以科学的严肃面貌而为此给

---

① 这里意义意味着什么?什么合乎现实性而实际上并且最终归于最终逻辑化的现实性科学,或者说,这样一些科学的系统,它真正是什么?但是认识批判有所影响吗?是怎样的影响?

② "意义"意味着什么?

出理论根据(在此之后当然立刻露出了悖谬)。

批判的怀疑论是那种与认识批判的观念不可分离的、不同于独断的怀疑论,因为在这一绝对的混乱迷惑的状况中,它针对认识而放弃了一切独断的理论化和否定。因此,**认识论的怀疑论并不否定任何认识**,不否定任何现存的科学,它不在任何方面质疑它们,既不在它们的实践的说服力方面,也不在它们的合理性方面。但是它将一切认识和科学都搁置起来;它让一切认识和科学成为问题。我们也可以说,当它宣称科学是未被论证的或者不可论证的时,它将"一切科学放入问题之中",但是不是在独断的怀疑论的意义上。它的态度被对它来说在认识的意义和可能性方面的完全混乱预先规定。它说:对认识的本质和正当性来源、对认识的客观性意义等等的反思已经将我抛出了认识论的无辜的伊甸园。如果我转入自然思维和理论化的习惯中素朴的立场,那么,我〈在〉一切真正的科学〈之中〉都体验到合理性。如果我提升至认识论反思的批判性设问上,那么,我就处处体验到不合理性。我什么都不理解。一切对我来说都变得可疑。我不再能够统治壮美的科学伊甸园,我被赶出这一伊甸园。或许我可以通过认识批判而重新在更高的意义上获得它。

换句话说,既然我们不理解认识和科学一般,也就是说,在认识批判开始时,那么,我们就不可以承认任何现存的科学。我们不可以承认它们;但是我们同样不可以否定它们。主观上我们当然可以确信,事先被给予的科学担得起真正的和严格的科学的名称。并且我们可以通过对它们认真的研究而获得这一信念。比如,在追寻数学的论证中,我们发现自己被征服了,我们明察到,被证明之物是无疑地得到表明的。但是,一旦我们开始以认识论的方式进行反思,这对我们就毫无帮助;困难的深渊敞开,并且我们承认:**认识一般的正当性主张是一个谜**。只要谜不得到解答,只要认识的本质、可能性、客观性不得到澄清,可认识和被认识的对象性的意义不得到澄清,那么,一切事先被给予的和确定的认识看起来就都还带着一个巨大的问号。在何种意义上需要承认它的主张,解释在它之中被把握到的存在,这是令人费解的。因而,**这是认识批判的态度**。(一切都在问题中,一切都是疑难。没有认识——不管如何自明——要被承认,但是也没有认识要被否认。每一个都在同等程度上是成问题的,也就是说,属于认识论的问题。)在关于康德的历史课中(参阅第 132 页以下)①,我说过:既然我们还不清楚认识的意义,既然我们完全搞不清,认识是什么,它成就什么和意味着什么,那么我们就不可以诉诸任何事先被给予的认识。既然我们对科学是什么、客观性是什么、为什么科学的说服力依赖于逻辑形式等还完全不清楚,那么,我们显然不可以从科学中获取定理,科学对于我们认识论者来说不能是助益之源,它们不能给我们提供我们可以依赖的任何可能的基础、任何的明察。毋宁说,它们对于我们来说是疑难,它们始终是我们的研究客体。由此,作为哲学方法,绝对的怀疑论只不过意味着:从自然的认识到哲学的(形而上学的)认识的道路在于,将一切自然的认识置入问题之中。

我在,事物在我之外存在,一个带着太阳、月亮和星星的世界

---

① 在这一堂课上可能是处理 1905—1906 年冬季学期的讲座"康德与后康德哲学"(参阅《胡塞尔年谱》,第 93 页)。关于这一讲座的文稿底本,参阅上文第 XVII 页注释 4。——编者注

存在：一切都被搁置起来。最稳固的数学认识、公理以及定理，物理学、生物学、心理学和每一门其他科学的蔚为壮观的理论：一切都被搁置起来，一切都在问题之中，一切都在认识批判的立场上不再起作用，无物——不管它在自然科学中得到如何高度的评价——现在可以被宣称为事先被给予的，所谓绝对无疑的东西。以一种完全普遍的方式，问题实际上涉及客观有效认识一般的可能性、意义和成就；只要它不得到决断，或者毋宁说，它还根本未被提上日程，而它涉及一切认识，那么，一切认识就其最终意义和正当性而言就都是可疑的，因而不可以被事先视为无疑的。

这一怀疑论的态度，这一绝对的悬搁——它不承认任何事先被给予性，并且面对一切自然认识而设定它的悬而未决（non liquet）作为纯粹的中止判断——是认识论方法的首要和基本的部分。不严肃地从这一悬搁开始的认识论就会违背真正的认识论问题的意义。任何在事先被给予的科学上建造的认识论，不管是在形而上学上、在心理学上，还是在生物学上，都终结于悖谬，正如它始于悖谬。

正如我想强调的那样，这不涉及一门认识论自身是否拥有"批判的"这一荣誉称号，不涉及它自身是否声称对抗心理主义和经验论或者生物学主义，而是涉及它在何种意义上做了这件事，并且它在何种意义上理解批判论。谁哪怕只在一点上做出自然的预设，谁哪怕只在一点上从自然科学中有所获取，或者只依赖自然统觉的事先被给予性，那么，它就不得不为此付出悖谬和矛盾的代价。独断论的莫洛赫神吞噬了那些只是一次——不管这可能是如何无意识地——祭献给它的人。实际上，**与批判论对立的独断论真正**

完全的意义就在这里,也就是:为了澄清认识的可能性的本质而预设特殊的认识作为前提,而它们的可能性的确立还需要通过认识批判才能被经验到,因而,首先恰恰在认识论的开端处,人们视整个科学,比如心理学、生理学、生物学,为事先被给予之物。

〈c〉逻辑—数学的完善与认识论的澄清之间的差异〉

认识批判根据其本性所必然始于的怀疑论本质上不同于**笛卡尔式的怀疑论**,虽然后者也不同于历史上的怀疑论,并且具有方法和执态的特征。笛卡尔式的怀疑论(相对于认识论的怀疑论)方法论上的意图是帮助我们找到绝对确定的、彻底排除一切怀疑的科学基石。一切都受到质疑:感性显现的外部世界的存在、回忆的陈述、正常感知和幻觉之间令人信服的区分、经验的力量,最终一切科学,甚至是数学和数学的自然科学。在颠覆了一切未经批判地接受的或者以所谓科学形式系统形成的意见之后,一座全新的全部科学的大厦就会建立在绝对坚固的基础之上,也就是这样的基础,它表明为绝对能够对抗一切怀疑的尝试,表现得如此确定,以至于任何怀疑都撞碎在它之上而化为无意义的。根据笛卡尔,我思故我在的明察就是这种类型的。虽然我或许也想要将我的怀疑推广至一切,但是,在此我不可能有意义地否定一点,有一点是绝对确定的,也就是说,当我怀疑时,我现实地在怀疑,我在思考,我在。从这一基本认识出发,从这一个阿基米德点出发,现在我应该通过绝对确定的步骤——它们给予任何怀疑以像我思一样的确定的回击——从认识进展至认识,从科学进展至科学;整个批判上确定的认识现在向上发展为一门唯一的理想的普全数学、一门唯一的具有绝对理想的严格性的普全科学。

不过,这一怀疑论不是批判性设问所要求于我们的怀疑论,因而由此在意义和意图上和我们自己描述的怀疑论并不〈一〉致。我们不想否认,为了突出认识而否定一切认识,这一方法因为它特殊的本性而使得任何怀疑都看起来是明显的悖谬,它在认识批判上可以卓有成效。也不可否定,笛卡尔式的普遍怀疑,或者毋宁说,普遍怀疑的尝试同时包含了我们所要求的那种普遍设问。但是我们所设立的目标不同。我们不想要使所获得的明察成为普全数学的、绝对严格的世界科学的基础。虽然我感受到,笛卡尔已经注意到了批判的目标,但是不可否认,他将它和另一个目标混淆起来了。

我们的悬搁在方法论上针对的基本认识绝不是那样一类认识,具有了它就能够极大地有助于笛卡尔式的世界数学。这些认识既没有给自然发展的科学以新的基础命题,也就是初始命题和主要命题,也没有提供本质上新的方法,以便能够获得这样的主要命题,或者建造最严格的科学。只是暗地里(这一点可以承认),对认识批判明察的深化也可以有助于科学在方法论上的完善。在本质上,现有的科学不会因为认识批判的真理而有所增减。至少,它们不需要。只有一点发生了改变。**它们变得完全可理解了。我们理解了什么使得它们成为科学,理解了它们的成就的最终意义,理解了它们所认识和规定的对象性的最终意义。**[①]

例如,通过数学认识理论,数学并没有获得任何新的数学理

[①] 这还有待进一步澄清。

论、任何新的数学主要命题、任何新的数学方法。至少，一门数学构造得如此完善，以至于在数学的奠基和理论化活动中、在严格性方面甚至没有留下一点点缺失，没有留下一点缺陷，这一点以自然的方式并且独立于一切认识批判是可设想的。但是，认识批判的问题恰恰还是同一个问题。这一严格性仅仅是一个事实。在反思面前，它会是一个问题。在进行数学操作活动时，我们会感觉到它的明见性，在反思这一操作活动时，我们会不理解它。经验论的、心理学的、观念论的和其他的对数学的解释在之前和之后都会彼此冲突。这同样适用于一门理想的、严格论证的自然科学。由此，我们也就并未陷入理性主义的基本错误之中，后者已经由此显明是一种独断论，即，我们在哲学中取一门自然科学，在方法论上获得最高评价的数学，作为引导性的榜样。对认识批判来说，褒奖和贬抑都不起效，从悬搁的立场来看，一切自然科学都是平等的，一切都附上了一个同样大的问号。在认识批判的进展中，自然科学也不可能对我们有所帮助。**因为认识批判不想要进行理论化活动；它想要的东西不在任何数学的或者自然科学的，甚至心理学的道路上。**它想要"澄清"，它不想要演绎任何东西，不想要将任何东西回溯至作为说明根据的法则上，而只想要理解，什么包含在认识及其客观性的意义之中。

在逻辑—方法论上完善和扩展科学的倾向，和此外在认识批判上澄清这些科学的倾向(或者说，以普遍认识批判的形式澄清认识一般的本质的倾向)；这些倾向要区分开来。前者追求完成和完善自然认识；每一个概念都应该被界定，并且它的同一性应该被固持，每一条原理都通过自身而是明见的，每一个直接做出的判断都具有确定性或者概率性的正当性。每一个进一步的步骤都应该在对它的得到很好权衡的证成的意识中进行。理想就是一个科学的认识整体，它能够不断地体会到内在明见性意识，并且被意识为得到正当论证的。每一门真正的科学在每一步中都必然期待着正当性问题，并且它必须满足它，它必须能够证明它的正当性。但是，为这一证成的目标所需要的几点反思是狭义上逻辑的，是在作为形式的和实在的逻辑的客观逻辑的意义上，并且是在意向活动学的意义上的。第二种不同的倾向是朝着认识批判的洞悉，朝着理解认识及其客观的有说服力的主张的意义之倾向。① 认识批判的任务既存在于完成了的、绝对严格的、始终要在证成和明见的意识中被认识的科学的方面，也存在于更不完善的、更不严格的科学的方面。当然，严格性的理想是首先要追求的，并且要在不同的方向上实现的，然后才要追求认识批判的完成和评估。正如我们所知，后者所成就的是一门形而上学。

或许，扩展形而上学这一术语，以便人们不仅能够谈论自然形而上学，而且也能够谈论一门就理念科学比如形式数学而言的形而上学，这甚至会是好的。（毕竟，计算的形而上学、数学的形而上学的名称在法国自古以来至少具有部分上相似的意义。）甚至康德的名称"道德的形而上学"也因为我之后要阐述的理由而属于这里。因而，我们可以说：**在科学获得了**，或者至少在系统部分就它们的奠基和理论而言获得了**内在的严格性和逻辑的完善性之后，就产生了对其进行形而上学的评估的任务。**和狭义上逻辑完善的

---

① 这还必须加以进一步阐述。

逻辑一样，更高级的逻辑、认识批判也有助于形而上学的评估。

笛卡尔没有看到这一区分，在他那里两种倾向交织和混淆在一起。在他的值得永久思考的《沉思集》和《指导心灵的规则》中，认识批判的倾向具有了强大的推动力，并且是在近代哲学史之中的第一次。但是，笛卡尔不仅是哲学家，而且全身心的是自然研究者和数学家，并且本身为理想的严格普全数学的理念所支配。**科学家和哲学家是两回事，或者，确切意义上的科学和哲学需要分别开来**。或许人们可以说：如果有人同时是科学家和哲学家，这一般来说并不太好。或许，在我们的时代本真的哲学陷入低谷的原因就是，所谓哲学家的主要工作领域是一门自然科学（确切意义上的科学），它在传统上被称为哲学，也就是心理学，这种情况同样助长了人们忽略或者不理解本真的哲学的本质及其特有的问题。

〈§34 论实施悬搁之后的认识论的可能性〉

〈a) 认识论的自身关涉性〉

在我们澄清了认识论的怀疑论作为开始认识论的方法论前提的意义之后，却产生了一个问题：**在此之后，认识论仍然如何可能，并且它如何能够在一系列不断进步的认识中扩展为一门科学学科，而不会陷入被唾弃的心理主义**。[①] 如果我们采取所要求的绝对悬搁的态度，那么我们就不利用任何事先被给予的认识，如果我

---

① 参阅以下讲座（第146页）〈下文第195页以下〉。

们将一切都搁置起来，那么，我们当然什么都没少，但是我们也什么都没有了。我们没有一丁点儿认识。我们应该有认识吗？我们应该能够获得认识吗？**悬搁自身当然并非已经是一种方法，它至多是一种方法的组成部分。**这里如何建立一种现实的和完全的认识方法？我们必须搞清楚这一点。方法的可能性首先保证了学科的可能性。这种处境首先表现为令人绝望的。一切认识都应该是成问题的。但是，**我们所寻求的认识论的认识当然也是认识。因而，看起来需要认识论**，以便获得认识论。看起来这就证明了，认识论在原则上是不可能的。

让我们考虑考虑。笛卡尔式的怀疑考察有价值的核心或许能帮我们走出一步。但是，在我们进入其中之前，我们应该可以说：认识论只不过是**认识的一种自身理解**。

现在，很显然，为了照亮认识的黑暗领域，为了解决它自身向我们提出的问题，我们不能采取认识之外的立场。只有在认识中我们才能够澄清认识。现在，如果一切认识对于我们来说都成了可疑的，或者，**如果认识一般对我们来说成了问题，那么其中就已经包含了一种认识**，并且是一种绝对无疑的认识：**认识一般是成问题的**，或者说，认识一般包含了这样那样的不清楚性，并且由此成为一个问题。进一步说，同样明见的是，只能是在认识中，问题才能得到解决，所寻求的认识的意义才能得到展示。由此，当然无疑的并且完全明见的是，关涉一切认识的疑问也涉及（如上所述）包含了那些对认识自身的反思的认识。不过，这并不是说，那些对认识的意义和可能性的反思是无意义的，并且必然没有结果，而反思由此开始和发展的明见性不是明见性，不是认识，而是可疑之物。

认识澄清必要的向自身的返回关涉显然是属于认识本质本身之物。在这里，引入人类认识令人遗憾地是愚蠢的这一想法，或许是轻率的和原则上错误的。如果我们诉诸一种观念，它展示了认识论的一个重要的界限概念，诉诸绝对完善的、"神性的"认识的观念，诉诸这样一种观念——这意味着我们在此并没有预设神存在——，那么很显然，即便对于绝对完善的认识来说、对于神来说，对认识意义的追问也具有理性的意义。并且，即便对于一位神来说，认识问题的解决也只会在于一种向自身的返回关涉的认识批判，因而会在由它自己的怀疑首先一并涉及的系列认识中进行。

进一步说，要注意到：它的立场不是独断论意义上的怀疑论的立场，后者事先就否认了认识；它的立场不是原则上中止任何判断的悬搁立场，而是就事先被给予的和仍未洞明的认识而言的，更进一步说，是对带有问题的认识的悬搁立场。它的立场是设问的立场，在这里，它承认，它不理解认识。并且由此，认识论者恰恰从这一陈述开始：我不理解认识，因而，我不可以预设任何东西，不可以不加考察就让任何东西作为事先被给予的而起效，并且加以使用（实际上，在任何科学中我都不可以这么做），我必须首先自己澄清它。他进一步问：在整个认识领域中，是否首先会有这样的东西，以至于它不包含任何让我感到烦恼的不清楚的东西，它的意义完全清楚，它毫无疑问不包含任何可疑之物，因而它能在认识论上加以使用？

当然，一开始，我们以未规定的普遍的方式将一切认识说明为可疑的。因为，被在对事先被给予的认识的解释中悖谬和明见的不一致性搞糊涂之后，我们开始明白，认识并不立刻就是可理解的事情，因而是一个问题。但是，然后我们就再进一步。我们想要在认识领域中（在同样先于批判，但是以未规定的方式的可疑的全部认识领域之中）有所导向。我们想要看清楚，我们是否遭遇这样的认识情况，它们在确定的和直接的考察中展示为绝对的被给予性和无疑性。它们必然是这样的，以至于对它们而言，任何的怀疑都是无的放矢，任何涉及它们的"意义"和可能性的可能问题因而都得到了回答，只要这一问题被提出；就它们而言，不能以可理解的方式谈及不清楚性。在这样的情况下，人们能够看清楚，什么相应于运用在它们上的认识概念，比如存在、真理等等，在这里，什么是它们的自明的和绝对清楚的含义；之后就能够确立它们的意义，只是有所保留，它或许是一种狭窄的意义，这种意义将在扩展洞明清楚的例证领域时展示为一种单纯的类型。如果我们这样一步一步前进，那么我们就获得了一个更加稳固的基础，它最终包含了全部绝对清楚无疑的领域。在这里，在这一基础上，一切认识概念的意义必然最终得到验证，并且由此导出充分的清晰性和严格的相适性。

〈b〉现象世界作为绝对无疑的被给予性领域〉①

在上一讲中，我们提出问题：如果认识论的设问立刻需要我们的悬搁，那么认识论一般如何可能？中止判断当然不是获得认识的方法，它至多是方法的组成部分。中止判断只能是暂时的和过渡的，或者并非在所有方面〈都是〉无限的，否则我们就无法获得一丁点儿认识，遑论一门整体的认识论。但是认识论的处境看起来

---

① 参阅附录 A IX：认识论的无预设性・并非所有认识都附有超越问题（第368页以下）。——编者注

如此可疑,以至于它要求我们的绝对的怀疑或者绝对的中止判断。实际上:**认识一般应该是成问题的**。但是,我们所寻求的认识论的认识当然也是认识。**因而,需要认识论**,**以便获得认识论**,因而(我们应该如何摆脱它?)认识论原则上是不可能的。但是,如果认识论原则上是不可能的,那么,人们很快就可以进一步论证,认识一般仍然是成问题的;因而,对于我们来说,不可能有严格确切意义上的认识、无疑问地确知真理的认识;因而一切都是可疑的,绝对的中止判断是唯一理性的实践后果。

但是我们陷入何处?当然,这就是沾染上了它的所有悖谬的独断怀疑论。我们如何可以——这当然是纯粹的悖谬——将认识一般的可疑性设立为无疑确定的,并且可以说以一种无疑的方式来论证?如果一切都是可疑的,无物可以有理由严肃地被主张,那么我们刚刚提出的这一理论就也不是能够严肃地被主张的了。

我们不可以这样推论。我们必须注意到,命题"一切认识对于我们来说都是成问题的"是歧义性的,也就是说,"成问题的"、关于"在问题之中"的说法是歧义性的。不应该说:认识,真正的和本真的认识是没有的,认识论对于任何认识来说首先要决定,它是否有效,它事先缺乏那种内部的证成。一门以这种方式开始的认识论当然是悖谬的,然后,认识论自身也需要认识论,以便能够提出有效的主张。一般来说,悖谬的是,任何认识的正当性首先要依赖于认识的某种正当性学说和某种其他科学的成果,就好像,在咨询后者(它作为科学自身当然是认识)之前,不可以合乎正当地提出任何主张。肯定正确的是,逻辑学设立起任何认识都服从的法则,认识批判给予澄清,一切认识都服从这些普遍的法则;但是,这不是说，在逻辑学和认识批判被构造并且引为规范之前，就没有认识是认识，没有认识包含正当性显明。

一切认识对于我们来说都是成问题的，这意味着：在反思认识和科学时，一方面就认识的主观性而言，另一方面就认识内容的观念性和客观性而言，我们陷入了迷茫。我们不理解，对象本身如何能够主张自为地存在着，并且认识本身如何能够主张，在其主观性中使一个自为存在成为一个为我存在，在认识中切中对象。我们不理解，认识行为的含义内涵作为命题如何应该是观念的统一体（并且，正是命题本身主张是观念的统一体），并且这样的观念的统一体如何应该内在于主观行为之中。在对认识加以反思时，我们在这方面陷入各种伪理论之中，比如心理主义的、生物学主义的、相对主义的，它们在某方面貌似合理，甚至有理有据，但是在其他方面则陷入明显的悖谬。

我们想要帮着自己从这样的迷惑中超拔出来。我们看起来倾向于进行某种悬搁。问题涉及科学可能性的一切原则、它们的整个逻辑结构（根据含义和含义形式）、它们的存在论的奠基、它们的意向活动的评价。因而，我们不可以将任何科学作为基础，不可以将科学上得到论证的事实或者法则性视为事先被给予的、已知的、对认识批判的目的来说可利用的。这并不是说：所有这些都是错误的，一切科学都是无价值的。并且，这样说尤其不正确：我们一般不可以再有所陈述；如果甚至不允许科学的陈述，那么就有理由不允许科学之外和科学之前的陈述了。这样，我们当然可以**陈述说，我们陷入这一迷惑中**，这是确定的，**这是绝对确定的**，在反思中，认识提出这样那样的问题，这是这样一个命题，当然没有任何

第二编 意向活动学、认识论与现象学 257

事先被给予的科学需要论证它,并且也不需要提出它。

我们使认识,最广义的思想一般意义上的认识和狭义的认识思考意义上的认识成为问题。我们寻求获得这样的认识,它们关涉认识,它们向我们澄清了对象性的认识的可能性和认识的对象性的意义。这当然是一种完全合法的研究,首先是在自然的意义上来说,并且不考虑对认识的可能性的怀疑论的怀疑。我们不仅实施认识,我们也可以反思实施的认识,使它们成为反思中的对象,陈述它们,比较它们,划分它们,等等。我们可以在认识中就像处理其他对象那样处理认识。认识可以在不同的方面是认识研究的客体,为什么不也可以在现在纠缠我们的那些困难方面是认识研究的客体呢?如果这些困难,这些一切认识纠纷中最令人痛苦的困难,在我们心中唤起了怀疑论的倾向,也就是倾向于怀疑,是否我们现在一般可以敢于进行某种认识,主张某个事实为真实存在的,**那么,我们就诉诸笛卡尔的基础考察,它实际上一开始就属于认识论**:绝对的普遍怀疑是悖谬的,我可以怀疑一切科学,我可以怀疑自然的存在(我的自我的存在),我可以怀疑任何东西,但是,在这样怀疑时,我不可以怀疑,我在怀疑。其中也已经包含了之前已经利用的东西:在感觉到对认识的迷惑时,我不可以怀疑,这一迷惑是⟨某⟩物,这些不清楚性存在着。

不管这类认识或许看起来如何微不足道,它们是认识,在它们之中对象性是确定的,并且是绝对无疑地确定的:恰恰是这些对象性对于我来说必然是绝对确定的,如果我应该能够有意义地去进行认识论研究的话。自然是否存在,人是否存在,我自身作为实在的、在时间之流和世界关系的交织中同一的人而存在,所有这些都

198

遭受认识论的怀疑，所有这些都必须被搁置起来。对认识论来说不涉及，我们在这方面严肃地进行怀疑。但是对于认识论研究的目标而言，我们不可以使用它们。自然的存在是成问题的，倘若自然——它是其所是，不管它是否在主观性中被认识——的自在存在就意义和可能性而言是一个问题的话。

但是，即便我们实际上怀疑它，有一点是肯定的，即，现在，当我怀疑或者设问时，这样一些感知（也就是这些现时进行的感知）存在着，在它们之中这样一些对象向我显现，同样，"自然科学"这一思想存在着，自然科学作为现象存在着，并且当我恰恰当下化这些或者那些理论时，这些理论现象存在着。**任何的科学、任何的理论、任何的认识不是作为有效性，而是作为有效性主张、作为有效性现象存在着**。作为认识论者，我也常常进行相关的感知、思想、理论表象等等。我赋予一切科学和一切相关的对象性比如自然、心灵、神以可疑性特征，这样，我将所有事情作为现象保留下来。**我能够自由支配这一现象世界**，现象作为现象存在着，并且能够就其内容和意义而得到考量。

如果我不理解，主观感知如何能够实际上感知一个实在对象，如何能够以其方式在认识中把握它，如果我怀疑，它在何种意义上能够这样，如果在我的迷惑中，我甚至怀疑，它是否还有一点儿能够这样，那么，我毕竟还有感知。它是一个绝对的这里的这个（Dies-da），对它的存在的怀疑是无意义的。

在这一研究中，我当然总是进行着认识。当然，需要认识，以便澄清认识的本质，这一点是自明的并且植根于认识的本质之中。我们之前已经说过，在这里看到人的认识的某种限度会是无意义的,既然任何的认识,甚至神的认识,也只能在认识行为中规定认识的普遍本质,由此,任何认识论,甚至绝对的神的认识,也关涉自身:认识论研究的认识行为作为个别情况服从它客观地确立的普遍的认识澄清。但是,这一情况不必让我们感到不安。实施的认识不从超越的可疑之物领域中利用任何事先被给予的和在认识批判上其可采纳性方面未加检验的前提。每一步都在一个原则上被体验到的并且在这方面持续得到检验的领域中进行。笛卡尔式的基础考察给出了无疑的领域:**现象**领域,进一步说,认识现象的领域。现在,是时候对它们提出问题,进行分析,并且加以澄清了。在此之中,一切科学展示着,不是作为被给予性本身,而是作为现象,不是作为有效性,而是作为有效性显现、显现着的有效主张。这一显现可以像任何其他的显现一样来被分析。当然,认识行为、表象行为、判断行为、概念固定和规定行为——研究自身在此之中进行着,它自身在此之中构造着,并且这些行为对于它来说不是客体——是实施的认识行为,而非被批判地分析和检验的认识行为。

当然,也需要反思对实施了的研究的研究。除了澄清自然认识,也需要澄清认识批判的认识,需要考虑它自身是否提供了新的认识事件,并且是否第一阶次的澄清就已经包含了一切第二阶次的事件允许澄清的东西。

如果有人对此有所担心,既然原则上能够一再地发起反思,那么,进一步的研究就事关是否产生了普遍的明察,它们是否排除了无限后退[1];但是,至少研究总是一再具有意义和内在的正当性。

---

[1] 黑格尔。

它不想首先先于认识并且没有认识而来论证认识,而是想要从一开始就在认识中使认识自身成为客体,并且就带来了迷惑的那些方面澄清它。但是,这样的研究是可能的,更进一步说,没有一切自然主义的事先被给予性和它们导致的悖谬,这一点很清楚地从我们的思考中浮现出来。反思是绝对明见的认识的基本事实之一,并且反思的现时现象存在的绝对确定性①给出了范围,并且给出了我们用来解决问题所需要的一切东西。问题的本性在于,它必须纯粹在绝对无疑的被给予性领域自身中进行,即这样的被给予性,它们必须被指明并且在这里被视为绝对的。这一研究的本性在于,它不可能以假设和超越的基础来操作,而不会变得无意义;它甚至不能让得到证成的"理性的自信"这一假设起效。纯粹的观视和在纯粹观视中的分析无须任何假设,即,理性的自信不说谎。这一研究也根本不需要任何像理性那样的神秘概念,它只操作它直接把握到并且直接分析的现象和现象的类型概念。

〈§35 认识论的与心理学的研究方向之间彻底的区分〉

〈a）心理学作为自然科学附有超越问题〉

现在,让我们回到认识论和心理学的关系问题上来。人们或许会说,认识论的研究本身是作为心理学的研究而进行的,这不是

---

① 为此我需要现象的存在吗?

自明的吗：方法不是完全明显地是一种心理学的方法吗？认识论者回到根据笛卡尔式的怀疑考察通过内感知的明见而被给予他的现象。他将外部自然的对象搁置起来，但是行为、他的主观思考行为，对自然对象的感知、判断、揣测的主观行为，它们在内感知中被给予他，在这一内反思中他使它们成为研究客体，因而，他分析他的感知、他的表象、他的判断，一句话，他进行心理学的分析。①

新康德学者和新费希特学者利用康德—费希特的论证来反对任何将心理学掺入作为心理主义的认识论的活动，并且坚信超越论的方法，他们不免将我的回到现时现象的认识论的要求和我的总括性认识分析污蔑为心理主义。此外，心理主义的经验论者幸灾乐祸地说（这是怎样的一种悖谬）：《逻辑研究》第Ⅰ卷是一本真正的反心理主义手册，认识论通过心理学来论证，这一点全面地被反驳了，心理主义被大量的论证所打倒。但是在第Ⅱ卷中，一旦开始现实的认识论研究，它就愉快地复活了。这一卷所提供的就是心理学。

批评比研究更容易。翻开书本并且从某些立场出发（也就是说，从某些根深蒂固的偏见出发）进行审查，比深入实事的内部意义和要求更容易。康德学者看不到现象学，经验论者看不到认识论。人们可以写关于认识论的大部头著作，并且还无须为此看到认识论的本真的问题和方法。因而，让我们让实事说话。

心理学是一门自然科学，它是关于精神生活事实的科学。它是关于体验着的心理个体、关于人的人格、关于动物等的科学，也

---

① 不。

就是说，关于自然事物的科学——它们显示出这样的特性，不仅作为所谓的躯体具有物理属性，而且作为身体也体验、表象、感知、判断、感受、欲求、意欲并且相应地行动。就像物理事件是实在时空的自然的事件，心理事件也是如此；它们具有其客观的时间位置和客观的时间延续，这些时间位置和时间延续能够随时为坐标和其他的衡量工具所客观地规定。通过与一个物理身体关联起来，它们也间接地关系到客观空间，间接地关系到它们的空间位置，虽然没有空间延展。

就像物理自然科学根据其来来往往、根据其共存和演替的法则性、根据其个体和经验—种属的类型、根据其形态学的普遍性、根据其特有的形态学的发展研究自然中的物理世界，换句话说，就像物〈理学的〉自然科学就物〈理之物〉将自身建立为宇宙志（地文学）、自然史、实验的和理论的物理学，心理学的自然科学同样如此：它是生物学，是（在宽泛意义上的）心理之物的自然史，比如作为性格学、社会学，并且它是实验的和理论的心理学和心理生理学，本身不关注个体和社会生命的具体的形态学的形态，而是关注抽象的基本法则，这些法则允许对心理生命的复杂形态及其对物理自然事实的依赖进行因果—发生的和理论的"说明"。

心理学曾经总是这样的，并且心理学将总是这样的。如果这一心理学概念尚未形成，那么它必须被发明出来。但是首先，没有心理学曾经是任何别的东西，并且想要是任何别的东西。我们必须坚持这一概念，而非任意地随我们所愿把完全不同的东西强加给"心理学"这个词。

因而，心理学是自然科学。它作为自然科学发展起来，并且，就像任何自然的和客观的科学,它是超越着的科学。它不比物〈理学的〉自然科学更不是这样的超越着的科学,此外,它也处处与物理学的自然科学交织在一起。世界是一个统一体,并且在其统一体中包含了无机的和有机的存在者、无灵的和有灵的存在者。

　　一旦产生,超越的问题就使得整个自然变得成问题,它必须被搁置起来。整个自然:物理的和心理物理的自然,其中也包括心理的自然。当人们想要说,并且人们也常常这样说,物理自然是超越的、是一个基础,这从根本上是错误的。与此相反,心理学的客体在内经验中直接被给予。心理学是关于心理显现的科学,心理显现是直接被给予心理学家的,至少他自己的心理是这样的。这里已经表现出了认识论和心理学原则上的混淆。如果心理学家不同时并且出于历史偶然的原因而是职业哲学家,那么这样的评价也不会落在他们头上。

　　心理学处理的"心理显现"是什么,并且是在这种意义上,即,定律和法则是为它们而寻求和设立的?它们不是属于人、人格、动物等的显现吗?它们不是具有客观的时间位置的显现吗?是做出关于它们的在客观时间中的来来往往,关于它们的在客观时间和自然关联体中的因果关联的陈述,并且寻求认识吗?人们会想要将希普计时器、复合钟和其他的优良工具排除出心理学家的实验室,并且禁止使用它们吗?现在,我要问:客观时间、客观时间延续、人格性、作为显现的承担者的同一自我,所有这些都是在所谓的内意识中被给予的吗?它们难道不是超越的,并且这不是使得心理显现——它们作为自我的、经验人格的客观状态,恰恰作为实在之物的客观状态被研究——自身成为超越之物了吗?

但是，关于认识论，我们知道，它必须**在所有超越方面**进行**绝对的悬搁**，这样，它的意识分析不可以处理心理学所处理的一切，并且它不是在心理学所为的意义上，也就是说，在处处负载着超越的事先被给予性的意义上处理心理行为，处理感知、表象、思想、明察等等。

〈b〉在心理学的起源分析与认识论的澄清之间悖谬的混淆〉

心理学家和心理主义的认识论者倾向于在"认识的本质和起源问题"这一标题下把握认识论问题。其中一个标题把握描述问题，另一个把握发生问题。如果我们对认识的意义和成就不清楚，那么现在我们必须进一步看清认识，透彻地分析研究它；我们必须区分不同类型的思想体验，就它们的本质因素和它们的联结形式依次分析它们。我们想要让在反思考察中含混不定的逻辑学概念落到实处，我们想要知道，它们在逻辑学思想和认识中真正意味着什么，我们想要澄清它们：这意味着，我们想要回到它们的起源。概念一开始是〈一个〉具有摇摆不定的含义的语词；这些语词是符号，它们在实践生活和科学中逐渐获得含义，并且逐步改变它。符号原初具有与某些直观、某些理智生活事件的关涉。我们需要追寻它们，并且显示出，这些象征如何获得与它们的关系，它们如何交替着获得一会儿对这类、一会儿对那类心理事件的关涉。描述心理学需要描述这些事件自身，并且，如果它们是具有逻辑功能或者已经获得逻辑功能的事件，那么，超出描述，我们还需要以发生的方式展示和说明，它们如何具有这一功能。

一种理智功能是一个理智生物的功能,它属于各种生物学功能,这些功能实际上都与植根于适应和遗传的种类保存之间具有目的论关涉。比如,认识论者问,逻辑必然性是什么?对此,我们或许一方面要研究"必然性"这一语词含义的起源,另一方面,既然我们〈触〉及将判断区分为被刻画为绝然的判断和并非如此的判断,我们就要问:这一区分的起源是什么?思维必然性、绝然性的意识来自何处?什么给予它以它的逻辑尊严?

智慧的英格兰人 H. 斯宾塞——他被视为在我们的时代全世界最伟大的哲学家之一——回答说:在必然性意识中有无数的、由前代积聚的经验的积淀。① 这些经验看起来在我们的机体中通过作为易感体质的身体遗传而积聚为某种关于事物的观点。恰恰这些我们感受为思维必然的观点展示了以这种方式保存的前代的结果,并且出于这一理由而以完全不同的方式是确定的,它们对于我们的认识来说具有不同于单纯通过我们自己的经验而觉察和确保的价值。只有它们可以主张绝然的确定性。

谁和我们一直同行,他就不可能重视这样的高论,并且必然禁不住爆发出恶意的讥笑。心理学—生物学的起源会让我们明白认识的尊严吗?这一理论的确活生生地让人想到永动机的发明。每一个这样的发明者都会笑着对我们说,万事都已具备,机器是完美的,只是在一个地方缺少一个小东西,一个总是这么做的东西。但是,斯宾塞甚至没有注意到在那里缺了它。他从哪里知道关于遗

---

① 斯皮尔(〈A.〉Spir),《《思想与现实性:改造批判哲学的尝试》第一卷,《无条件之物》(*Denken und Wirklichkeit, Versuch einer Erneuerung der Kritische Philosophie. Erster Band. Das Unbedingte*),莱比锡,1877 年〉第 I 卷,〈第〉230〈页〉。

传和世代积累的经验的事情,这些世代总是一再经验到相关原则——它们现在作为先天的和绝然的确定之物而照亮我们——的内容?[①] 认识的永动机缺乏这一小东西。当然,如果这一遗传理论一般来说为真,就只能由根据绝然的原则以逻辑的方式进展的思想来论证。我们只能逐步在对它的绝然性的意识中体验这一理论的价值。因而,它预设了它首先想要论证的绝然的必然性得到论证的价值。但是,对斯宾塞的批判并不是主要的事情,考虑这是否是它唯一的悖谬也不是主要的事情。至少很容易明察,不仅这一理论,而且**整个对心理学起源的问题和认识论澄清的问题的悖谬混淆**都是糟糕的。这一理论要被钉在耻辱柱上,因为它的错误太明显,而它竟然可以由一位需要严肃对待的哲学家提出来。

对心理学的发生和认识论的澄清的普遍混淆是另一回事。这里,混淆的动机从历史来看是非常明显的。这样,近代最伟大的批判哲学家们都已经陷入这一混淆之中,笛卡尔以他的关于天赋观念的学说已经如此,洛克,这位现代心理主义的先驱已经如此。人们只需翻开洛克的著名的、真正伟大的著作,并且以通过理解认识论问题的真正意义而得到磨砺的眼光看穿它,并且人们注意到两个本质上不同层次的问题的混合:一方面,心理—发生的层次,针对人和动物的不同心理功能,尤其是理智功能的心理学和生物学

---

① 尼采,第 14 卷,第 13 页〈尼采,《遗著:出自重估价值时期的未刊稿(1882/83—1888 年)》(*Nachgelassene Werke*, *Unveröffentliches aus der Umwertezeit* [1882/83—1888]),尼采著作第二部分,第 14 卷,1904 年〉:"显然,我们的最严格和最习常的判断具有最长的过去,因而是在无知的时代中产生和固定——所有我们最相信的东西,看起来恰恰就出于最糟糕的理由被相信。经验证明,人们总是很容易接受它,就像现在还有一些人,他们想要通过经验来'证明'神的善业。"

的发展；另一方面，认识论的层次，针对科学理论的基本概念，也就是说，针对澄清认识的客观有效性和由认识的本质规定的对象性的意义。从后者即认识论的角度来看，人的理智的发展史与对在这一发展中的关联体的因果说明完全无关。它也根本不涉及认识论。它事关作为自然科学的心理学，它总体和具体上属于以认识论的方式质疑的领域，并且对于认识论者来说意味着一个绝对的悬而未决。我们需要遵从一种严格的悬搁，因为这里面对的超越总是并且处处是我们的问题。想要通过因果—说明的科学，并且一般通过自然的和超越的科学来成就认识论，可谓愚蠢之极，人们必须完全澄清它的悖谬。

〈c〉认识论也不是描述心理学〉

但是，现在你们会反对说：发生的、以因果的方式说明的心理学当然不能为认识论所用。理智现象在心理学的、心理物理学的、生物学的关联之中的产生显然不同于对认识的意义和客观说服力的澄清。比如，感知通过心理物理过程的因果性的产生，之前的感觉影响禀赋产生的效果显然对此问题无所教导，即，感知是否以及如何充当对所谓自在存在的对象的直接洞察，它如何能够提出这一主张，并且可能持有这一主张。当然，如果我已经将其看作一桩事先被给予的事实而知道，在我之外有物，它们通过我的感官影响我，那么我当然可问，在这里的心理物理过程是何种类型的，我如何由此而能够感知这些外部事物，并且恰恰带着那些我所具有的规定性，而非带着那些独立于这一心理物理的因果关联而被归于这些事物的规定性。但是，如果我没有任何事先被给予的事实，如果我澄清了,这一事先被给予性在某些进一步的表象、判断,简单地说,纯粹的主观现象中存在,它们的意义恰恰就像任何感知的意义一样受到质疑,那么,我就不能利用对刺激、感觉和联想过程的心理物理学的认识。这类东西都属于自然科学,属于心理学和生理学,并且和所有这些科学一道都属于可疑之物的范围。因而,很显然:因果—说明的心理学及其关于认识行为的起源的学说至少够不上认识论的研究。

但是,我如何能够避免描述的、纯粹描述着的心理学呢? 虽然,我们甚至谈及,从在反思状态中混乱的认识概念,比如纯粹逻辑概念或者意向活动的概念,返回到体验,返回到在内意识的明见性中被给予的现象,它们在此之中具有其原初的抽象基础。分析这些现象,探寻它们的目的论的关联,就在此完全直观的被给予之物而进行相即适宜的抽象,我们就获得了含义、命题、判断、明见性等的"本真的"意义。在全世界中,体验、行为(人们甚至说,并且很难避免说,"心理行为")如何不会是心理学之物呢?它们在此之中被把握的内意识当然也是心理之物;心理学家处处把它用作内感知,当他在研究中审视他的现象——其中包括理智现象——时。并且和认识批判一样,他也必须描述、划分、分析这些现象,等等。因而,它们肯定部分地具有共同的工作领域,并且,如果这一领域由心理学来处理,并且如果它作为原畿域属于心理学,那么现在很肯定,认识论建立在心理学之上,进一步说,建立在描述心理学之上。

当然,人们可以以不同的方式理解描述心理学。如果心理学家筹划一门性格形态学,关于不同的脾气、不同的联想类型(我想到视觉类型、听觉类型等)的形态学,那么,他就在描述。人们不会称这类事物为发生的心理学,而是称之为描述的心理学。这些描述当然必须被剔除。认识论上有意义的和基础——心理学的领域是**单纯现象的领域**,是作为纯粹内在——正如它们在内意识中带着笛卡尔式的明见性而被观视的那样——的现象的领域。人格和他们的性格、他们的禀赋特性等不是这种意义上的现象。人格—显现是一种显现,但不是人格,遑论他的在杂多行为和行动方式中显示,但不在它们自身之中的习惯禀赋。事物显现作为流动的体验可以在内意识中被把握。但是,习惯状况、禀赋、性格则不能。因而,这一观察表明,**我们需要一个狭义的描述心理学概念**。只有一个保持在现时现象领域中的描述——注意(nota bene),笛卡尔的能思这一严格意义上的现象[①]——才可以是标准性的。这一界定如何能够对我们处在心理学之中这件事有所改变呢?

与此相反,首先要再次指出基本要点。只要描述心理学是真正意义上的心理学,它就和发生—因果的心理学完全是一类的,不管我们如何严格地界定它。正如后者那样,它也不可以被主张,既然它包含了超越。**并且,它现实地包含了超越,只要它无论〈如何〉还是心理学。**

当然,心理学家也必须描述、划分、分析内感知体验,并且,这当然是他必须做的第一件事,不管心理学在这方面犯下了多少过失。在内经验中,并且只是在此之中,他直接面对心理之物。正如物理学家从外经验出发,并且首先从外感知出发,由此,物理之物直接在他面前,心理学家从内经验出发。**但是只要心理学家还是**

[①] 在行为和被意指之物本身的双重意义上。

心理学家，内经验的被给予之物对他来说就还是自我——被给予之物，并且，这意味着一个体验着的人的体验、一个自然的事实（它在自然中有其位置）、它的客观时间性、它的客观时间延续、它的客观此在、它的生和灭。他并不总是需要利用计时器和其他工具来规定客观的时间性。自然研究者也不这么做，也就是说，当他形成普遍的概念、做出普遍的判断时，当他分类时，当他从事形态学时，等等。但是这并不改变，对他来说，他的客体被视为自然客体，被视为在客观时空中的事物，虽然这样的事物常常也可以以未规定的普遍的方式来被思考。这样，这些现象也被视为体验着的有机个体的体验，当心理学家处理它们并且收集关于它们的认识时，它们被视为在部分是物理学的部分是心理物理学的自然领域中的事件。作为这样的事件，作为人的状态，作为人的经验事实，所谓的内经验的事实，它们因而根本上与认识论者无关，除非以和其他自然事实，比如物理事实同样的方式与他相关。不是这些事实自身，而是事实—现象、事实意识，作为感知意识、想象意识、判断意识等①才是认识论者的领域。并且，心理事实的情况恰恰同样如此。可以使用的不是它们自身及其超越内涵，而只是在此之中构造对超越之物的关涉的意识，**只是绝对现象，它不包含任何超越，并且由此也没有任何被刻画为心理学事实的东西。**

我们也可以这样来说同一件事，心理学家进行经验的客体化行为或者经验的统觉，并且进行经验的判断，并且，他的研究由此活动在经验客观性领域之中。这一点在适用于每一位自然研究者

---

① 但也是在被感知之物本身、被思考之物本身意义上的事实—现象。

的同样意义上也适用于他。与此相反,认识论者——对他来说,经验统觉就像任何超越之物一样,都是成问题的——就任何经验判断都设定它们是悬而未决的。代替经验统觉或者客体化活动,他进行现象学的统觉,由此,经验统觉和在此之中进行的经验判断蜕变为单纯现象,并且由此,一切对超越的判断设定都被排除了。至于这一排除活动和现象化活动,我也倾向于称之为**现象学的还原**。

〈d〉现象学的还原作为排除任何经验统觉与一切超越信仰〉[①]

在这里,我想要向你们澄清的在一方面认识论和现象学的研究方向与另一方面心理学和自然科学的、经验的研究方向之间的区分有点困难。它们一开始看起来很是让人摸不着头脑。但是,**哲学的真正的阿基米德点**就在这里。这涉及一个细微差别,但是涉及的是这样一个细微差别,它对于一门可能的并且唯一可能的认识论,并且由此一门真正的哲学的构造来说是决定性的。此外,它不仅仅涉及对理论理性的批判,而且也涉及对整个的,甚至评价的和伦理的理性的批判。因而,重要性是可想而知的。这样,我恳请你们高度集中精神。现在,我们想要以系统有序的方式来考虑一遍实事。

合乎自然的方法上的出发点——由此获得现象学统觉的立足点——是心理学或者,同样地,经验—自然的统觉。对我们来说,在先的是($πρότερον\ πρὸς\ ἡμας$)是自然意识。认识论必须——这

[①] 参阅附录 A X:批判的与现象学的执态(第370页以下)和附录 A XI:外感知、内感知与现象学的感知(第371页以下)。——编者注

是它的第一步——让我们从自然意识提升至哲学意识,从经验意识提升至现象学的意识。

因而,我们首先谈及"体验"这样一个表达,它因而涉及体验着的自我,体验着的个体,精神个体。我想要知道,认识关涉一个对象性意味着什么,这样的对一个对象性的关涉如何可能:现在,我进行认识,我考察,我深究它。我回到我的认识体验,我区分感知、回忆、期待等等。我体验它们。我考察它们,由此,在这一考察中,在内经验的考察中,我意识到,它是我的体验,我在与我自己的关涉中将它们把握为我的心理行为或者状态。它们本身以经验的方式站在我面前,也就是说,在信仰中,在信念中,在最广义的判断中;正如我也可以带着信念说出:我体验这一感知。这就像是,在考察一个外部事物或者它的运动状况时,恰恰这一事物在信仰中面对我;在外经验中,我感知事物、事物的变化,并且以判断的方式设定它们为存在着的,在内经验中,我感知我的体验,比如我的感知,并且设定它们为存在着的。但是在此,这一感知是作为我的感知,我的:这意味着每个人都设定为他的自我的东西,人格,他在某时出生,有父母,等等。

现在,让我们逐步进行**现象学的还原**。这一自我属于有疑问的、超越的领域。我将它搁置起来,我将刚刚进行的判断设定转变为一个设定现象。我让自己进入与它的关系,就好像进入与一个信仰的关系之中,我自己想象进入这一信仰之中(就像我说到他人的错误信仰),并且我不分有这一信仰。我悬搁信仰,既不肯定地也不否定地做判断。然后,我就具有了自我现象。当然,这一悬搁进一步关涉整个自我的自然关系,关涉我的出生,关涉我的父母,关涉我的物理环境,关涉具有客观时空的整个世界。一旦这类事情进入我的意识之中,我就总是进行还原,或者说,悬搁。但是,无须现实的悬搁,以下活动就足够了:我可以相信,但是在批判的考察中,在整个认识论中,不使用任何超越信仰。它只可以用作客体,用作澄清的对象(或者用作一类澄清的例证),绝不能将它所相信的东西、事态的成立、实事的存在接受为有效的,并且建基于此。

现在,我有感知,它在关涉被经验统觉和被经验设定的自我时向我展示为只是一个总括现象的组成部分,"自我的感知"这一现象的组成部分。我已经排除了在自我—关涉这一面的一切经验设定。只要关系到的是感知,比如对这一教室的感知,只要它是现时的自然的感知,这一感知就是一个信仰,它将以感知的方式显现的教室设定为现实此在的、向我当下呈现的。我再次以现象学的方式还原这些超越信仰:桌子的现实此在被搁置起来。悬而未决,我排除这一信仰。我不使用它,感知就成了"感知"现象。还留下什么呢?现在,我不断谈及我的活动、我的信仰、对信仰的悬搁等等。在这里,相对于你们,我将这一活动陈述为我的活动。当然,所有这些都悬搁了!你们的存在,我的自我和我的活动的存在:所有都是单纯的现象。并且,如果我现在研究这些现象,不管是自为地,还是就它们的相互交织而言,并且不断将我自己保持在现象学的领域之中,绝不允许任何的超越性假定,而是毫不犹豫地给每一个假定都打上现象化的标记:那么,我仍然在心理学之中吗?[①] 或许你们会说:事实上,它们还是我的,是认识论者的现象。每一位认

---

① 参阅关于现象学的发现和不同意义上的发现的一页页张,载于"附录与修改"(参阅附录 A XI,第 371 页以下)。

识论的研究者都是一个心理主体。研究只在个别的心理主体中进行，不超出他自己去把握和信仰。但是，即便相关的研究者实行了他的现象学还原，那么，他观视的所有东西仍然事实上是他的个体体验，并且他的观视自身也是一个个体体验，并且他自身仍然事实上是一个人。因而，所有这些都是心理的和心理物理的东西。

〈e）能思的明见性不是自然事实的明见性〉

我已经在上一讲中描述了认识论的还原。我们以最严格的方式逐步排除一切超越，没有任何信仰、没有任何判断设定——它们将这类事物设定为现实的——可以起效。我们谈及**判断悬搁**。但是，在这方面要立刻补充说，正如我们之前已经强调的那样，这并不涉及判断是否真正被扬弃，是否在通常意义上现实地被悬搁，而只是涉及，它在整个认识批判研究领域中不起作用，它在它就一个超越而言视为真的东西方面不被使用。我们无须放弃我们感知的心理的和物理的现实性，关于它们我们具有杂多经验的和自然科学的知识，我们无须有一点严肃的怀疑，这类事物是否存在。这一存在的意义和对这一存在的认识的意义受到质疑，并且由此，我们在认识论中悬搁我们的判断，也就是说，我们排除它，我们给它打上可疑的标志，它使我们避免将在此之中被设定为现实的事态或者对象做某种理论上的使用。**我们关于超越的一切判断都只能起到我们的研究客体的作用，而非前提判断的作用**。据此，现象学意义上的现象领域包含了每一现时的感知、每一现时的判断，它自身作为其所是，但是无关乎在它之中被感知的、被判断的，在超越的意义上被设定的，或者隐含地一并被设定的东西。

现在，我们在上一讲中以如下问题来结束：如果在还原之后，我们的研究就活动在纯粹内在领域之中、在纯粹现象领域之中，那么，我们就仍然处在心理学之中吗？现在，在这里人们或许会反对说：这些不同于我的认识论者的现象之现象事实上是什么？认识论的研究者是一个心理主体，研究本身在他的意识中进行，他的意识提供材料，因而这是心理学的材料。并且，如果所有他在此观视的东西事实上都是他的心理体验，那么，他所涉及的普遍认识也只是普遍的心理学认识。

然后，你们也可能会接着说：事实上我们——我们在这里以认识论的方式研究的东西——在哥廷根，并且事实上在地球上的哥廷根，并且事实上整个自然都存在，并且自然科学关于它所教导的一切都存在；如果情况不是完全这样的，那么它就会是那样的，正如自然科学的进步将证明的那样。"事实上"！这就是所有的问题！关于这一事实我现在一无所知，让我绞尽脑汁的是是否有"事实"这样的东西的可能性，它成了问题。使某物成为问题，这恰恰就是，将它"放入问题之中"，或者，将任何预判问题的判断搁置起来，直到能够获得正当的决断。由此我根本没有任何"事实"。在认识论之前，在认识论的无辜状态之中，我具有它；在认识论之后，在经受了认识论的问题之火而重生的、回复至其终极的存在价值的自然认识状态之中，也就是在形而上学的状态之中，我们具有它。但是，在认识论之中，我没有事实。在它之中没有超越的被给予性，而只有纯粹的被给予性现象。

因而，可以肯定：不可救药的自然主义者——他不理解认识论的设问，并且没有把握到一切认识之谜中的最深刻的谜——是完全正确的,当他说,现象学家是人,并且他所掌握的现象是他的现象,因而是心理现象,因而,所有他在此所掌握的东西都属于心理学。当然,它属于心理学,如果它被作为某个心理的、某个经验的个体的体验来看待和研究的话。但是,在现象学还原的领域中,它恰恰不是被作为此体验来研究的。它不被视为自然事实、自然过程。它是如此,这一点从现象学—认识论的观察立场来看是无效的。和任何事实一样,这一事实也必须被搁置起来,它不被预设,不被设定为真,并且不可以这样。

在以上进行的思考中同时包含了对笛卡尔式的明见性考察的必要纠正,或者对其意义(它设定了,它必须如何在认识论上被理解,并且不可以如何被理解)的界定。因而,不可以使用作为我的能思的能思的明见性、作为我的体验的体验的明见性,不可以使用"我在"——它在自然的、心理学的意义上确立我的存在——的明见性。我们不可以谈及内感知、内经验的明见性,如果明见性应该标识绝对的、绝然无疑的确定性,它不再包含任何认识论上的可疑性的话,而是谈及在最严格的现象学还原中直接指明的并且在这一基础上可以纯粹内在认识之物的明见性。**绝不可以混淆内感知和现象学的感知**。不可以混淆内在的和超越的总体化,同样不可以混淆心理学的和现象学的对象性。

〈第六章　现象学作为纯粹意识科学〉①

〈§36　现象学与认识论的关系〉

确切地看,通过我们的考察,一个可能的科学研究的新领域、一种新的现象学的客观性、一门新的科学,也就是,**现象学**已经向我们打开了。我们至今完全由认识论的兴趣所引导,如果批判的问题应当得到解决,这就要求排除一切自然的客体化、一切经验的判断,因而,要求现象学的还原。但是,在我们已经获得了现象学的地基之后,我们就很容易看到,一种独特的理论兴趣能够指向一切在这里要研究的东西,即它不想仅仅为了认识批判问题而获得和改进现象学的认识。我们可以说:**没有现象学就没有认识论。但是现象学也包含独立于认识论的意义**,也就是说,独立于揭示那些对自然认识的反思所陷入的醒目错误和混淆的兴趣。

现象学也不仅仅有助于认识批判,而且也有助于实践的以及一般地,评价的理性批判。如果我们转向实践领域,那么我们在这

---

① 参阅附录 A XII:现象学作为意识的本质分析·它与其他先天学科的关系(第372页以下)和附录 A XIII:现象学与心理学·现象学与认识论·现象学的描述相对于经验的描述(第380页以下)。——编者注

里就做了理性的和非理性的实践的所有区分。我们将某些行动判定为明智的、好的、理性的,与之相反,将其他行动判定为不明智的、坏的、非理性的。尤其在道德领域,我们区分伦理上要求的和伦理上禁止的行动,并且人们谈及伦理法则,它们无条件适用于任何行动者。这些法则说的不是,人们实际上如何行动,而是人们应当如何合乎理性地,尤其是合乎伦理—理性地行动。在整个价值领域中情况同样如此。

在理论理性领域中,针对成熟科学的怀疑从未如此激进,以至于认识和科学对客观性的正当性主张会遭到严肃的反驳。但是,这一客观性的意义是成问题的,并且在这一方面的混淆导致误解了这一客观性,并且比如悖谬地把它理解为普遍的人的或者仅仅生物学的,与人的精神状况的发展相适应的东西。

至于伦理学,怀疑甚至更加严重。人们怀疑,是否一般而言,一种伦理的客观性也只是作为一个普遍的人的客观性存在。但是,即便在人们应当得到客观性的地方,人们也会争论,要如何解释它,如何理解它的有效性主张。在这里,在主观的行为中、在主观的良知等等中也应该有一个法庭,它超越主观性而设定和保障客观性。因而,在这里也有相似的问题。显然,在这里我们也被引导至现象学的研究,无关乎现时的现实性,它澄清了正当性主张和与之相关的价值客观性的意义。**实践理性批判针对伦理学,评价理性批判针对关于价值和评价规范的普遍的和纯粹的学说,正如理论理性批判针对逻辑学。**现象学与一切批判学科的关系,如同特殊地与认识批判的关系。但是,这也不就是说,认识论和相应的感受理论和意志理论(或者不同的理性批判)是本质上不同于现象学的学科。

如果我们谈及认识论,那么我们特别注意到对认识,尤其是对科学认识的理解(更进一步说,在反思状态中,并且在客观性和观念性的关系方面)从不同方面产生出来的一些困难。在此,我们想到不同的认识论的立场和说明的尝试,它们一开始很有道理,结果则是荒谬的。我们想到澄清**纯粹逻辑学和意向活动学的必要性**,想到**最终评估一切自然科学的目的**。但是,我们不需要想到所有这些,我们可以直接地以现象学的方式处理认识,研究一切属于它的普遍本质的关系,区分它的不同的本质类型,针对它的客观性的每一种意义,等等。如果我们这么做,那么我们就自动地触及人们(缺乏纯粹现象学的方法)关于认识的意义和成就而形成的那些荒谬的观点,触及那样一些悖谬的理论,人们会陷入其中,既然人们混杂了自然认识和现象学认识:简而言之,触及整个认识论。只是兴趣有些改变:之前是形而上学兴趣——从事现象学是为了它——起主导作用,而在这里,一种独立的现象学兴趣被构造,它为了自身而探寻认识问题,而非为了对科学进行形而上学的评估。**因而,这不是本质性的区分。**这同样适用于与实践理性批判以及最广泛意义上的理性批判相比较的现象学。

现在,现象学这个标题延伸至多远?现在,显然延伸至和一种**纯粹内在的、排除一切超越的研究的可能性**一样远。我们可以说:它是**关于纯粹意识的普遍科学**。①② 因为,在研究后康德的文献时人们会注意到,"意识"这个词虽然常常具有一种经验意义,因而关

---

① 纯粹意识的说法仍是可疑的!
② 是的,但是这是适合行为和感性内容,而不适合"超越的"自身被给予的对象的本质学说。因而声音,持续着的,时间点等。因而保持。

涉经验的人或者经验的生物物种，但是，一种摆脱这种关涉的倾向也并不罕见地显示出来。为什么在认识论研究中，人们不说心理体验，而更乐意说"意识"呢？之所以如此，是因为人们感到，并且偶尔明确注意到，在认识论的起源研究中，理智行为不是以经验的心理学统觉的方式起作用，并且在它背后的是如下事实：实事的内牵引力不为人注意地迫使人们撇开经验统觉，转而考察纯粹现象；这样，人们也倾向于在这方面〈为此〉优先使用一个术语。**现象学或者意识科学是真正内在的哲学**，不同于内在的实证主义哲学，后者谈论内在和局限于内在的要求，但是不知道真正的内在和产生它的现象学的还原。**现象学的任务是，分析纯粹现象**，只要它一般而言是可达至的，设立它们的元素范畴和它们的关联体形式的范畴以及相关的本质法则。但是，现在在涉及这样的学科的可能性时，怀疑出现了。

〈§37 论一门纯粹现象科学的可能性〉

〈a) 现象的个体性在概念上的不可把握性〉

现象学研究在一个**直接观视的领域**中活动。人们所谈及的东西，人们在此所确立的东西，都始终保持在严格内在的范围之中。如果认识论者现在进行这一排除活动[①]，并且，如果他将笛卡尔式的怀疑考察还原到即时给予他的显现，但是不考虑所有超出显现的存

---

① 参阅文本考证评注，下文第488页。——编者注

在之物，那么，他能确立什么？这里，一种科学的考察如何可能？

在素朴的感知、直观、思考和认识中，我对在我眼前的，或者回忆起来的，或者使用一般的语词和间接的象征思想来思考的对象性做出判断。并且现在，我突然想从事现象学。我仍然继续感知着，但是我将被感知的对象放入问题之中，我排除与它们相关的现实性设定，我只是注意感知本身，并且甚至不将它视为我的感知。这一感知的存在在这里对于我来说是唯一无疑之物。① 或者，我想象或者我回忆起这个那个东西。通过排除涉及我的和想象对象的一切现实性设定，我获得想象本身（在这一独特的现象中，对象性以完全不同于在感知中的方式浮现在我面前，并非表现为自身当下呈现，而只是表现为被想象的）这一现象。我对每一感受、每一意志、每一判断也同样如此。

在此，我能为一门科学做什么呢？我可以说：这个！并且能够用"这个"或者"这个存在"来表达绝对的设定、毫无超越的设定。并且，我的语词，或者说，命题表达了这一纯粹内在的存在。但是，由此做了什么呢？当然，接近于无。现象来而复往，这是它们本性的一部分。客观时间、自然及其过程的时间、我们通过太阳的位置和计时器测量的时间当然被排除了。但是内在地属于现象本身的是，它"延续"，它"来"，在它逗留"一会儿"之后，又"去"，又停止。或者它保持相对不变地逗留一会儿，然后变成别的东西，逐步地，或多或少"快速地"。然后，它间断性地变化，它停止，别的东西出现，等等。虽然，或许所有这些词——开始和停止、延续和改变、快

---

① 同时，被感知物本身。

或者慢地改变、间断性地转化,等等——也都可以被剥夺与客观时间的关涉,但是,它们也仍然以纯粹现象学的方式保持其意义:关注纯粹现象,在纯粹观视中考察它们,我们在它们上面注意到相应于这些语词的东西。它们总是在流动,总是来而复往,并且,甚至在"延续"中有一种流动,在延续显现上总是有一个现在相位,但是现在已经是过去,并且一个新的现在又替代出现。通过持续地观视,我们追寻这一在现象学的或者前经验的时间中的现象流。这样,我们总是可以说"这个是"。但是,"这个"总是只意味着在其即时的生成或者存在相位中被观视的现象的这个。

一切皆流,无物驻留。这个"这个"总是一再地是另一个这个。因而,命题"这个存在"是流动之物,就像它设定的对象性那样。在观视中,它的意向随时被规定,但是,这一规定性没有在其可交流和可重复的含义内容上有所铸造。"这个"最终是一切可能之物,一切都可以如此来标识。

但是我们就不能进行规定,并且形成规定概念,通过它们将陈述转变为一个确定的,并且在含义内涵上自身同一的、可重复的陈述吗? 比如,我感知这张红色的桌子。通过现象学的还原,桌子和属于它的红色标记的存在被排除了。但是我们不可以有明见的理由,在涉及现象和内在地属于它的红因素时说:红的? 在桌子显现中,我们发现了一个红显现。我们区分显现着的**对象的红**以及被认为它所属的对象和**在显现中的红**,并且确切地说,就像它在显现中明见地被给予的那样。① 我们可以在统一的现象学的被给予性

---

① 但是对象性,就像它在显现中显现,并且它无须被设定为"现实性",这里尚有很多要说的。

上区分出比如作为被给予性的颜色、作为被给予性的广延、作为被给予性的时间形态。对于我们听到的一个高音来说，情况也同样如此：音质、音度、作为内在意义上的被给予性的音色，以及涉及所有这些的作为延续的时间形态，比如作为质的延续，但是强度在变化，等等。

现在，我们已经拥有了更多。但是我们没有摆脱未规定性。我现在可以说这个声音现象、这个强度现象等，并且关于它们每一个都可以说，它存在。我可以说：这个声音现象具有质性、强度、音色因素，这个声音现象在现象学的时间中在强度等方面变化着。但是我没有摆脱这个"这个"。现象是一种绝对的个体性，并且这一个体性是根据构造它的内容在概念上可规定的，但是，作为个体性，它只能在观视中被把握。如果在一个意识中，我们有一个红，并且又有一个红，那么，我们可以在其中把握到同一个概念的本质红，并且在概念上规定和标识其中一个为"一个红"，另一个也为"一个红"。但是在个体化中，每一个都是不同的，并且个体化并非由概念规定来区分和规定。在想象中，我们可以重复地任意设想一个红，每一个都是一个红，但是每一个根据其个体化都是不同的。没有任何通过一个概念本质的规定性，没有任何规定性——它通过一个普遍的、在其含义上同一的和客观的语词来铸造——清楚地指出这一个体性。

适用于一个概念规定性的东西，也适用于任意多的、组合为一个复合规定性统一体的规定性。显然，无论对现象学领域的个体、绝对的这个〈性〉的分析和概念把握延及多远，重复也总是可能的。这意味着，在其全部内容或者材料方面，并且在一切内容因素方面,显现服从概念规定性。这些概念规定性表达了内容因素的类型。但是,不管它们可以如何精确地表现种、**向种的回溯**,因而,普遍概念的规定性**从未提供出个体性的类似物**。总是可以设想、可以想象更多的完全相同的,因而在每一方面都是同一种的东西。但是,现象和它的内容的每一个因素都是绝对的一次性之物,它只能被指示为一个"这个",在现象学的观视中被观视,而不能被一个规定性以科学的方式客体化。

如果我们放弃现象学的领域,如果我们进入超越的领域,也就是进入自然领域,那么我们在这里通过科学的辅助手段,比如星座或者地球上的位置、地理位置规定等,来固定个体性。即便在自然领域中根本没有绝对的个体性规定性,情况在这里也是一样的。我们必然已经具有个体性,比如事先被给予的星体,事先被给予的位置,事先被给予的时间比如历史事件,事先被给予的地球、月亮等,以便相对地规定其他个体。没有个体的坐标系统,就没有进一步的个体规定性。但是,在经验领域中,我们现实地具有这样的固定点,具有经验的个体性,它们在以不同方式重复的经验中总是可以一再地被确定为同一个。它们是经验意义上固定的、充分固定的,以便我们能够建基于它们之上。这对地理学的、天文学的、人类实践的任何类型的目的来说足够了。

但是在现象学的领域中,我们没有任何稳固的个体,没有在以不同方式重复的确立中以现象学的方式显明为同一的个体的东西。因而我们也没有可能依照坐标系统的图形、根据固定的点和坐标来安排和相对地规定一切现象。那么,我们能够在之后的行为中再次回到曾经内在地被给予之物,并且主张它为一个现实曾在之物吗？在这么做时，我们不是已经超越了内在吗？我们甚至可以在新的现象学感知中面对一个内在的曾在之物，它第二次、第三次在个体上是同一个吗？

物理客体，比如地球，相对于关涉它的任意多的来来往往的感知和经验，是一个可确立的客观性。但是现象学与纯粹内在的被给予性相关，它们是在现象学的感知中的个体个别现象，并且由它完成，第二个感知或许有一个类似的现象，但不是一个可以主张为同一个的现象。①

据此，完全清楚的是，**关涉现象的科学规定不能在现象学的还原之后做出**，注意，**如果我们想要固定和在概念上规定这些现象为绝对个别性和一次性的话**。只有当我们进入经验心理学的领域，当我们视这些现象为一个处于自然关联体之中的体验着的自我的体验，我们才可以进行每一位心理学家在实验中所做的那种固定活动。

〈b〉现象学作为针对现象本质的研究〉②

由此，现象学就表明是无的放矢并且不可能的吗？回答是：否。在描述的确立和规定中对一个现象学的"世界"的认识——正如我们在"自然"方面就具有这类认识——是完全被排除的。但是

---

① 此外，交往的视角。科学是一个交互主体的统一体。其中一个研究者确立的东西是所有研究者共有的财产。科学客体是交互主体的客体。主体们虽然在现象学中被排除，但是不是说，现象学在它的学说内容中利用了它们的存在，它想要是科学，并且它的认识也应该成为共有财产，但是这是如何可能的？

② 参阅附录 A XIV：论现象学的方法与它的科学意向的意义（第 387 页以下）。——编者注

在纯粹直观和绝对被给予性的范围中，**不仅有作为个体存在、作为绝对的这个、作为绝对的一次性存在**的能思，而且也有它们的属和类。当我们指出，我们虽然不能确立现象学的一次性事物，但是能够以述谓的方式规定它们时，我们已经谈及对它们的内在拥有。通过内在的观察和明见性，我们能够使**这些种成为自为的对象性**，并且研究它们特殊的关联性。一般来说，相对于个体的、关涉一次性的"这个"的观察，可以建立起一种总体的观察，它研究与现象一般的本质相关之物①或者以内在和前经验的方式与这种那种内容的本质相关之物。

这样，在一个意识的统一体中，从一个现象到另一个现象地看，或者从一个部分现象到另一个部分现象地看，我们可以察觉到某些本质上的共同性。无须对这个或者那个绝对现象的存在和它的作为一个这个的规定性感兴趣，我们可以对它们进行"抽象"，由此一个普遍的本质对我们成为客体和内在被给予的客体。

我从红看到红，从广延看到广延，从时间形态看到时间形态，普遍的红、广延、时间形态进入我的意识。然后，当只是个别的红现象②被给予我时，我也能够获得本质直观：我不是意指个体现象，而是意指颜色，这个颜色不是作为流动的这个，而是作为种类，作为与自身同一的普遍之物，不管个别之物可能如何存在和变换。我听到一个声音，并且不意指这个声音作为绝对的个体，它无疑在现象学的感知之中，而是意指声音一般作为质性一般，意指它的强

---

① 现象作为行为现象的本质，而且显现着的和被意指的对象性的本质。因而多种意义上的现象。

② 所有在多种意义上的。

度作为强度一般,等等。是的,我可以以最总括性的方式考察作为现象一般的现象,并且比如,也在这些现象上考察这个性、个体性一般以及此外它们的内容一般。这意味着,我现在想要固定和描述的不是现象、作为存在着的而现时地被给予我的一次性事物,而是关于现象一般、关于颜色一般、关于声音一般、关于广延一般,也关于判断一般、关于认识一般,我想要有所陈述:我想要固定、比较这些普遍性,规定它们的关系和法则。如果说,个别现象可以来来往往,它们可以在不可固定的一次性中在意识流中流逝:**我无法规定它们的存在和个体的特殊性**。我对此不做判断。我现在只想要判断的是普遍之物,我想要规定的是一般可归于和不可归于现象一般和内在可把握的普遍本质的东西。

比如,在内在意识的统一体中,我们观视现象、颜色现象、声音现象、事物现象、判断现象,等等。我们关注现时的现象,它们在意识的统一体中、在一种涵括的目光中现实地被给予和被观视。我们在此之中把握到现象一般的普遍之物。我们在此之中没有形成任何这样的普遍性,它恰恰包含这些被给予性而非其他的被给予性,而是说,我们对这些被给予性根本不感兴趣,它们只是在它们的基础上构造的意识"现象一般"的基础。

现在,我们明见地看到,属于这一"现象学一般"普遍性本质的一方面是这个"这个",所谓的 haeceitas、个体性本身,另一方面是内容,构成个体的内容。这一内容落入普遍概念之下,这些概念构成个体独立于"这个"、独立于个体性的概念本质。属于**每一现象学的具体项一般的本质**、属于每一绝对现象的本质的是**个体性的形式和复多的概念本质**,它们构成了个体的种,这一事实是一个普遍的、要在纯粹内在领域中把握且绝对无疑的明察。

　　同样,**时间是一种个体性的形式**,当然,我指的是现象学的时间。每一现象都有它的时间展开,每一个在其中都有它的时间相位,并且属于每一个时间相位的是一个新的这个。我们能够在现象展开的统一体中区分出来的每一相位,都给出了一个本己的部分个体,它又是一个个体,它又有它的个体性形式和它的内容。根据其种,在整个时间展开中,内容可以是同一个,因而从这一刻到那一刻是同样的。它在个体上是不同的。我在本质法则的普遍性上把握它。时间形式本质上属于个体性本身。如果我们取在一个总括性意识的统一体中的复多具体现象,那么,结合性的时间形式也属于这一复多性。我恰恰以个体的方式在这些个体的个别现象上看到这一点,但是我也总体地将它看作属于绝对的这个的本质一般之物。它们必然是同时的或者前后相继的,这同样适用于整个个体和它们的相互比较的时间相位。不断地在内在的考察中、不断地在纯粹的明见性中汲取总体明察,我们也可以自为地考察时间形式,但是,仍然在纯粹内在的①和直觉的基础上进行抽象,并且总体地研究属于时间的关系。② 比如,作为本质法则,我们可以说:早晚关系是不可逆反的,因而,如果一个时相或者一个时间点 a 早于 b,那么 b 就不早于 a。如果 b 晚于 a,那么 a 早于 b。进一步说,传递性法则:如果 a 早于 b,b 早于 c,那么 a 早于 c。这两

---

　　①　双重意义上的内在!
　　②　注意:要补充的是不要忘记,在这一对在现象学中的本质认识的论证之后,也考虑它的结果的交往含义的问题和现象学的科学作为一门在这一方面的交互主观性的科学的可能性。

个法则足以用来将时间点或者时相的顺序刻画为固定的并且不可回返到自身的(循环的)。

以与形式同样的方式,人们可以将现象学个体的质料作为总体直觉和本质考察的基础。这样,人们就获得了,比如,属于音质的顺序法则,比如,如果 a 低于 h,并且 h 低于 c,那么 a 低于 c。或者对于强度:属于强度本身的本质的是,任何两个属于同一个质性属的不同的强度都形成一种不可颠倒的关系。

〈c〉本质明察能够就像在感知的基础上一样在当下化的基础上形成〉

当然,我们的观察还需要本质性的扩展。首先,我们将现象视为现象学还原了的感知的被给予性,因而是在内在感知的还原之后。但是,我们不应该对这些现时被给予的现象作为这里的这个感兴趣,而应该在纯粹直觉地和内在地对它们进行的抽象和总体化活动在普遍明察而揭示出来的东西方面对它们感兴趣。不过,如果现象自身不就其个体的个别性和存在被给予性而得到考虑,并且相应地,我们并不利用它们的现实的现象学存在,那么,我们可以同样利用这些现象的**想象直观**,并且在它们之上形成本质明察。毕竟,根本上我们从一开始就不局限于现象学感知的领域,当我们之前谈及这些事物时,至少在清楚的当下化的情况下,我们已经在这些例子上感觉到了明见性,并且,这些例子不是现时听到的声音、现时体验到的声音强度,而只是想象中当下化的东西。谁知道,在严格地局限于现象学的感知领域的情况下,我们一般来说是否能够完全构造出那些我们能够指明和追复体验的总体明察。但无论如何，我们根本不需要这样的限制。素材是现时地被感知还是被想象地当下化，这都无所谓。

因而，如果我在想象直观中清楚内在地当下化一个声音 c 和一个声音 d，并且，如果在重复的当下化中，直觉地意识到的不是声音个体的同一性，而是声音种的同一性，是"这个"质性 c 和"这个"质性 d 的同一性，那么，我就明察到，并且总体地明察到，c 比 d 更低，并且不比 d 更高。更高和更低对这些质性来说是相互排斥的。

我们可以内在地感知感性之物，内在地想象当下化感性之物，我们可以内在地进行直接的时间意识，感知所谓的刚刚曾在、刚刚逝去，并且我们可以内在地在再回忆中当下化时间意识。我们可以内在地具有现实进行中的思考行为，并且我们可以内在地想象自己进入思考行为，并且在这些想象中内在地考察它们。

这一考察的内在说的是，比如在感性想象中：我们具有一个现象，在此之中比如一个颜色在想象中浮现。现在，我们可以把这一现象和其他现象放在一起，与它们比较或者以这样一种方式与它们区分开来，即，比如想象表象概念相对于比如感知表象概念而产生出来。不过，我们也可以进行概念形构，它将想象颜色和其他的，或许也是想象的或者感知的颜色放在颜色这一普遍性之下。想象颜色不是被感知的颜色，但它也不是超越地被设定为自然中的存在。我在每一方面都将它的存在搁置起来：但是我观视它，即便这是以当下化的方式，并且恰恰以我观视它的方式把握它。并且在此基础上，我形成了颜色观念。

同样，我可以在再回忆中当下化一次变化。这一变化是否曾在，这一点可以搁置起来，但是，在直观的再回忆的基础上，我可以总体地明察变化一般的本质。我也可以在规定性的交替和它的变化流中将同一之物内在地据为己有，如果我在纯粹直观的领域中，通过排除存在问题而进行同一化，并且进行现时相关的规定行为的话，它们让一个对象性显现为相对于直观交替的规定性的同一之物，并且，然后我可以完全完整地把握同一化和规定的普遍本质以及相对于杂多的统一性，倘若只是所有声称总体地被把握和被意指的东西才现实地进入直观的被给予性之中的话。但是，普遍之物被给予，不管相应的个别之物——它的直观是总体直觉的基础——自身是以感知的形式内在地被给予，还是以想象直观的形式内在地被给予，并且，不管同一化、区分、规定行为是作为在感知查明中或在感知判断中进行的所谓严肃行为，还是作为设想自己进入这样的行为的进行之中，作为人们如此这般同一化、判断等的一个自身表象而进行的。

〈§38 超越对象作为现象学本质研究的论题〉

我们看到，我们称为现象学的并且被标识为在超越方面排除一切设定的研究，是远远大于我们最初的设想的。**通过这一排除，我们绝没有受缚于在现象学的感知中**需要指明为实存的现象一个体和构造它们的因素。恰恰由此并没有以科学的方式做任何事。毋宁说，科学—现象学的研究针对总体的本质和本质法则，并且为了构造和在纯粹内在中进行本质的普遍化，现象学家既关注现时的现象，也关注直觉当下化的现象。**并且，他既关注现象，也关注**

在现象中显现或者通过思考而意指的对象性。

本质法则的研究本真地展开至一切之上，**因而，也展开至一切超越之上：只是我们不能在一个"此在"方面进行任何设定。**与其对即时超越的存在和不存在做判断，我们不如以这种方式来考察超越的内容，即，它内在地在相关的现象中"直觉地"被给予我们和被我们意指；我们就可以以这种方式获得关于**超越之物一般的本质**或者一个这种或者那种超越的本质的明察。在内在当下化的内容的基础上，并且在相关类型的行为的明见意指的基础上，〈我们〉进行总体直觉，它使得我们可能认识并且说出明见的本质法则。正如我们能够获得确定的最普遍的认识，它们〈属于〉颜色、音质、强度的内在本质，〈属于〉广延、时间、时间形式和时间内容之间的关联等的内在本质，我们也能够获得关于同一性、统一性、复多性、区分、整体与部分、个别与种类、最低种类和更高属等的本质的普遍认识，以及关于感知、映像、臆想、作为述谓的判断、肯定、否定等的本质的普遍认识。此外，还有关于感知和对象的自身当下之间的关系、回忆和过去之间的关系、期待和未来之间关系的本质的普遍认识。或者，在判断和事态之间，在推论和从事态推出事态之间，等等。

因而，从一开始就要注意到，不只是（比如）感知或者客体化行为属于内在领域，**而且以某种方式，每一个对象——尽管它是超越的——也都属于其中**。当然，我们将对象的存在搁置起来；但是，不管它是否存在，并且，不管我们一开始可能如何强烈地怀疑这一存在的意义，很显然，**属于感知本质的是，它感知某物、一个对象，并且我现在可以问，它视此对象为什么而为真**。它是一个意指，是一个对象自身当下呈现；在这里，它将对象意指为什么？对象以何种方式被刻画为站在感知的眼睛之前？或者对象以何种方式在感知—意指中被意指？这是我们同样可以在虚构的想象中提出的问题，并且能够明见地回答，至少在某些界限内具有最充分的明见性。如果我们想象一位天使乌黑如刚果人，如果它站在我们想象的眼睛面前，那么，它对于我们来说是虚构；但是，很显然，在这里一位天使以黑人的形态和肤色显现，而非比如河马或者爱斯基摩人或者其他的东西。显然，在追寻感知或者想象的"意义"时，我们可以描述一个这样被规定的对象，说它们以其方式使对象表象出来，我们可以描述，对象的什么、哪些面和哪些内容因素自身现实地落入直观中，并且，什么只是在单纯意指中一并被意指，并且什么最终自身现实地会是直觉的，或者会在新的感知或者图像化中被当下化。

这样，现象学研究的直觉不针对个别之物，而是针对普遍之物和本质之物。因而，个别情况的分析只是用作案例分析。我们可以考虑，**什么在对象表象的种和方式方面规定了感知**，感知和对象的现实和意指的被给予性之间具有怎样的可能关系，等等。因而，我们也不断地遭遇对象性，不过，我们不设定它们为存在者，我们在涉及对象性一般时根本没有任何存在—意见[1]，没有存在—真理，比如自然科学的存在—真理，没有预设现实存在和不存在。[2]

---

[1] 不是本真意义上的"意见"！也就是不是为我们的实在性，对此可以问，它们在现实上是什么（什么预设了单纯显现者的对立面）。因而展示不完全得到赞同，并且必须逐渐变化为他物。

[2] 但是当然也没有其他意义上的前见，不是存在或者非存在的前判断。

我们在内在领域中活动,如果我们排除所有这些意见,并且将我们的研究局限于在"现象"中被给予和意指之物。这样,整个研究就是这样的,它在直觉中,更确切地说,在总体直觉中进行。

属于意识——**这样的意识,倘若它是对某个客观性的意识的话**——的本质的东西,属于每一种意识——感知意识、回忆意识、判断意识等等——的本质的东西,以及属于相关的对象性——**就其在这种意识中被意识到的范围和方式而言**——的东西,这些都以本质普遍性而被研究,更进一步说,**是在纯粹观视经验中**,持续在直觉领域中——此直觉直接面对它所谈及的〈东西〉,并且根据对个别情况的现实当下化进行现实的普遍化和本质直观,这样,陈述的每一步在语言上都只能铸造并且纯粹遵从直接在内眼面前的东西。

人们也可以谈及感知和对象、判断和事态、感知和想象、被感知的和被想象的对象性之间的区分,简而言之,谈及一切相关的问题,并且在前见的基础上,在一切人们自己相信已经获得或者从他人那里获得的现实的和意指的认识传统的基础上形成理论。这些东西严格地被排除了。我们追求最终的真理,追求最终的意义给予。在我们用感知、对象、判断、事态等语词结合起来的模糊表象的基础上,在心理学上对我们而言与前者相关的模糊意见或者观点的基础上,我们可以相互交谈,彼此争论,或者彼此再次达成一致。但是,如果我们想要有明察和可最终获得的知识——我们需要它,以便逃离令人痛苦,但是始终必要的认识论的怀疑论——,那么,我们就必须研究认识的来源,我们必须降到认识的母体之中。但是,这意味着,我们必须**在纯粹观视活动中研究认识的本质**,

我们必须在无疑的内在领域中直接面对感知、想象、判断等等,并且以观视和权衡意义的方式研究现实地附着在它们之上的意义、**如其在它们之中现实地展示的和现实地被意指的对象性**。在此,不考虑流动的现象的存在,而是考虑本质和本质法则,它们在总体直觉中在个别情况现实的——不管是合乎感知的还是合乎想象的——被给予性基础上向我们展开。

〈§39 本质法则相对于任何实存设定的独立性与唯一真正意义上的先天〉

现在,这些本质法则是怎样的法则?它们是认识的最终可能的自身理解所凸显的法则,它们被凸显出来,当一切怀疑论意义上的可疑之物、一切超越①、一切自我和非我的设定、一切事物和自然与人的世界的设定都被排除、被放入问题之中。

因而,这些使方法变得可靠的法则至少也不依赖于属〈于〉这一领域的前提。展示为绝对有效的一条法则,无论我是设定我存在,还是设定我不存在,无论我是否设定有还是没有人、鲸、神,它都是绝对独立的。当然,我就是那位现在谈及法则或者现在观视其有效性的人。**但是,法则自身未言及我的存在,并且不依赖于我的存在**。我实际上已经将这一存在放入问题之中。

每一条感性本质法则都已经澄清了这一独立性的意义。如果我澄清了,对声音来说,更高和更低意味着什么,也就是说,我在纯

---

① 超越等同于设定非纯粹的自身被给予之物。

粹直觉中当下化不同的声音,并且我明察:属于音质的本质的是,a比b更高就排除了b比a更高,如果a高于b,b高于c,那么a高于c,这样,在此我就具有了一些法则,它们的有效性在纯粹直觉中是绝对确定无疑的。不适用这一点的声音就不会是声音;这些法则谈及声音作为在直觉观视和固持意义上的声音。当然我可以将"声音"这个词用来标识其他的东西,标识颜色、树木、猴子,但是这一说法不是关于语词和任意的可能依赖于它们的含义,这一说法是关于普遍之物,它作为声音在我们面前。并且,如果我固持了意义,那么我就将这一法则的有效性视为不可扬弃的属于声音的同一意义的东西。当然,我就是看见和说这一点的人。但是这一法则不言及我,不预设我的存在,不是在这一存在的前提下被主张和论证的:这一法则不属于我,比如根本不属于作为人、动物等种类的个例的我,而是说,它属于声音本身,并且不属于其他的东西。

并且,明见性与此紧密相关:如果声音存在,如果它们作为个体存在,不管以何种方式,也不管处于何种关联之中,那么,这些个体存在的声音就不能偏离没有它就不再会有声音的东西。因而,如果我有进行经验判断的正当性,如果我有假定这一自然,或者假定有天使的天空的正当性,并且考虑可能的不同于自然生物的其他生物的思想,那么,我可以说,无论在哪里可以找到生物、心理的存在者,无论是在地上还是在空中,无论是在经验的现实中还是在虚构和可能的现实中,他们要能够正确地做出判断,唯当他们以我做判断的方式对声音做出判断时,声音向他们呈现,而不指示出没有它声音就不会是声音的东西是不可能的。

适用于这些平凡的声音法则的东西,也适用于一切本质法则。

它们都是先天的。并且,这里是唯一真正意义上的先天。先天就是一切植根于纯粹本质之中的东西;因而,认识论者能够主张在总体的和内在的直觉中相即地被给予的每一总体法则性为先天,更进一步说,为直接的先天,因为这是第一个。先天不是先于经验(比如)通过神的感应让我确定之物,或者先于经验通过遗传的心理学机制让我确定之物,而是总体地对于我来说确定之物。当我对一切经验和一切超越预设提出质疑,并且它对于我来说是确定的时,这不是因为它偶然地让我猜测是确定的,而是**因为,在纯粹观视中,我将事态视为不可扬弃地植根于相关概念的内在本质之中**。

这样,我必须面对概念本质,直接观视和把握它。我不可以在混乱的表象的基础上来谈论它,比如,在单纯非直观的或者部分非直观的语词意指的基础上。我不可能以这种方式确立任何本质和本质法则,一个总体的和纯粹概念的陈述决不能以这种方式以无疑的有效性显明为对一种先天本质关系的表达。

如果有人主张,矛盾律——对于两个矛盾的命题,一个为真,一个为假——植根于命题和真理的本质之中,是真正意义上先天的,是绝对的无条件有效的,那么,要显明这一点,我通常具有的对这一定律的理解是不够的。这是混乱的、单纯象征的理解。我们必须回到清楚性和本质性的源头,在那里,定律、真、假、矛盾以及所有这里相关的概念和概念关系都以本真的、直觉的被给予性站在我们眼前,并且,我们可以以总体的方式观视,这一情况植根于作为被给予的并且与它不可分的东西之被给予的本质之中。如果我已经看到这一点,那么我就具有了绝对的真理,具有了这样的真理，它纯粹植根于自身，无须承受任何对自我和世界以及任何偶然的个体性领域的相对化活动。

〈§40 绝对理性的理念及其在现象学道路上的可实现性〉

所有严格的真正意义上的原则都属于这一领域。首先，一切根据其不同类型而属于认识本身的本质的认识原则都具有普遍的科学理论的含义。

它们展示了一切自然认识以及数学认识的个别步骤都服从的原则。每一步简单的思维步骤都必须能够显明其正当性，不管是以形式逻辑的方式，还是以意向活动的方式。在必然性和法则性的本质法则关系上，既然这样的每一步都宣称是必然的，那么，它是一条法则的个别情况，并且作为直接必然的，是一条直接有效的法则的个别情况。这是这一步骤和一切本质上同样类型的步骤的法则。因而，行为是明察的，并且是出于最终理由而得到证成的，当属于每一步的原则被提出，并且在内在直观中被视为本质法则时。正如演绎论证或者直观论证的步骤那样，存在论的概念和命题——它们共同为一切实在认识奠基——要回到它们最终的来源；它们必须根据其最终的意义并且作为在本质法则上被给予的而被凸显出来。

这同样适用于伦理学的原则，适用于纯粹实践学的原则，适用于一切价值学科的原则，就它们至今被构造或者要被构造的那样而言。这些原则出现在这些学科中，当然不是作为在行动中规整思维步骤的行动的方法原则——当然，逻辑原则在这些学科中起到方法原则的作用，正如在所有学科中那样——，而是作为公理性的和在这些学科的严格论证中明确表述的原理。特殊的认识原则和认识的一切步骤之间的关系——规整它们，但不是作为表述了的原理来介入——与价值、价值规范原则和理性实践步骤，与伦理评价及决断步骤，与在情感和意志领域中的一切现时的理性活动之间的关系是一样的。

所有后天的理性都具有其先天的原则，并且这些原则是客观的无条件的有效性——所谓在理论和价值学领域中的理性的每一步证实活动都主张的有效性——的正当根据。处处揭示原则，并且检验它们的真切性，关涉它们来完成超越论的任务，因而使它们回到它们的现象学的起源和意义，在直觉本质领域中显明它们为作为观视着的理性被给予性的认识的真正母体，这是哲学真正的任务。

对于所有科学和所有在价值评估的感受和行动中的理性生活而言，有必要摒弃单纯本能的或者未反思的自身确定的素朴立场，并且通过怀疑和混乱的炼狱之火而纯化自己达至最高最终的意识和自身理解状态，达至具有完全的反思清楚性的状态，在此之中，并非一切实事性的问题，而是一切原则性的问题得到了解决，因为一切理性来源都被掘开，并且被明察所照亮。

对于人以及对于任何在认识、评价和行动中的理性存在者来说，绝对理念显然在于：在所有他的生活和追求中都纯粹遵循理性的自主性，并且有意识地遵循它，也就是说，随时明察它的要求，以最纯粹的清楚性确定它的要求。我们设想这一理念在上帝作为绝对完善的理智存在者的观念中得到实现：上帝也一无所知，如果未能明察地确定出于原则并且绝对清楚的认识的说服力的话。上帝也无所评价，上帝也无所意愿，如果在相应地〈支配〉评价和意愿的原则方面不具有这一清楚性和绝对的明察性的话。完善这一绝对理性之理念的东西是全知、全能和全善：这意味着，绝对理性可以在这种意义上设想，即，对于每一实施的认识来说，原则都是可指明的，并且是明察确定的；而此外，认识领域是非常有限的。但是，人们也在上帝中设想一个无所不包的、掌控无限的认识的理念。并且，在其他理性领域方面也同样如此。①

不过，这里主要的事情还不是考虑这一理念，而只是澄清得到绝对论证的认识——我们称之为哲学的认识——的本质，及其相对于一切其他的单纯自然的认识而言的更高的等级。事关完全地澄清，即便在有限的范围内，绝对的认识也是可获得的，并且理性的批判②也是可完成的。通过我们称为的**现象学的方法**，它在现象学的道路上是可完成的。

人们总是一再地主张，并且总是一再地否认，有一种**特殊的哲学方法**。在心理主义——它展示了一种对德国观念论时代中哲学的越界行为的反应——占主导地位的时代，如下情况是很普遍的，并且，我们今天还常常能够听说它，即，一切严格科学本质上都具有同样的方法，并且哲学对一种不同于所有其他科学的特殊方法的要求必然被驳斥为一种僭越，它缺乏任何的正当根据。我无须说，精确科学的伟大成就和哲学家们的希望——能够甚至在精确

---

① 明见性的理念——这是现象学起源澄清的理念？
② 理性的批判和绝对认识的理念是对等的吗？

性上也通过遵循同样的方法赶上这些科学——已经促成了这一错误的观点。这是因为明显缺乏对哲学相对于自然认识和科学的特性的理解。在科学那里，我们没有发现现象学还原的方法与原则性概念和诸原则自身向**纯粹的和排除一切超越假设的内在和直觉领域**的回溯，我们也不可能在任何科学那里发现这些方法，因为自然科学的目标和道路恰恰不同于哲学的目标和道路。当然，谁要将**现象学的起源和心理学的起源、现象学的直观和内感知、现象学的总体化和经验的概念形构、现象学的分析和心理学的分析**混为一谈，他就会判定，这一方法是心理学的。但是，这样，他也会陷入心理主义的认识论的悖谬之中，它的明显后果就是一种怀疑论。

  根据上述分析，你们现在明白了，在认识论（以及更普遍的理性批判）的心理学和现象学的论证之争中所采取的态度，对于一种理性批判的可能性，并且由此进一步对于一门哲学一般的可能性来说具有何种决定性的意义。只有对于那些仍然停留在含混不清之中的人来说，这些结果才可能在这里仍然掩盖着，而这些结果是无法摆脱的。如果我们选择心理主义，那么我们就选择了相对主义和怀疑论，它因为悖谬而扬弃自身。但是，如果我们明察了这一点，如果我们一以贯之，并且忠实诚恳，那么就只剩下一件事：取消一切理性批判，并且承认对下述事情感到绝望，即，在任何理论的和价值学的以及实践的领域中，我们能够理解理性的意义和正当性主张，或者说，**能够将理性带向理性**。

  现在，我们当然不需要是哲学家，我们可以活着和死去，我们可以做出实践的和审美的价值判断，我们可以进行科学研究，我们可以做出自然科学的、心理学的、语文学的发现，并且对这些发现感到高兴，而不需要哲学。但是，如果我们想要哲学，并且如果我们坚持理性的前设，即，任何理性地提出的问题都允许一致的理性的回答，那么，我们就不能是心理主义者，那么心理主义对于我们来说就只指示着，我们仍然粘连在混乱的偏见和错误的设问的圈套之中。但是如果我们一旦看到了认识论还原的意义和现象学的工作领域，那么，这一假定就得到了证实，并且，我们逐步学会理解了自然的和哲学的认识的问题层次和执态之间的混淆。并且，不仅仅如此，我们还发现自己具有了真正的和唯一可能的方法，以便在理性中使理性自身成为研究对象，并且能够澄清它的本质。

〈§41 现象学对于先天学科与心理学的意义〉

最后还只剩一件事情：为结束对**现象学和一方面先天科学，另一方面心理学的真正关系**的考察说上几句。至于后一方面，尤其涉及去显示出，每一现象学的成果都〈会〉对心理学来说宣称具有一种直接的意义，并且通过标识的转换在某种程度上转变为真正心理学的成果。①

现象学是科学研究，并且是对先天、对一切先天的纯粹观视和澄清的研究：不仅对范畴先天，而且对质料先天。因而，它是对一切范畴的研究——超越论的研究！对精神学的（noologischen）、价值学的、实践的范畴和相关的本质法则的一切原则有效性的可能性之最终"起源"的研究；进一步说，也是对质料先天一般的研

---

① 在此我只是想到显现学之物（Phansiologische）。

究,比如,对作为颜色或者声音等——具有所有它在纯粹直觉中被给予的特殊性——的感性先天的研究。从这一现象学的原根据中涌现出了一切先天学科的公理;我们并不将这些出于公理的学科以演绎方式的展开算作现象学,因为这些理论越过了直接直觉的领域。当然,人们也可以形成有关一门先天科学的观念,它总括了一切先天理论和学科。**然后,一切先天理论学科的全部总和就通过与现象学的共同母体的关涉而获得了统一**,这些学科的一切公理在这一母体中涌现出来,并且经验到它们最终的澄清。①

至于**现象学和心理学**的关系,每一条以现象学的方式被把握到的本质法则都表达了一个总体的、涉及心理学的事况。如果法则以本质法则上的或者先天的普遍性说到判断一般的本质、意志一般的本质、颜色一般的本质等,简而言之,意识一般和意识内容一般的本质,那么,这当然也涉及心理学家,他处理对人的或者动物的表象、判断、意愿、颜色感觉和声音感觉等体验的经验意识。当然,关于人的精神自然和世界中的心理事件的科学一般来说不会缺少这样的认识,它们先天地被包含在这些事件的"本质"之中,独立于自然和事实性。因而,如果心理学家将这些法则运用到他的关于人的和动物的意识的经验事实上,那么,这些法则就获得了经验—心理学的意义。② 显然,这同样适用于一切衍生的先天法则,比如,全部数学法则。

---

① 不仅仅回溯至明见性,而且是在反思中超越论地研究被给予性,并且将最终的相关性、最终的起源的本质在思考着—观视着的意识中凸显出来。

② 这样事情就不简单了。也就是说,它只在"体验"现象学上才是简单的,但不在对象性和"对象性的构造"现象学上,虽然心理学上相关的认识也隐含在那里,甚至完全如此。不过这需要更更确切的阐述,不过这预设了"构造"主要问题的争论。

谁满足于此,谁现在就可以称全体现象学和全体数学以及每一门先天科学为心理学、一种名词汇编,但是它不会扬弃先天和后天的彻底区分,也不会扬弃心理学作为关于心理个体的体验的自然科学的必要性。同样,很显然,既然一切存在关联体都回溯至一个"意识",对物理自然科学的表面的心理学化也在同一条道路上,在此之中,它们以现象学的方式被构造起来或者能够被构造起来。但是,如果意识由此不再是人的或者某个其他的经验意识,那么这一语词就失去了一切心理学的意义,并且人们最终**回溯至一个绝对,它既不是物理的也不是心理的自然科学意义上的存在**。但是,现象学的考察中处处是被给予性领域。人们恰恰需要放弃来自自然思维的、误以为自明的思想,即,一切被给予之物要么是物理的,要么是心理的。

第三编

客体化形式

〈第七章 低级客体化形式〉①

〈§42 诸种意识概念〉

〈a) 意识作为体验〉

在这里,在感知自身的体验因素的被意识类型方面,我们也对背景问题感兴趣。一个困难的问题是决定,感觉**在感知中以何种方式被意识到**,以及此外**感知立义的特征**以何种方式被意识到。

从心理学上说,感知是体验,我们具有这种体验,当我们比如看见一棵树时,"因为树在我们眼前"带着某些显现的方面。我们看不见感觉,我们的感知关注、我们的统觉客体化信仰并不朝向它们。不过它们"被意识到"。这里"被意识到"意味着什么,如果不是被感知到?②

它们不属于对象性背景,因为这是事物性背景。房子有它的

---

① 关于低级客体化形式的讲座部分不能完全在遗稿中找到,参阅"编者引论",上文第 XLI 页以下,以及"文本考证评注",下文第 490 页。——编者注

② 我们一般来说具有何种正当性去接受朴素的,并且不仅仅被看见的感知?

空间环境，它处于种种事物之中。感觉不是背景事物。不过很显然，从朴素地朝向房子，一种向别处的转向、一种对感知及其内容的"反思"是可能的。显然，这一可能性属于感知的本质。但是反思仍然是感知，它关涉感知及其内容。我们知道，这一内容如何在反思的感知中被给予。在这里，它是作为被感知而被给予。但是感知的内容，比如它在感觉上的内涵，如何先于反思而被给予，如何在它之中"现存"呢？

如果我们比较反思的阐明性行为和所谓朴素的感知，那么我们或许会说：通过朴素地感知，然后反思感知意识，并且分析它（也借助于这样那样的比较），我们就在反思和分析中发现了一种相对于原初意识而发生了改变的意识。朴素的感知过去了，但是它以刚刚曾在的形式——并展示在现象学意识统一体之中，以便通过对它的分析和阐明而过渡到新的反思意识之中。相比而言很显然，前者现实地"以隐含的形式"具有了分析所凸显出来的因素，并且，整个朴素感知与这些因素一道都曾经"被意识到"，具有一个存在，此存在不具有被感知之物的〈特征〉，不具有感知客体的被给予性特征。每一个意识此在、每一个存在首先是在反思观察和分析中，在它刚刚曾在之后，被转换为被给予性，并且由此被描述，我们都称之为"单纯的"或者前现象的体验的存在：整个朴素的感知和在此之中的一切组成成分，比如感觉材料、注意、统觉，都被体验到，并且仅仅被体验到。在相即感知，更进一步说，在这样的感知——它关涉在现时现象学的时间流中的内容流动——的情况下，被感知的对象同时是体验。流动的感觉被体验到，但是并非单纯被体验到，而是也被知道，也就是说，在这里被感知到，因而在感知现象中被给予,作为对象被观视。这一观视本身却又只是被前现象地体验到。

心理学的体验概念和在这种意义上的意识附着于经验个体之上,他体验着,并且每一个个体都具有其体验,这些体验是在他心中的实在事实,并且作为时间性存在着的事物——我们称之为个体——的实在规定性,在实在的世界中、在实在的时间中有其位置。

此外,还需要指出:每一个人的意识现象、每一个心理现象都具有其时间展开,比如,如果我,这个经验自我,进行感知,那么这一感知就具有其经验的延续,并且这一延续的每一相位自身在和任何其他的相位以及整个感知同样的意义上都是我的体验。与此相反,在感知中以事物的方式被客体化之物、作为延续和变化的统一体而贯穿诸相位的统一体,不算是心理学意义上的体验。

如果我们现在排除我们作为现象学家必须排除的东西,那么,这些积极的体验就失去了经验的客体化和经验的实在化。如果从现时的拥有某种体验,比如一种感知出发,并且通过现时地进行反思,我们以现象学的方式观视感知的本质,那么,我们就发现它是一个在时间中延展之物,通过观视着的分析发现这同一物的诸因素,但是也以回顾的方式在与分析意识一道的回忆意识统一体中发现了刚刚过去并且尚且生动的素朴感知、先于反思的感知、先于现象学态度——它使其成为客体——的感知。并且,我们在每一种现象学考察和分析的情况下,在面对一个判断或者愿望的现象学态度等之时,都发现了同样的情况。

现在我们进行本质分析,并且以这种方式构造一个**体验概念**,**它涵盖每一个在现象学的时间性中延展的素材**($datum$)**或者**可给予之物（dabile），并且我们将单纯体验概念构造为原意识概念。在此之中，素材还没有成为对象性的，不过存在着，在此之中，它具有其前现象的存在，并且必然明见地具有其前现象的存在。并且明见地，在从现象到现象的过渡和回顾的意识统一体中，我们把握到，所有前现象之物和通过反思与分析被现象化之物、转变为被给予性之物都有其时间流，并且被安置在一个时间流的统一体之中。并且，前现象存在的本质和被给予之物的本质一样都不可扬弃地包含了延展的时间性：这样，事实上体验概念包含了两方面，一方面是相即感知的内在客体，涉及一个时间流和它的实项成分，另一方面是绝对的、并不通过相即的感知立义而被客体化的存在，是任何前现象的存在，这样的存在存在着但不被感知。

绝对意识是一个时间流和在此之中构造自身的诸内在感知行为，它们界分属于此时间流自身的个别因素和部分，并且将它们转变为被给予性；此外，其中出现了诸行为，它们界分此流的个别部分，但不是使被体验部分成为被给予性，而是以瞬间的统觉形式洞察它们，并且以类比或者符号的方式将未被体验的被给予性构造为被意指的被给予性。

外感知的感觉材料从单纯体验的全体意识中界分出来，但这不是通过相即的观视而界分出来的。首先是在观视着的反思中，我们才看见它，并且将它视为一个被界分者。统觉统一体——它赋予此感觉材料以灵魂，并且造就了对一个此在着的房子的超越意识——和（首先是）注意意指的相关统一体给予感觉材料以一种在体验统一体一般中的特殊统一性，正如这一统觉和注意自身就是一个分殊之物。但是，房子被看见，在看中被意指，并且以意指的方式被给予,并且它是从整体客观性——全体感知获得了它的意向成就,房子感知只是它的一部分——中被看出来。

〈b〉意识作为意向意识〉

意识作为体验,包括一切相互交织关联的体验一般的前现象统一体,构成了第一个意识概念。意向的意识概念是一个与此根本上不同的意识概念,它是在统觉中并且通过统觉而构造着的意识,它首先本质上包括注意力的观念。这种意义上的意识是对一个对象的意识。在第一种意义上的意识的情况下,意识就意味着是体验。虽然我们可以谈及体验和被体验之物,但是"体验"并不意味着对象性—拥有和以这种或者那种方式"关涉"此对象性,并且以这种或者那种方式加以执态,等等。而是说,它意指一切现象学上在现象学时间的关联体中发现的和可能发现的东西的统一体。因而其中包含任何这样的存在,我们在以综观的方式把握流动体验中把握到它,它是前客体的、非对象性的,是首先通过感知而成为对象性和被给予性的存在。以这种普遍的特征,从一个模糊的、完全无界的流——它完全具有此特征——中,个别性将在反思中被界分和捕捉到。但是,反思首先使得它们成了对象。

此外,第二种意义上的意识的本质特征是,它是体验,但是不仅被体验到,而且在自身中"拥有"一个对象,不管此对象是相即地被它观视,还是以其他的方式被给予它或者以超越的方式被它意指。任何具有独特的意向性特征,也就是具有一个-对象性-被意识到-存在的特征、朝-它-指向-存在的特征的体验,我们称之为意向体验或者第二种意义上的意识。其中人们显然以一种正确的差异感将被意识到(Bewußtsein)和被知道(Gewußtsein)——虽然没有进一步的分析来对这一情况加以说明——对立起来。其中"被知道"是一个这样的表述,它只适合知识,并且当然还有许多的意向体验,它们并不是知识。

意向体验并非只有感知,以及想象表象、回忆,甚至:判断、揣测等,而且还有疑问、怀疑、中止判断;以及愿望、追求、意愿。以及快乐、悲伤体验、希望、恐惧,等等。快乐是对某物的快乐,恐惧是对某物的恐惧。愿望愿望某物,等等。因而比如愿望指向一个愿望客体,快乐指向一个快乐客体。快乐不是自为的体验,此外也没有一个自在的客体,它脱离快乐,并且与快乐无所关涉,而是说,快乐体验本身具有一个因素,借助于此因素,它关涉这个那个客体、这个那个事态。在快乐中并且通过快乐,就好像一个内在的目光必然使客体被意识到,不管是一个感知的直观或者想象的直观当下化客体,或者一个符号意指指向它,或者某个思想在思考中把握它。通过内在分析,"客体"、令人快乐的或者被愿望的事态当然不是自为之物,并且指向—存在也不是附加给它的第二个东西,而是说,我们只有一个东西:就像感知的情况,感知统觉和在其中生活的注意或者留意意指构造了对象性——拥有(一个这种或者那种在感知目光前展示的客体现象),正是如此,在每一个行为中也都具有某个统觉,通过它,在-内-目光-前-展示或者朝-它-指向-存在就被构造起来。在快乐中、在愿望中等情况也是这样。一个统觉为它奠基,并且不是在愿望旁边的某物,而是与它交织在一起的东西。但是如果是这样,那么,现在愿望自身、愿望—意向就有了朝着被统觉客体的指向。情况普遍如此。通常在复杂性上程度不一。比如我对一个客体感到快乐,它在感知中在我面前站立。感知统觉将客体的"自身在此"构造为一个被意指的被给予之物。感知信仰将显现之物设定为现实之物。它是信仰意向,此意向关涉显现之物,因而不是处在感知统觉旁边,而是贯穿它而关涉显现着的客体。快乐意向又建造在此之上。快乐的特征不是处在其他东西旁边,而是说,它指向感知地显现的并且被信仰的,因而作为现实性而展示的客体。但是快乐也可以是对一件事的快乐,它外在于我们的感知,比如因为相信而接受关于一件事情发生的消息,比如选举结果。然后我们具有陈述现象,它以其方式统觉着并且通过信仰意向构造对一个事实的关涉,并且贯穿它的是快乐意向、对恰恰是这一事实的快乐。①

并非所有体验都是意向体验。一个颜色内容可以是一个感知之中的,因而是一个意向体验之中的被代现者,但是它自身不是这样的体验,它是意识的承载者,但自身并非意识:现在意义上的意识。

〈c〉意识作为执态、作为行为与意识作为注意意识〉

刚刚进行的实例分析向我们指出了第三种意义上的意识。也就是说,人们可以说,信仰、愿望、快乐、意愿等,这些似乎都是对一个在不同方面向它们给出的对象性的"执态"。粗略地说:首先构造对对象性的关涉,然后是执态、确切意义上的意向(*intentio*),它指向被构造的对象性。比如,最底下是一个感知统觉,我们以注意的方式活在其中。由此出现信仰的执态因素,它指向显现着的对象

---

① 狭义的意向意识、知识、被知道的概念。最狭义的概念:感知、甚至"内"意识等同于内觉察(Innewerden)。

性,以及快乐等。我们也称这些执态为行为。① 由此我们可以说:每一个行为都需要一个"表象"、一个客体化统觉——它使得行为的对象性首先向行为"表象",被意识到②——作为基础。**一个对象意识必须在此,由此执态获得了它能够加以执态的事物**。一个没有奠基性的客体化行为(首先是统觉)的执态是不可设想的。由此,在刚刚使用的"对象意识"作为任何行为的前提这一说法的意义上,产生了一个新的意识概念。不过这里还要进一步做区分。③

在感知上我们谈及统觉,通过它感觉获得代现功能并且构造了对象性显现,并且谈及注意力,它指向显现者自身,转向它,不管它是首要的还是次要的。如果我们首先转向另一物,那么次要地、附带地还可以有一个目光朝向被感知之物。这里首先要注意:即便我们首先指向一个客体,比如一个合乎感知的显现着的房子,这一被指向之物也不可以和一个执态、一个行为的指向之物本身混淆。**注意力不是行为特征**。行为可以建造在统觉上、在对统觉客体的注意上,但是它自身作为执态不是注意。与此相反,注意也不是行为意义上的执态。**注意不是意向**。它们显然是彼此独立变化的两个因素;感知:前景感知、背景感知、首要的和次要的被感知之物。

在注意力方面,有一个困难需要决断,即,它的变异范围有多广。我们很容易作为本质上相关类型的变异、作为同一意义上的注意力的变异区分出首要的关注、优先觉察一个被统觉之物和附

---

① 当然,"首先(和然后)"不是偶然意义上的,而是亚里士多德的"在先"($\pi\rho\acute{o}\tau\epsilon\rho o\nu$)意义上的。
② 行为特征,如果我们只〈取〉执态因素——行为〈包含执态〉。
③ 显现和在其中支配性的注意力可以受到关注。

带看取,它还关注着,但是不是在确切意义上首先加以关注。以及区分出积极的选出和似乎消极的拒绝、不接纳。我们将最广意义上的注意力的这些样式视为同一物的诸变异。

但是完全模糊的背景产生了问题。不管它是多么模糊,它还是对象性的背景,因而它是统觉地被构造,并且这一统觉包含了多方面的统觉,它们对应着个别对象和个别群,就它们在背景中以"模糊的"方式一并被表象而言。但是问题是,每一个统觉都有一个注意力因素与之相应吗?或者背景在对统觉的统一和消逝的体验中被意识到,这些统觉从这一体验中凸显出来,它们为作为优先功能的注意所承载着,它们的对象可谓是通过注意力的把握而被抽取出来,在此比如(我们不考虑是否必然)一个对象性(也就是说,统觉)通过这种把握出现在注意的目光中,并且另一个则只是一并被留意,次要地被意识到?完全的不注意——就像它发生在与模糊背景的关涉中那样——自身是注意力的一种样式吗?当然,人们不可被"注意力"这个词的双重意义所迷惑,据此在确切意义上优先被关注之物才叫作被注意到。不完全确定能够这么决定,不过我倾向于像下面那样回答这个问题:

1) 需要考虑的是,如果我们谈及整个对象性背景,就需要排除前现象上缺乏任何客体化并且只在反思中获得客体化的东西。如果我们局限于感知环境,那么有可能,不是一切感官领域中的一切感觉都被加入统觉之中,而是说,只有出于感官领域的一些片段现实地在感知统觉中作为被代现者起作用。这很难在纯粹现象学上做出决断。不过这至少是一种可能性。

2) 如果我们现在取现实地以统觉的方式被构造的、现实地显现的背景，那么我大概会认为，任何统觉本身都现实地包含了注意力的样式规定。但是无论如何，也要将卓越的、突出选出的注意力区别于背景意识。

因而我们由此在注意力中具有了一个新的意识概念，并且是在这样的注意力中，它在统觉中并且通过统觉而支配着。同一个统觉从意念上说可以是不同的注意形式上的体验，以首要注意或者次要注意的意识形式，等等。其中也有"无注意力""无意识"的形式，在此，无意识并非单纯的缺失，而是自身就是一种意识特征。因而我们看到，意识作为注意意识具有一个更宽泛和更狭窄的概念。狭义上，意识是优先注意力模态上的统觉，意识是对一个客体的意识，也就是说朝向—观视；广义上，它是附带-观视-它，是关注（Achten）意义上的观视。不被意识就是不被关注。但是广义上，不被关注之物，只要它一般地被客体化，就以一种注意的形式被给予，恰恰以不注意的形式。

因而我们说，统觉和行为具有这种或者那种注意形式。并且它们总是具有某种注意形式，由此它们是这种或者那种执态（或者"行为"）的必要基础。但是要注意：意识作为注意观视甚至尤其-朝向-观视、自己-沉浸-入-被观视者-之中要区分于感知的意向意识。正常意义上的感知不是作为朝向—关注的对显现者的单纯观视，而是同时是信仰执态。

一个不太容易的问题是，完全具体的统觉——因而一并包含注意形式——就其独立性而言与行为有何种关系。我现在倾向于认为，一方面是行为，毫无疑问如果没有注意意识和统觉作为基础，它们是不可设想的，但是反之则不然。没有任何执态，纯粹的观视是可能的,并且也是可指明的,一种单纯的注意观视没有任何意向。①

最后,还有一个重要的东西。在混杂的背景统觉复杂体中,一个对象性背景或者合乎感知地被给予,或者以其他方式被意识到。**人们不可混淆对对象性背景的意识和被体验存在意义上的意识。**体验本身有其存在,但是它们不是统觉的对象(我们否则就会导致无限后退)。但是背景对于我们来说是对象性的,它通过统觉体验——它们仿佛构造着它——而是如此。这些对象不被关注到,在第三种意义上不被意识到,但是对我们来说完全不同于单纯的体验,比如客体化这些对象的统觉和行为体验自身。(我们也可以说,单纯-被体验存在不是单纯-不被留意-存在或者在对象性背景的不被留意-存在的意义上的不被意识到-存在。)背景的注意意识和作为单纯被体验存在的意识完全不同。现在我们回到感知分析。

〈§43 时间意识与时间构造〉

〈a〉客观的与现象学的时间性·现象学时间分析的任务〉

在我们至今所处理的最低层次的认识现象——感知、想象表象、图像表象以及象征表象和空乏意向——中,我们尽管原本意在直观行为,但也不能回避它们,我们总是一再地遭遇一个区分,它

---

① 不必至少被给予一种"变异"?不过并非总是现时的执态。但是至少是一种"臆想"。

是我们必须明确突出出来的,也就是**简单表象和复合表象(统觉)**之间的区分。在此,复合的表象不是任意的表象关联体,而是这样的关联体,表象的统一体、客体化的统一体在其中起着支配性作用;因而,构造一个对象,但是借助于或多或少复杂的部分表象——它们自身作为表象又是客体化,又构造它们的对象——构造对象。这样,比如,对我们周围的对象性的感知是一个统一的感知,但是,对应于每一个对象的是感知的一部分,它自身是感知,在此之中,恰恰现时显现的周围世界的这一对象被构造起来。

另一个必须突出的区分是**直接表象和更高阶的表象**之间的区分,后者也就是这样的表象,它们并非借助于其他表象而构造它们的对象,以至于它们一并把握其他这些表象的对象,但是,它们仍然预设了其他这些表象作为基础。这里,一般而言有表象在其他表象基础上构造的不同样式,这样,比如,更高阶的想象,以及更高阶的图像表象,比如泰尼埃(Teniers)关于画廊精美的画。在此,这些画出来的画像同样具有它们的虚构物和主体,但是是在图像中,因而是在相应变异的统觉——它是更高阶的统觉——中。对这一图像的想象表象也是如此,它再一次将整体推入想象世界之中,因而通过向上建造而建立一个新的变异,等等。合乎想象和合乎图像的变异的重复可能性和它们的复合体(或者说,层叠)显然植根于相关统觉的本质之中。

不过,对我们来说更重要的是去补充我们对更低阶次的表象体验的考察,它们当然先于本真的思想。我们至今还没有谈及**回忆和期待**,并且没有致力于进一步分析**这一问题**,即,仍然属于意识的原本质,以及属于每一个体对象性的本质**时间性如何构造**

起来,而只是顺便触及它。时间意识以及由此(同时)回忆和期待隐含在每一至今所处理的行为或者统觉之中:首先,感知是对一个对象的感知,并且如果我们取感知的通常意义,那么,它指的是一个个体实存被把握为自身当下的。这一存在在时间中有其位置,它具有一个时间上的现在,并且它延续或者变化。由此,时间以多种方式被分有。不仅客体——它在外感知中是一个现象学意义上超越的客体——在时间中显现,并且它有它的时间延展、它的作为延续或者变化的时间样式。毋宁说,我们也在感觉上发现了时间性:感知的被代现者有其时间流,并且这一流包含了时间中的、这里是现象学的时间中的诸统一体。代现的颜色感觉处在不变的和不变显现的房子的显现中,如果我们关注它,作为延续的这同一个颜色在此,并且在显现改变时,它可以显现为一个变化者。这也同样适用于立义和注意力因素,以及无论如何附加的执态。这是明见的,因为,对一个时间客体的感知自身具有时间性,对延续的感知自身预设了感知的延续,对一个任意时间形态的感知自身具有其时间形态,这显然属于事况的本质。更进一步说,如果我们撇开一切超越不谈,那么,对于感知,就其一切现象学的构造项而言保留了它的现象学的时间性,此时间性属于它的不可扬弃的本质。既然客观的时间性有时是以现象学的方式被构造起来,并且只有通过这一构造才以显现的方式对我们展示为客观性或者客观性的因素,那么,在这里现象学的时间分析的任务就是——因而**首先在感知中**——探寻并且分析澄清时间的构造。

这一分析属于向人的洞察力提出的最困难的问题。圣奥古斯丁——他第一次看到并且考虑了这些困难——充满绝望地抱怨:

没人问我，我倒知道，若有人问，我想说明，却又茫然（*Si nemo a me quaerat, sio, si quaerenti explicare velim, nescio*）。我在这里只能给出几点粗略的提示。在我深入这些实事之前，我只想完成引发了的思考，在一切客体化行为中，时间因素都以和在感知中类似的方式存在。

当然，在想象中，在对象或者过程的再造中，我们也具有时间：合乎想象地被直观的对象有其合乎显现的延续、变化等等。并且这同样适用于现象学的因素。想象材料有其在这里再造的时间性流中的延展，并且，统一体在这一流之中被构造起来。进一步说，想象立义作为感知立义的当下化变异给予出来，并且因而以当下化的形式而有其被变异的时间性，等等。当然，这同样适用于图像立义。不过，不必要进一步探寻这一点。让我们只是考察时间客体。

〈b）想象意识与原初回忆之间的区分〉

就特殊意义上的时间客体而言，我们将其理解为这样的客体，它们不仅是时间中的统一体，而且也包含了时间延展。如果一个声音响起，那么我的客体化立义可以使在此延续并且渐逝的声音成为对象，不过不是声音的延续或者在其延续中并且包括其延续的声音。后者是一个时间客体。不仅一段旋律、每一变化，而且在其具体性中的任何持恒也都是如此。

我们以一段旋律或者一段旋律的一个关联着的块片为例。实事是多么明显，看起来多么简单，人们在这里不预期会有很多困难。不过，它根本不简单，它实际上包含了多方面的困惑。我们习惯于说:我们听到这段旋律,因而我们感知它。听当然是感知。然而,第一个声音响起,然后是第二个声音,然后第三个,等等。我们不是必须本真地说:我听到第一个声音,也就是当我现实地听到它时?当第二个声音响起:我听到第二个,第一个我没听到,我曾经听到它,等等?因而,我实际上根本没有听到旋律,而总是只听到我正好现实地听到的个别声音。消逝的旋律块片对我来说是对象性的,人们会说,我将它归功于回忆,并且在达致即时的声音时,我并未预设这就是所有,我将这一点归功于前瞻预期。看起来很少可说与此相反的东西。

很遗憾,这一点也涵盖了每一个别声音。我应该听到声音。但是它有其时间延展。在声音响起时,我把它听为现在,但是延续地,它有一个总是更新的现在,并且即时先行的现在转变为过去。因而,在这里总只是声音的现时相位,以及整个延续声音的客观性在行为连续统中被构造起来,此连续统一部分是回忆,最小的点状部分是感知,以及另一更大的部分是期待。

现在,回忆的情况如何?它不同于想象吗?过去之物,因而不再当下之物,被当下化,并且期待的情况也是如此:未来之物,尚未存在者,在表象中被预期,并且正是以我们一般称为当下化的方式。既然本真的感知普遍必然地嵌入这一想象媒介中,并且,既然只有通过这一嵌入,不仅作为孤立者的现在,而且过去和未来之物才构造起来,那么,看起来我们就必须区分造就的和再造的想象,前者原初地依附于感知,造就时间的伸展,后者以当下化的方式再次造就它。由此,我同时刻画出了布伦塔诺的理解,他是近来其中的第一个,甚至就是第一个努力获得对时间直观的描述分析的人,但是很遗憾,只是在他的七八十年代的讲座中对此有所谈及。

不过,这显示出,这一理解是不可行的,并且,我们不能在与想象相同的意义上来标识"原初"回忆——它不可扬弃地属于感知——和再造的回忆。我们所谓的想象,我取没有象征功能的纯粹想象,是具体感知现象的独特变异,它仿佛就一切内在因素根据普遍本质而重复整个现象,但是由此仿佛逐渐产生了某种重估,它从当下中建立起当下化。我说具体的感知现象,也就是说,我们取完整的现象,而非一个抽象物。感知的某个现在点——它指这一感知的一个单一的、构造现在的相位,并且说,只有这才是感知——仍然是一个单纯的抽象物,既然恰恰不可设想的是,一个这样的点自为地是体验,正如不可设想的是,一个时间点是自为的,并且并非单纯作为在时间流中的界限。现在,在变异中,具体完整的客体现象也〈给出〉它的时间作为当下化的时间。因而,在对一段旋律的想象中,整个时间形态连同一切相位显现出来,并且它显现着,在此它合乎想象地展开:首先显现一个现在,第一个声音,然后在它结束之后显现第二个声音,等等。在此,反思展示了作为体验的想象现象自身,在此之中,首先—并且—然后—同时也具有现时的时间含义。在想象中,一个被想象的时间形态只能由此合乎显现地被构造起来,即,想象自身实项地时间性地展开,并且在其诸相位中,所谓的意念的时间形态意向地被构造起来。

现在,让我们比较真正的想象——它的本质是再造——和所谓的想象,后者形成了感知的媒介,也就是属于它的"原初回忆"。更进一步,让我们比较这一原初回忆的某个相位和再造想象的即时现在点。我现在问道:旋律的这个声音——在想象中正好轮到它,并且它作为现在在响起中显现,但是以当下化的方式——是否恰恰就像感知中刚刚渐逝的声音那样被给予?两者都是所谓的想象吗?现在,根本的差异跃入眼帘了。在想象中一个现在自身显现,它作为现在出现在我们眼前,只是作为被当下化的现在。但是,感知中刚刚过去的声音自身绝不是作为现在,更进一步说,作为被当下化的现在,而是作为非被当下化的过去出现在我们眼前。现象的整体特征和习性彼此不同。这已经涉及立义内容,它们在新鲜的回忆中显然不具有想象材料的特征。请你们注意声音想象材料和特有的意识方式,以此方式,声音作为过去之物在感知意识中被追复体验到。

进一步说:如果原初的过去意识——它属于感知——是想象,那么再造的新鲜过去意识——它属于想象——是什么?旋律在想象中在我面前浮现,它演奏着,声音接着声音。当我正好停留在一个过去的声音——它现在恰恰"仿佛"对我响起,并且作为现在响起而合乎想象地显现——上时,流逝了的声音仍然在想象意识之中。它们在此之中被想象吗?那么,它们实际上并不区别于现在合乎感知地流逝的声音。但是没有人会怀疑,他刚刚并未现实地听到,而只是想象。此外:人们比较想象-直接-过去和想象-现在!直接流逝的想象声音绝非以和现在轮到了的想象声音同样的方式展示。否则一切声音都恰恰显现为同时的,所有都会以现在—声音的方式一起被当下化。我们显然发现了恰恰同一个基本的差异,它构造性地属于感知,在想象中本质上是同一的,不过又是以变异的方式。想象变异的本质恰恰包括了,精确地反映一切内容上的差异。因而很显然,**我们必须区分想象意识和原初的回忆意识。**

〈c) 想象意识与原初回忆之间的类比〉

此外,不应该否定所有的亲缘性。因为原初的回忆意识相对于感知的现在相位也具有变异特征,并且,正如人们现在因而也可以说,每一个整体现象的过去相位相对于每一个之后的相位也具有变异特征。这一变异也逐渐进行,并且由此,除了立义内容,它也涉及立义及其特征。一个立义连续性贯穿感知,一个持续的映射将现在相位与一切其他的相位结合起来。并且这一立义连续性建造在持续映射的、"渐逝的"立义内容的连续性之上。这后一种映射也是持续的。此外,**从感觉到想象材料没有持续的过渡**,而是断裂、非连续的,并且,我这样主张是有风险的,尽管我已经好好考虑过对立的观点和它们的理由。在想象内部可能有各种连续性,但是在感觉和想象材料之间是深渊。这同样适用于立义:印象和再造是分离的、为一个深渊割裂的不同立义样式,是以相同的或者可能相同的意义和显现内容。与此相反,一个立义连续性从现在立义走到过去立义,也是以相同的,甚至同一的意义。并且这两个连续性本质上属于感知,以至于没有相位可以自为地存在,现在相位和任何过去相位皆如此。这不是从某个经院哲学的存在论中得出的形而上学主张,而是在涉及前经验的被给予性和时间性的本质时明见地并且直觉地被认识到的东西,是一条本质法则。

但是,突出的仍然不是想象和时间变异之间的共性,而是它们之间的本质差异,并且只有变异这个词指出了一种亲缘关联。现在,在这后面有一个有利条件,它实际上使这两种现象相互接近。首先,想象材料是感觉的变异,并且只允许想象立义,如果一般来说可以的话。① 此外，感觉的本质包含前现象的时间性映射，并且这一映射的每一个相位都只允许相应相位的感知统觉：一个感觉的现在相位只允许对一个对象性的现在的立义，并且一个过去相位只允许对一个过去的现在的立义。② 如果我们从渐逝的声音感觉中突出某个过去因素，那么，由此绝非构造出一个声音—现在。当然，这适用于想象材料，它们以变异的方式具有平行的映射和同样的立义可能性。进一步说：想象立义的特征是，它"仿佛"是感知立义。这意味着，如果我们在想象中反思立义，那么立义就又展示为想象，展示为感知立义的当下化。

经必要修正后（mutatis mutandis），这同样适用于原初回忆变异。当声音 C 响起时，比如 B 和 A 还出现在新鲜的回忆中，并且以"曾在"特征，它显然不同于"现在"特征。但是很显然，这一过去的意义同时包含了，它是一个**曾经-被感知-存在**。不仅声音过去了，它曾经被感知。这是一个先天的明见性、一个先天关联，正如之前的那个明见性，即，"臆想一个对象"与臆想他看见它、感知它是一回事。并且，这一明见性的现象学基础是也属于回忆变异的本质的、不可扬弃的本己类型，它不仅是感知的一般变异，而且它具有这样的属性，一方面使它的对象显现为过去，并且此外，正如反思分析所教导

---

① 平行对照是错误的，因为这一命题对于想象材料来说是一个误解。想象材料实际上就是被变异了的意识。

② 非常棘手，参阅"印象与观念"中的一页。我将感觉的过去相位立义为过去了吗？我有"余声"。我们现在设想，遍历一系列声音，这是很容易的。这样我在 C 上将 A 和 B"仍然在意识中"拥有。我在这里将内容 A 立义为过去的 A 吗？人们可以谈及与 A'同样的感觉的过去相位吗？A'是类似于想象材料（A）的变异，并且自身是 A 的过去意识。

的,通过一种立义变异成就这一点,这种立义变异与感知立义的关系,就像感觉的时间映射与感觉的现在点的关系。① 换句话说:一个感知立义展示在反思中,但不是作为一个现时的、现在的感知立义,而是作为一个过去的感知立义。另一种对同一件事的表达是:从显现被给予性的角度来说,过去和曾是—现在是一回事。这样就说明了在我看来时间问题的最大困难,**作为-过去-显现和显现-为-曾被-感知的同义性**。当然,这一困难还从未表述出来,遑论被研究了。我多年来为此殚精竭虑。这样,我们实际上揭示了想象和原初构造的时间意识之间的深层类比,并且澄清了后者的几个重要方面。

〈d)在时间样式交替中的时间质料的同一性・连续回坠入过去〉

类比进一步深入,并且如果人们由这些类比来引导,那么人们会完全出人意料地使得时间分析变得容易。正如想象材料原则上重复和感觉一样的内容,也就是说,没有现实化(展示,表象!)任何新的感性内容的本质,或者至少:正如本质上这同一物能够在这一方面或者那一方面被给予和**准-被给予**,这同一物也适用于感觉的

---

① 这个讲法很好,但最后一句话从表述上来说并不正确。如果我们首先局限于内在内容,因而比如内在声音或者系列声音,那么一个声音比如是"现在",另一些并非现时被给予,而是以内在的和间接曾在的形式被给予。如果人们愿意的话,以"映射"的形式。但是,即便这些映射还不应该是过去的声音自身,它们也已经曾在"表象",而不首先是某种类型的"变异内容"(作为"映射"),它们首先通过立义,更进一步说,通过变异的立义而意指过去的声音。正如一个想象材料自身就已经是表象—关于、再造—关于。如果我们考虑瞬时的对象和过程,情况则不同。然后,我们具有内在过程,它们经历瞬时的立义,并且然后,这一命题是正确的,如果我们在感觉下理解的是内容,并且在感觉立义下理解的是延续感觉内容的过去相位的话。

时间样式，只是我们在这里不是处理两种样式，而是这些样式的一种持续的流形。由此，现在尤其要说，在原初的和完全直觉的回忆中（因而取立义内容现实在此的情况），在本质上处处保持着这同一的感觉因素，并且只是在被给予方式上，也就是说，在变异因素上有区分。① 注意，如果我们遵循时间序列，那么它展示了在坠入过去中的同一个现在因素。

并且进一步来说，这同样适用于立义。立义连续性在瞬时立义中保持它的立义意义同一，这样，显现始终保持同一，"只不过"它不断坠入过去。② 人们可以说，感觉的即时的时间样式为客体

---

① 完全错误。不是感觉内容保留，否则它们就会是感觉内容和现在。感觉不是内容，因而被给予意识，并且（内在的）回忆内容也不是内容，然后作为新的被给予意识的过去意识。

② 这里是关于瞬时感知，也就是说，它们包含了作为内在内容的瞬时显现。现在适用于这一显现的也适用于每一内在内容，比如"声音"。与感知的现在点对应的是构造性的显现（Erscheinungsphansis）、印象的显现，并且接着它的是一系列持续的变异、"坠入"，也就是相应于一个新的现在的持续出现。这些变异是同一物的变异，是一开始在现时显现印象中被感觉内容的变异。因而"同一之物"，同一的显现，更确切地说，印象的显现一直展示，并且在这种意义上人们可以说："处处同一显现。"

如果我们没有瞬时的感知（或者说，显现），那么我们会注意到，变异已经是变异—关于（因而是最低层次的意向性）以及每一现在的印象因素。无须特殊的立义附加给死的"感觉"和"想象"材料，它们只是单纯的"内容"，等等。所有都是"意识"：但是意识不是附加之物（只有在意识上建造更高的意识，更低的意向统一体为更高的奠基）。如果我们将感觉称为属于内在对象的现在点（客体声音—现在）的印象因素"声音"，那么这一印象因素已经是意识、声音意识。当然，持续的印象因素连续统与声音的延续不是同一的，既然这恰恰〈是〉一个客观统一体，感觉是感觉—关于，并且这一点也不足以使现在的统一体和声音的延续被给予。如果这一感觉序列在其中流动的一个自我是可设想的，那么由此就会没有任何声音在此。唯当这一感觉序列以此方式与变异序列杂多交织，声音在此，并且以相即的方式在此，自身在此。当然：如果感觉也是声音的自呈，那么声音就不可能作为与自身的同一之物、作为统一体而被给予，如果没有滞留，它由此本质上属于作为统一体的声音。与此相反，并非这样的统一体显现为构造意识，但是这还需要研究。

的时间位置提供了被代现者。不过,这只适合相对于流动着的现在的时间位置。进一步说,人们必须明确保持时间位置的客体化和时间内容的客体化之间的根本区别,"过去"是和比如我们归属于想象客体的"观念性"类似的谓词。人们不可以并且不可能将这样的东西放在和"标记"一样的阶次上,以及根据自己的"本质"在内容上构成、规定对象的东西一样的阶次上。在其内容上,对象由部分组成,并且具有标记。这在显现及其意义(进一步说,客体意义)中构造起来。这一意义在感知和想象中是同样的,并且它还是同一的,如果我们遵循感知的现在相位进入向过去的回坠的连续统之中的话;在感知的现在相位中,我们把握了即时的现在点、声音的时间性当下。现在,一个新的并且总是更新的现在不断地带着同样的质料附加其上,如果声音延续不变,带着变化着的〈质料〉,如果它变化,同时,瞬间把握的现在点带着它的质料不断回坠入过去。由此,这一点的质料总是保持同一。声音,或者毋宁说声音点,总是被视为同一的,带着同一构造性的规定性。客体化立义就意义、对象性内容而言总是同一的,在此,意义关涉声音相位(更普遍地说:对象相位),后者向下坠,回退至过去之中,但是意义不关涉这一回退-至-过去-之中自身。当时间质料保持同一时,对象成分保持同一,显现就其非时间的本质而言与自身不断相合①,时间被给予性的形式不断发生改变。这使得我们谈及显现和显现存在的回坠至过去之中:同样显现着的现在,同样不再现在,而是过去,再过去,等等。

---

① 但是这不意味着,它自身保持不变,而只是获得新的"形式"。相合是意向的相合,就被意指之物的"内容"而言。

在此，我们已经聚焦于一个确定的声音现在点，并且遵循它在时间中的回坠。但是，这同样适用于每一个现在点。一个声音开始响起。然后，一个现在是第一个现在，它坠入过去，并且它包含原初回忆的不断附着其上、延展和映射着的彗尾，我们刚刚已经描述了它的构造。但是，在第一个现在上立刻并且不断附有一个新的现在，它又回退到过去之中，并且然后又有一个新的现在，等等。由此，这些不是自身终止的现在点，而是一条持续的流，现在的不断自己—变异和现在的不断自己—更新，以及持续的响起与消逝。回忆彗尾的这一持续构造总是一再地适用于我们在此选出的每一个点。由此，我们当然不是要将不同现在点的时间变异设想为分离的现象。毋宁说，一个统一的过去现象构造起来，并且只是以这样的方式，即，每一个已经过去的，并且和一个现时的现在点交织的回忆意识自身是一个现在存在者，因而承受着同样的回移至过去的变异法则。第一个现在，比如刚刚开始的声音的第一个现在立刻开始下坠。并且立刻在另一方面附加上新的现在。之前的现在的变异与新的现在交织，并且与后者的下坠一道，它也下坠，而一个新的现在又附加上来，它现在导致较前的和更前的现在交织的时间变异成为回忆彗尾。但是，这一现在带着它的回忆彗尾立刻再次下坠，等等。

以这种方式，所有至今已经流逝的现在的"回忆后像"都依赖于每一个现在；因为变异的每一个变异都保证了过去了的变异的内容，只是将它往回移。声音的每一个现在瞬间作为现在被给予性都包含了一条彗尾，它将所有之前的现在的变异都作为新鲜的回忆带入它们现在恰恰发现自己在此之中的变异状态。作为一个时间序列,新鲜回忆的序列自身又回坠入时间之中。在一个之前相位中的原初回忆与在一个之后相位中的原初回忆的关系,就好像一个个别声音—点处在之前和之后相位中的关系。

〈e〉客观时间在时间流中的构造〉

但是,这些分析还不是全部。时间意识理论的主要论题还未得到澄清,也就是说,**时间点的客观性**如何**在持续的时间意识流中**、在向过去的下坠的不断变异之持续流中**被构造起来**,并且同样,时间段的客观性,最终个体时间对象和过程的客观性如何被构造起来。

所有客体化都在时间意识中进行着,没有澄清时间位置的同一性,也就无法澄清一个客体在时间中的同一性。在这里问题如下:感知的现在相位不断经历变异,它们并非仅仅保持它们之所是,它们流动着。其中,我们称为回坠入时间中的东西被构造起来。声音现在响起,并且它立刻坠入过去,同一个声音。这涉及整个声音的每一个相位,因而涉及整个声音。现在,通过我们至今的考察,下坠看起来一定程度上得到澄清;但是,相对于声音的下坠,我们如何还能谈及,声音被〈归于〉一个在时间中的固定位置?因而,声音和在延续着的声音的统一体中的每一个时间点都具有它的在"客观"时间中(即便在内在时间中)的绝对固定位置。"声音坠入过去",但是它没有改变它的时间。时间是固持的,但是时间又流动着。在时间流中,在持续下坠入过去中,一个不流动的、绝对固定的同一——客观时间被构造起来。这是问题所在。我们首先进一步考虑同一个声音的下坠的情况。

为什么我们谈及同一个下坠的声音呢？从客观上说：声音在时间流中通过它的相位被建造起来。关于每一个相位的感觉被代现者，比如一个现时现在的感觉被代现者，我们知道，在服从持续变异的法则时，它们却必然由此仍然显现为在对象上是同一个，所谓同一个声音点。因为在这里存在着一种立义连续性，它由意义的同一性所贯穿支配，并且处在连续的相合之中。相合涉及非时间的质料，它恰恰在流中保持对象意义的同一性。这适用于每一个现在相位。但是每一个新的现在也恰恰是一个新的现在，并且被刻画为现象学上新的现在。即便声音以这种方式完全不变地延续着，即，没有一点变化为我们所感觉到，因而每一个新的现在可以具有就其质性因素、强度因素等而言恰恰同样的立义内容，并且承受恰恰同样的立义，也仍然存在一个原初的差异，这一差异属于新的维度，并且这一差异是持续的。从现象学上来看很明显，只有现在点才被刻画为现时的现在，也就是新的现在，之前的现在点已经经历了它的变异，更之前的现在点经历了它的进一步的变异，等等。这一立义内容和建造在它们之上的立义的变异连续统造就了对声音的延展的意识，带着那些已经延展之物的持续下坠入过去之中。但是，现在相对于时间意识持续变化的现象，客观时间的，首先是同一个时间位置和时间延展的意识如何产生？

回答是：因为相对于时间回移流（意识变异的流），看起来回移的客体恰恰在统觉上保持绝对的同一性，也就是说，客体带着在现在点中经验到的设定为这一个。立义在持续流中的持续变异并不涉及立义的作为—什么、意义，它不意指任何新的客体（不意指任何新的客体相位），它并未产生任何新的时间点，而是总是意指带着它自己的时间点的同一个客体。每一个现时的现在都造就新的客观时间点,因为它造就一个新的客体,或者毋宁说,一个新的客体点,它被保持为在变异流中的同一的这一个个体客体点。并且这一持续性——总是一再地有一个新的现在在此之中被构造起来——向我们显示,它一般不涉及"新性",而是涉及一个持续的个体化因素,在此之中,时间位置有其起源。变异流的本质包含了,这一时间位置展示为同一的,并且必然同一的。现在作为现时的现在是时间位置的当下被给予性。如果现象回退到过去之中,那么现在就获得了过去了的现在的特征,但是它仍然是同一个现在,只不过,它在与即时的现时的和时间上新的现在的关系上展示为过去了的。

因而,时间客体的客体化建立在以下因素上:首先是感觉内容,它属于客体的不同现时当下点。感觉内容在质性上可以是绝对同一的,但是除了不管多大程度上的内容上的同一性,它没有真正的同一性:同一感觉在现在和在另一个现在之间具有一个差异,更进一步说,一个现象学上的差异,它相应于绝对的时间位置,也就是说,它是绝对时间位置的,或者说是这个的个体性的代现的原源泉。

此外,我们必须考虑感觉内容的连续的过去变异,它展示了一个新的维度。每一个变异相位"本质上"都具有同样质性的内容和同样的时间因素,虽然是以变异的方式,并且它以这种方式具有的,即,由此恰恰再一次的同一性立义是可能的。在感觉,或者说,立义基础方面也是如此。不同的因素承受不同方面的立义、不同方面的本真的客体化。客体化的一个方面纯粹立足于感觉材料的质性内容:它产生了时间质料,比如声音。它在过去变异的流中保持同一。客体化的第二个方面相应于时间位置被代现者的立义。这一立义也持续在变异流中被保持着。因而,合在一起来看:在其绝对的个体性中,声音点就时间质料和时间位置而言被保持,只有后者构造了个体性。最终,立义本质上属于变异,并且在保持延展的对象性及其内在的绝对时间的情况下,它让向过去的持续回移显现出来。

因而,在我们的声音例子中,每一个总是新响起和减弱的现在点都具有它的感觉材料和客体化立义。声音展示为拉小提琴弦的声音。如果我们注意感觉材料,那么在质料上,它总是比如声音E;音质和音色不变,强度或许微微摆动,加上这种那种嘈杂的附加因素,等等。这一内容——纯粹作为感觉内容,正如它为客体化统觉奠基时——是延展的,也就是说,每一个现在都有其感觉内容,每另一个现在都具有一个个体上不同的感觉内容,即便它在质料上可以是完全同一的。绝对同一的 E 现在和之后在感觉上是同样的,但是在个体上是不同的。在这里所谓的"在个体上",是感觉的原初时态形式,或者正如我也可以说的那样,是原初感觉的时态形式。我在这里所理解的原初感觉是即时现在点的感觉,并且只是这个。但是,现在点自身本真地要被原初感觉所定义,以至于说出的命题只能被视为一个指引应该被意指之物的指示。感觉(印象)因为本原性(Originarität)特征而区别于想象材料;现在,在感觉(印象)中,一般来说,在纯粹印象(纯粹的印象,它摆脱一切变异,并且是现在客体化的基础)中,我们必须标定原印象,在原初回忆意识中的变异连续统相对于它而展示。原印象是绝对未变异之物，是所有进一步的意识和存在的原源泉。

　　原印象在内容上具有现在这个词所说出的东西，如果它是在最严格意义上来得到理解的话。每一个新的现在都是一个新的原印象的内容。持续地，一个又一个新的印象闪现，带着总是新的有时相同、有时变化的质料。将原印象和原印象区分开来的，是原初的时间位置印象的个体化因素，它是根本上不同于感觉内容的质性和其他质料因素的东西。原初时间位置的因素当然不是自为的东西，个体化不是与具有个体化之物分开的东西。现在，整个现在点、整个本原印象的内容经历了过去变异，并且只有这样，我们才穷尽了整个现在概念，倘若它是一个相对的概念，并且指向一个"过去"，正如"过去"指向"现在"。这一变异也首先涉及感觉，无须扬弃它的一般的印象特征。它变异了原印象的整体内容，不仅就质料，也就时间位置而言，但是，它恰恰在一种想象变异的意义上变异了，也就是不断变异，但是意向本质不变。因而，质料是同一质料，时间位置是同一时间位置，只是被给予方式改变了：这是过去—被给予性。现在，客体化统觉建造在这一感觉材料之上。当我们纯粹关注感觉（即感觉内容）时，（不考虑建造在其上的可能超越着的统觉）我们已经进行了一种统觉："时间流"、延续就作为一种对象性站在我们眼前。对象性预设了统一性意识、同一性意识。在这里，我们将每一个原感觉、每一个原感觉内容立义为自身。它给出一个声音点个体，并且在过去变异的流中，这一个体在同一性上是同一的：在过去变异中，关涉这一点的统觉保持持续相合，并且个体的同一性因而是时间位置的同一性。

　　在将其立义为个体点时，新的现在点、新的原印象的持续泉涌产生出总是一再更新的不同的时间位置,持续性产生出一个时间位置的持续性。因而,在过去变异流中展示了一个持续的声音充实的时间块片,但是是这样的,以至于只有它的一个点是通过原印象而被给予的,并且从此,时间位置持续以变异的渐次变化的方式显现,回退到过去之中。每一个被感知的时间都被感知为在当下中限定的过去。并且,当下是一个临界点。每一个立义都受到这一法则的约束,不管它如何是超越的。如果我们感知一群鸟、一队飞驰的骑兵连等,那么,在感觉基础上,我们发现描述的感觉区分、总是更新的原感觉,或者说,它的内容,不管这些内容可能如何复杂,带着它的给予它个体化的时间位置特征,并且此外,我们在立义中发现了同一样式。① 但是,恰恰由此,客观的自身显现着,群鸟作为现在点中的原被给予性,不过是作为在过去连续统中的完全被给予性——它被限定在现在之中,并且持续地被限定在总是一再更新的现在中——显现,同时,持续的过去之物总是进一步回退到过去连续统之中。显现的过程常常具有同一的绝对时间值。在流逝的块片之后,通过总是进一步回移至过去之中,它带着它的绝对时间位置以及由此带着它的整个时间片段移入过去之中。这意味着,同一个过程带着同样的绝对的时间伸展常常在同一性上显现(只要它一般来说显现)为同一的,只不过它的被给予性的形式是不同的。此外,同时,在存在的活的源点中,在现在中,涌出总是更新的原存在,与此相关,属于过程的诸时间点与即时现在之间的间距持续增大,由此,回坠现象、远离现象就产生了。

---

① 立义,具体地说:显现,自身是内在的统一体。相应于此的是立义印象和立义变异。

属于时间本质的法则根据对时间位置被给予性的这些直观而变得明见。首先：如果我们比较两个原感觉或者毋宁说，相关地，两个客观的原被给予性，两者现实地都在一个意识中作为原被给予性、作为现在显现，那么，它们通过它们的质料而是两个。但是它们是同时的，它们具有在同一性上同一的绝对时间位置，它们两者都是现在，并且在同一个现在中，它们具有同样的时间位置值，并且必然如此。它们具有同样的个体化形式，它们两者都以属于同一印象阶次的感觉印象而被构造起来。在这一同一性中，它们变异，并且〈它们〉常常在过去变异中保持这一同一性。一个原被给予性和一个具有不同或者相同内容的变异了的被给予性，必然具有不同的时间位置；并且，两个变异的被给予性要么具有同样的，要么具有不同的时间位置：同样的，如果它们从同一现在中涌现；不同的，如果从不同的现在中涌现。

现时的现在是**一个**现在，并且构造**一个**时间位置，不管有多少客观性在其中被分别构造起来：它们都具有同样的时间当下，并且在流逝中保持同时性。时间位置具有间距，是有量的，等等，这一点在这里可以明见。时间的先天本质包含了，它是时间位置的连续性，带着有时同一、有时变化的充实着它的客观性，并且绝对时间的同质性不可扬弃地在过去变异流和持续的现在源、创生的时间点、时间位置一般的源点中被构造起来。

进一步说，事况的先天本质包含了，感觉、立义、执态，所有一并分有同一时间流，并且，客体化的绝对时间在同一性上必然与属于感觉和立义的时间是同一的。前客体化的时间，比如属于感觉的时间，必然奠基了时间位置客体化的唯一可能性，它相应于感觉的变异映射,相应于它的变异程度。相应于客体化的时间点——比如在此之中,钟鸣开始——的是相应感觉的时间点。在初始相位,它具有同一时间,这意味着,如果它事后成为对象,那么它必然获得时间位置,此时间位置在同一性上与相应的钟鸣时间位置是相同的。

同样,感知的时间和被感知之物的时间在同一性上是相同的。感知行为以和被感知之物回坠入显现之中同样的方式回坠入时间之中,并且在反思中,每一个感知相位都必然被给予和被感知之物在同一性上同样的时间位置。

〈f) 再造回忆与原初回忆的关系·时间作为个体客观性的必然形式〉

我们的考察还需要几点补充。我们将原初回忆视为感知中的彗尾。如果整个感知流逝了,那么只有原初回忆的消逝着的剩余还保留着。但是,现在设定的功能并未沉睡。它将自己交托给原初回忆自身,倘若它自身实际上是现时的,以变异的样式自身是一个现在的话。但是,此外,新的印象即时在此,并且奠立新的具体的时间序列。感觉领域总是并且必然由材料所充满,先天不可设想的是,一个现在会是最后一个现在,并且没有新的现在会自行产生出来。但是一个新的现在预设了新的原印象,现在点必定总是并且必然是充满的。一个空的现在是无意义的,并且也就是一个空的时间。让我们进一步指出在我们的考察中出现的感知的双重意义:1) **与再造对立的感知**和 2) **感知作为原感知**。作为这样的行为,在此之中,现时的当下通过造就一个新的时间位置而被构造起来。但是，原初回忆是这样的行为，在其中，过去本原地被给予，并且，感知在完全具体的意义上是这样的行为，在其中，一个时间上延展的对象性被给予，并且带着时间的伸展或者被意指为在时间中的同一之物。不过，在这里我只能略加说明。

关于这里相关的进一步的问题，要提到对再造的回忆和原初回忆以及感知在其时间关系方面的关系的研究：将被表象的再造回忆的时间编排进唯一的时间统一体中。再造的回忆以想象的形式重复了感知和原初回忆的一切关系和变异。现在，一个现在的想象表象和一个附着其上的过去的想象表象可以是一个现在表象，它现时地过去了，因而嵌入感知的现时时间序列中，这是如何发生的？不过，想象的现在应该在再回忆中表象过去了的某物。

再造回忆和原初回忆之间的一种联结由此建立起来，即，活的原初回忆序列的不断留存的块片在现在中通过想象再造能够被所谓地重述。当一个统一的声音过程、旋律、噪音、人言流逝，并且，当旋律的一个块片（比如）在新鲜的回忆中仍然是活的，对这一旋律块片的回忆就以想象再造的形式出现了。我听到笛音，它漂浮着，我以再造的方式重复整个过程，并且体验到同一性意识。想象再造的现在由此在同一性统一体中涉及相关的、以过去样式被原初回忆的声音，被表象的现在就成了过去的被代现者，或者不仅表现为一个现在的单纯想象，而且表现为一个过去了的现在的当下化。再造的回忆一般在多大程度上可充实，它就以这种方式，当然非常间接地是：在回忆的时间序列的回溯中，我们必须进展到现时的现在及其原初被给予的时间环境中。根据其可能性，这一回溯被说明为回置到更早的时间相位之中。这〈是〉"重述"分析。

最后，我还想指出，将时间标识为意识形式、直观形式或者感性形式，这是多么具有误导性的。当然，意识是一个持续的内容流。即便意识内容延续，延续也并不在于一个内容的单纯保持-自己-同一，而是在于持续的变化流。因为延续者的每一相位都保留了一个余响，每一个内容减弱，并且如果它以延续的方式保持着，那么，它的延续的每一个相位都包含了一个映射、一个持续的减弱。

不过，说时间是意识的形式，这也是误导性的；因为时间首先通过综合构造起来，并且如果没有综合，就只有客体化时间意识的可能性，而没有现实性。现时的体验、内容本身（per se）具有它们的客观时间位置、时间秩序、时间延展等等。这类事情适合它们，也就是说，借助于客体化意识——它客体化作为内容的内容，并且由此进行必要的同一化——的观念的可能性。**时间不是一种意识形式，而是每一个可能的客观性的形式**，并且只要内容也能够在感知以及其他客体化行为中作为客体而被构造起来，那么，它们也有它们的时间。所有的时间之物都具有范畴性；正如同一性、区分、多和一等只能被给予同一化、区分、收集、统一设定，并且此外，它们并非偶然之物，而是客观上相关之物，并且情况如此，以至于没有它们，也不可能谈及客观性一般，这恰恰同样适用于时间，它自身是个体的客观性的本质形式。

如果没有现在设定、原初回忆、期待、同一化等之类的东西，那么内容也仍然可以说是盲的，它并不意味着任何客观存在、客观延续、客观变化、演替等等。一切存在者都恰恰具有和一个可能的意识的本质关系；说它存在，这已经指出可能的相即性，并且指出一个客观的时间位置,它在此位置之中存在,并且在此之中,它必然需要一个之前和一个之后。这个或者那个归属于它,这预设了,归属具有一种本原意义,它又在判断领域中显明,并且指向这种或者那种可能的范畴直观的可能性。

但是,在这里重要的是,时间不是(比如)一种感性形式,就好像感性内容已经是客体了,就好像,感性内容作为进一步的内容因素,比如根据质性或者强度的类型,还包含了一个客观的时间位置,并且,现在所有的感性内容都借助于这一时间因素而具有其时间秩序。实际上,时间秩序只能在时间设定行为中现实地实在化,并且,当这行为并未现实进行时,时间就并非现时之物,然后,它只是在类似于数的意义上是客观的,它也不是脱离被计数之物的某物,而是作为计数的观念的可能性。在我们的情况中,我们当然不会有奠基性的客观性,如果没有一个时间设定的开端的话。此外,时间也不可以被理解为心灵的无意识的秩序功能。在这里,一般而言,我们不必谈及心灵。我们说到行为和客体的本质属性,心灵是什么,或者不是什么,这无关紧要。并且,我们更不必谈及无意识的功能。时间是个体的客观性的必然形式,并且与偶然的主观性根本无关。

〈第八章　高级客体化形式〉

〈§44　具体的客体化的主要类型与在
客体化的全部领域中的基本对立〉

　　上几讲已经带给你们关于时间意识的原初本质的几点看法，完全澄清它显然构成了一切所谓经验理论的主要基础之一。时间意识的原初本质当然在本真的时间直观中显露出来，正如我们在每一感知中都具有它，并且，已经隐含其中的是，在每一新鲜的和直接跟随感知的回忆中都具有它。后者实际上以某种方式自身就是感知，也就是对一个过去存在的直接的、印象性的把握，就像此外，感知同时具体地（in concreto）包含了新鲜的回忆。

　　时间意识并不总是时间感知，并不总是原初的时间构造意识。我们也以再造回忆、再回忆的形式，同样也以象征形式和时间判断形式具有时间意识。简而言之，以这样的形式，由此我们并不单纯面对时间被给予性并且将证实的手指放在上面，而是常常并且在完全令人惊奇的程度上，我们客观地规定时间，并且在间接指号的基础上、在外来信息的基础上等将它设定为存在着的。为此，甚至无须当下有对被意指之物的想象再造或者图像表象。当然，所有这些也需要现象学的澄清,需要一门关于再造回忆及其与原初回忆的关系的现象学,一门关于直接的、纯粹直觉的和一门关于间接的、通过指号中介的时间评价、时间比较和一般的时间评判的现象学。但是这意味着从颠倒的终点开始,如果人们想要由此出发的话。

只需要稍加考虑,就会认识到,唯当人们首先追问对象性在此之中"被给予"的意识,对象性本质和对象性构造意识的本质才能显露出来。并且,这适用于**任何对象性**和任何形式,首先是时间形式,没有它就没有个体存在,因为客观存在的本质恰恰包含了,它在时间中并且通过时间被构造起来。所有以象征的方式间接的和述谓的意识都是以相应的被给予性意识为标准的,并且首先在根据同一相应的被给予性意识来衡量时显明它的"本真意义"。在其中包含的东西,在这一衡量和意义显明中包含的东西,自身当然只有以现象学的方式才能完全澄清;但是,人们事先已经看到,认识理论的持续催促起源分析、回到起源的要求,处处恰恰意指并且可以意指的只是被给予性的研究和通过它的衡量的意义规定。

当然,我们不会再陷入将经验—心理学的起源和这一认识论的起源混淆起来的根本错误之中。研究经验的本质,论证它的意义,这并不意味着经验。每一经验都具有一个意义,但是并不经验它的意义,并且,**陈述经验本质的判断不是经验判断。这样,时间的本质自身不是时间中的存在,关于时间本质的陈述不〈是〉关于时间性存在的普遍陈述,而是关于在时间的本质和意义中必然被给予之物的普遍陈述。**当然,这同样适用于关于时间被给予性存在于其中的意识本质的陈述。

关于所触及的时间分析问题、再造回忆的问题、一个想象再造的现在——每一个对时间的直观的当下化实际上都由此开始——如何能够作为过去之物的被代现者起作用这类问题,属于我们的低级理智行为领域,并且并非不重要;过去的特征只是在原初回忆中以时间减弱的形式被给予,并且当然具有完全不同于被再造的现在的特征。一般来说,要问的是,如何在原初时间流、原初回忆流的窄缝中,通过再造和象征的表象,将意向设定的时间扩展至无限,并且,与此相关的问题是,世界表象如何扩展为对一个全面的无限性的表象;并且在当下点的方面也是如此:以这样一种方式,即,我们在现在点中开始发端无限杂多的事物和过程,虽然其中只有极小的块片达到现时的现在被给予性。

鉴于留给我们的时间所剩无几,我跳过所有这些问题。联系到时间点和时间段的客体化,我很愿意现在也谈一谈事物的空间点和客观的空间伸展的许多相关的客体化,并且由此扩展我们的感知分析。不过,这也需要很多时间,如果想要有所澄清的话。

我们已经分析过的具体客体化的主要类型可以分为几组。

1) **原初的客体化**,被给予性在此之中被构造起来。首先是感知:每一感知都包含了新鲜回忆的渐渐模糊的块片和指向前方的期待,仿佛即将来临的不断更新的现在的浪尖被截获到它之中。但是在感知中,意指的目光通常指向构造着的现在。不过,这样,同时可以特别关注将来之物,正如关注在原初回忆中的回退之物。

摆脱与同一对象性相关的感知,并且作为它的延续,原初回忆纯粹关注过去。虽然期待同样可以由感知唤起,但是在感知终止后自由地指向未来。广义上,所有这些客体化都是原初的,也就是说，没有它们，当下、过去和未来概念，以及类似的延续或者变化、曾在或者将来的对象概念就都没有意义。

2) **次级客体化**，也就是变异的客体化；这里我们考虑的是想象变异和图像性变异、再回忆——相对于纯粹想象，它本质上包含了与现时当下的关涉——以及指向遥远未来并且立足于想象表象的期待。

3) **非本真的客体化**，也就是**空乏的表象**，它要么是孤立的，要么是以比如象征的方式与直观紧密相关的。

由此，我们遭遇了某些基础的区分。

1) 单纯被意指和被给予的区分：在感知中，对象性显现为在本真意义上被给予；在想象表象中、在想象中或者在图像中被表象，某物显现为"仿佛"被给予，但不是显现为现实地被给予。在象征表象中，当它不是图像—象征的，而是符号的时，它甚至并不显现为仿佛被给予，对象被意指，但是不显现。

2) 人们也可以设立一个对立，它以另一种方式分有同一个区分，也就是直观的、仿佛完全的表象和此外空乏的表象——一切单纯符号的、单纯语词的表象都属于其中——之间的对立。一种情况是其对象的显现，另一种情况则不是。人们常常谈及本真的和非本真的表象。只有直观是本真的表象，空乏的意向指向对象，但是它们并非对对象的"本真的"表象，它们并未导致一个对象"站在我们面前"，正好显现。本真的表象将对象摆在面前或者展示它，也就是说，它们以对象性的方式立义在感觉和想象材料中被给予的材料，它们以释义的方式观入这一材料，至少根据相似性而言。这样，在这里就谈到立义或者甚至代现。非本真的表象不这么做,它们的对象并非在感觉或者想象的意识内容中被代现、被展示,这一内容并不被视为对象,并不被释义为对象。

3) 本真的、直觉的表象包含了相即的和非相即的表象之间的对立;也就是说,对象要么完全被给予(不管是本真的还是想象的被给予性),要么并非如此。表象意指的多于它现实地使其显现的。

所有这些基础的对立回转到最广阔的客体化领域之中,它们回转到思想表象领域、新的统觉领域之中,在其中,撇开执态不考虑,思想的本质具有特殊的意义。这就是为什么我要一再地强调这一点。我们必须首先清楚,直觉的和空乏的之间的区分超出了低级的表象类型,因而存在着更高阶的"直观"和更高阶的空乏的(符号的和一般象征的)表象。

在这里,我想提醒你们如下内容:表象一般,我们总是在此之下来理解这样一些体验,它们恰恰向本己的行为,向对某物的执态使其关涉的对象性表象出来。我也称它们为客体化,因为一个客体由此而是为意识的客体。我们完全聚焦于这些奠基性的客体化,此外,正如常常向我显现的那样,没有任何执态,它们也能够被给予。我们暂时抽离执态。我们现在相信,客体化并非总是我们至今所谈的那些最朴素的类型。

〈§45 同一性功能〉

〈a) 分明的同一性意识相对于持续的统一性意识〉

在感知、想象、回忆和图像表象分析的关联体中,我们常常碰到综合,它们构成了表象的一个更高阶次。在某种意义上,所有经验直观——倘若我们完全具体地看待它们——都是复合体、**不同的基础成分的交织体**，这些成分中的每一个都是表象，而同时，具体的整体也是表象。也就是说，每一个成分都使某物表象出来，比如，一个时间直观的每一个相位都表象一个对象性相位。然后，整个时间直观表象整个时间上延展的对象，比如，相对于声音点的一个声音的延续。但是这一复合体恰恰是交织体，它的基础成分只有通过分析和抽象才能突出出来，并且缺乏任何的独立性和（由此而来的）具体性。比如对一段渐强的声音的感知和回忆是一种同质行为，它提供了一种同质的直观。

在这里，毋宁说，我想要提醒你们的是反思，我们必须在分析中进行反思，以便我们能够确信，比如，同一个对象的不同的显现现实上被内在地证明为同一之物的显现：在同一化中，我们从一个沉积着的显现过渡到另一个。我们说过，在从一个到另一个显现过渡的感知的连续流中，进行着一种流动的同一化或者相合。但是，与自为突出的显现相对，我们以一种不同的方式作为分明的综合而进行同一性意识。如果我们将这一同一性意识作为分明的和本真的而区别于隐含的同一性意识，我们可以称后者为持续的统一性意识，那么同一性意识就是属于高阶，更进一步说，属于特殊的"思想"的一个例子。

在统一性意识中，我们意识到这一个对象，它在所有相位和显现中是连续自一的，这意味着，这一个对象是连续在自身意义上表象的。另外，在同一性意识中，在本真分明的同一性意识中，同一性为我们所意识到，我们具有关于自一性的表象。用语言来表达：这个和那个**是同一个**。一个对象刚刚持续被意识到，比如，当显现的连续统展开,我们称它为一个外感知对象的旋转。在这一持续的显现变化连续统中,它展示为这同一个对象,但是,是这一个对象,而非同一性才是客体。但是,如果我们自为地把握一个显现,比如正面显现,并且自为地把握第二个显现,比如背面显现,并且我们进行跨越的综合同一性意识,那么在其中,它们的同一性是对象;正面的对象性和背面的对象性被意识到,并且同时,它们的同一性以对象性的方式被意识到。因而,它表象一个新的对象,跨越的同一性意识是一个新的客体化,并且奠基了一个新的行为。我们感知到同一性,并且就像在每一正常的感知中那样,以信仰执态设定同一性为存在着的。

一个新的对象,一个新的客体化。两者当然本质上相互关联,并且在现象学上是**对同一个事况的一个相关表述**。新的对象是被奠基的对象,它必然预设其他的对象。同一性并非自为之物,同一性是某物与某物之间的同一性。相关的表述:同一性客体化、同一性表象本原地构造起来,并且它的本质包含了,要建立在其他客体化的基础上:表象 A 和表象 B 被预设,由此对 A 和 B 同一性的意识能够本原地被建立起来。被奠基的对象、高阶对象在一个被奠基的显现、一个高阶显现中被构造起来。我们马上补充:"**本原构造**",这说的就是**直观**,并且进一步说,**感知**。**实际上,我们仿佛看到同一性**,当我们一次从正面看、一次从背面看对象,比如一幢在我们面前的房子时。我们看了两次,两次并且甚至在一个意识中看到同一物,这还不是同一性意识,还不是对房子的**自一性**的看。我们甚至无须"知道",它是同一幢房子的这个和那个显现。我们知道它,并且在看中知道它,当这些感知中的每一个都在立义意中意指它的对象，它本质上将同一性意识奠基为一个新的意识，当一个感知和另一感知根据其内在意义，也就是说，在将对象构造为这一对象的东西方面达至"相合"，并且这一达至-相合是对一个新的对象性的意识，恰恰是同一性意识，也就是一种感知意识：相合、同一性仿佛被看见、被给予。

〈b）在次级与非本真的客体化中同一性的被给予性〉

与"感知"相对的是**想象变异**。我们具有一个同一性的想象被给予性，当我们想象同一个单纯想象对象的两个想象显现，比如在一个位置上的半人半马和另一个位置上的同一个半人半马，并且现在在想象中进行同一性意识时。对象不仅两次以想象的方式展示，而且，我们也以对象性的方式给出了同一性，在想象中给出它。

在这里，人们或许会说：我现在还进行同一化，同一化不是被想象的同一化，或者至少不必这么认为。现在，想象客体的同一性被给予我。在此期间，需要注意，现在这两个想象体验被给予，并且现在对它们的相合的意识——意识到它们意指同一物——被给予。这肯定不是想象意识，正如想象体验的被给予不是想象意识，而是一个感知意识。想象体验不是现在-被给予，不是想象体验的被感知。另外，活在想象意识中，并且在其中进行同一化，作为从这个那个方面被想象的客体半人半马的对象同一性，同一性获得了被想象的同一性的特征、仿佛-被给予的特征。这是一种非本真的说法，如果我们说，我现在在同一化中体验到被想象对象的同一性，而不是说，我体验到两个想象体验的同一性相合的话。

然后，类似的东西进一步适用于图像性。我恰好想到一幅图像,保罗·韦罗内塞(P. Veronese)用它来多层次地展示了欧洲劫难。活在这一图像意识中,我以对象性的方式在其不同的层次中把握到过程的同一性,但是在图像中,这是不同的层次,并且被展示为同一物。并且同一性一并被展示,它是作为以图像的方式被意指的同一性的欧洲劫难的同一性。转入现时的现在意识中,我又可以说,现在我进行同一化,但是也只是在这种意义上:我现在体验为自一的不同的展示根据其对象性意义而相合。这一现时的相合是现在被给予性,但是图像主体的同一性不是现在被给予性,而是属于图像性的。它是对被给予性的图像意识,是一个直觉的但是想象的意识。

当然,感知和想象、想象和图像性也可以通过同一化相合而进入综合统一之中。立义、表象的综合是实项地现存的,是一种感知被给予性,同一性自身却不是——倘若我们活在表象中——在感知被给予性意义上的被给予性。当然,人们在这里不可以简单地在同一性方面谈及想象的或者图像的被给予性,在这里,人们会不得不谈及一种特殊类型的被给予性,它是这些综合的统一性所特有的。所谓一个被思考的被给予性,但是总还是被给予,并且,**被给予性总是在某种广义上的直观性。**

一种新的情况出现了,如果两个象征的或者完全空乏的表象达成意义相合,当现时地进行同一化时,空乏的意向因而现实地处于相合之中,比如,当我们说亚历山大是巴黎时。在这里,同一性并非在想象意义上被表象,因此,它不是仿佛被给予,就像当我们以直观的方式面对在两个不同阶段下的同一个对象时那样。同一性被表象,并且以空乏意向的方式表象同一性,它会在直观中,并且最终在感知中在本真意义上被给予。在这里，表象的相合再次实项地被给予，并且能够被感知为被给予性。

但是，对同一性的空乏意向仍然与准-被给予性相关，倘若与它对立的情况是，一个空乏的意向关涉同一性，而无须一个现时的相合意识将同一对象的表象带入综合统一的话。情况常常是，我们表象、意指甚至陈述同一性，而没有现时的相合奠基于发生关联的表象的意义之中。这样，表象甚至无须是空乏的表象。两个想象表象，甚至感知表象也可以通过一个合乎表象的同一性意识统一起来，而无须类似于现时的相合意识的东西存在。如果我产生一个"思想"，两个显现或许属于同一个对象，那么就有了一个对同一性的意向，但是同一性并未被给予，也就是说，相合意识并非已经施行了，而是说，问题恰恰是，它是否可能。在这里，我们具有一个对同一性的空乏意向。并且，空乏的意向的情况就是如此。因而，在这里当然出现了新的情况。但是此外，同一性仍然作为对象性在客体化行为中被构造起来，并且感知、想象以及回忆之间的差异涵盖了这些客体化。相即和非相即的区分同样如此，比如，一个内在声音感知的两个相位以综合的方式被同一化为同一个声音的诸相位。

〈c）与同一性意识相关的客体化〉

〈适用〉于同一性的，也适用于**非同一性**，适用于在构成同一性的对立面的意义上的**差异性**。如果我们从一个对象的显现过渡到另一个对象的显现，更确切地说，带着相合意向，那么，由显现奠基的他性（Andersheit）意识就出现了。显现仿佛被带入相合状态，但是它们不相合。这个"不"只是他性的另一种表达,它在这里是一个新的、被奠基的对象。确切地看,在这里存在着以表象的方式被设定的、仿佛"尝试了的"A 和 B 的同一与 A 和 B 这些显现在其意识的统一中、在分别并列的统一中提供的东西之间的冲突。这一并列统一体、分别统一体是第一个原初的区分。然后,相合假定、对 A 和 B 的同一性的表象和设定与同一个 A 和 B 被给予的分别性发生了冲突。关于作为分别或者区分的等值物的不-同一性和他性的说法的来源就在这一冲突中:它们是等值的,但是在现象学上不是一回事。

一般来说,冲突是一个新的、特殊类型的综合思维意识,它显得远比这个非同一性的例子要广得多。**在基础处总是存在着一个存在设定和显现的部分相合,以及此外,部分相合的显现在它们的存在设定中的突出、对抗**。在分析图像意识时,我们已经说过同样的东西。我提醒你们人偶的例子;冲突:人偶还是真人。两个对象"在存在中不相容"。

不相容性是一个新的对象,相对于被表象为不相容的对象的第三个对象。冲突的对立面是一致性、相容性。作为一个对象性的部分的对象、在一个分别意识中被给予的对象在存在设定中是相容的,它们是共同可能的。相容性又是这里考察的领域的一个新的对象。它被标示为不相容性的对立面:因为 A 和 B 的被给予的不相容性是与 A 和 B 的一致性不相容的,将比如并列被给予的 A 和 B 表象和设定为彼此冲突的,这通过这一并列自身就产生了一个冲突。

又属于这里的,并且与突出为新的客观性和客体化相关的是

相同性和**不同性**，或者说，相同性意识和不同性意识。在这里，我们也发现了相合和突出。但是，如果说同一性意识将构造对象的诸统觉——在赋予它们对恰恰这些统一对象，对恰恰这些事物、过程、个体的〈统觉〉层次的东西方面——带入相合，这并不适用于相同性的客体化。相同的对象展示为分别的。因而，它们不允许同一化。每一个都有它的个体性，或许有同一个时间，但是在同一个时间中具有它的个体性。每一个都有不同的位置，等等。但是在无损于在个体性方面可能的差异的情况下，存在着在个体性质料或者质料的某些因素或部分方面的一致性和相合。每一个相同性都是在这个或者那个对象性构造项方面的相同性。**不考虑它们的个体化，"它们相合"**，或者它们在相同性意识中，并且进一步说，在相同性直观中被带入相合。就在这里突出的个体质料因素而言，存在着不同性。**并且，不同性也意味着区分性和差异性**。很显然，尽管有着这种亲缘性，人们必须从本质上区分：作为分别、作为非同一性的**差异性**，以及此外，**作为不同性的差异性**。并且加上其他不属于这里的概念，差距（Abstand）和差别的概念，正如我多年前已经在我的《算术哲学》中所做的那样。

所有我们在同一性意识方面已经阐述了的东西也要对冲突和一致性意识、相同性和不同性意识加以阐述。它们是新的客体化，这些客体化存在于此，并且它们有时是直觉的，有时是非直觉的，有时是相即的，有时是非相即的，有时合乎感知，有时是想象的。在这里，也可能存在现时的相同性意识，比如在一个在感知中被给予的对象和一个在想象中被给予的对象方面，并且甚至在两个以象征的方式被表象的对象方面，并且此外，可能存在一个空乏的、非本真的相同性意识,它无法构造相同性的被给予性。

与相同性意识——相同性在其中成为对象性的——紧密相关的是**相似性意识**,在其中,对象的一种关系被构造起来,这些对象在某些因素方面在属上一致,但是在它们的种差上并不一致,毋宁说具有"差距"。

在这里被考察的群组中另一个被奠基的对象是**部分和相关的整体**这些对象,或者更加正确地说,整体与部分的关系,相关的概念从这一关系中获得其意义。如果我们取一个感性直观,在其中,一个外部对象向我们展示,那么,在这一直观的意义上,作为恰恰在其中被意指的和被观视的对象,它可以是一个多方面聚合的对象,但是,部分并未由此,比如,以分明的行为而成为自为的对象,更不用说,它们〈被〉立义为在特有关系(部分和整体这些词所说出的关系)中的整体对象的诸部分。在朴素感知——它朴素地构造对象——中并未谈及这类东西。唯当感知成为分节行为的基础,唯当我们进行突出活动,在同样分别的和自为考察的对象性全体显现的基础上进行自为的客体化,部分才出现。①

但是分节行为、自-为-客体化行为尚未本真地给出部分。它实际上不是一个新的自为对象,而是整体的部分。被分节出来的 α 作为 A 的部分展示在分节和关涉的立义中,此立义保持 A,并且在 A 中把握 α。α 并未(比如)被提出,就好像它应该只是自为地

---

① 或许是我们在立义对象中、从部分的立场立义它,甚至这一部分已经自为地突出。我们关注房子;我们特别关注墙,然后是阳台,等等。但是,此外,在其他整体中,部分仍然也一并被意指,但是并非自为地被意指。因而人们可以在这里考虑这一特别之物。这一个别立义不属于事物构造的本质吗?

存在和被意指,而是说,虽然被自为地突出,但它合乎显现和合乎意指地停留在 A 之中,更确切地说:一个本己的综合相合意识将 A-感知和 α-感知结合起来。在 α 立义中的被代现者同一地属于那些属于整个 A 的被代现者,同样,这些被代现者的立义"被安排进"A 的立义。它自为地被带入统一性,但是由此被带入与全体 A 的立义的部分同一化,如果人们想这样说,它和它被带入综合相合中。并且,由此构造起 α 在 A 中的立义意识。这样,如果我们采取 α 的立场,并且反之亦然,如果我们转换关涉立场和现象学的过渡顺序,那么就产生了对 A 作为具有 α 的立义。在这里,不存在单纯的某个过渡体验,它将个别立义 α 和 A 立义在现象学上统一起来,而是说,一个客体化、一个本质上新型的立义进行着,在其中,一种新的客观性被构造起来。我们恰恰体验过渡体验,但是我们并不如其所是地意指它,当我们体验到它们时,我们几乎没有意指 α 表象和 A 表象。活在这些表象中,我们意指 α 并且我们意指 A,并且在过渡体验中,我们意指、我们观视、我们表象 α 作为 A 的部分或者具有 α 的 A。部分关系成为客体,并且在这里被观视,并且(当整体和部分存在于感知中时)被感知。就像所有其他那些我们这里所处理的特殊对象性的情况,它是一个被奠基的对象,是这样一个对象,它只能在对奠基性对象的直观基础上被给予,并且只能在一种特殊的综合统一意识中被给予,〈没有这样的意识〉这是不可设想的,因而在本质法则上植根于这样的直观。

在这里,我们立刻看到**我们同样可以在同一性、冲突、相同性、差异、相似性和不相似性上完成的东西**,即,两种可能性先天地通过现象学的事况被预先规定。两种过渡的可能性:a 同一于 b,b 同一于 a;a 相同于或者相似于 b,b 相同于或者相似于 a;a 是 b 的部分,b 是 a 的部分。这些综合的本质包含了,这些综合在现象学的意识流中作为一个前后相继进行着,一个显现在先,比如 a-显现,一个显现在后,比如 b-显现。并且它也有客体化的含义。"a 相似于 b"和"b 相似于 a"具有不同的意义,正如 a 是 b 的部分,b 是 a 的部分,等等。过渡的方向被预先规定,被表述方式的选择所预先规定,并且,由此谈的不是表象和属于它们的流,而是实事。在比较相关项中,我们看到,一方面,它们在客观上是不同的:**这些"关系"是不同的关系**;另一方面,不同的关系进入**某种同一性相合**中:"事态"(在这里事态就像是"实事")是同一个——在这里,"关系"是同一个。"a 相似于 b"和"b 相似于 a",这实际上是同一的,也就是说,同一个事态一次以这种方式、另一次以那种方式被立义,并且根据情况,一次展示 b 关涉 a 的关系,a 作为优先的关涉点,作为主体关涉点,与关涉它的 b 被置入关系之中;另一次则相反。每一个"事态"都具有不同的样式,它们以不同的关系形式被给予。

然后,我们已经阐述的东西进一步适用于任何类型的关系。我们已经普遍分节了的部分与整体的关系可以被理解为块片与整体的关系,但是也可以被理解为非独立的内因素与对象的关系:颜色因素、空间形式因素等。从块片成分和因素中产生了对象的内部规定性。外部规定和相应的外部关系也跟进,从概念上把握,我们以述谓的方式表述这些关系为,比如:a 在 b 右边,a 比 b 更大、更强、更亮,等等。a 在时间上后于 b,A 与 B 相连,因而,同一个整体中部分的所有相互关系都属于其中。在意识中相继拥有两个声音,这并不意味着,意识到 a 比 b 更强,甚至不意味着,a 在时间上后于 b。朴素的演替意识不是综合意识、关系意识。**追寻相继的声音，并不意味着将一个声音与另一个声音关涉起来**，就像当我们说 a 比 b 早、b 比 a 早时那样。同样，在体验中，比如 a 肯定是更强的；但是更强性首先在综合意识中成为对象，在此之中，从在 a 中采取的立场出发，仿佛向 b 看去，并且升高或者减弱被客体化。然后，作为规定性因素，并且还并非作为它内部拥有的东西，比 b 更强附着于 a，反之亦然。

所有这样的关系都植根于关涉点之中，并且在相即观视的情况下，要被把握为本质上和本质法则上属于它们的。双重关系植根于 a 和 b 的本质，正如它们在共同观视意识统一体中被给予。这并不意味着，共同观视意识实项地包含关系，它只包含观念的可能性，也就是说，恰恰植根于本质的可能性。关系属于 a 和 b，这意味着，植根于它们的本质的是这样的可能性，即，如此这般地进行客体化立义，在其中，相关关系相即地被给予。但是，首先在它之中，相关关系才实项地被构造为被给予性。

人们可以将所有外部关系都立义为思想客体，它们通过合乎思想的分节和综合结合同一个整体的诸部分而产生。为此奠基的是 a 和 b 的结合统一体，并且，在对一个在其中分别被给予的并且作为主要分节、作为关涉于此的分节而被带入结合中的分节和其他作为被关涉者的分节的立义之中，关系产生出来。奠基性的结合的同一性和以双重方式立义它的观念的可能性奠定了对在两种关系中的事态的同一化。两种关系本质上是同一事态，它们以双重思想形式把握同一实事。由此，人们仍然总是可以在其中找到整体和结合的区分，即，在说到整体时，重点在一个对象性上，在其中,部分可以区分出来,但是,在说到结合时,重点在分节上,它们作为对象自为地展示,但是它们彼此结合,通过结合统一起来。

实事的统一性也奠立了内部关系。在同一性中,实事与自身相合,也就是说,两个显现是以同一化形式统一起来的。同样,在部分关系中,整体与它的部分相合,但是在这里,统一正是内部的统一、部分的或者全部的自身相合之物的统一。这不是将一个事物和另一个事物结合为一个整体,而是说,〈它〉在同一化中自在地是一致的。

〈§46 思想对象与感性对象之间的区分,思想形式与感性形式之间的区分〉

我们现在暂停片刻。我们已经分析了一系列紧密相关的思想对象和思想客体化,并且由此了解了它们。我们现在想要对它们提出问题:**什么构成了它们特殊的特征,并且让它们显现为与低阶的对象和客体化相对的本质上新的事物?**然后,以下几点向我们突出出来:

1) 思想对象是**被奠基的**对象,它们的客体化是被奠基的。

2) **低阶对象是感性对象**,这意味着,某种体验——我们称为感性的——的原材料,比如颜色内容、声音内容、压力内容等,通过时间流,并且可能通过前〈经验〉的伸展而具有它们感性的交织,它们经验到立义。在这里被叫作立义的东西在根本上不同于感性材料,它给予后者以意义、对象关涉。

如果对象被构造,那么,高阶的对象可以通过新型的意识特征——它们自身又具有客体化特征——被构造起来。这些新型的意识特征并不提供任何再次对某些感性内容——比如新的相对于奠基立义内容的内容——合乎立义地加以释义的东西。**没有新的感性材料出现。这是全新的客体化**,它建造在事先被给予的朴素的客体化之上,并且使它的对象——至少在我们的例子中是这样——成为新型的统一体,成为思想统一体,同一性的、差异的、关系的统一体,等等。

或许可以说,此外,高阶在它带来的新的事物中当然在低阶中已经有了类似物。新的事物从根本上并且就其所有的内容而言是不同的,这是相对于感性之物,但是并非相对于对感性之物的立义在现象学上带来的东西。当然,同一化相合并非根本上新的事物,或者并非在所有方面相对于连续的统一性意识而言从根本上新的事物,后者在朴素的事物客体化——它当然至少在时间性方面具有其连续性,因而具有其相合性——中〈起支配作用〉。由此,我们也就谈到同一性统一体,虽然它不是分明的,不是我们在每一个直觉同一性判断中所预设的那种类型。看起来,人们可以说,**在思想客体化中也有立义内容被给予,但是不是感性的**,而是这样的内容,它们在类型上是在朴素立义方面已经出现的因素,或许是立义因素的结合或者交织形式。但是它们首先通过分节和分别客体化而突出出来,并且然后作为立义内容起作用。至少,本质上新的事物也出现了,倘若在高阶上,与奠基性对象的分别构造一道,也出现了对一个与另一个的关系的立义、在某种意义上[1]关系的立义;

---

[1] 当然,述谓并不总是关系设定。

正如我们所说的,在从一个立义向另一个立义的过渡中,一个环节展示为这样的,从它的立场出发,统一性状况被立义,并且另一个环节则展示为关涉第一个环节的东西。

在这里被构造起来的新的对象形式是思想形式,它们不同于感性对象性形式。首先不同于时间形式,它不可扬弃地属于每一感性对象性的本质和每一个体对象性一般、事物性一般的本质;同样不同于空间形式,它不具有如此普遍的含义,局限于它有助于构造的经验—物理对象性的世界。这些形式虽然本质上通过〈一个〉统一性意识被构造起来,通过〈一个〉隐含的同一性意识被构造起来,并且在某种程度上具有与思想形式的亲缘性,但是,为它们奠基的立义材料,要么是感性的,要么以某种方式与感性之物有亲缘性。

意识的原材料包括时间流。通过它,感性内容和所有其他以原初方式与它们交织的内容成为一个,并且被构形。这不是客观时间,不是本真意义上的时间,后者首先通过立义、通过意义给予、通过同一化而产生。它是这样一种形式,这种形式可以说还是盲的形式;盲的,就好像单纯的感性内容,当它们还是以印象的方式存在,还是盲的。它们被体验,但是,如果它们并未被立义、被同一化、被对象化,那么,它们就无所意指,它们没有意义。

空间形式的情况同样如此。视觉领域的视觉感觉的延展不是被看到的感知领域的客体的空间延展。给予感觉以统一性的前经验伸展仍然是盲的,通过立义和客体化同一化,它才获得意义,获得精神之眼。视觉感觉领域(和每一感觉领域一般)中的视觉内容的结合或者交织植根于感觉,更进一步说,植根于它们的种属性。因为人们当然还必须说,只有视觉内容彼此以这种方式结合和可结合,触觉内容彼此以这种方式结合和可结合,但是,视觉和触觉的、触觉和听觉的内容不结合和不可结合,因而在交织和交织形式中,我们具有特殊类型的盲的因素,它们与感性内容具有亲缘性,至少不可分地属于它们,这些因素奠立了客体化的空间立义。

但是,为思想客体化奠基的根本不是作为被代现者的这样的盲的内容。它们仿佛是纯粹精神性的。当然,你们比较一下:我们一次关注一个视觉伸展的感性统一体(抽离客观空间性),另一次我们在这里和那里突出感性因素,并且构造一种关系,意识到这个和那个被分别出来,这个和那个是并列的,等等。这样:**思想形式并非不可分割地属于感性内容,就好像它们在这里已经因而带着这些形式了,自发地!感性形式必然在此,并且实项地与以感性的方式由它统一的内容一道在此。但是,范畴形式是事后才进入被范畴构形之物**,它可以在此,但不必在此。经必要修正后,这涵盖了经验显现的对象及其对象形式。

如果在感知或者其他朴素的客体化中的感觉以事物的方式被对象化,事物就为意识产生出来,事物形成统一、联结。在每一个事物中,在其中可区分的块片被统一起来,它们的质性因素、空间的(和时间的)质料彼此联结起来,奠定了相似性、相同性、强度区分等的全部特征。但是,所有这些都先于思想构形。首先是一个交织的统一体,并且对象的客观统一体本质上包含了所有结合和交织,它们本质上并且不可分割地植根于联结起来的客体元素和客体质性,等等。

在交织的统一体中,我们在思想中把握到第一个立足点,我们进行区分、关涉、相合或者突出,等等。朴素的对象意识现在采取了新的形式,并且通过这些新的形式进行新的客体化;新阶次的对象产生出来,并且对象自在地、根据它们的客观意义而显示出形式,作为一个关系的主体环节的关涉环节的形式、被关涉的环节的形式、关系自身的形式——在其中两者客观地汇聚起来,同一性和他性的形式、相同性和差异性的形式,等等。由此,我们同时看到,新的事物以新的形式如何不处于任何感性事物之中。奠基性的客体化运用在感性的和盲的材料上的东西,仍然被保留下来,并且恰恰只是获得了一个新的思想形式、特殊的思想形式。

这一思想形式就是**逻辑形式**。此外:已经在低阶作为仿佛精神性的形式出现的形式(也就是说,将盲的原材料及其盲的原形式释义为它的完全的统一体,并且造就了对一个空间—时间的显现世界的直观或者朴素表象),我们可以称之为原初的存在论形式。其中包含了内部关联的时间、空间、事物的形式。

在《逻辑研究》中,我本质上只谈及初级的逻辑形式,并且称它们为**范畴形式**。如果人们在**范畴**之下理解抽离了它们交替的质料的**对象性的基本形式,那么,我们就不得不区分逻辑范畴和形而上学范畴(事物性范畴)**。但是,问题是,除此之外,人们是否还需要提出前经验的存在的范畴(人们常常在意识标题下关注它)。

既然客观性一般根据其基本形态而必须在相应的客体化体验的基本形态中被构造起来,那么,在这样的客体化立义——在此之下,要理解的恰恰是范畴对象形式在意识方面的相关项——之中,我们也谈及范畴形式。

〈§47　普遍性功能〉

〈a）普遍之物作为相对于个体对象的新对象性〉

我们现在进一步深入对逻辑阶次范畴的研究。我已经列举了逻辑领域中的同一性、相同性、关系一般；但是，确切意义上的逻辑的，在逻各斯（λόγος）和范畴（κατηγορία）意义上的，用拉丁化的表达，在述谓意义上的东西，要求至今已经指明的思想客体化和一种新的并且根本上本质性的形式，即**普遍性形式**、**概念形式**之间的交织。

人们倾向于说，概念通过抽象活动涌现出来。如果人们比较多个在某个因素方面相同的直观对象，那么人们能够通过抽象而意识到共同之物。抽象在于，人们不考虑区分（抽离某物），并且突出共同之物（积极的抽象）。这当然是对人们实际上想要描述的东西的一种糟糕的描述。如果两幢房子共有一面墙，那么根据这一描述，这面墙也会作为共同之物而产生出来，并且由此是概念。

墙是一个个体对象，墙的概念是墙一般、一个普遍对象。① 当然，我在这里使用的"普遍对象"这一表述，大都为逻辑学家所拒绝。人们说，概念是一个普遍表象。现在，我们很容易看到，人们无法谈及普遍表象。如果没有普遍对象，并且人们又不能"在抽象标题下"掌控任何的活动和活动成果，那么必须承认，它也在这里处理一种新的客体化和相应于它的一种新的客观性，即那个只能

---

① 我们必须区分普遍概念和个体对象一般（以及其他普遍的对象一般概念），因而区分"一个 A 一般"和观念对象 A。

被标示〈为〉"普遍对象"的东西。至少很清楚,对两幢房子共同的墙的表象不是普遍表象,并且它自身不是概念意义上的共同之物。

如果我们有一些房子,它们具有建筑学上同一的形式,或者具有同一的颜色,等等,简而言之,我们有一些对象,它们具有同一的标记或者同一的标记复合体,情况会不同。① 显然,在每一抽象描述中都被注意到的是这样的东西。为了说明它,有些人说:我们不得不区分出对象的独立部分、块片和非独立因素、它上面的因素,这些因素可以自为地被考察,但是不能被分割,或者说,能够本质上被算作同样的、不可能自为地独立的东西;通过比较不同的独立对象(另一个修饰词就是"具体的"),它们以相同性方式共有的这一或者那一因素就出现了,我们现在能够也在个别对象上关注它,并且由此使它成为自为对象,而它仍然在其关联中,并未从对象上被分割,而只有通过固定的注意力才成为对象性的。注意力、自为地关注不可能自为地是具体的东西,这构成了积极的抽象,并且,消极的抽象只是说,在注意力的目光下,其他共同交织的因素恰恰不出现,它们虽然被意识到、体验到,但是不被关注,并且以这种方式被意指。

不过,这一分析——它在本质上回溯到贝克莱——也不充分。它在现象学上走得不够深入。在这里,能够-自-为-存在和不-能够-自-为-存在之间的区分根本没有在现象学上得到澄清,并且只是被带入混乱之中。它当然很重要、很有道理,但是它如何在现象学上被构造起来? 进一步说,关注是否已经是客体化了呢? 关注是否已经预设了客体化,它的意向对象就展示为被关注的对象?

---

① 人们这么做,就好像标记已经被给予了。

为了关注房子,房子必须对我来说已经是对象性的了;它当然也可以显现,无须是被关注之物和在此意义上优先的被意指之物。但是,或许首先要说:如果我看到一幢房子,或者在想象中表象它,那么我有了客体化的房子直观,在此之中,房子是个体对象。如果我关注房子的红,它在它之中并且与它一道显现,那么我就已经固定了一个个体因素、一个个体对象的因素。但这不是普遍之物。在本真地向我显现的房子的墙面的一个块片中,我都能够突出一个红的因素,并且在另一个块片中突出另一个红的因素。情况同样如此,如果我汇聚都是红的多个对象,这样,每一个都有它的红,并且这处处是相同的,但是同时在个体上总是不同的和分别的。

在这里,用穆勒的话来说,我只是关注红,并且绝对不关注房子和其他红的对象,我在这里只意识到它,并且不意识到不同的事物,由此也不意识到个体差别,这或许是一种虚构。事物和它们的因素分别会片刻不停地被意识到,这已经存在于标记的非独立性概念之中了。不存在直到无意识的无注意力,否则就会是分裂。毋宁说,事实上每一个红都分别展示对红的关注,无论怎样的特殊化和卓越都不会使得它成为红一般、成为普遍之物,如果我恰恰意指它为在它的个体化中的这里的这个的话。但是,个体化不是红自身这类的因素,我可以不考虑这一因素,正如我不考虑红在此之中伸展的形状。

实际上应该说,**在这里一个新的,更进一步说,被奠基的意识出现了**,它在对普遍之物的观视中对于普遍对象来说是构造性的,此对象展示了一种根本上新的对象性。在比较中,红因素在这里和那里出现,它不是作为处处同一之物、在同一性意义上的共同之物，而是作为奠定同一性和共同性的东西出现。这里的红和那里的红总还是分别的和单纯相同的，但是倘若它们是相同的和绝对相同的，如我们曾经想要假定的，那么，它们就奠定了一个在它们之中分别着的同一之物的显现。

我们最近说过，在比较中出现相合意识，在分别的基础上的相合意识。在分别中，多个对象为意识展示，每一个都自为地在表象中被构造起来。但是，相合是同一化，并且同一化是对同一物的意识。在分别的基础上的同一性意识说的是，在被分别之物中，一个同一物、同一个对象被把握到，并且作为在被分别之物中的同一之物，或者"在它这方面"它们是同一的。这一红因素和那一红因素是分别的，但是它们在红方面是同一的，并且这句话说的也是：两个对象在红方面、在红标记方面是相同的。

这一相同再一次指出了关于两个对象的说法固定的东西，也就是，分别作为同一性的承载者。但是在这里，在相同性综合中，相同性关系被构造起来，它当然以所描述的方式包含了同一性，并且由此包含了一个新的对象、普遍对象。分别的对象一并被意指为关系的承载者，被意指为关涉点。但是，在从相同之物到相同之物的过渡中，不管是两个还是任意多个，当它们在直观中相继过渡地展现，虽然可能有杂多之物被给予，但是只有在它们之中展示的普遍之物被意指，这样，这个"在它们之中"并未一并被意指，正如它们自身并未被意指，并未通过卓越的注意力而被提升设定为所谓客体化的论题。然后，我们在从这个到那个的观视过渡中总是面对作为总是同一个的普遍之物。我们纯粹活在那种普遍性意识中，它在相合中起支配作用，并且穿越一再更新的相合。

毫无疑问,恰恰同一个普遍性意识也可以在一个个别的个体直观的基础上被构造起来。我看到比如一个红,并且在对这一红的连续直观中,我意指种类的红,作为观念①,后者在时间连续性中总是展示为同一个的红。我意指的不是在此显现的个体,我意指的不是从时间相位到时间相位的新的因素,我不在分别中区分时间相位,并且我也不关注因素本身;它突出为共同的颜色,如果我比如让眼光掠过不同的如此这般形态的对象部分,但是分别和过渡并未被一并纳入意指之中。红本身在统一性意识中被意指,此意识在连续和普遍意义上在内容上交替着的个体对象意识的基础上被构造起来;在这里有一种特殊类型的相合意识,因为它把握为同一个的、把握为在持续的并且又迅速分离的同一化中的对象性的东西,并不构造出一个个体对象性,而是构造出一个普遍之物。同时很显然,正如普遍性指向个别性,普遍性意识也指向个别性意识。

本真的普遍性意识——它是那种构造普遍之物被给予性的意识——是被奠基的意识②,它预设了个别性意识。更进一步说,如果它应该现实地被给予,那么它就预设了一个直观的意识。**在这里,特别有趣的是,对于被给予性来说,个体之物或者说个别之物在它这方面是〈以〉感知还是想象或其他图像性的形式被给予无关紧要。**如果我们设定一个在想象中的红和一个在感知中的红(并且,如果我们比较在想象中或者在想象一般中的多个红,那么,它

---

① 在讲座中我处处使用和说明观念化抽象这一表达。
② 但是以何种方式被奠基? 个别性意识不是对个别性的意指。意指在这里非常明晰地区别于显现、注意和"给予"。被意指的只是普遍之物,区别于综合的意指,在此,意指奠基于意指。

们是同一之物)进入比较综合中,那么它们奠基了直觉的相同性意识,或许是普遍性意识,尽管有它们所构造的不同的被给予性样式;后者给出普遍的红,我们观视它;我们观视它,不管面对的是在感知的基础上的还是在其他直观的基础上的同一化,它是同一个普遍之物。

如果我们谈及本质,这只是另一种表达,一个具有和个别对象——它"具有"本质——的原初关系的表达。所有在对象上可概念地把握之物,更进一步说,通过内部谓词可规定之物,都是它的本质,或者属于它的本质。然后,进一步说,从客观上来考虑,每一个普遍之物都意味着一个本质、一个本质性。人们避免使用"普遍对象"这一表达,因为对象是一个偏向于被用于个体对象,甚至事物的语词。

但是,至于"概念"一词,表象和对象性在这一词语下混淆起来。表象——普遍之物或者本质在此之中被给予——可以是不同的类型:本质直观——在此之中进行本质的被给予性,或者非相即的本质表象,或者普遍的语词含义。在逻辑方面,概念不是指个别的语词含义,而是指它的种类化,或者它的相关项。

当然,相即和不相即的区分也波及这一新的对象领域。如果奠基性的个别直观是一个相即的直观,并且一个普遍性意识奠基在它上面,它对个别之物的一个内在因素进行观念化,那么,普遍之物——观念——就是一个相即的被给予之物。但是,如果事关比如一个经验的直观,比如在我们眼前的一幢房子,那么,这只能奠定一个非相即的普遍意识,倘若并未在显现中被给予的因素以总体化形式出现在普遍性意识之中的话。

还要注意，我们在这里描述的是最简单的情况，**在这里，普遍性意识作为一种初阶思想意识直接被建造在朴素直观之上**。普遍化、普遍之物在此之中成为意向的意识，可以总是一再地被建造在被给予的普遍性意识之上：普遍对象可以在更加总括性的种属方面展示为个别性，并且可以如此等等以至无穷。这样，数字3是一个普遍之物，在另一种情况下，数字3是一个相对于数字一般的个别性。质性是一个相对于颜色的普遍之物，颜色是一个相对于红或者蓝的普遍之物；红作为某种色差是普遍之物，它作为最低的种差涵盖了诸个体的个别性。

〈b）在其与个别之物的关涉中的普遍之物·不同阶次的普遍性〉[1]

通过作为对象性的普遍之物，首先产生了标记概念。在普遍性意识中，相对于个别性意识——它在最下层是个体意识——，一种新的对象意识被构造起来。一个综合—关涉行为，正如它一般来说可以将对象和对象关涉起来，也可以将普遍之物和相应的个别之物关涉起来。客观的构造关系与部分和整体的关系有亲缘性，但仍然有根本的差异。普遍之物不是在事物之中（*in re*）（不是在事物之前[*ante*]和在事物之后[*post rem*]），倘若我们在和整体和部分那里同样的意义上来理解在之中（*in*）的话。实事并不**具有概念性普遍之物在自身之中**，但是，**概念作为它的"本质"归属于实事**，实事在概念中具有其规定性，具有其标记。柏拉图为区分个体—事物的拥有和

---

[1] 参阅附录A XV：高阶的普遍性·普遍之物作为对象与作为标记（第388页以下）。

归属关系而谈到分有（μέθεξις）和交融（κοινωνία）。

在此，在古代的运用中，个体对象和属性之间的关系是本质上不同于种和属的关系的，比如红色和颜色。属包含在种之中，这样，人们在这里不可以替代相应的因素的部分关系。一个个体对象，比如一个红色的球，一方面具有其块片，这意味着，它向可能的分割开放，此分割又产生个体对象，但是它们在整体上形成了一个不可分的统一体。另一个分割方向是在因素中的，这些因素的复合体构成了一个个体性的质料。相应于每一个因素的是一个普遍之物，更进一步说，首先是最低级种差化的普遍之物。球形、在球形上伸展的球的颜色：这些是相互交织和彼此依赖的因素，**更进一步说，它们现实地被称为部分，即便不被称为块片。**

在这里，我们必须区分植根于因素的相互关涉之中的种差化和与分块平行运行的种差化。相应于空间形式的分块，球的每一块片都具有它的红因素和它的形态因素。每一形态因素都包含了相应的普遍形态，整个球包含了球形，它作为标记属于球。颜色性同样如此，但是它作为球的质性上的覆盖，具有并且预设了球标记作为基础。球标记本质上预设了某种质性上的覆盖，但是球的颜色性本质上预设的不仅是某种伸展，而且恰恰是球面伸展。

如果我们取代颜色性，而毋宁说取颜色，更进一步说，某种颜色，一种进一步的普遍化就出现了。如果红色在现象上处处是"同一的"，那么，在从块片到块片、从红因素到红因素的过渡中，我们就可以把握一个独立于形态的同一之物：本质红，它具有如此这般的细微差别，在这种和那种亮度上，但是所有这些都被把握为一个统一体。这一共同之物在每一个别因素中都具有一个部分因素作为与它相应的相关项,就像相关形态的因素相应于比如在延展和形态上完全相同的球的两个部分?并且,即便我们甚至取不同的色差,甚至颜色,球的一个块片是红色的,一个是蓝色的,并且我们形成了颜色这一普遍之物,那么,红色和蓝色当然具有共同之物,但是,我们可以谈及一个在红色和蓝色中延伸的颜色因素,它会具有一个部分的特征吗?当然,普遍性意识植根于红本质和蓝本质之中,它们的本质包含了,它们两者都属于颜色属,**但是,在直观被给予的对象性中的相应部分这种说法有将一种现象学的原子化归于它的危险,而此原子化在它之中是找不到的。在现象学上**,我们只针对普遍性意识阶次。同一直观被给予性本质上奠定了比较和种类的同一化的不同可能性,根据它们的指向,我们在被给予之物中观视不同的种类上突出的方面和标记,它们恰恰在相关的普遍性意识中被给出和突出出来。在被观视的普遍之物上又可以再次建立新的普遍性意识,并且因而是在更高阶次上。在此,个体直观必然保持为基础,并且它的对象在通过更高或者更低的普遍之物时总是经受着它的本质规定性,正如在关注它,并且它被设定至与凸显出来的普遍之物的关涉中时那样。对象是球形的,是均匀的朱红色的,但是对象也是——通过更普遍的概念性把握——圆形的、红的;更普遍地说:它是有颜色的、感性—质性上被规定的。并且,在这里,事物和这些更确定的或者更普遍的属性的关系不同于朱红和红一般的关系,不同于和颜色、感性质性的关系。将种安排在属下,和通过它的属性规定一个个别之物,两者要分清。

通过规定着的普遍之物、广义上的标记——不管它是个体对象的属性,还是作为种的规定的属——,我们首先具有**在逻辑意义上的完全的事态**。普遍之物展示为归属之物。比如,这是白色的,也就是说,这一事物在这里具有白的颜色。它是准部分同一化。但是还不是在本真意义上。这不是对象上的一个因素和整体对象以真正的部分关系,或者说,真正的拥有的方式的同一化。**对象并非在本真意义上在自身中具有作为部分的标记**。在自身中,对象具有它的部分和它的因素,其中有颜色因素。普遍的白在关涉性意识——在此之中,标记被构造起来——中与颜色因素相合,并且通过这一相合的中介而关涉对象,以此方式规定它。**本真的拥有存在于对象和它的颜色因素之间**。但是这一因素是一个纯粹概念同一化的承载者;白意识——它是普遍性意识——处在白因素上,并且在此之中分化,并且,通过这一分化,它关涉对象:对象是白的,它具有——如果我们换一种说法——一个构造性因素,这一因素是普遍的白的分化。意指的并非是对象具有因素,而是说,它"具有"白色,也就是说,在自身中具有一个白色的"分化"。

但是,在这里我们必须区分不同阶次的规定性。一种理想状况或者极限状况会是,因素是恰切的概念分化,也就是说,它完全就是这一概念的分化,不再需要和依靠进一步的规定。但是,让我们假设一种情况,比如,一个对象被立义为"有色的",一个对象比如是红的。某种颜色、有某种色差的红不在这一规定性上以概念的方式被把握,而是被把握为颜色。颜色对以下问题保持开放:它〈是〉这一色差的红还是那一色差的红,它〈是〉有色差的红、蓝还是绿,等等。普遍之物和直观在场的颜色因素之间的相合在这里在某种意义上是不完满的。红种类之物不是通过颜色这一普遍之物来被把握,前者为后者奠基,但是它同样可以是蓝色。如果我们将红把握为红,那么因素在其完全的规定性之中如其所是地被种类化;如果我们单单将它把握为颜色,那么唯当这一红色和蓝色以及其他低级的种类一道奠基了一个相同性和同一性,我们才这么做;我们当然不能分割和并列:"红色是一种颜色,但是红色是红作为红的特性和一个补充的'颜色'、红和蓝共有之物的总和。"毋宁说,用形象的说法来说,"颜色"也隐藏在作为红的红之中,因为部分的说法总是让我们想到分化和联结,它们在这里并未被找到。我们仍然必须说,在这里存在着概念把握的完满性的特有阶次,这取决于,是一个最低级的差还是一个高级的种和属关涉直观。

在同一化和分化中应用到对象的直觉因素上的概念越普遍,规定性也就越空乏,它更少规定地把握了因素,对象更少规定地通过它被刻画。每一普遍性阶次都向我们指明其他层次的可能的比较和同一化,红指向红的色差,颜色指向不同的颜色序列,感性质性指向不同的感性领域。总是存在着本质性的共同之物,它们在我们称为普遍性意识的种类同一性意识中被观视。概念总是在直观被给予的对象因素之中获得它的分化,并且,分化也以这样的方式被给予,即,普遍之物与因素相合。但是相合具有不同阶次的充盈和空乏,并且它将因素置入或狭或广的杂多可能的同一化之中,它在它之上把握到或多或少的它的完整本质。当然,其中有许多形象的说法。不过,因素的充盈也不是说,因素,比如颜色,是一个总和或者联结,不管如何狭窄,以至于〈它〉关系到多样的部分因素。由此,更普遍的概念把握更少的种类之物,更低的概念把握更多的种类之物,或者说,以"分化"的类型得到铸造。

〈§48 进一步的功能〉

〈a) 未规定性,特称与全称〉

新的客体化样式通过新的功能产生,这样,首先是**未规定性功能**、普遍性功能在一种新的意义上、在**普全的普遍性**意义上,本质上与它相关。**全称和特称**形成了一个对立,它区别于确定的个别性和种类的普遍性之间的对立。

在直观中展示的确定的对象在其中,在朴素给予着的个体化直观中作为这里的这个被构造起来;如果一个观念化抽象(因而,某个因素的抽象和将它观念化固定为种类的本质)在它上面建造起来,那么,我们具有一个新的对象,也就是这个本质。在以这一本质为中介的规定中,产生了进一步关涉的客观性,这里的这个是白色的,这里的这个展示为由白色规定的。但是,对象可以在直观中展示,而无须被意指为这里的这个;我们"只感兴趣",一般地,某物是白色的;换句话说,在直观之上建立起了一个**对未规定的个别立义的意识、新型的对任意某物的意识。**

并且进一步说,述谓可以转变为归属,不仅当它关〈涉〉确定的主体表象,而且当它关涉未规定的主体表象时。对象被规定为白色的,对象在其规定性中,作为如此被规定的对象,成为新的主体对象。表象在自身中获取了概念规定性:这个是白色的,这一白色之物是圆的。某物是白色的,一个白色之物是圆的。这一变异总是可以重新被建造起来:这一圆的白色之物,一个圆的白色之物,等等。在这里,我们具有新的范畴形式,它们以新的方式合乎思想地构形客体,并且由此构造了新的思想客体。通过"一""某物",特称出现,并且,"某物是白的""一个白色之物是圆的"这类事态是特称事态。特称功能对立于全称功能。我们以特称的方式意指,比如某物是白的,某个物体是重的。与此相反,以全称的方式意味着:所有物体都是重的,这意味着,一个物体一般和普遍是重的。一个三角形是锐角的,一个三角形一般角度之和为两个直〈角〉。这样,我们相当于有:有一个锐角三角形;在这里:每一个三角形、一个三角形本身的角度之和有……

普遍性预设了未规定性。未规定的表象一般必然具有未规定的个别表象形式和普全的以未规定的方式总括所有个别性的表象的形式。当然,这就是换一种说法。在"所有"中、在"总括"中又已经隐藏了无法描述的和最终的全称思想,它恰恰在一种本质上新的意识中被构造起来。这一普遍性——它关涉未规定性,并且与特称对立——不要和种类的普遍性混淆起来。

种类红是在杂多的红中同一地被观视或者可观视之物。在这里缺乏和未规定性的任何关系。但是,如果我们说一个红一般(普遍地),那么,我们就具有了一个完全不同的思想,一切性(*Allheit*)的思想,并且由此具有和未规定的个别性的关涉。以种类的方式判断时,我们可以说:红是一种颜色;以全称的方式判断:所有红色之物都是有色的。并且我们看到,两者根据本质法则紧密关联,就像在这里,从我们在这里要说的东西中产生:因为红是一种颜色(红的本质包含了作为属的颜色),所以所有是红的个别之物都必然也是有色的。

〈b）合取，析取，单数与复数的区分·复数的普遍性相对于无条件的普遍性〉

与上述功能交织的其他功能是**合取**、**析取**与**单数**、**复数**的区分。同时或者相继地进行一个表象 a 和一个表象 b，这还不意味着，进行表象 a 和 b。在这里存在一种特有的综合，它不仅一般地联结两个表象，并且不仅以表象的方式在一个意识中意指两个对象，而且"共同"意指它们为"两个"。通过合取，一个新的范畴客观性被构造起来，即共同、总和。正如所有范畴功能都可以被建造在任意的客体化基础上，这些功能也可以如此。所有对象性都能够被合取：独立的和非独立的，个体的和总体的，事物和事态。

与"A 和 B"相对的是 A 和 B 其中之一、两者其中之一的析取。当然，A 可以具有形式 α，因而，我们具有一个 α 和一个 β。合取项也可以出现在述谓综合中。并且，在这里产生了两方面的述谓：本真的合取的（在这里，合取项是主体对象）和分配的（在这里，谓词不是合取整体的谓词，而是关涉它的每一个环节，但是在一个行为中）。如果我们谈及一对、一个多、一个总和、一个基数，那么这些是归属于作为整体的合取物的规定性。但是尤其重要的是复数的形式，它影响到了述谓。比如，苏格拉底和柏拉图是哲学家。其中包含了，苏格拉底是一位哲学家和柏拉图是一位哲学家。但是绝不只是如此。苏格拉底和柏拉图这两者以合取的方式被设想为统一的。并且同时，这两个事态被设想为统一的。这两个事态又不仅以合取的方式被思考，就好像我们仅仅说，苏格拉底是一位哲学家和柏拉图是一位哲学家。由此,苏格拉底和柏拉图的合取统一就会消失,并且由此复数也会消失。毋宁说,我们让述谓的双重视线关涉合取物的统一性。规定是多样的,但是在多样性中是统一的。在一个联结起来的双重射线中,它关涉柏拉图和关涉苏格拉底。由此,诸未规定性形式关联起来:一个 A 和一个 B 是 α,两个 A 是 α,几个 A 是 α。

但是,与此相反,在这里立刻一并出现在我们眼前的形式"所有 A 是 α"要复杂得多。它包含了一个双重否定的思想:没有 A 被排除。以直觉形式,它预设了与一个封闭的、可以以合取的方式贯穿和汇集而被穷尽的被给予的客体的总和之间的关系,就像当我们谈及一座被看见的花园中的"诸"树时那样。树——它们在个别立义中被给予,并且以合取的方式被收集起来——的多被未规定地把握为多,被把握为一棵树和一棵树,等等,它的每一个环节都看起来以复数的形式被规定为树;并且这一多并非进一步被规定为树一般的多,而是这个花园的树的多,这样,这个花园里没有哪一棵树会被忽略。因而,一个复杂的述谓规定通过双重否定在此进入,对它的进一步分析在这里还不可能。

正如我必须马上补充道,同样的话语形式"所有 A 是 α"在一个无条件的普遍性、一个纯粹的概念普遍性存在的情况下,其意义在本质上是不同的。正如当我们说,所有三角形都是角度之和等于两个直角。这一话语形式是复数的,真正的意义却不是复数的。所有三角形,这不是任何可以被立义为现实的多、封闭的合取的那个多。在这里,真正的意义是:一个三角形一般(本身)的角度之和等于两个直⟨角⟩,并且三角形性排除了角度之和不等于……从语言上说,在这里复数起作用,并且它唤起了多性思想,并且,它在一个封闭的集合的图像——谓词总是在此,并且谓词不显示之物绝不在此——中代表思想。但是这只是直观图像,它成为纯粹概念思想的原意,此思想意指的不是事实上的,而是植根于概念本质之中的对矛盾谓词的排除。

〈c〉否定〉

一切性判断,或者说,一切性事态据此已经预设了**否定的功能**。在没有概念规定的朴素同一化上,它已经通过冲突,在不-同一性意识中出现了。如果我们把握一个直观对象,并且我们将它与一个以新的表象形式,比如回忆表象,为我们以对象的方式意识到的汉斯这个人同一化,那么我们具有:这是汉斯。相合出现了。但是,首先可能有一种相合倾向、一种重叠、一种进-入-相合-中出现了,并且,然后冲突出现了,在另一个直观或者表象中被给予之物和被设定之物与这一被直观的这个发生了冲突。由此,一个对象和与它冲突的对象之间的关涉就出现了,更进一步说,这不是汉斯。后者是主项。概念规定的述谓同样如此:这张纸是白色的,这张凳子是红色的,这张凳子不是绿色的。标记绿关涉凳子,这意味着,这一表象绿在这里与表象凳子统一起来,凳子被表象为绿的;但是绿表象适合直观统一,不是以一致性的方式的、朴素构造对象的直观统一,而是以冲突重叠的方式的、以不一致的方式的直观统一。在冲突的绿因素基础上构造的普遍性意识现在成了否定的标记意识,绿作为种类不作为规定性进入凳子表象,凳子不展示为绿的,而是说,它不是绿的;绿成为一个标记的否定项、一种规定性的对立面。这个"不是"表达了这一事况,表达了结果、主体在这一关涉意识中经验为"绿的"在颜色内容方面与它发生冲突的结果。这样,每一个肯定的规定和述谓都包含了一个否定的规定和述谓。两者是完全同等证成的,就像同一化和区分。肯定的编排相对于否定的排除要是优先的,只有当后者预设了作为编排的相合意向时。被固持①在它的自身同一性中的主体、在表象中是红凳子的凳子同时被表象为绿的,并且又借助于它的本质性内容通过冲突来(可以说)抗拒它。

很好地区分就是通过否定谓词对一个肯定的否定,以及与此相关,将排除一个谓词转换为分派一个否定谓词。或者:区分〈就是〉一个谓词的否定和一个否定的谓词。在一个否定的基础上可以构造起一个新的被奠基的行为;不是凳子不是绿色的,而是,凳子是某物,它是非-绿色的。红色的凳子由此而被刻画,即,它与绿色冲突,并且以未规定的立义恰恰是不是绿色的某物,并且在此,凳子自身被规定为是非-绿色的某物。谓词非-绿色现在不是否定地,而是肯定地关涉主词,我们通过否定谓词而具有一个肯定判断(事态)。通过这一分析,许多关于否定的错误理论就解开了,我在这里不可能深入对它的进一步批判。

显然,否定的功能能够和所有至今列举的功能结合。就像同一化为所有它们奠基,区分、冲突意识也可以为它们奠基,因而,我们可以理解"一个 A 不是 B""几个 A 不是 B""两三个 A 不是 B""一个 A 一般不是 B"等这类形式。

---

① 固持有待考察。

〈§49 存在事态〉

〈a〉充实、真理与存在

现在我们考察一个新的事态群,或者说,判断群:**存在事态**。存在以这种方式具有一个狭义的只关涉实在的概念,即,实在存在意指事物性的现实存在。此外,一个广义的概念适用于每一客观性;所有可以作为主词的东西,关于它作为主词可以有所陈述的东西,对它也可以提出存在和非存在的问题。这是广义的存在概念。比如,数学家谈及一个事先被给予的方程式的答案的存在、一个如此这般定义的函数的存在,等等。在此,并未谈及事物、过程、实在性一般。我们在这里要考虑广义的存在概念。

让我们再次从同一化出发。两个表象通过综合同一化进入同一性统一体中,并且奠基了意识:这是同一个,这一和那一表象的对象是一个。

同一化的一种特殊情况是**证实、验证的同一化**。这样的同一化,在此,当同一化与一个相应的信仰相合时,一个表象①以有效性特征归于自身,以存在特征归于它的对象。

信仰自在是一种执态,是一种评价,也就是说,将被表象者评价为存在着的;但不是说,这个"作为存在着的"在一个新的表象中被表象。这是一个**奠基于表象中的特征**,没有奠基的表象就不会

---

① 一个表象:在这里是一个"执态"行为、一个考虑问题、一个怀疑、一个猜测、一个揣测。由此是一个"理智的、客体化的执态"。

是这样的，没有这样的表象就是不可设想的。现时的信仰是印象特征，评价现实进行着；此外，评价体验不是价值的被给予性。在信仰印象中包含了一个价值意向，并且它的本质包含了，它允许或者必然允许"充实"或者失实。让我们考虑考虑，这意味着什么。

信仰仿佛指向某物。这如何显明？信仰是与表象交织或者更好地说，充满表象的评价、执态；对象不仅是表象的，它以本己的方式，以存在方式展示。但是，因而它不是以存在方式被给予，并且，它一般不是由此被给予。因为本真意义上的被给予性是对象自身的被给予性。并且，如果我们移除"存在着的"，那么就只保留了显现被给予性，它不是现实的被给予性。

作为完整的感知，感知是给出对象自身的行为。自身被给予特征标示了感知，但还不是完整地标示。这一特征的本质包含了，自身当下性的意识奠基了〈一种〉执态，更进一步说，被给予之物以存在特征，即信仰特征展示，除非一个冲突意识"扬弃了"信仰，就比如在意识幻觉的情况下。① 我们已经谈到了这一点。相即感知本质上包含了冲突的不可能性和信仰的必然性，并且这一信仰不仅是评价为存在，而且是存在被给予性。价值不仅被评价，而且是说，它是被观视的和被给予的价值。

在非相即的感知中情况则不同。什么构成了一种情况和另一种情况的区分？在非相即感知中，我们将非本真的知觉显现和本真的知觉显现②交织起来。作为感知，它必然包含了执态、评价，

---

① 但是这也是一种"执态"，不仅是未断裂的信仰。
② 这不正确。本真的知觉显现也不是相即的自身被给予，它总是显现。本真的显现者指向同一物，但是另一个显现者首先又指向本真显现者。

此评价超越本真的显现者指向非显现者。在从被给予的感知到新的感知——它们要使得对象从其他"面"显现——的过渡中,可能出现充实,或者失实。

让我们关注充实的情况。充实在立义方面是一种同一化,但是不仅如此,而且也是一种**执态的验证**。非本真表象的对象因素以被给予性特征出现在充实进程中,并且,根据超出原初被给予性的意向因素,这一特征证实了原初信仰。① 在从感知到感知的进程中,在一个本质上关联的感知语境中,信仰行为或者信仰猜测一再得到证实,并且由此构造了一个总是进一步抓取的对象被给予性意识,也就是说,对它的存在意识,作为一个总是充分实在化的存在意识。

单纯的信仰是存在意指;充实意识,信仰意向的充实是这一意指的充实,是对设定的"价值"的评价,是对象的完整和本真的被给予性(更好的说法是,验证的被给予性)的建立。对象现在不仅被表象,而且也不仅以存在特征被设定,而是说,它"现实地"在此,并且被给予,它不仅仅在被直观、显现的意义上被给予,而且是说,它是"现实性",它得到验证或者以验证的方式展示为被给予的现实性。在对象的被给予性中并且通过它,"现实存在"也被给予。

在这里,以下内容需要注意:我们具有被给予性意识,如果我们感知,并且具有它〈到〉如此前伸的程度的话,如果我们在感知语境中前进,总是一再地充实信仰意向的话。但是,当我们谈及"现实性"或者"现实存在"(就是谈及真正意义上的存在)时,我们就**注意**

---

① 但是在这里没有注意到,关系到本真的显现和自身映射的对象因素在从映射到映射的过渡中发生验证。

到了与"单纯被表象"或者单纯被信仰的对立。在这种意义上,我们已经可以比较个别感知和感知在统一感知关联体的综合中(在"语境"中)的连续性,倘若我们想到,在个别感知中,也只有在语境中接下来达成充实被给予性之物被意指的话。或者,我们注意想象表象①或者一个象征表象,也就是一个想象信仰,一个想象考虑或者一个任意的其他的考虑、疑问等,并且现在在思考这些通过一个相应的感知或者感知综合被设定而进入充实的东西。

多个表象可以达成同一化,倘若它们根据其意义关涉同一个对象的话,但是,**对象的存在**并非由此而达成实在化意识、它的现实性。它以完整的和本真的形式发生,**当表象自身与相应的给予对象的感知相合时。在这种充实综合中**,被表象的对象展示为现实的,**展示为拥有存在价值的**。并且此外,如果我们将表象关涉到感知,并且对它加以陈述,那么我们说,表象是正确的、有效的表象,在感知中充实的可能性恰恰是它应得的。这里,大多数情况下,"表象"不指偶然的个体行为、时间上被规定的个别性,而是种类的本质:如此这般被规定的显现可以作为同一物无数次被给予。②

并且同样,这不涉及这一感知作为此时此地(hic et nunc),比如或许在心理学意义上的。而是说,在这一关联体中,我们观视到

---

① 但是完全自由的想象被排除,既然它们的对象无须充实,它们没有与现实性的关涉。人们可以说:总是如此,在现实性中,无物与它相应。但是如果一个相同的客体处在现实性中,那么我可以说,它是同一个或者不是同一个? 但是只有当某个现实性设定被包含或者排除,我才可以构造冲突或者一致。某个设定因而必须在此。

② 那么也必须种类上采纳整个关联体。Haeceitas 的个体在此当然是不可把握的,但是奠定了一条有效性原则。因而这整个评注要有所限制,事情不是那么简单地来把握的。

"此"表象的有效性、说服力,它涉及对象,此对象恰恰展示着自身在此、在此在中被给予。**表象的有效性因而在被表象对象的存在中具有其相关项。**

充实也可以是准-充实。如果我们从单纯表象①向信仰行为、信念过渡,那么就已经给出一种存在意识,"这是现实的",但是只是以非本真的方式。信仰当然会是单纯的假设,只有对它的充实才进一步推进,并且推进至对被给予性和现实性的运用意识。

回忆也可以作为充实的信仰意识起作用,倘若它恰恰涉及过去之物,此过去之物在信仰中被设定或者单纯被表象的话。最后要说,所说的一切都适用于**任何类型的客体化意识。**

同一客观性,比如一个普遍之物,可以相即地或者非相即地被给予;它可以直觉地和象征地被表象、直接和间接地被表象,等等。我象征地表象的一个普遍之物通过一个被给予性意识,也就是观念化抽象,在充实中显明是现实的,并且在充实中,就被表象的(被预设的、被假定的)对象而言,对"它是一个存在者,一个成立着的普遍之物"的意识构造起来。并且,情况普遍如此。②

由此,充实的类型总是由相关的客体化意识事先规定,对一个个体客体的表象,比如,在一个现实性关联体中的对象设定,或者信仰"它是对象",等等,通过相合在一个以存在方式给出对象的感知中获得充实。感知在语境中、在感知的连续综合——它全面地"给出"同一个对象——中获得充实。这一语境中的固定秩序本质上属于充实,只有以它为引导,进展着的存在意识才能占有和获得

---

① 这意味着什么?某种此在设定!怎样的?预设,设定,等等。
② 一个表象作为现实单纯的表象不可以被充实。

持续充实,验证"在此它是现实的"的特征。

人们或许可以说,在每一相即的感知意识自身中已经有持续的充实意识,它必然是持续的意识,并且,**在这一同一化的持续性中同时包含了信仰意向的充实的持续性**,它贯穿所有相位,并且在所有相位中获得验证。

如果表象是间接的,那么它就在这一间接性为它事先规定的阶次上得到充实。凸显"它以这种方式是现实的",凸显存在着的对象自身与那个如此这般被意指的对象是同一个,并且在充实综合中设立它本身的行为,不仅仅是最终阶次的完成行为;而且是说,被意指之物和作为与以如此这般的方式被意指的是同一个的被给予之物的同一性,贯穿了事先被规定的充实阶次,并且恰恰只在最终阶次完成。比如,用一个复杂的情况来说,属于数字定义的思想的充实情况就是这样的。在这里,简单的情况就已经很复杂了。$4=3+1, 3=2+1, 2=1+1$。充实必须依着这一秩序前进。高阶的抽象活动情况与此类似。

通过这些分析,本质上相互关联的存在、成立、真理、有效性、正确性的概念得到了分析。我们已经获得的普遍的存在概念,是亚里士多德意义上的作为真理的存在($ὄν\ ὡς\ ἀληθής$)概念。存在是真在。在实在之物、在客观时间性中的存在之物意义上的存在者是此在,是通常狭义上的存在。关于范畴对象,尤其是关于事态,我们倾向于说成立。但是在这里,真理的说法也可以运用,更进一步说,在具体的意义上。事态是一个真物。相应于事态的是事态表象、判断行为,判断"情况如此这般、S 是 P、纸是白的,等等"。我们陈述它的说服力、正确性:也就是说,就在相应的验证直觉中的充实而言。这一充实就是判断的明见性。既然这一一致性植根于两方面综合相关的行为的本质，那么，通过观念化活动就产生了，一方面，判断的本质、种类的判断或者种类的命题，另一方面，**在事态的直觉被给予性的本质意义上的真理**。判断是真的，这意味着，**相应于它的是真理，它与真理符合**。因而，真理也意味着一致性自身，也就是命题"S 是 P"和之前意义上的真理之间的一致（adaequatio）。

由此也澄清了与真理和存在相关的判断形式。我们理解了存在命题，"A 存在（existiert）""A 存在（ist）"形式的命题。它在"A 不存在"中有其自明的相关项，因为正如任何的同一化那样，充实着的和验证着的同一化也在冲突基础上的区分中有其相关项。在这里，充实与失实对立。这样，就像"A 不是 B"与"A 是 B"对立，"A 不存在"也和"A 存在"对立。我们也理解了同一个词"存在"在关涉和规定判断中与在非规定的、存在的判断中的运用。两方面都指出了一种同一化，指出了要在同一化中把握的某物。此外，我们理解了，"存在"在两种情况下表达的不完全是一回事，因而，在规定判断中、在范畴判断中就不包含比如存在概念。我们进一步理解了布伦塔诺的根本错误，他认为，"存在"表达了属于判断本质的信仰，并且"不存在"表达了非信仰。如果我们将信仰执态算作判断的本质，那么我们就要区分信仰和信仰的什么、判断的意义。但是，小词"存在"属于后者，而不属于信仰因素。信仰涵盖了在此被相信的整体内容，并且没有获得任何特殊的表达。

与存在判断有着极为紧密的亲缘性的判断形式是陈述真理的形式，比如"S 存在，这是真的""S 是 P，这是真的，这是假的"。与其朴素地陈述 S 是 P，我们可以使命题自身成为对象，并且陈述它与真理的一致性，陈述属于它的本质的与在明见性中被观视的真理的相合。根据我们的分析，明见性与真理恰恰处于和一个对象的相即被给予性意识与对象自身之间的关系同样的关系之中。并且在此，真理是一个普遍对象、一个本质，但是明见性是一种体验。

〈b〉对"它是现实的"的意识·扩展感知概念的必要性〉

在最近一讲中，我们停留在意识分析上，在意识中，存在事态、存在判断的对象性相关项成为被给予性。这一研究本质上与对存在概念和真理概念的现象学澄清是相合的。

我们被引导回到考察一种特殊类型的同一性意识，即充实的同一化意识。不是每一种同一化都给出对"它是现实的"的意识、真在意识、作为真理的存在（ὄν ὡs ἀληθής）的意识。在这里又一次涉及一种特殊类型的客体化，就像任何的客体化那样，它也可以以相即的和非相即的、本真的和非本真的形式进行。

对"它是现实的"的本原意识——在其中，现实存在是自身被给予的、被感知的——出现，当一个单纯印象表象①，不管是象征的还是直观的，进入与一个相应的，因而自身展示同一个对象的感知的相合综合之中。更进一步说，一个完全意义上的感知，因而具有未中断、未打断的信仰特征的感知，可谓展示了属于感知本质的存在意指。在这一综合中，对象的单纯表象和对象的感知对立，在后者中，对象展示为自身被给予的，在前者中，对象展示为单纯被

---

① 一个单纯的表象是什么？当然，一个客体化的设定、设立、猜测、揣测。

思维的、单纯浮现的、以某种方式单纯被意指的（意见[δόξα]或者类似的）：在过渡中，对象凸显为不单纯被表象的、被意指的，而是像它被表象时那样现实存在着。

但是，当然这是单纯的反思表达。活在充实综合中，或者同样地，进行确切意义上的认识行为时，我们表象对象，并且然后视它为真，并且具有在与表象相合中的感知，但是，表象不是我们所关注的，并且，感知和相合同样也不是。它们是我们事后进行的现象学反思中的考察客体。活在相合意识之中，相合的对象性就是站在我们的精神之眼之前的东西，因而是与自己自身相合的对象，是在与被给予性的相合中凸显为现实性的对象。在单纯的对象感知中，它以存在方式展示，但是由此，我们还没有突出对象和存在，并且首先，还没有"现实的"，它与"单纯被表象的""单纯被思维的""单纯被意指的"对立。只有当同一个对象作为同一个不仅仅被感知，而且在其他情况下被表象，存在特征才作为使之为真的、凸显现实性的和带入直观的而出现在充实综合之中。这并不排除，作为充实起作用的感知自身又允许进一步的充实，它自身又作为单纯表象、作为相对于新的感知——它在其中获得证实——的单纯意指起作用。这样，一种新的、进一步的意识"它是现实的"就产生了。不完整的和总是只是单面的对外在对象的个别感知的情况同样如此。在将总是更新的对象面①带入被给予性中的感知的综合语境中，意向总是一再在新的面上获得充实，并且以这种方式，最大限度地凸显出对现实性、被意指对象的现实存在的意识。

---

① 不单纯是"新的"面！

但是，此外，整个阐述不仅仅关涉外感知和相应的表象，并且不仅仅关涉感性表象一般，而且也关涉所有这样的行为，在其中，对象性被构造起来，行为可以因而是被奠基的，并且对象性可以是任意高阶的对象性。对于它们，我们也具有——并且这相关地属于高阶"对象性"观念——单纯表象、单纯意指和此外相应的被给予性，因而感知之间的区分。并且由此，对于这些行为，我们也具有了充实综合，并且在它们之中具有了现实性意识和真理意识。

与对象概念的扩展相关，人们进行对感知概念的扩展，这是具有重要意义的一步，并且对于理解认识来说也是不可或缺的一步。当然，它的狭义保留给了狭义的感知和直观概念；但是，我们必须承认，并且我们必须明察，除了感性客体，比如声音、颜色等，类似的事物和过程，比如房子、吹风等，还有其他东西也是可感知之物，也就是说，在恰恰适合于知性客体的意义上的可感知之物。一个事态，比如一个个体的、范畴上规定的事态，比如"这朵玫瑰花是红色的"，可以以象征的方式被思想，就像当这一表达通过它的指示意向给出表象时那样，它可以在想象中被表象①，并且它可以被感知。在这里，通常的说法已经谈及感知：我看见，这朵玫瑰花是红色的。但是很显然，表达的分节和构形所暗示的东西，形容词形式、处于其中的概念性因素、"是"的形式等，都不可能在玫瑰花被看见的意义上被看见，或者甚至在单纯感觉的意义上被看见，就像在玫瑰花显现中现存的红色因素被感觉到那样。在玫瑰统觉中，我们已经具有了理智形式，它不是感性的，它超出了被感觉之物。

---

① 什么叫作在想象中被表象？这个！现实性设定并且不受质疑，等等。

并且，超出朴素的统觉和朴素的玫瑰被给予的行为的是理智形式、种类的逻辑形式，以下事态首先在其中被构造起来：表达式"这朵玫瑰花是红色的"的客体之物。

整个近代认识论和心理学都陷入其中的感觉主义的根本错误就在于，在某种意义上，它对意向之物视而不见，它想要将一切意识都消解为感性的复合体，它看不到一切客体化都处于其中的本真的理智之物。意识的范畴构形——客观性只有在其中才被构造起来——消失了。此外，康德主义者——他们想要将它考虑进来，并且承认它的意义——不知道如何正确地面对它。他们没有回到现象学的分析，只有通过这种分析，范畴之物才被理解为一种客体化样式，就像感性的客体化，它也可以是直观的和非直观的，以及种类上来说，合乎感知的和不合乎感知的。

如果玫瑰—判断作为感知判断来进行，那么，属于逻辑综合、述谓—同一化综合的形式就以某种方式被意识到，即，综合整体不单单是对这一同一性的表象，而且是一个意识，在其中，这一同一性在形式上是一个被给予性，或者被刻画为被给予性。并且由此，我们可以谈及感知。如果我说，这朵玫瑰花是红色的，并且我同时看见它，那么，我就不单单进行象征的思想，就像一个这样的思想还常常作为空乏的思想被给予，并且能够被给予，而是说，我具有感知，并且在某种程度上甚至具有一个充实意识，象征意向逐步与和它相应的感知相合；在此，这个"是"不仅仅意味着述谓的同一性，不仅仅以意指的方式指向它，而且是说，这一同一性是自身被给予的，我仿佛看见，相关的玫瑰花现实地是红色的。一个这样被奠基的、这样进行的同一性意识恰恰是一个不仅仅意指而且给出同一性的同一性意识,并且这构成了我们归于感知并且使它具有充实功能的普遍特征。

当然,在这里,我们并没有我们为本真的构造"它是现实的"所需要的充实意识,毋宁说,我们具有一种**交织中的相合**,而非一种过渡意识、一种分明的同一性意识、一种逻辑的同一性意识;**一种静态的相合统一性,一种交织统一性一般**,就像比如也在感知的持续流之中那样,**是持续统一性意识,但不是同一性意识**。然后,由此,我们也在象征之物和直觉之物的关系中具有了一种"它是如此"的意识。当一个空乏的象征思想以综合的方式过渡到相应的感知之中时,或者当一个在想象中浮现的事态的象征表达过渡到相应的感知之中时,陈述就转变为一个感知陈述。

让我们举另一个被奠基的对象,比如,一个种类、2 这个数。我们在感知这个说法的衍生意义上来感知 2 这个数,当我们在现实的汇集和建造在其上的现实的观念化抽象中获得对 1+1 的普遍意识时。象征意向获得了充实,当它过渡到这一普遍性意识之中时,它不仅仅表象普遍之物并且视它为存在着的,而且是给出它。种类的"现实性"当然不是实在的现实性、事物的现实性。但是,这只是因为,一个种类恰恰不是一个事物。**每一个对象之物都具有它的现实性、由它的意义事先给它规定的现实性**,由此,它具有它的表象,以及它的由意义事先规定的充实方式。并且,进一步说,每一个非现实的对象都具有其非现实性和相关的失实样式。

没有小于 2 的偶数,它不存在,这说的不是一个在自然中的事物,而是一个在数列中的数。并且,数列的成员都是种类的统一体。它们存在着,当它们在观念化抽象中被给予时;观念化抽象具有"感知"特征。但是,如果我们从象征表象"小于 2 的偶数"过渡到直观,这意味着,如果我们尝试根据指示在现实的抽象中将思想实在化,那么我们就观视到了总体的冲突。大于 2 的偶数是可建立的,这意味着,范畴行为——它作为本真施行的、给出范畴对象性的行为相应于这一象征的指示——现实地被建造起来,并且由此,这一客观性站在那里,它充实了表象意向,这样,"现实地"有某物。但是,在另一种情况下,冲突出现了,对象意向在此,但是,被意指的对象与即时应该具有的对象发生冲突,它展示为非现实的。

这涵盖了总体的和普全的事态。我们常常说,$2 \times 2 \langle = \rangle 4$。但是,我们"看见"它,唯当我们现实地施行所有这些范畴综合,它们仿佛需要表达。现实的施行不是看见的一个前提条件,而是看见自身。我搞清楚了,2 是什么,1+1。比如,当看着这些凳子时,我选出一个和一个,进行未规定性立义与 1 和 1 的加和,并且现在总体地在范畴抽象中把握"1 和 1"。这样,我必须进一步澄清 $2 \times 2 \langle = \rangle 4$,并且现在在现实的同一化过渡中进行"$2 \times 2$ 等同于 4"。如果我这么做,那么我就具有了"**明见性**""**明察**"。现在,这些只是**对普遍事态的感知**的另一些表达,它们与单纯象征表象或者没有明察的象征判断对立。如果我们从后者过渡到前者,那么,证实就出现了,"它现实地是如此",或者事态,这一合乎本质法则的状态,就是一个现实性。与此相反,$2 \times 2 = 5$ 就不是这样的,这不是现实性,这不是真,而是假,也就是说,表象不与一个相应的感知一致,被表象之物未获得感知,而是获得明见的视之为假(Falschnehmung),它在直觉的冲突中扬弃自身。

〈c）现象学的真理概念〉

因而，明见性是用于事态感知，更进一步说，作为在一个相应的单纯事态表象方面充实着的事态感知的一种表述。2×2〈=〉4，这是明见的。最严格意义上的明见性是充实着的相即感知的意识，就像在现在给出的例子中那样。**只有在判断上**，或者说，在事态表象上，**我们才能谈及明见性**。关于一个朴素的感知，我们不会说，它是明见的。与此相反，毋宁说，我们对此有明见性的是，一个对象现实地相应于它。也就是说，当它获得充实时，并且，同样地，针对一个朴素表象在一个相应的感知中的充实，我们将谈及明见性，谈及被表象的对象现实存在。充实综合自身当然是一种判断综合。它是一种同一化综合，并且在它之中，就像在任何综合同一化之中那样，一个事态被构造起来。如果充实是相即的，那么我们就对于对象的现实存在而具有了明见性，不管涉及的是怎样的对象，是涉及一个事态还是一个非事态、一个狭义上的对象（一个事物、一个种类、一个总和，等等）。

对于狭义上的对象，我们在充实事况的基础上谈及存在，对于事态谈及成立，不过也谈及真理。我们称对象表象为一个正确的表象，它在充实中表明为正确的、有说服力的，也有效的。关涉那个对象的信仰意向在充实中获得"验证"，"获得证实"，"非信仰"被驳斥，怀疑消散了。对于事态，我们具有判断或者一个判断变异作为构造行为：因而，一个同一化，或者具有某种形式并且传递了信仰特征或另一种与信仰相关的特征，比如否定信仰、非信仰、怀疑等的区分。信仰是一个"正确的信仰"，如果它在明见性中获得验证、获得证实。将真理的说法关涉到信仰,关涉到现时意义上的判断,这是不正确的。

在这里,需要补充讨论一个本质性要点。人们说,**真理是表象和它的对象之间的一致**,事物与智性的相即(*adaequatio rei ad intellectum*),我们的分析已经教会我们理解了,与这一古老的经院哲学格言相应的必须是什么:完全相即的充实综合提供给我们这里所说的"一致"的现象学的相关项,只不过,表象不与对象一致,而是说,表象与给出对象的"感知"一致。这关涉所有情况,包括与判断相关的"一致"。①

现在,处处要注意到,**充实的综合不是恰恰属于这一瞬间表象和这一瞬间感知的一桩偶然事件**,就好像在下一刻,代替一致,一个内容上相同的表象和一个内容上相同的感知或许会发生冲突。毋宁说,我们将它视为一个总体的本质真理,就像这里所考察的所有关系一般,这一关系也奠基于相关现象的总体本质之中,尤其奠基于它们的意义之中。因而,我们本真相关的是种类的表象和相应的种类的感知。如此这般被表象的对象是现实的,在具有相同意义的特殊感知中显示为现实的。现实性属于对象,并且对象在

---

① 这只适合本质判断(和含义判断)。但是完全不适合经验判断和经验真理总体。亦参阅这些讲座结尾处的内容,它实际上与这里所说的相互矛盾。一个这样的"事物与智性的相即"在经验对象上是不可能的。

1)适合经验感知的陈述,感知判断的表述正确性。在显现着的感知客体延续时,或者更好地说,在它的显现延续期间,S 是 P 现实地合乎显现地展示!

2)说的不是,它是客观—现实的。此在正确性、客观性。经验的感知判断、经验判断!感知和回忆(新鲜的回忆)的现在—判断不可能在客观上获得验证,只有客观的时间判断:在某个客观的时间点上,某个客观时间判断发生。同样,只有客观的空间判断,没有这里—判断。

同一性上是同一个，不管何种表象表现它，对象不是属于流动的表象的东西，而是属于它的本质，此本质能够作为种类上的同一之物在无数表象中被给予。

客观性完全在于观念性：没有本质的同一性，就没有对象的同一性。据此，"现实存在"不是像现时的充实那样的流动的现象学事件。它在后者中被把握，它超出了充实现象，因为这一表象的本质包含了充实的可能性，或者因为，如果充实发生，那么同样的充实可能性也对于每一具有同样意义的表象发生。**由此，当一个判断在明见性中获得证实时，判断的种类就与明见性的种类一致**。现在，进一步来说明见的是，当一个表象获得充实时，每一个与它同一化的表象都获得了充实，**由此，只有意义的种类才对于充实的种类的可能性来说是决定性的**。由此，对于判断来说，只有**命题**①才对于充实的观念可能性来说是决定性的。也就是说，命题就是判断的种类的意义，如果不考虑执态因素的话。②

如果我判断，$2 \times 2 = 4$，那么我可以浮想4个球或者4栋房子，等等；如果我没有完全的直觉表象，那么我可以浮想4比如作为4个球，但是"×"不仅仅以象征的方式被意指。简而言之，在这里有无数的可能性。不过，我仍然总是意指$2 \times 2 = 4$，并且这一意指的同一意义是命题，它因而是一个普遍对象、一个种类之物。只对于命题、对于意指意义才有充实的可能性。如果我一旦在充实中把握到"它现实地是如此"，那么，由此现实地是$2 \times 2 = 4$，并且由此说出的客观性成立，因为具有同一意义的无限多的可能表象中的

---

① 当然，在此我们具有本质命题和存在命题之间的基本区分。
② 执态不是被纳入本质之中了吗？它一般来说可以被排除吗？

每一个都分有了同样的充实可能性。总体来说明见的是,如果两个判断包含同一命题作为意义,并且如果其中一个判断获得了充实,那么另一个判断也能够为它所代替,而不会扬弃充实。

这样,在这里,我们具有本质上植根于(一方面)命题之中和(另一方面)充实"感知",也就是说,"明见性""明察"的种类本质之中的一致性。倘若命题与明察的种类内涵相合,那么当然命题也在其中。但是,它包含更多。**命题的种类之物已经在空乏的、纯粹象征的判断之中,但是只有在明察方面的超额才给出证实的可能性。**

现在,我们具有**不同的给予真理概念以意义的可能性**:我们称判断为行为、为现象学的或者甚至心理学上此时此地(*hic et nunc*)的行为,这是一个正确的判断,但是不是一个真理。判断消逝了,真理成立。客观的真理,不包含与任何个体此在或者流动现象的机遇性关涉的真理,是永恒的真理。这适用于任何的本质真理。① $2 \times 2 = 4$,这是一个超时间之物,或者说得更好,非时间之物,一个"永恒的有效性",就像人们所说的那样。

现在,我们称命题——它自身是一个观念的真理——为真,我们称它为一个真理。但是,我们这样称呼它,是因为它"一致",因为它是明察地做出的;在现时的明察中,我们把握它的真理,不是作为自为地属于它的东西,而是借助于证实而落在它身上的东西(只不过,充实完全植根于它的内在本质之中)。因而,我们看到:命题是真的,因为真理"相应于"它。因而,命题借助于这一相应而

---

① 因而,它在这里被说出。

被称为非本真意义上的真理,也就是说,因为本真意义上的真理一般来说相应于它。现在,与它相应的真理、第二种更加本真的意义上的真理是什么?现在,显然明察的种类本质,在明见性体验方面充实着命题的东西,却不是个别地来理解,而是种类地来理解的。

最终,在真理下,人们也可以理解命题与明察的种类之物之间的一致,这一一致当然也是在种类的意义上来理解的。因而,真理,符合命题的总体属性,是可明察的。最后,真理概念也涵盖了事态,代替事态的成立,我们也谈及它的真理,也就是说,它的真在。

〈§50 现象学的理智理论〉

〈a) 现象学操作的方法论・一门现象学的理智理论的任务〉[1]

由此获得了对最基础的逻辑概念、真理概念的分析,并且同时获得了对现象学操作的方法论自身很大一部分的澄清。因为,现象学的操作在于什么?现在:在于持续地分析在纯粹内在反思中的理智事件,不同的对象性范畴在其中被构造起来,在于持续地对它们进行观念化,在于相即地进行判断和陈述,它们在本真的同一化和区分中、在本真的规定和论证中凸显出了植根于这些事件的普遍本质之中的事态。这些总体的事态通过恰恰以被给予之物为导向的语词含义和命题含义而逐步经历一种相即的表述。

---

[1] 参阅附录 A XVI:认识的客观性・观念法则性充实关系(第390页以下)。

通过我们已经进行的这种**现象学的**分析,我们彻底明白了,**现象学的成果一般来说是如何可能的**,并且是如何规定它的最终意义和它的正当有效性的。它想要是本质分析,并且凸显出明见地和直接地植根于总体本质之中的总体关联。但是我们理解,总体的被给予性是如何可能的,并且,在与它相关时,总体的判断如何获得它们的正确性、它们的无条件的正当性。我们理解了,在这里,对于正当性和非正当性的问题来说,处处涉及的是,我们所做的判断、我们所做的陈述是否是我们在"直观"上、在充实感知上,或者,正如我们也说的,在"经验"上开出的单纯汇票。单纯的汇票,它们或许是根本不可兑现的,或者,毋宁说,它们不是我们直接掌握了直观现金的汇票。我们理解了,与一种可能的经验、一种可能的感知的关涉属于任何理智行为的本质,它自身并非已经是感知,并且属于感知,因为每一个理智行为,不管它具有何种结构,并且不管它具有何种意义,都必然要么允许充实,要么允许失实。并且,在此,充实和失实的这种关系完全植根于走向相合的行为的种类本质之中,这一点自身是一个可总体观视的本质法则。

每一个判断要么为真,要么为假,每一个表象要么符合一个可能的相即地兑现它的经验,要么与经验发生冲突。并且,植根于一致性本质之中的是,它与冲突不相容,植根于冲突的本质之中的是,它与一致性不相容。这意味着,真排除假,假排除真。并且同样地,在任何意义上,存在与非存在、正确性与非正确性都彼此扬弃。在这里,我们直接看到了这一切,一旦我们在完全兑现的直观中澄清了存在和真理、正确性和非正确性、作为被给予性意识的明见性、存在和非存在的本质。(反思:我们从实事关系走到构造它们的现象学关系。)由此,我们同时把握了逻辑的矛盾律和排中律的"最终意义"①,至少就它们的不考虑任何特殊形式而可运用于任意表象和判断的最普遍的理解而言。

当然,零星片段的分析不足以完成所有在这里在命题学领域中需要完成的东西。关于理智一般的现象学需要依次研究所有属于心智领域的范畴,由此,研究所有表象形式和所有执态样式,尤其是所有判断形式、所有对于事态一般来说构造性的同一化和区分形式,研究在它们之中总是更新的变化、更新的与以不同方式规定命题形式的功能之间的关系。每一个新的原始形式都产生出新的范畴。一个完整系列的基础范畴,也就是说,命题学范畴,已经迎向我们,并且已经获得了它们的现象学的澄清。如果人们遵循同一化和区分功能在其中构形的原始形式、范畴的和存在的事态的形式,那么,人们就会遭遇同一性和非-同一性,相同性和不同性,关涉一般,主体和属性或者规定性,未规定性范畴,作为一、多、普遍性、种类普遍性的范畴,合取和析取的形式,附带地,作为相容性的一致性,作为不相容性的非一致性。与此紧密相关的是:可能性和不可能性。

存在判断和指派给命题以真假谓词的判断,产生了存在和不-存在、真和假这些范畴。如果还加上其他形式和与此相关的新的范畴,那么,首先是假言命题形式和因果命题形式导致将特殊事态从属于普遍事态的关系、个别情况和普遍规则的关系,尤其要提到事实与法则的区分。进一步说,导致前提与结果,或者说,根据与

---

① 什么叫作最终意义?最终的起源,构造着的关联的现象学本质。

结果的区别,因而,导致推论的观念和推论必然性的观念,导致必然性和法则的关系,等等。

研究处处受到语法形式的引导,但是它的目的不是要获得经验的和纯粹语法的成果,而是要对判断功能,并且首先是本真的判断功能,同一化和区分综合的形式进行一种本质分析。并且,通过在相关客体形式的现实"进行"中纯粹观视地操作,凸显出属于其本质的构造和植根于其中的总体关联,不论经验语言是否为所有这些范畴区分给出了单义的表述。

以系统的方式进行,人们必须逐步追溯本质上新的原始逻辑(这里总是与判断的本质相关)①形式和原始范畴,并且然后进一步探寻系统复合的可能性。因为,理智构形——因为它是客体化,所以构造客观性——可以一再地被运用到曾经被给予的客观性上,并且在此,复合体的观念可能性无限地产生出来;形式可以一再地被运用到给定的情况中,因而,形式自身可以一再地在总体考察中彼此结合并且相互建基,以无限多样的,但仍然可系统综观的方式缠绕着。我们在代数上看到这一点,代数作为基数类的纯粹形式和法则的学说,当然完全属于纯粹逻辑领域。形式"a + b"引发无限多的形式;我可以将 a 自身立义为一个和,因而(a + b) + c 是一个新的形式。同样,((a + b) + c) + d,等等。如果我们在字母下理解的不是数,而是任意的对象,并且在 + 下理解的是合取结合,那么,我们在这里就同时具有了一种合取形式系统。

或者,如果我们取形式"A 是 α",那么,我们可以设定,Aα 是

---

① 首先在客观活动中,我们具有客观意义上的事态形式、含义形式。对于反思,我们具有判断形式,或者说,判断本质形式。因而,我们从存在论过渡到现象学。

β，(Aα)β 是 γ〈等等〉；A 是一个 β，A 是一个 β，它是 γ，等等。并且这样，任务就不仅仅在于设立原始形式，而是系统地追踪它们的结合和它们的迭复，以及它们变异为一再更新的形式的一切可能性。并且，所有这些首先被视为范畴直观的一般的和先天的可能形式的系统。

显然，这一形式学说自身已经是一门先天的法则学说。如果我们在具体情况下实施一种确定的复合，那么，这是一个现象学的事实。但是，相关的形式是一个独立于具体情况的种类上有效的形式，具有其观念的明见性，并且我们可以普遍地说，这种构形的范畴直观一般是可能的，这一点已经是一种法则的普遍性，我们在总体的明见性中在个别情况的基础上把握到它。因而，对基础类型的范畴形式和进一步复合的类型的探寻已经意味着凸显出一种始终支配着理智本质的先天合法则性。当然，它不是当我们谈及确切意义上的逻辑法则，并且尤其是形式逻辑的、命题学的法则时所看到的东西。我们仍然应该更进一步地阐述这一点。不过，在我们更进一步之前，我们还要看一看象征表象。

相应于每一范畴直观的，就观念的可能性而言，是一个象征表象，比如〈一个〉语言表达，它在质料和形式上精确地铸造了前者。由此，与一门范畴直观形式学说相应的也就是一门关于象征行为的形式学说。此外，在这里，我们无须仅仅想到空乏的意向。如果我们举任意阶次的不完整的、含混的表象，但至少是表象，它们需要通过整体的同一化而被带入与相应的、完全直观的范畴客体化的相合之中，这就够了。然后，在范畴上非相即的客体化方面，我们具有了和在范畴直观方面同样的形式。

现在，让我们稍加限制，限制在直观的现实可实在化的形式和精确地与它们平行、与它们相合的非直观的客体化上。让我们举范畴客体化一般为例，不管它们具有何种属性，并且让我们探寻它们的形式和交织，通过总体的抽象来查明它们。然后，我们获得了一门有关范畴客体化的普遍学说和一门关于它们的可能的复合和变异的普遍学说，更进一步说，它是一门纯粹被这些客体化的意义所规定的形式学说：形式实际上不受充分的和不充分的直观的区分以及直观和空乏表象之间的区分的影响。因而，"含义"的形式学说。这里产生的合法则性不是我们通常在逻辑法则下理解的东西，这一点人们在这些例子中就立刻看出来了。

〈b）通过对分析的与综合的本质法则做现象学澄清来进行认识论的奠基〉

但是，我们对存在者的范畴的认识情况如何？ 如果在具体情况下，逻辑形式预设了一个质料，并且建造在奠基性的感性基础上。如果我们纯粹分析地做判断，那么我们的判断就是总体逻辑关联的一个特殊情况，然后，质料自由变化，就像当我们做出一个推论，比如将一条普遍定律运用到一个从属性的特殊情况上时。但是，我们也"综合地"判断。每一个判断都有其逻辑形式，但是，不是每一个都将真或者假仅仅归于这一形式；如果它应该能够为真，那么，它不可以违背逻辑的形式法则，但是，不这么做，比如，不包含逻辑矛盾，它并不由此就是真的，而只是逻辑上可能的、逻辑上不反对的。只有对于分析判断，逻辑的可能性和真理才一致。但是，分析判断只是单纯的假言判断，设定在一个判断的质料之中的存在不能以纯粹逻辑的方式来验证。判断"月亮缺乏和地球一样的大气层"在其逻辑形式上不违背任何法则,但是,奠基性的客体化,即将月亮设定为一个实在的对象,它存在着,并且设定与它相关的实在规定性,不是从逻辑形式的本质中得出真假。这样,这涉及纯粹逻辑法则,尽管有它们最基本的含义。此含义植根于,所有认识都在判断,都在述谓中进行,并且,述谓形式包含了判断充实的可能性条件。

关于现象学的澄清能够有何种效应,我们具有什么进一步的认识?分析的思维法则是属于述谓形式的本质法则。它们包含了全体普全数学的合法则性。还有多种其他的本质法则。**所有现象学的明察**当然都是本质法则类型的。现象学上还原了的体验的不同的属包含了本质法则的关联。**进一步说,不同阶次的事物客体化及其不同方面的本质法则包含了属于事物客体化范畴的法则,**但是,对它们的充分澄清至今尚未完成。

在分析朴素的客体化时,只要几步,我们就能够说明这样的研究的可能性和意义,并且指出,经验直观的对象如何不是一个我们只需观看的朴素的内容,并且,它可谓自动地并且单纯地存在,并且此外别无他物。毋宁说,我们看到,经验直观的对象,并且尤其是事物感知的对象,首先在一个复合的统觉行为中被构造起来,以及,它如何从这些统觉的本质中得出其构形,由此它才首先是其所是。相对于现象学的意识流,事物构造自身为以客观时间的方式存在着的、在客观时间中延续着的、有时保持不变的,或者变化着并且仍然在变化中是自一的。并且,物理事物有其空间形式,它覆盖着质性。事物的时间编排了唯一的时间,事物的空间编排了唯一的空间。并且,事物的本质包含了,〈一方面〉相对于交替的构造标记,并且另一方面相对于交替的关涉标记——它们在与其他事物的关涉中加诸这个事物——,它是一个同一的实体。时间的本质包含了本质法则、时间法则,空间的本质包含了空间法则。标记的本质包含了,它们在某时被归于实体性存在的事物,并且归于一个时间就排除在同一时间的不-归于,同时,归于一个时间与不归于另一个时间是可以相容的。同样,就它的本质而言,变化关系到实体的标记,并且,由此,它与标记的属的本质紧密相关:颜色可以变成另一种颜色,声音规定性可以变成另一种声音规定性,但是,颜色变成声音,或者声音变成粗糙性,等等,这就产生了悖谬。

因而,在这里有大量的本质法则。当然,它们要出现,唯当朴素直观的对象之物接受一种意义分析,并且,在相即的直觉中现实进行对事物性构形的观视,并且不仅如此:它要出现,唯当针对它进行述谓,因而提出述谓—范畴的把握。但是,得出的本质法则——它们在纯粹明察中被给予——不是分析思维的法则,它们不是先天的分析法则,不是形式—逻辑的、形式—数学的法则。当然,就像在任何的陈述中那样,在任何的法则表达中,命题学形式存在在这里,但是这些法则并不植根于命题学的形式,而是植根于事物的、属性的、变化的、时间的、空间的等本质之中。用康德的术语来说,**它们不是分析的,而是"综合的先天法则"**。不过,我们看到,如果所有非分析的法则都被称为"综合的",那么,在第二个标题下,我们发现了不同类型的本质法则,它们很难被放在一个阵营里。其中一些涉及"意识"的本质和体验一般的本质,就它们的不同的属而言,不考虑所有的事物性,另一些涉及事物性本身的形式本质,以及进一步,涉及相即地被给予的事物规定性的本质。在事物中,我们具有形式和质料:实体、偶性、不变和变化、空间性和时间性;简而言之,所有先天地、普遍地对于事物性存在本身而言是构造性的东西,都可以被称为形式,但是,实在之物,或者说,它的规定性的特殊的属和种可以被称为质料。并且由此,质料自动地局限于事物的质性本质,局限于它的感性原素。也就是说,一切可能的空间和时间形态的种差化都植根于空间和时间的先天本质。与此相反,一切质性的确定的可能性并不植根于质性的先天本质、感性感觉的客体化的感性质(*quale*)的先天本质。但是,这并不排除,那些本质法则植根于颜色、声音以及同样事先被给予的感性属的属本质之中,它们在对感觉的范畴把握中成为对象的质性,成为它的质性属性,成为事物属性的本质法则。显然,这些法则具有与时态的、运动学的、几何学的法则完全不同的特征,就像那些属于事物、属性、变化一般的法则那样。它们都是先天的;但是其中一些植根于感性材料的属之中,另一些植根于实在的范畴之中、植根于形式之中,没有它们,事物性就什么都不是,并且不可能是任何东西。

现在假设,我们已经不仅粗略地指出,而且施行所有这里相关的研究;然后,我们掌握了大量的本质法则,不仅仅是关于分析的思维关联的,而且也关于在感知和经验中向我们显现的实在性的本质法则。我们掌握了它们,这意味着,它们就其现象学的起源而言得到了澄清。观念性和客观性的相关性会在这一领域中处处得到贯彻,并且完全地清楚了。

哪些科学会由此而在认识论上获得奠基,并且从它们成问题的立场中走出来？

首先，**纯粹形式逻辑**和全体形式数学。并且，同样地，相关的规范逻辑，倘若规范纯粹关涉分析的思维形式的话。

其次，**现象学**自身，对被还原的现象事件的内在本质分析。现象学的必要的自身澄清是由它自身来完成的。

再次，**实在的存在论**，实在存在的本质科学，更进一步说，属于事物、空间、时间的本质的先天之科学。因而，几何学、运动学、纯粹时间学说的先天，并且此外，与此紧密相关的事物、属性、变化的先天在这里找到了它们的位置。

〈§51 对自然科学认识的现象学澄清〉

〈a) 经验的普遍性主张的证成问题〉

但是，现在自然科学、事态（matters of fact）科学、物理自然和心理自然的科学情况如何呢？它们至今已经得到完成了吗？我们必须承认，尚未如此。① 我们获得了不同的本质法则群，并且在现象学的起源方面，因而在绝对内涵方面使它们可以理解。但是，**自然法则不是本质法则**。现象学的明察和纯粹逻辑明察，不管它们对心理学来说会有何种程度上的相关性，都仍然不是关于心灵的本

---

① 对事物、属性、因果性、空间、时间等的本质的，简而言之，对存〈在论的〉概念和存〈在论的〉法则的现象学澄清会因而导致一切事物性是如何被给予的这样的问题，并且由此导致经验论证的，因而确定的事物性真理、确定的自然事实和自然法则的论证的问题吗？是的，显然如此。因而，这整个考察，不管它在个别细节上如何优良，都仍然是错误的。

性,关于人的、动物的和其他实在精神生命的本性的认识,这一点我们已经详尽地阐释过了。并且,同样,这类法则,甚至包括作为关于实在性一般的本质法则之存在论法则也不是自然法则,虽然它们谈及自然。**在范畴上属于事物性一般和自然一般的东西——没有它,自然是不可设想的——也没有给出在通常的和我们现在感兴趣的意义上的自然科学**。力学、声学、光学、电子学等的法则不是自然的本质法则,不是先天的,而是后天的法则。它们主张恰恰作为法则而普遍有效。而且,它们的意义并不包含,一个与它们相冲突的实在性一般本身会是不可设想的。并且,适用于自然法则的,也适用于一切个别的自然主张。我们据以对给定的自然有所言说的每一个命题,当它表达了一个关于物理或者心理经验的确定事实时,它就越过了我们所进行的澄清的领域。虽然,我们可以在存在论上将几何学的、运动学的明察运用到给定的个别经验情况上,**但是,被给予性自身是几何学的和其他的本质法则所达不到的**。在此,自然客体的被给予性已经被预设了。但是,什么是被给予性?

单纯的感知是主张给出了对象。但是,事物性感知不是相即的感知。个别事物已经给我们提出了问题。在感知关联之中,它总是进一步开展。或许,它证实了我们的感知意向。但是,既然情况如此,那么,圆圈从未闭合,以至于现在自然事物会是一个绝对的被给予性了。经验的进步不仅证实了,而且也扩展了我们关于事物的认识。事物总是一再重新得到规定。它显示出了至今仍未知,因而并未在感知中一并被意指的属性。事物进入与其他显现事物的关系中,受到它们的影响,正如它也对它们施加影响,这些影响或许是没有被预料到的。然后,我们说,以这种方式施动和受动，这属于事物的本性。因而，经验不仅证实了，因而不仅揭示了已经在意向中得到明确规定的东西。而且，经验也改进着，并且，即便与经验交织的感知意向不是得到证实，而是被驳斥了，事物的存在也不是立刻被取消，并且至少不必然如此。事物存在，但是不同于所预设的那样，并且经验以新的方式规定了它，规定了同一个事物，感知意向放弃了部分意向，并且在保持所意指事物的同一性时获得新的意向。

事物存在；它之所是和它的存在方式在感知和经验的进展中得到规定，总是得到新的规定，并且总是一再向新的规定开放。因而，将事物设定为存在着和这样或那样被规定的，这一点不是像在现象学的和本质的领域中那样是由朴素的相即性来论证的。并且，现在包括了经验的普遍化、经验的类型形成和关于经验性的普遍判断，最高来说，关于自然法则的构造。这里所谈的不是一个总体观视。一个本质法则是一种相即的被给予性。在这里，任何的否认都是荒谬的。但是，对一个经验性普遍事况的否认则根本不荒谬。我们可以想象对立面，正是因为没有违背任何本质法则。

现在，一个经验性普遍主张，更进一步说，尤其是一个自然法则的普遍主张——它还要为一切未来的经验预先规定好一条规则，并且不限于（比如）可数的经验范围——应该如何获得证成？得出一个单称经验判断，比如"这朵花是一朵玫瑰"，这不成问题。然后，限于一个可数的范围中的判断，比如"这座花园中的花都是玫瑰"，这也不成问题。实际上，我只需要经过它们，并且一朵一朵仔细查看。但是，那些关涉所有有重力的团块、关涉温度一般、关涉光一般等的判断情况又如何呢？这些判断关涉无限伸展的整个自然,不仅从过去方面来看,而且也从未来方面来看,并且关涉在无限时空中的所有现实的和可能的物体。

当然,现在还有关涉一切可能性的陈述、关涉以几何学〈和〉运动学的形式表达的关于(比如)空间性和时间性的本质法则的陈述。① 但是,自然法则主张不是本质法则性的,**尽管它们在形式上是无条件普遍的,但是在某种意义上它们还只是事实主张**;即便物理学无效,自然本身也不是不可设想的。是存在论,而非物理学才谈及自然本身。但是,经验教授我们,自然事实如此,以至于它为自然法则所支配。但是,仅仅给出个别性的经验,如何能够教授这类事情呢?它如何能够是先知先觉的呢?事实类型的一般陈述如何能够得到其充实呢?如果它们应该是无条件有效的,那么,它们就必须能够通过相即性来证明它们的有效性,这看起来本质上属于有效性的观念。但是对它们来说,相即性是不可能的。我们可谓在理性的基础上主张这些法则,并且还不是在相即性的基础上主张它们。如果我们这么做,那么,它们就是本质法则。观视普遍之物,就是观视总体本质和本质关联体。并且,在这里根本没有这类情况。这样,在这里就揭露出了**经验的大问题**,**后天综合判断**的问题,单称的和总体的、法则性的判断的问题。

〈b〉对康德关于认识论基本问题的表述的批判〉

康德将分析的和综合的判断对立起来,他教导说,先天的分析判断和综合的经验判断没有任何问题。毋宁说,只有先天综合判

---

① 是的,如果事物存在,这一点是在经验上确立的。一件经验主义的外套不是已经包含在下述事实之中了吗:事物在空间、时间和因果性中的存在得到主张?

断才成问题。我们的考察显示出,这些表述可能不合适。肯定对于这样的综合的经验判断来说是不合适的,毋宁说,只要人们哪怕有一次深入现象学认识论之中,这些判断就提出一个非常麻烦的问题。一般来说,康德关于认识论基本问题的表述在我看来并不合适。对于一门彻底的,并且唯一在科学上充分的认识批判的发展来说,当康德着手从休谟的怀疑论中将认识的可能性"拯救出来"时,他让休谟完全规定了自己,这是极为有害的。

在《人类理解研究》中,休谟将事实认识和先天认识、观念关系(relations of ideas)的认识对立起来。后者实际上就相应于我们所说的本质认识,因而它是唯一真正意义上先天的。休谟让这后一种认识毫无疑义。某些关系内在地植根于给定观念的本质之中,并且,相应的关系判断可以得到总体的陈述,并且无条件有效,这一点是自明的。在这里,任何的否认都是荒谬(矛盾)的。等腰三角形的本质包含了等角性:通过其中一个观念,另一个观念被给予。三角形一般的本质包含了:角度之和＝2个〈直角〉。以其他方法做判断,则会是荒谬的。我们并没有借助于这些命题而超出了观念的领域,我们陈述了概念的意义中包含了什么,我们只是要对这些概念加以当下化,只是要加以分析,以便看到,它们中不可扬弃地包含了什么,并且通过它们什么因而被给予。谁否认了这样一些命题,他也就是自相矛盾的:他谈论三角形,并且并不坚持三角形这一语词的意义、三角形观念本身必然包含的东西。带着所有这类认识,我们仍然停留在内在的、单纯观念的领域之中。

此外,关于事态的命题,尤其是普遍的自然法则和所有我们在其中从事实中推导出的新的未包含在原初本质法则中的事实之判断,形成了一个谜。它们缺乏合理性。我应该如何明察,某物从另一事物中得出,并且还不是在逻辑上或者根据本质法则而被它所包含?我应该如何明察,一条法则有效,同时它还不是植根于在法则中出现的概念的本质之中?由此,休谟全身心地关注这一问题。对他来说,至关重要的是,他没有给经验的个别判断(它们说出一个单纯的事实)提出任何问题,甚至这样说这些实事,就好像它们是由感知和回忆来保障的。并且,康德也从一开始,并且相应地,在他的问题域中,都对这一点确信无疑。他将休谟式的观念关系理解为分析命题,并且这就意味着:分析命题不提出任何问题,因为它们具有它们的自明原则,它们的客观有效性可以通过这一原则——即矛盾律——而被明察。后天综合判断也不提出问题,因为它们植根于经验。正是经验引导我们进行经验综合,这就意味着,恰恰将这一谓词附加在这一主词上。但是先天综合判断提出一个问题,尤其是因果原则,这一原则促使自然研究者在总是发生变化的自然中处处寻找原因,因而假设这样一些原因,这些变化出于这些原因而应该必然产生:一种还不是分析的必然性。当然,康德没有注意到,休谟的思想在他那里有多少已经遗失了,很大一部分的观念关系在他那里如何已经遗失了。当然,康德的分析命题是这样一些命题,它们在它们的命题学形式的基础上纯粹逻辑地有效,它们植根于形式逻辑的范畴的本质之中。但是,休谟并没有完全关注后者,他甚至认为它是完全无关的。毋宁说,他关注的是非分析的,但仍然内在地植根于概念本质之中的命题。

不过,在此我不可停留过久。但是,针对康德,以及针对休谟,我们必须说,没有任何科学的认识论可以首先通过如下主张而把任何知识群推到一旁：它们无须证成。即便最平常的分析认识也给认识批判提出了大问题和难问题。在它们那里已经有一个谜：相对于作为一个主观活动的认识的主观性，客观有效的认识、关于自在存在者的认识是如何可能的。当然，在康德的时代，极端的经验主义还没出现，首先是在19世纪才产生各种理论，并且使它们变得流行。通过这些理论，人们大胆地甚至将矛盾律，以及整个形式逻辑都归于人类偶然的精神机体，并且将它们和心灵生活的经验法则，比如联想法则，放在了同一个阶次上。

系统的认识批判必须从根本上照亮各种各样的认识，并且如果它对于任何认识领域——即便我们可以认为它们是自明的，在完全明确地提出和解决问题上——都是有效的，那么，由此获得了无穷多的东西，由此也在一切认识领域中获得了解决问题，并且首先是提出问题的钥匙。不管如何功勋卓著，不管富有多少深刻的思想和启发，康德的认识批判也并没有杀出一条路来，走到清晰之处，并且摆脱了一切形而上学。它没有在任何领域中获得对问题的彻底的和完全清楚的表述。几千年来的认识论工作，却仍然没有一次提出纯粹的和清楚的问题！但是，在这里，首先是，提问是最大的科学成就。从黑暗的理智不安，从对认识状况的不清楚感，直到纯粹凸显了在这里理性上要问和不要问的问题的道路，要比从那里直到问题解决的道路长得多。

因而，首先需要做的是，既在感性的、朴素的直观和象征表象的领域中，也在逻辑思维，尤其是分析思维的领域中进行原始分析。在这里，然后人们就获得了一种明察，它给所有在认识批判中的进一步的洞察提供了跳板，这一明察就是，**所有客观性都在现象**

学的观念性中有其来源。因而,在谈到正确和不正确、理性和非理性时,必定是某些观念的关系和法则在奠基,它们关涉到清楚和含混、直觉和象征、相即和不相即的对立。这些法则在它们这一方面来说是可以在总体直观中作为本质法则而被明察的。因而,在经验事物的认识的每一理论化中,因而对于澄清每一自然认识和那些其意义和观念可能性所依赖的原则来说,这一点也必须仍然是指导思想。

〈c）彻底地区分本质主张与经验主张〉

在纯粹固守观念、固守本质的**现象学主张**和关涉事物统一体、事物的自然关联体的**经验主张**之间存在着彻底的区分。观念、本质在完全不同的客体化中,并且通过完全不同于事物性的意义被构造起来。本质的同一性是这样的,它通过自身而是其所是,它在直观中,或者说,在观念化中如其所是地被给予,并且,不能通过任何其他的直观,不能通过任何直观关联体而是别样的。它如其所是地出现在每一关联体之中。它是不变的。它的存在是"内在的"存在,只是内在可规定的。观念之间的一种关系纯粹植根于观念,内在地,这意味着,当观念被给予时,关系也以永恒不变的方式被给予了。这属于"观念"的意义、事先规定了构造它的客体化的意义。

事物的客体化的情况则完全不同。这一超越的客体化的本质包含了,它建立起一个同一之物,它可以总是一再地得到新的规定,并且可以无限地以不同方式来规定。虽然我的感知意指也可以在感知进程中尽可能完满地获得证实,就像当我们想象一个绝对已知的事物时那样,但是仍然有可能,在不断更新的感知关联进程之中,经验的扩展以全新的方式规定这一事物:关涉一切可能经验一般的一个绝对已知事物是无意义的。这违背了事物客体化的本质。

并且,还有更多。事物是已知的;我知道,从这一面来看,它以这种方式显示,从那一面来看,它以那种方式显示。但是这是怎样的一种认识呢?当然,事物可以发生变化,尽管有了所有的知识,仍然可以凸显出,它现在是不同的,因而不同于我们所预设的。因而,在这里,相即性根据事物客体化本质所成就的东西不同于在本质相即性中的情况。在后一种情况中,充实的直觉给出了对象,如其自在所是的那样,一劳永逸地,这同一个事物在任何时候任何情况下都绝不可能是别样的。对于一个时间性事物而言,对于在无穷无尽的不变和变化上进一步规定的可能性中的同一之物而言,相即性至多只能验证在发生的感知状况下还-总是-如此-存在和延续的如此存在,正如预期的信仰所设定的那样,但不能验证总是一再如此存在、在所有感知状况下的如此存在、绝对的如此存在。并且,这要有效,唯当事物永恒不变,并且向感知者展示为不变的时。因为这只是"偶然",借助于事物客体化的本质,对立的可能性仍然总是开放着的。

与此相关,正如根据我们是设定本质还是设定事物,信仰以及判断具有不同的验证,验证的意义和成就在两种情况下也是本质上不同的。你们只要想一想,时间如何在实在性和事实判断领域中处处起作用,而对于本质和本质判断则根本不起作用。比如,我从前面看一个事物,并且将它设定为在所有一并被统觉的方面是这样那样被规定了的。如果之后我从另一面,比如后面看它,那么我并非由此看见,事物之前在这一反面上是怎样的,而是它现在在反面上是怎样的。但是，在此期间，它可以发生变化。因而，我必定有理由假定，它保持不变。

虽然经验信仰是相信，实在之物这样那样存在，并且这意味着，现在这样或者曾经这样或者将来这样存在，但是经验信仰根据其意义总是让信仰可能性开放出来（倘若我们只是在直观统觉的基础上澄清这一意义），**并且这赋予了它视-为-概率意义上的信仰特征**，这个词当然是在一种十分宽泛的意义上来得到理解的。

但是，在这里，我必须明确强调，关于视-为-概率的说法通常具有一种狭窄的意义。人们将单纯的揣测（等同于单纯-视-为-概率的）和确定性对立起来，而在这里，两者对我们来说都作为最广义上的视-为-概率的样式来起作用。**当信仰执态是无争议的**，当与给定的信仰相互冲突的其他可能的信仰根本不被"考虑"、不竞争时，**确定性就出现了**。与此相反，狭义上的视-为-概率的本质包含了，一种信仰倾向相对于另一种信仰倾向的优先性出现了。**我可以是确定的，并且，这一确定性仍然具有经验确定性的特征，它开放了信仰的其他可能性，即便它们是"空的可能性"**，并且，由此，并未完全排除别样存在（Anderssein）。我们也用这样的话来表达：**经验判断只是作为概率判断而得到证成的**；通过澄清经验对象性和事态的意义，我们看到，**别样存在总还是一种实在的可能性**，并且，一种信仰可能性相对于另一种的优先性必然有其经验的"根据"，这些根据赋予信仰以它的价值、它的**分量**。这一点对于所有单称经验判断以及所有总体经验判断来说都是显而易见的。每一位自然研究者都知道，即便最高级的自然法则也只能主张具有一个概率标志的有效性，它们是在当下经验的基础上有效的，通过这一经验，它们具有了经验根据和最高的概率性。

经验扩展着，并且能够带来新的经验动机①，它们将法则带入与新的事实群的矛盾之中，它要求变异、限制或者变化，并且然后也再一次只是具有相对的和概率的有效性。一切经验认识都是相对的，根据它们从自己的领域中，从现实的感知、回忆、经验中产生的意义，它们不可能被理解为绝对的认识、关于非相对的自在存在的认识，它们只能主张是概率性认识。并且，这属于它们的本质：我们的理智只能在经验信仰中把握自然客体和自然法则，只能在不完满的经验表象中表象它们，这不是"我们的理智"的一种不幸的不完满，而是说，我们称为事物的范畴的客体本质上以这样一类表象而被构造起来，我们仍然称这类表象为不完满的，并且在这样一些感知中达至被给予性，这些感知指向新的规定可能性由此而被给予的新的感知可能性。自然是流的世界，是流形流的统一体。它的本质包含了，它只能以"概率性"来被设定，**以这样一种被给予性的样式来被设定，这种样式恰恰允许别样存在、生成、变化**。并且，甚至对变化法则和变化的功能依赖法则的固持也只能根据事物性本质而是概率性。

〈d）简单经验执态的正当性来源〉②

不过，现在需要**进一步研究经验判断证成的现象学来源**。如

---

① 新的经验动机：这还需要另一种分析，这种分析指出，它们在不同的"事物"当中，因而，相对性总是给定事物及其状态在同一时空中相对于其他事物和状态的存在的相对性。并且这要求这些经验客观性自在的可能性。

② 参阅附录 A XVII：论概率学说（第 394 页）和附录 A XVIII：回忆的充实成就（第 394 页以下）。——编者注

何理解关于得到证成的和未得到证成的经验判断、得到证成的和未得到证成的揣测的说法？经验判断给出自身，常常作为确定性，但也常常作为不完满的确定性，作为合理的揣测，作为谨慎的揣测。在此，对立面本身也有猜测，也有某种信仰分量和信仰倾向。如何理解对这一揣测领域的规范化呢？

现在，我们所进行的研究照亮了我们的道路。通常，关于正当性和非正当性的说法，如果它在它那方面来说应该具有意义和证成，就必须回溯至一种如下情况之间的区分：一方面，人们做出揣测，无须揣测的客观正当性被观视和给予，以及另一方面，人们做出揣测，以至于证成自身被观视到。

正如在本质法则领域中那样，在这里为正当性说法奠基的行为，一方面是**简单的执态行为**、简单的信仰行为和判断行为，它们在自身中寻找其正当性，甚至具有其正当性，以及另一方面，相对执态行为，**由信仰行为引发的信仰行为**，由事先被给予的经验执态引发的信仰猜测。在分析逻辑的领域中，比如为了清楚地指明平行性，我们具有独立的判断（比如当我们说 S 是 P 时）和引发的判断（比如当我们说 S 是 P，因为 M 是 N 时）。这个"因为"在推论中以直觉的方式被给予我们。我们在前提的基础上做出结论命题判断，并且由此，这一关联是一个逻辑上隐含了分析的必然性关联的关联。在经验领域中，我们也有一个"因为"，也有由经验设定对经验设定的动机引发，以及由此，由经验述谓对经验述谓的动机引发。但是，在这里，必然性关联不是分析的，不是奠基于本质法则性一般的。

让我们首先撇开动机引发不考虑。让我们考察所谓**命题性经**

验执态。它们从何处获得其正当性？什么为它们论证？当然，常常是其他执态的动机引发，这些执态在它们那方面又与其他执态相关联，并且从它们那里获得其正当性。但是，这一方面指出了直接论证的情况，它不是从与其他的、与其他对象性相关的执态的关联中获得其正当性的，并且另一方面，我们实际上想要首先尽可能排除通过关联的动机引发。

如果我取最简单的情况为例，你们很快就会理解这一区分了。朴素感知论证了一个**感知判断**。我看见，它是这样的。为什么？我看见它。现在，一个何种类型的执态属于感知的本质？我们曾经暗示过它。感知的本质包含了，要么是无冲突的感知，要么被冲突所"扬弃"。它必然具有其信仰倾向：如果信仰倾向不被冲突所打断，那么它就是"未被扬弃的"倾向，也就是说，它是朴素的信仰。如果感知流带来了一个冲突，那么信仰就与信仰冲突，如果一个信仰胜利了，那么它仍然是未被打断的信仰，那么，与它冲突的信仰就失败了，这一信仰蜕变为被扬弃的信仰倾向，更进一步说，否定。它具有否定性特征。情况就是这样的。

无冲突的感知必然具有朴素的信仰特征，并且，经验的存在者还不是最终由此被给予的。冲突进入感知进程中的可能性仍然存在。**但是，明见地是，感知证成了**，建立在感知基础上的陈述有其正当性，有其明见性，虽然只是经验的明见性，正如我们也可以说的，它明见地引发了感知陈述"这一存在者此时此地存在，并且如它在此被感知的那样存在"。但是，当然，存在者是这样的：以进一步的经验的证实为条件。

回忆证成着，这一点同样是明见的。它就是这样，我曾经感知它，我不仅仅这样说，毋宁说，我具有回忆。回忆就像对过去存在的经验感知那样起作用。我们很清楚，就像感知，回忆也会骗人，我们知道，在回忆关联的进程中和在与感知的综合中，回忆也可能导致回忆与回忆或者回忆与当下的感知设定之间的冲突。**但是，取消建立在回忆的基础上的陈述的正当性**、它的相对的正当性，就好像它是一个从空气中抓取的陈述，**这很明显是愚蠢的**。信仰特征在属于感知的同一意义上属于回忆。它是对过去之物的被给予性意识，即便它是再造的被给予性意识，是向过去之中的自身置入，是对它的再当下化。但是，它展示为再次被给予性，过去之物在其中展示，并不就像我比如将一场半人半马战役、一场巨人之战设想为过去的，或者单纯地表象它。并且，过去的这一本真的再被给予性必然具有其信仰：只要不与另一个被给予性发生冲突，它的信仰就坚持着，它的价值就保持着。那个初次的再被给予性现在仍然只是单纯由信仰倾向及其否定性特征来刻画的。本原的、未被打断的信仰证成着，正是因为它是本原的，也就是说，是作为本真的被给予性意识特征和在它的限制内充实着的特征。在这一限制中，只要恰恰不是经验范围得到扩展，那么充实就是最终的并且由此是被给予正当性的。

但是，由此要注意到：**感知要证成着，唯当它现实地是感知时，唯当相关的是本真的感知显现时**。因而不是根据归属于本真的未被感知的背面的规定性。①

回忆的情况类似。并且，在此我们也必须考虑到清楚性和不

---

① 这是不正确的。证成的方式可以是不同的和更不完满的，但是客体的存在也通过背面的规定性被设定。否则我如何能够正当地说，事物在此？因而完满性区分。

清楚性的区分。直观,尤其是回忆越不清楚、越晦暗、越摇摆不定,它们的"价值"就越少。所谓信仰变贫乏了,并且此外,它在清楚明晰性上丰富了:它获得更多的充盈,并且由此具有更多的环节;或者更好的说法是:**通过增长的清楚性,信仰不断在真正充实的证实意义上获得充实**,并且,这恰恰构成了价值差等。虽然人们不说真和更真的区分;但是,常常说概率的和更有概率的。或许,在这里人们并不想运用这些数学表达,那么,人们现在就必须说,**经验的明见性具有与清楚性阶次相应的阶次**。

这样,我们因而已经理解在小范围里关于**经验根据**的说法。一个陈述在经验中有根据,更进一步说,在感知和回忆中有根据,它可谓具有一种经验分量。根据的分量越重,充实着的经验被给予性意识就更加清楚明晰。**显然,在这里,我们也不处于一个偶然的心理学主体领域之中**。感知通过它的现象学内涵、通过它的本质而证成着。每一具有同一本质的单一感知都会以相似的方式证成与它合适的"同一个"陈述,不管何地,不管由谁做出。

更进一步说,如果我们进入感知和回忆的关联中,那么很清楚,**经验的分量会变得更大。如果经验关联更具有总括性**,相关的个别经验都被编排其中,更进一步说,无矛盾地被编排其中,因而不断与它的邻居在证实一致的意义上交织在一起。

在这里,我们看到,感知和回忆也如何从经验关联中获得动机引发的力量。这完全适用于**期待**,它始终必须从感知和回忆的被给予性中获得其正当性。但是,感知和回忆如何能够超出自身而动机引发不仅现在和曾经存在的东西,而且动机引发将来存在的东西?

〈e）对休谟怀疑论的批判·经验领域中的理性〉

期待判断不是可直接证成的,它们从感知和回忆中获得其证成来源,这一点是得到普遍承认的。过去经验,也就是说,对过去的当下回忆,可以引发概率陈述,它们恰恰展开或者描述在此被回忆的东西。但是,回忆如何能够成就更多？它也应该如何引发这样一些陈述,这些陈述关涉未来之物、尚未经验之物呢？与回忆一道,这个问题也涉及感知和建立在它的基础之上的判断。感知看起来也没有正当性来引发关于未来之物的判断。

与这一问题紧密相关的是关于因果判断的证成和因果概念的起源的问题,因为从过去推至未来的一种极为惯常的方式就是从原因推至结果。如果我们事先知道,U 类型的一个事件必然产生 W 类型的一个事件,它"导致"W,那么,在 U 被给予我们的地方,我们也自然会期待 W。并且,这也是具有无疑的正当性的,既然它涉及的是一个三段论的推论。但是,我们每一次又是从何得知,在 U 类型事件和 W 类型事件之间存在着这样一种必然的时间秩序关系呢？什么证成了如下信念:如果给定了情况 U,那么必然会出现一个 W？或者,如何有某种因果关系？既然必然性与合法则性等价,那么,我们由此看到自己被引导去追问**普遍经验判断的证成来源**。我们一般来说具有何种正当性来假定,任何经验的关系普遍地发生,这一或者那一自然法则成立,并且现在甚至是关于法则的法则,是这一法则,所有存在和发生都被包含在一个唯一的、涵盖了所有自然和所有时间的合法则关联之中？

我已经提到,大卫·休谟首次使这些问题成为一门总括性研究的对象,以怀疑论终结。他发现不可能证成哪怕最平常的因果主张,更不用说任何自然法则和关于合法则的自然统一体的命题,或者如他通常所说的,关于自然进程齐一性的命题。他将理性明察领域完全严格地区别于盲目意见领域。

一方面,存在着观念关系(relations of ideas)的领域。在这一领域中,关涉与关涉点密不可分,因而必然在直观中一并被给予,并且这样,通过总体化的抽象活动,我们就可以获得植根于相关概念本质中的关系法则。设想在这些法则之下的规定性偏离这些法则而行事,任何这样的尝试都带有明显的悖谬,并且由此是不可行的。对这些法则的否定意味着显著的矛盾。

另一方面,存在着事态(matters of fact)的、关于事实的普遍主张的和预设了它们的单称事实主张(比如那些因果的情况)的领域。因果关系不同于质性和强度上的高低关系。结果依附于原因的必然性,我们愿意断然虚构的引起和被引起,不是能够在个别情况中被观视到的东西。因而,在这里没有总体化抽象的空间,它允许我们从个别情况中抽取出普遍性。与之相应的是,在我们称为原因和结果的事实内容中没有什么要求两者必然的结合,以至于对结合的扬弃是不可设想的。对因果关系的否定和相应的,对无论如何确定的自然法则的否定,没有包含哪怕一丁点儿矛盾。在这整个领域中,根本找不到一点儿休谟意义上的理性证成;所有可设想的尝试——去揭示正当性来源,这些来源可以在这里赋予任何相关类型的判断以一种相对于对立面的理性优先性——都失败了。

人们在这里能够做的唯一一件事就是探寻这里相关的判断和

概念的心理学起源，因而揭示心理学的来源，从这些来源中——正如人类心灵现在所是的那样——产生出这些判断的理性假象，并且首先也从发生上说明了，我们如何一般地达至，去超出感知和回忆的被给予之物而相信未来之物，结果普遍依附于原因的必然性感觉如何产生，并且，它如何必然会与客观的必然性混为一谈，后者在观念关系的领域中具有其唯一的居所。因而，用休谟立场的话来说就是：全部超出个体感知和回忆的经验判断不允许任何理性的证成，而只允许心理学的说明。

无须深入对休谟心理学理论的批判，我们很容易就可以看到，这一怀疑论分享了所有真正的怀疑论的命运，也就是，陷入明显悖谬的命运。实际上，很明显，如果经验判断不允许证成，那么，它们也不允许心理学的说明。如果我们的经验科学信念是幻象，那么，心理学也不可能令我们满意地指出这些幻象的来源，或者甚至帮助我们首先给它们贴上幻象的标签，因为心理学自身就是一门经验科学。如果经验科学一般没有理性的正当性，如果经验科学一般因而就是幻象，那么，心理学也是如此；因而，这就是一个明显的悖谬，如果休谟在他的经验科学怀疑论中依赖于心理学，并且由此产生出他的论证的话。所有关于观念联想、关于习惯、关于习惯对表象生动性的提升的影响、关于信念（belief）和作为习惯与联想的结果的必然性意识等的命题，都显然不是对单纯感知和回忆的表达，因而它们属于未得到证成的领域，它们包含了关于原因和结果的陈述。简而言之，我们看到，休谟和彻底经验主义者学派直至今日仍然陷入最荒谬的循环之中。

人们很难能够接受，休谟——他的现象上的敏感在他所画的每一条线上都得到了证明——会忽略了这样一种明显的循环。毋宁说，他称自己为怀疑论者，恰恰是因为，他不认为他的所有理论本身是令人满意的，并且此外，他看不到一点儿从其悖谬中走出的出路。他自己一再地强调，任何在实践上不想信任经验的人都是愚蠢的，不过，他没有任何的原则来证成经验，并且由此将愚蠢评判为愚蠢。

休谟殚精竭虑地要把握住问题，他也考虑过，**是否概率原则或许可以胜任，以便证成我们的因果推论**以及，一般地，所有我们超出直接被给予之物的经验判断。他拒绝了这一想法。他相信他能够证明，和因果判断一样，概率判断也来自同样的盲目习惯和联想的心理学原则，并且因而不会带我们走得更远。或许，没有什么地方会比刚刚提到过的《人类理解研究》中的部分更加生动地让人们感觉到休谟认识批判方法的基本缺陷。在这里，变得尤其明显的是，他的认识论止步于，他从未澄清纯粹现象学分析不同于心理学分析的本质，并且与此相关，他自己也没有澄清理性证成——它在观念关系的现象学上可实在化的领域中是可能的——的本质。

不过，观念关系领域中的理性就在于，我们在这里能够在相即的普遍性意识中提出关系法则。如果像我们所做的那样，人们澄清了总体的明见性、相即法则意识的明见性的意义，并且进一步认识到，法则自身的客观有效性就在于这样一种相即的总体意识的观念可能性，那么，人们也将在陈述普遍的和必然的关联的经验判断领域中寻求类似的东西，并且在它被给予的情况下，恰恰也一般地看到了它。如果我们知道，经验判断只能够具有概率判断的地位，那么我们就必须排除任何心理学的东西，排除一切在经验自我中对这些判断的发生起源的追寻，并且考虑，在这里，属于客观性的区分和相关的原则是否也没有通过相即的总体化而得到把握，因而理性在概率领域中是否就像在观念关系领域中那样成立。或者更好的说法是：**我们必须考察，理性是否可以在经验领域中以这样的方式起支配作用，即，建立在经验基础上的揣测服从自身具有观念关系特征的原则。**

实际上，人们〈只〉需要一步一步走过休谟的分析，并且只是清除心理学说明的疯长的杂草，并且人们注意到，他自己已经注意到了相关的区分和所有对于解决怀疑论问题来说本质性的因素，只不过没有以这种方式来考虑它们。这样，比如，在关于偶然概率的章节中，他想要研究，我们给予大量有利的机会以优先性，这是如何发生的。他自己用这句话来表达这一问题："大量的可能性影响到精神，并且引起了信仰或者赞同，这是如何发生的？"①

这是一个心理学问题。让我们将心理学的东西搁置起来。因而，我们不想谈论"精神"和它从不同的有利可能性的表象那里经受的影响，也不想谈论引起信仰的成就；而是说，我们只想要问：**针对一系列有利的机会，我们有正当性来客观地陈述概率吗**？

因而，让我们分析休谟的色子事例。一颗色子的四面都标有某种图案。两面空白。如果掷出色子，那么，我们认为，更大概率出现一幅图案，而不是一个空白面。更进一步说，我们根据 4∶2 的关系算出是双倍的概率。有六种相同的可能性，每一种都具有 1/6

---

① 休谟，《人类理解研究》(*Traktat über die menschliche Vernunft*)，第 I 部分，"论知性"，克特根(E. Köttgen)译，利普斯(Th. Lipps)校、注、编制索引，汉堡和莱比锡，1895 年，第 175 页。——编者注

的概率,其中四种概率给图案,这就产生了4/6,并且2/6给空白面。这些估算不是由明见性证成的吗?

我们从经验中知道,在掷色子时,如果我们没有理由假定,一般首先落在其中一面上,那么这是完全不规则的。这包含了什么?我们总是一再地经验到,一面朝上。我们也在现在的情况下假定这一点。这一判断首先来自何处? 来自何处,也就是说,具有何种正当性? 当然,我们或许会说,很明显,判断"一个掷出的色子以指定的方式落下"不同于一个随意说出的命题,因为它具有经验根据,并且很明显,每一个我们回忆的之前的经验情况都赋予我们的命题以分量,并且,分量与之前的经验、回忆成正比。

一般来说,休谟不得不首先由此出发。也就是说,他不得不将下述情况视为直接明见的:在情况 U 下,一个 W 出现,这一事实已经自在自为地赋予了主张"一般来说,在情况 U 下,W 出现"类似的一种分量,并且很明显,这一分量随着之前情况数量的增加而增加。如果没有冲突的情况,没有冲突的感知、回忆或者已经能够在经验上得到论证的判断,那么,这一主张"一般来说,情况是,如果 U,那么 W"就是一个得到证成的概率,即便或许是与其他更大分量的概率比较而言小得多的概率。然后,我们的事例中的情况就是,回忆恰恰明见地引发了未被规定的判断"其中一面朝上";因为之前的经验显示出完全不同类型的情况,有时是同色的面,有时是不同规定性的面,没有倾向于任何一面。所有这些交替的情况的共性是,恰恰总是"一"面朝上。

但是,现在,如果一个未被规定的判断"其中任意一面必定朝上"以某种经验分量被给予,并且在一定程度上概率地被引发,那么更进一步明见的是，这一分量分摊给了六种可能情况，这些情况同等可能，如果至今的经验没有偏爱任何一种情况的话。这意味着，如果这些情况在经验引发方面是完全对称的，并且不包含任何能够赋予一种情况优先性的东西的话，或者，如果相应于任何其中一种情况的分量的是另一种情况同样的分量的话，反之亦然。

不过，然后让我们假定一种优先性。在感知中，我们在四面，并且仅仅在四面上发现了图案。因而，一幅图案朝上，这对于其中四种可能情况来说是共同的。然后，很明显，现在对四面上图案的感知赋予了假定"一幅图案会朝上，只要它联合了四次同等概率的情况"四倍于①假定"一个空白面将朝上"的分量。

这类考察——它还需要抛光打磨——说的根本不是人类精神和它在经验心理学合法则性的基础上经受的影响。而是说，我们只是关注被给予之物，关注独特的动机引发关系，关注可体验特征，关注普遍假定从之前经验分量中获得的特征。并且，正如在观念关系领域中通常所是的那样，在这里，我们然后进行普遍化抽象，由此，我们体验法则意识，它让我们观视到相关的概率原则。

每一个概率主张，不管是纯粹象征的还是部分直觉的，然后都得到证成。它是一个正确的概率主张，如果它符合本原的、本真的经验，并且在这里体验到直觉情况的本原的动机引发力的话，它本质上属于前者，因而证成在充实中被给予。并且，既然涉及本质法则关系，那么，在这里就总是能够表述一条原则，并且然后，我们也可以说：一个经验主张是得到证成的，如果它恰恰通过这样一条原

---

① 原文如此，似应为"两倍于"。——译者注

则而得到论证的话,这意味着,如果这一原则保证了这一主张的证实的理想可能性的话。

据此,我们理解了,一门**经验理论**必须成就什么,并且我们同时完整、完全地看到了这样一门理论的可能性。通过几个步骤,我们已经获得了清楚性,它是必要的,以避免陷入怀疑论之中。在这些步骤中显示出的东西,现在必须系统地、在全体范围中,并且最严格地被完成。**这需要一种对概率原则的总括性的现象学澄清**(不考虑对存在论范畴的现象学澄清),以便给大范围的经验提供这种确定的认识论根据,它使得对经验科学内容的终极评估得以可能,并且由此同时使得一门形而上学得以可能,因为形而上学将要并且应该做的就是,在这样一类事物可获得的范围内,给我们提供实在性的终极认识。

附录 A

附录 I （对第一、二编）：关于逻辑学与认识论的讲座(1906—1907年)的内容①

分析的道路

论题：知性。不同科学的论题。知性，一种心理能力，知性行为，心理行为。心理学，与此相反，逻辑学是关于思维规则、规范的科学。种类意义上的"逻辑之物"。

6,7〈参阅§1〉：动物没〈有〉"逻辑思维"。

8,9,9以上〈参阅§2〉：模糊的科学论观念。

9〈参阅§3〉：对于科学特征来说构造性的"**逻辑之物**"**的特征**。

9a〈参阅§3〉：从一门高级科学，比如物理学或者数学，出发。

10〈参阅§3〉：什么是特殊的科学之物？科学给出明察。

〈参阅§3和§4〉：对你的信念的明察论证。确定的和揣测的信念，两方面：论证。逻辑明察：在得到论证的确定性和概率性中的明察。

14a〈参阅§5〉：科学建筑学统一体（更好地说，论证统一体）。

---

① 1907年秋季。——编者注

15—23〈参阅§5—§8〉:建造间接论证的科学的本真事务。"逻辑论证"的典型特征。与科学论观念的关联。完全像在《逻辑研究》中那样。

23〈参阅§9〉:给本真的论证和论证的辅助工具之间的区分加上阐释,逻辑学可以以不同方式被定义为规范的和理论的学科。

24〈参阅§9〉:逻辑学作为工艺论:科学的工艺论必须处理和思维的工艺论一样的东西,反之亦然。它具有其好的正当性。论证法则必须提供基石。

29〈参阅第2章〉:逻辑学作为理论科学。

29〈参阅§10〉:**对于每一种逻辑学,"论证法则"这一理论法则群都主张具有核心地位**。它们根据其原初意义实际上不是规范法则。因而,一门逻辑学实际上可以被界定为理论学科。

32〈参阅§11〉:科学作为陈述的关联体。在陈述上区分:1)语言判断;2)心理学之物和社会之物;3)陈述的意义(观念的含义);4)对象。在每一个语词上,在每一个陈述关联体、推论上。

35〈参阅§12〉:因而,根据科学事实分为:1)心理学和社会学;2)语法学;3)一门关于观念的含义系统的科学。

36—42〈参阅§12—§14〉:**关于含义的科学**。不是心理学。数学之物和纯粹逻辑之物的世界,一个关于观念对象性的世界。先天。

42a〈参阅§14〉:**含义与对象的相关性**。**先天对象学说**。对象性一般也将概念和命题添加到作为先天意义上的科学论的逻辑学中。

44—50〈参阅§15和§16〉:整个形式数学属于作为"**形式存在论**"的先天科学理论。但是参阅44的补充。先天法则也适用于悖谬的对象(圆的方);因而在更好的意义上含义法则也如此?命题学范畴。

51〈参阅§17〉:数学自身是一门科学,并且服从逻辑学。逻辑学返回涉自身。

53〈参阅§18〉:形式存在论的理论和学科的自然秩序。

54b,55〈参阅§18a〉:"逻辑范畴",围绕范畴命题结群的范畴。

55〈参阅§18b〉:**命题逻辑**。2个阶次:a)不考虑真假。命题的形态学。**纯粹语法学**(或者纯粹句法学)。b)有效性法则。不过,我已经口头说过,这一区分不仅涉及命题逻辑,而且涉及整个纯粹逻辑。数学的基本概念也属于纯粹语法学。

56以下〈参阅§18c〉:命题逻辑,作为科学论的纯粹(先天)逻辑的一部分。剩下的等于先天存在论。其中包括**相对于命题学的形式存在论的形式特征**。

56b〈参阅§18c〉:首先:命题逻辑借助于含义和对象自身的相关性因而被刻画为形式存在论。从对象的角度,我们追问形式,根据这些形式,关于对象可以有被规定的或者未规定的、先天的和纯粹形式的事态成立。在此,数、总和也作为形式出现。

57〈参阅§18c〉:但是,在命题逻辑中,集合和基数整体上起到不同于在算术和集合论中的作用。数被刻画为形式,数被刻画为陈述的对象。(事态、普遍对象也如此吗?)

58〈参阅§18c〉:据此,命题学说处理命题和事态的形式,但是说出对象法则一般,集合论,或者说,高阶的存在论〈处理〉集合、数等等,简而言之,高级的范畴对象。

59〈参阅§18d〉:两者之间的先天关联。(这里需要进一步的考察!)

60—71〈参阅§19〉:**理论学说**(形式的流形论)。

71〈参阅§20〉:**形而上学的存在论**。亚里士多德的第一哲学。实在性科学(自然—科学)作为实在的存在论。需要一门普遍的存在论(一门绝对的、最终的存在论)。

75〈参阅§21〉:形而上学。相对于后天的先天-形而上学的存在论。(补充44,早于在79上的一个重要的补充:命题学法则是对象法则,唯当存在着的对象恰恰被设想被替代了,它们也适用于悖谬的对象,因而,实际上,它们本真地在普遍性上适用于含义。)

直至83,包括83〈参阅§23〉:形式与质料。界定最广义的形式逻辑学的一种方式,它排除形而上学-先天的存在论。

88〈参阅§25—§27〉:新的步骤。关于正当性来源的科学及其与形式逻辑学的关系。**关于认识的规范学说或者意向活动学**。

从101开始〈参阅从§28开始〉:**认识论**。

102〈参阅§29和§30〉:宏观和微观(表层和深层)处理意向活动学的问题。

102〈参阅§29〉:a)表层意向活动学。

104〈参阅§30〉:b)意向活动学的深层问题。**认识论的困难**。行为、含义、对象。

114〈参阅§30e〉:价值差等。明见性。

117〈参阅§31〉:认识论与迄今为止所界定的逻辑学科及所有科学的关系。它首先通过形式存在论(和实在存在论)的中介关涉一切科学(121b以下的结论)。数学哲学和数学,命题逻辑的哲学和命题逻辑(根据《导引》)。

120 以下〈参阅§31d〉：**自然科学与哲学研究**。

124〈参阅§31d〉：与迄今为止区分出来的学科相关的三个关联体。

125〈参阅§32〉：心理学与认识批判。意向活动学，并且立即在更高意义的认识批判上，与心理学的关系如何？（只有在是否建立在心理学的基础上的意义上。）

126〈参阅§32a〉：论证关联体独立于经验个体性。不过，研究看起来首先是心理学的。

131〈参阅§32c〉：认识论必然具有怎样的任务。因而，它看起来是以心理学的方式奠基的。

132〈参阅§32c〉：不。心理主义的原罪。更进一步的论证。

134〈参阅§33a〉：怀疑论。

139〈参阅§33b〉：批判主义的"怀疑论"。

140b〈参阅§33b〉：批判的悬搁。

141—144〈参阅§33c〉：不同于作为方法的笛卡尔式怀疑论。

144—146〈参阅§34a〉：怀疑问题，认识论现在还应该如何可能。它是可能的。

148〈参阅§34b〉：一切科学与现象协调一致。超越，本真的问题，由此排除它。

150〈参阅§35a〉：重新考虑"认识论与心理学"的问题。心理学作为自然科学。

152〈参阅§35b〉：以心理学的方式追问认识的起源。斯宾塞。

154b〈参阅§35c〉：如果不是发生心理学，因而描述心理学作为基础？

155b〈参阅§35c〉:**也不是描述心理学**。

156〈参阅§35d〉:**现象学的还原**。附录:1)现象学的感知(不同的感知概念)〈参阅附录 A XI〉;2)"发现"概念〈参阅附录 A XI〉;3)不同的执态:自然—经验的执态,批判的(自然—批判的)执态,现象学的执态,批判主义的执态〈参阅附录 A X〉。

161〈参阅第6章〉:**论现象学**(直至结尾)。

163〈参阅§37a〉:现象学能够确立什么本真科学性的东西?现象学的"个体",不是通过概念规定而产生出来。

166〈参阅§37b〉:剩余的是现象学的种。

167〈参阅§37b〉:这里的这个(*haeceitas*)。时间。

168〈参阅§37c〉:想象直观也可以用作本质考察的基础。

169b,170以下〈参阅§38〉:也包括显现着的对象性(同一性、统一性、复多性、整体与部分、种类、属、事物、超越的本质……)。意向对象本身(在感知和想象等上)。

171〈参阅§39〉:本质法则的独立性。

172〈参阅§39〉:先天。

173〈参阅§40〉:真正意义上的"原则"属于其中。

174〈参阅§40〉:哲学认识的理念。

174b〈参阅§40〉:现象学的方法,特殊的哲学方法。

175〈参阅§40〉:回顾:心理主义的关键问题对于理性批判来说的决定性意义。

175b〈参阅§41〉:现象学与〈一方面〉先天科学和另一方面心理学的关系。

176〈参阅§41〉:每一个现象学的本质成果都转变为一个描述

－心理学的成果。

177〈参阅附录 A XIV〉：重要的一页作为在讲座中未得到表达的思想的补充。

附录 II （对第一、二编）：哲学·〈论通常意义上的科学与哲学的关系〉[①]

1) 以作为科学的最终逻辑化之最终论证为目标的努力。也是在每一科学每一方面的完成意义上的最终逻辑化。抛开素朴的经验。严格系统地划分问题域，严格系统地区分基本认识、公理，严格规定基本概念。

在数学中：严格"公理性地"施行，系统区分数学领域，系统规定它们彼此相关的问题。在命题学中，严格系统区分不同的含义形式，通过形式来规定的区分和通过核心内容来规定的区分。系统澄清推论学说问题和推论学说与有效性学说一般之间的关系。因而所有针对尽可能完全展开科学和尽可能系统地、有洞察地论证的东西。不过这还不够清楚。

一般存在论领域涉及一种对基本问题及其关联体的完整概观、涉及一种对最终基础的完整概观、对基本概念和原理和出于它们产生出本质上不同的领域的方式的完整概观。或者，从个别学科出发，作为事实上已经成熟的科学：回溯至它们主要的统一体，并且通过随后的学科加以补充，揭示尚未处理的问题群和

[①] 大约 1907 年秋季。——编者注

相关原则。通过进一步分析将现存学科回溯至它们最终的原则。分析研究它们的方法,或者说,引导它们的先天原则。不过,以这种方式,适用于每一门科学。因而适用于自然科学:这回溯至系统的自然存在论。同样适用于价值科学:价值存在论。因而,"理论地"(逻辑地)安排所有科学。在这里,"逻辑的"意味着什么?当然,意味着科学的和科学理论的(也就是说,回溯至论证原则)。科学的完成:认识的完整性及其在论证中的系统统一性的目标。

2)理性问题,"批判问题"。特殊的哲学科学。但是现在也是科学。因而在这里也有"逻辑的"完成、逻辑化,不仅仅是广度上的,而且也是深度上的。**批判的科学是非批判的科学同样意义上的科学吗**?或者,我们应该将确切意义上的科学和"批判"对立起来吗?所有这些还不令人满意。

实事科学(自然科学,价值科学)——存在论——"批判"。低阶科学——原则科学——批判学科。

附录 III （对§8):〈关于逻辑概念的笔记〉[①]

既然人们常常将逻辑学定义为证明的工艺(穆勒也类似如此,引论)[②],那么,在思维工艺论的一个合适位置上转向论证的工艺

---

① 大约1908年末。——编者注

② 穆勒(J. St. Mill),《演绎与归纳逻辑体系——科学研究证明理论和方法的原理阐释》(*System der deduktiven und induktiven Logik. Eine Darlegung der Grundsätze der Beweislehre und der Methode wissenschaftlicher Forschung*),贡珀茨(Th. Gomperz)许可、编辑、评论,1882年,第XII页以下。——编者注

论,这或许会是好的。并且然后,形式逻辑学首先展示为关于分析推论和理论、诸学科的理论学科。

附录 IV （对§22）：〈最终的个别性〉①

一切个别之物都关涉最终的个别性,倘若它并不已经是这样的最终的个别性。这些最终的个别性是个体的个别性。但是,个体的个别性必然是实在性吗?它和比如现象学的个别性以及现象学的"这里的这个!"关系如何?

进一步,属性概念,等等。质料相对于形式,比如,确定的质性,比如红色。

我将普遍的形而上学与自然科学对立起来。但是,现象学的个别之物不是也属于形而上学吗?实在性（事物性）不是单纯的封闭的杂多范畴,并且除此之外还有其他的个体性（材料性）的范畴吗?绝对材料的此在,事物的此在……

附录 V （对§24）：先天的存在论与先天的形而上学②

其中肯定包含了整个测时法（不是年谱和通常意义上的年表）、运动学和几何学。后者提出了许多困难,并且,它作为通常的

---

① 约1908年。——编者注

② 约1908年末。——编者注（目录与主要文本注释中的标题均为"先天的存在论作为先天的形而上学"。——译者注）

欧几里得几何学是不是先天的,这是成问题的。关于比如平(同质)。因为先天形而上学包含了命题:每一个事物都先天地是运动的,更进一步说,在"单纯的"运动中。

进一步属于这里的是:每一个事物都先天地是变化的,更进一步说,是无限地变化的。每一个事物都具有一个空间,延续(保持)一段时间,并且具有充盈这一空间(或者说,充盈这一时间)的"质料"。作为变化之物,每一事物都服从变化概念一般事先规定的合法则性。每一个事物都是不可入的:两个事物不可能在同一时间填充同一个空间。

附录 VI （对§30d以下）:〈心理学的与现象学的主观性〉[①]

在展示中,作为最重要的一点要考虑的是,在"观念性与客观性在主观性中构造起来"的问题中,主观性如何一会儿分化为心理学的(经验的),一会儿分化为主观性一般、意识一般、现象学的主观性。需要考虑,一者和另一者如何在展示中被揭示出来,不管它首先混合,然后分离,还是从一开始就以某种方式暗示为分别的。然后,转变如何导致了,"本真的问题"自身之前在"主观性一般"之中,然后首先在"心理学的主观性"之中。

[①] 出自1906—1907年冬季学期讲座时期。——编者注

附录VII （对§31b和§32）：〈自然科学通过认识批判地澄清逻辑的与存在论的学科的完成〉①

适用于算术的东西，适用于一切形式—数学学科，也适用于旧的三段论。这些理论普遍来说是好的，并且部分而言甚至是不可逾越的，但是基础更多的是由倾向和本能，而非由反思的分析来规定的，并且常常不太稳定。但是，接下来，数学家不知道如何告诉我们，他的研究终极关涉哪些认识领域。通过数学，我们处于物理自然领域还是心理自然的领域之中？我们处于实在的还是范畴的领域之中？并且如果处在范畴领域之中，那么处于哪一个范畴领域之中？进一步说：算术具有和人及其思维行为，或者数数、排列、衡量的行为之间的本质关涉吗？或者说，它具有无条件普遍的有效性，此有效性排除任何这样的限制吗？但是，我们必须对此有所了解，如果我们想要知道，数学科学在我们的认识中起到何种成就的话。

这样，从一开始就清楚的是，认识批判首先通过它对数学科学的澄清而给出最终的完成、最终的结论：不是理论方面广度上的，数学家的特殊任务就是理论无限的进展，而是在终极论证、澄清、认识批判的评估方面的。没有这些方面，我们就不知道，我们在数学认识一般上具有什么，并且在何种意义上我们终极地主张了它、

---

① 出自1906—1907年冬季学期讲座。——编者注

我们在存在规定上能够期待它具有何种成就。并且，当然这同样适用于整个数学方法论方面，"方法论"这个词不是从技术的角度，而是从逻辑的和意向活动的角度来得到理解的。

根据我们的已经被刻画为认识批判的成果，形式数学与形式范畴领域相关。当然，在所有这些范畴方面，需要提出澄清的问题，并且需要提出关于观念客观性与主观性之间的关系的问题，需要比较考察的一方面是形式，以及另一方面，它们由此能够起到给予意义的作用的行为类型，并且处处考虑属于这些行为和形式的对象性关涉的意义。但是，在此决定性的是，回顾相应的明见性，相关形式的对象性被给予性在此之中被构造起来，并且，在此之中被给予之物的被给予性最终显示出来，并且必然显示出来。这样，形式逻辑之物，或者说，形式存在论之物和意向活动学之物总是被扯进一项交织的研究之中。

这同样适用于实在的存在论。并且，如果没有领地留给进一步扩张的演绎，并且主要任务在于区分实在的范畴及它们固定的内容规定性，并且揭示植根于实在性观念之中的本质法则，那么我们恰恰可以说，主要成就一般首先是通过认识论研究来进行的。真正对于一切实在性思维来说构造性的事物概念或者属性概念、原因概念、时间概念等的内容是什么？在此，认识批判研究首先可以通过深入分析而获得清楚性和稳固结果。

此外，如果认识批判照亮了这些逻辑学科，给予它们绝对稳固的基础，在形式的和存在论的范畴与法则方面造就绝对的清楚性，并进一步为所有这些含义的和对象的范畴解决了**被给予性问题，客观性、观念性和主观性之间的关系问题**，那么，显然所有这些成就了认识批判一般所要成就的东西。然后，非逻辑的个别科学不再向我们提出新的问题。然后，在它们之中只出现特殊的形式思维形态的复杂体和实在范畴的分别；通过以完整逻辑学为引导的认识批判，或者通过就一切元素和基本法则而对所有逻辑之物加以认识批判的澄清，所有材料都完整被给予，以便能够进行对事先被给予的自然科学的、特殊科学的理论和学说的最终评估，并且由此能够获得所追求的形而上学认识。或者毋宁说，这一评估自身给出这一形而上学认识，既然根据我们的理解，形而上学就是绝对的存在科学的话。当然，除此之外，我还提到，我们在这里这样做，就好像最终的实在性认识与伦理的和审美的价值评估无关。在这里，我们这么做，就好像知性或者理性就是一切。不过，我现在还不深入其中。

附录 VIII （对§33a）:〈怀疑论对于认识论的意义〉[①]

克服怀疑论是认识论持续性的任务。每一认识论本质上的困难都包含了怀疑论的命题和理论；并且，认识论的每一阶次又包含了某种类型的怀疑论。认识困难的每一次解决都还留有一些困难，只要它们还不清楚，它们就会使人的精神陷入混乱之中；由于这一不清楚而产生了表面上的矛盾，如果这些矛盾不能解决，它们就会使认识论反思误入歧途，并且迫使它接受威胁这种或者那种

[①] 可能出自 1902—1903 年冬季学期的讲座"普遍认识论"。——编者注

认识类型和科学类型的可能性的信念。

认识论反思所陷入的混乱是如此的自然和明显，以至于，任何想要努力获得认识论信念的人都一定会有一次经历它们。**每一个认识论者都必须经历过怀疑论这一伟大的学校**。至少，他不可能以别的方式如此深入困难的本质，这些困难掩饰着认识的意义，一旦他研究否定的认识论，一旦他利用人们为表明认识的不可能性或者认识的理性证成的不可能性而运用的洞察力。

不仅有一种有意识的、公开声称的怀疑论，而且有一种未被意识到的怀疑论。几乎每一种错误的认识论都是未被意识到的怀疑论。为了澄清认识的意义和可能性设立起了理论，就它们的结果来检验，这些理论与认识的可能性相冲突，并且由此必然成为公开的怀疑论，如果人们坚持它们的立场的话。

休谟，最伟大的经验论者，是公开的怀疑论者。但是，不管最极端的经验论者如何追随他的脚步，都对抗怀疑论，他们主张要完全理解认识的本质，但是没有注意到，他们原则上并未超越休谟，并且由此是怀疑论者，虽然他们实际上并不想是这样的。对这样一些未被意识到的怀疑论理论的研究格外富有教益。对于所谓的认识论者来说，没有什么会比对这种错误的认识论尝试和怀疑论结果——根据它们，这样一些理论不可避免地与它们自己预设为理论的东西产生矛盾——的证明的批判分析更有益处的了。

我们可以总结说：怀疑论在历史上对于认识论来说是至关重要的，既然认识论的良知是由它唤起的，认识论问题是由它形于表面的。并且，对于认识论研究者和新人来说，它又在方法论上是重要的，倘若与它打交道就是将注意力放在认识论问题上，或者排除错误的问题表述和问题误植、学会避免错误的认识论解决方案。迄今所谈及的是作为理论的怀疑论，我们可以称之为否定的认识论。我们现在想要谈及**作为方法的怀疑论**，正如笛卡尔首次拥有它，以便获得任何认识澄清的原则性出发点一样。

实际上，我们必须作为怀疑论者，作为与所有科学相关的怀疑论者，不管它们如何的高级、如何的精确，作为与所有我们归功于我们的个体感知和经验以及他人、历史传统的教益的信念相关的怀疑论者来开始认识论。

附录 IX （对§34b）：〈认识论的无预设性 · 并非所有认识都附有超越问题〉①

通过以下思考，我们也达到这一点：每一门科学都对对象有所言说，它们存在并且具有如此这般的性状。"**我们还应该在认识中把握的对象的自在存在**"这一困难是唯一的理由来说明，为什么在**认识论中不可以使用任何科学命题**。我们在含义的观念性方面已经表述的困难在这一方面不被考虑。科学认识成果得以凸显的所有科学原理和定理都对实事有所陈述。通过这样做，它们具有其含义，但是它们并未说及含义。因而，它们在这方面没有预先判断，我们在涉及含义时可能遭遇怎样的困难。只有形式逻辑必须被我们引为例外。它当然谈及含义。**但是它使含义成为对象自在**。处于含义的观念性之中的**超越**②显现出来，首先是因为我们

---

① 出自1906—1907年冬季学期讲座。——编者注
② 比"超越"更好，我们说"相对于认识的对象的自在存在"。

比如对含义、对命题做判断。并且,形式逻辑以总体的和法则性的方式来做这件事。现在,**它也不可以被使用**,它的法则也不可以被预设为事先被给予的。但是,这并非出于任何不同于其他科学命题的理由。当然,它也为自在存在的和超越其认识的对象说出命题。它使含义成为观念客体自在,由此,这些客体超越于逻辑学家的认识行为,当然,它们应该是其所是,不管逻辑学家是否思考和认识它们。因而,处处都是**对象性的超越**作为极端的困难阻碍科学及其结果在认识论上有效:**科学和超越本质上相互归属**。一切自然科学因而朝向自在存在者,不管是朝向实在的超越还是观念的超越。

现在,如果超越存在必须处处被搁置起来,既然它是一个问题,那么,就产生了问题:**是否所有认识一般都负有超越的困难**,是否在思想和陈述中没有任何排除了一切超越预设的开端;是否或许要标识出一个陈述领域,这些陈述铸造了纯粹的内在之物,在这种意义上的纯粹内在之物,即,它恰恰不带有超越的困难。这样一些明见地进行的陈述不会损害认识论问题的意义,它们不再涉及认识论的怀疑论的要求,我们可以宣称它们为认识,它们不必被搁置起来。并且,在此,我们又达至对**"纯粹意识"的陈述**,达至纯粹关涉笛卡尔的能思领域、排除一切超越的陈述。这些陈述的对象性领域是意识事件,是感知、表象、回忆、陈述,以及思想和关涉整个理论、关涉科学,但是总是只被视为意识现象的陈述。我可以关注每一个这样的现象,并且我可以通过分析提取出我内在地在它之中发现的东西。比如,我具有对这一张桌子的感知。桌子是一个可疑之物。感知不是。我现在可以使它成为纯粹内在的客体,并且研究它。我可以在它上面看到，它作为对比如这张桌子的感知发生，它本身是一个对一张在此存在的桌子的意识、一个意指，在此有一张桌子。因而，我可以研究感知，仿佛询问它，它如何意指桌子的存在、在它之中是什么：事物的这一意指的当下，等等。不管桌子是否存在，不管它是否是完全不同于在感知中在此浮现的东西。就像感知的现象和对象性意指，我可以将回忆现象、期待现象、不同形式的陈述现象，简而言之，将在认识领域中的每一可能的事件放在我面前。我不在其有效性方面利用任何超越认识，我不让任何事物为我所事先被给予。一切科学、一切认识都为我所用，只是我不可以以它为前提，而只能以它为现象。我不从任何科学中获取结果，以便建基于此，由此得出结论，但是我从每一科学中获取或者可以获取我想要的东西，但是是作为研究客体，作为现象，我想要追问其意义的现象。

附录 X （对 §35d）：〈批判的与现象学的执态〉 ①

1) 我根据经验，以自然科学、心理学、数学的方式做判断；我做出一个感知，我将显现者视为存在者。我现在反思判断，我看着它：这个。我愤怒，并且看着它，我评价，并且看着它。这或许就是**现象学的执态**。

2) **批判的执态**：a) 中止判断，当人们明显在怀疑，怀疑被判断

---

① 可能出自 1906—1907 年冬季学期讲座时期。——编者注

的实事是否安好。或者〈b)〉将判断还原为单纯的判断现象（被表象的判断）。在第一种情况里，现象学的执态，我还判断着，并且看着判断。在第二种情况里，我悬搁判断，并且使它成为对象，而本身不判断。它是一个判断直观，但是不是带着延续着的判断自身的判断直观。

3) **认识论的批判执态**：我现实地做判断，我现实地感知，我不悬搁信仰。但是，在现象学的和认识论的（批判的）考察中，我不利用这一信仰。我的判断不在被信仰的实事领域中活动，而在信仰所属的"体验"领域中活动，这属于能思（cogitationes）的领域。在这里进行批判的排除。

现象学包含了每一在现象学还原中获得的对象性。在现象学还原中确定了，内在的实事和超越的实事是什么。一切超越都被"排除"，它属于非现象学领域。非超越、内在是现象学的领域。

附录 XI （对 § 35d）：〈外感知、内感知与现象学的感知〉[①]

为了稳固在这些考察中获得的清楚性，如果我们讨论与自然的和现象学的统觉（或者客体化）之间的区分紧密相关的"诸感知"之间的区分，这会是有帮助的。

通常，人们区分**外感知**和**内感知**，并且视这一区分为完备的。同时应该有一个根据可能的感知客体的区分和一个根据认识论的

---

① 出自 1906—1907 年冬季学期讲座时期。——编者注

和意向活动的地位的区分：外感知关涉外部客体，关涉物理事物、过程等等。内感知作为自我经验关涉心理之物。外感知是靠不住的，内感知是明见的（就像笛卡尔的明见性考察所教导的那样）。前者在认识论上是可疑的，后者是无疑的。所有这些都是完全错误的，正如我在我的《逻辑研究》第 II 卷附录中尤其详细证明的那样。在这里，我提出如下区分：

1）**自然的、经验的感知**。更进一步说，外感知作为对物理事件的感知，比如，对在我面前的红色事物的感知。这一感知将时间性和空间性赋予被感知之物，即便带有一些未规定性。事物具有其空间性，这一空间性被编排进空间之中，也就是说，它超出自身指向一个空间环境，此环境在它这方面又以未规定的方式指向一个空间环境。时间的情况同样如此。外感知也包含了，它是"外的"，它具有与我，更近一步说，与我的躯体的关系，我的躯体总是在事物感知中"一并被感知的"事物环境的一个组成部分。

2）**心理学的感知**作为对我的自我和我的"体验"的感知，比如，我看着我的外感知（而非事物），我看着我的想象表象体验，等等。我在此感知之物是作为自我体验被感知、作为此被立义，或者是自我自身：自我躯体被外感知，也包括精神自我，它除了是自我体验几乎不会是别的东西，正如外感知事物除了是事物的属性几乎不会是别的东西。因而，不仅外感知，而且内感知都具有其相关性，外感知具有一个对感知着的自我的统觉关涉，内感知具有一个对自我躯体和其他"外部自然"的统觉关涉。在两种情况里，我们都活动在自然性领域之中，并且在客体上活动在自然领域之中。在此，一切都显现为在一个关联体中有其位置，此关联体部分是空间的，处处并且总是时间的,并且在这一种时间性中是一个实事的关联体。

3) **现象学的感知**。比起我之前使用的表达"相即的感知",我现在想要优先考虑这一表述。本质之物首先不是相即性,而是**现象学的还原和执态**。现象学的感知关涉这一还原的纯粹现象,在它之中被感知之物在客观空间以及客观时间中没有位置,没有任何超越之物一并被设定:纯粹现象是一个纯粹的绝然的这个,一种绝对的被给予性和无疑性。

4) 不过,我们还要做一个重要的区分。a)现象学的感知——这是理解这一表达的自然的方式——是比如我听到的一个声音、我做出的一个判断、我体验,更进一步说,在"还原"中的一个想象的作为现在和"现时的实在的"被给予。其中包含了"现在"、现象学的时间、延续等等。又要区分延续的声音和作为时间流的"声音现象",声音在其中是同一的。前者是真正意义上现象学的实在。但是两者都是事态。b)声音和声音显现流还可以在想象的当下化中或者以再回忆的形式被给予。感知在当下化中具有其对立物。在两种情况里,声音、颜色等显现。并且在想象中,声音自身也"被给予",也就是说,相对于含混的和象征的表象而言。这一被给予性是**本质的被给予性**。声音是相对于象征表象的一个被给予的这个,后者意指声音,但是并不"给出"它。这一被给予性是现象学本质学说中的被给予性。

当然,这些区分涵盖了一些心理学家和认识论者偏爱的关于**发现和被发现之物**的说法。当然,简单地说:我们不将我们体验的内容视作他物的符号,而是如其被发现的那样,这根本不够。**这一发现必须首先通过现象学的还原才被刻画为现象学的发现**。

附录 XII （对第六章）:〈现象学作为意识的本质分析·它与其他先天学科的关系〉①

在这里，或许还有一种反对我们的现象学观念的意见要加上去。如果现象学与意识的种类之物和植根于其中的本质法则性，因而先天法则性相关，那么它如何区分于那些先天学科，它们长期以来或多或少纯粹地和完整地在纯粹逻辑学、纯粹数学、纯粹概率性学说、纯粹运动学的标题下建造起来？而且，如果本质考察还没有在情感和意志体验领域中获得位置，并且尚未达至相应的先天学科，尤其是没有达至一门先天的价值学说、一门先天的伦理学等，那么，进行相应的研究就会达至一些学科，人们还不能将这些学科与上述学科结合起来，并且在现象学的标题下融合为一门学科。并且，首先，如果人们在感性领域中，在质性、强度等领域中建立本质法则，那么这些法则与那些我们在先天逻辑学、概率学说、伦理学等中发现的法则相较是完全异质的吗？感性的种类的本质法则完全不同于在意向领域中的那些种类的法则吗？

这种反对意见显然并非毫无道理，并且，我必须明确地收回一个多少令人误解的主张，我在上一课时中提出这一主张，倘若我在现象学内部区分出一个描述的和一个法则学的部分的话。如果我们在不同种类的本质——它们在直觉的意识分析中被区分开

---
① 可能出自1905年夏季学期讲座"判断理论"。——编者注

来——的基础上,并且在直接属于它们的,且在直接的明见性中被把握的本质法则的基础上构造演绎理论,那么,先天的理论学科就为我们产生出来。这样,我们当然必须通过其基本法则的统一性和特殊性,也就是说,通过一个属的共属性——在其框架中,直接的明见性建立起了先天的一种类的关联——的统一性来界定这样一门学科的统一性和特殊性。基数学说是一门学科,概率学说是另一门学科,因为在两种情况下,规定性的属和相关的本质法则是分别的。算术公理和概率公理并不彼此重叠。它们完全分别地产生理论和学科。只有在运用中,纯粹算术和三段论法则才能在概率学说中起作用。

此外,似乎需要**一门将所有先天之物统一起来,并且以某种方式加以综观的学科**,它关涉所有种类的本质和本质关联体。这就是现象学,并且进一步说,与它紧密相关的对先天理性的批判:因而,人们称为认识论、价值理论、意志理论的东西,或者用康德的话说,对理论的、实践的、审美的理性(判断力)的批判。现象学的需要也植根于对这些批判(因而在认识领域中对认识论)的需要之中。通过现象学的澄清,认识论问题变得可解决,并且价值理论的平行问题,或者正如我们也说的那样,伦理的、审美的平行问题等等也同样如此。怀疑论。

为澄清事况,我提醒你们回忆之前的一个评注。我说过,具有明见性和具有关于人们在它之中和通过它具有的东西的清楚性,是两回事。也就是说:在一门先天学科的公理的成果上,我们具有明见性,我们在它之中观视到一个本质法则的关联体。同时,我们陷入认识论的困难,它们试图将我们推向荒谬的怀疑论、心理主义、相对主义。这是如何发生的？比如，两个矛盾的命题，一个为真，一个为假，双重否定等于一个肯定，等等，作为属于真假的本质、属于是否的本质，这些还是在绝然的明见性中被给予我们的。并且，我们还在这样一些学说中发现了错误，这些学说在经验上使这样一些法则的意义蒸发，并且认为随着人类本性生物学的发展这些法则的真理可能发生变化：它们表达了属于经验性人类本性的偶然构造的东西。如果我们在明见性中把握到了一个本质关联体，我们如何能够将它重新解释为一个事实的关联体，先天如何被误解为后天？或者，当我们想到先天的基数学说公理，比如 $a+b=b+a$，我们将它们把握为本质法则。我们将基数一般把握为收集行为中的种类的本质和相关的本质关联以及以集一般相连的形式的相同。并且现在，来了一个人，比如穆勒，还具有同样的明见性，并且说，数是对物理事实的表达，并且法则表达了一个共同的物理关涉！此外，如果心理学家告诉我们：多和数只能在收集结合和数数中被给予我们，相同只能在比较中、不同只能在区分中、同一性只能在同一化中、判断只能在判断中、推论只能在推论中等被给予我们，因而显然，所有纯粹算术的、纯粹逻辑的法则都必然是心理学法则，因而是经验法则，等等。

例子足够多了。在这里，在明见性成立之后，错误的理论、争论和最困难的问题还如何可能？为了做出回答，我们首先说：相关的公理和为它们奠基的概念本质并不总是，而只是在某些情况下以明见性的方式被给予我们。如果我们一旦清楚地明察了它们，那么我们就在象征意识中用语言表述的术语和陈述来操作。我们满足于模糊的语词理解，并且建基于真理之上，而不总是观视它，不从根本上明察它。尤其是,追求使之明见的直觉的感觉也很容易迷失在反思中,此反思依附于这些命题和概念,并且想要将在它们之中被意指之物和极为广泛的心理学的和生物学的认识关涉起来,并且这样,错误的门洞就敞开了。

通过揭示出象征思维和本真思维的本质区分——在以一种本质性形式被视为本质性的明见性形式的关涉被给予性和在模糊的象征思维中非本真的被给予性之间的本质区分——,现象学向我们指出了明见性领域,它告诉我们,什么本真地和真正地构成了富有争议的概念和原则的内涵。恰恰当它本真地并且真正地被给予时,人们才可以并且必然把握到这一点,只有在此,本真的意指才得以实在化,解释只可以关涉于此。通过被提升为相即明见性分析的原则,并且处处运用这一原则,它因而转变为一种总括性的意识分析,并且由此超越了任何个别的明见性意识,后者素朴地在对公理的明察把握中被给予。不仅仅是,现象学家将明见性自身和它的对立物——含混的表象和判断——提升为一种总体明见性分析的客体,并且为它们的普遍本质造就清楚性。而且,在确定的概念本质和在公理中得到表达的本质关联体方面,他也比素朴地(虽然明见地)把握同样的公理成就更多。

如果我们明察,$a+b=b+a$,那么,这一明察就植根于对基数本质的明察把握之中。但是,为什么数与计数的关系仍然会是成问题的呢?为什么有使观念之物蒸发为主观之物,然后蒸发为心理学之物,并且将本质法则错误地解释为经验—心理学的法则的倾向?现在,因为数抽象活动以一个意识因素为基础,它与其他因素相互交织;整个具体之物、全体瞬间体验连带着它的经验心理学统觉、它的通常的与经验自我的关涉,是种类抽象的基础,是明见性意识的基础。谁素朴地活在公理的明见性之中,他就恰恰看到这些因素,并且恰恰进行总体化,此总体化在公理的意义之中。但是,谁之后反思公理的意义,他就可能很容易不关注这些因素,而是关注整个具体的复杂体,并且遵循与这些复杂体相关的经验统觉的轨道。并且,这一点一定会变得特别容易,既然整个自然的思维轨道是朝向经验的统觉,而需要特殊的训练才能停留在纯粹被给予性的疆界中。现在,通过在这里进行纯粹内在的和完全的分析,研究包含在具体意识中的一切个别因素,认识在这一具体意识下的经验统觉因素,并且现在不将所有这些关联和关系作为经验因素和经验意识的偶然之物来研究,而是通过总体考察将其作为本质关联来研究,现象学家就使得解决所有认识论的困难得以可能,他澄清了一切认识的本质。他感兴趣的不是作为在心理自然中的经验素材的计数,而是计数一般,因而是种类的计数、数一般,以及种类的数与种类的计数之间的关系问题;含义一般和意指、表象、判断的关系同样如此。在此还根本没有触及,意指是出现在人的意识中还是出现在神的意识中,并且没有触及作为一种编排进在事实自然中的实在性的意指。因而,它所意在的是一种总括性的本质分析,或者如果人们愿意这么说,**一种无所不包的意识分析**,但是不是对作为自然事实的意识的分析,而是对"**意识一般**",也就是说,对意识本质的分析,对所有在明见性中观视到的本质关联的本质的分析。只有通过总括性的和完全的澄清,我们才能理解个别的明见性,并且我们仍要防止误解它们。只有这样,我们才能避免个别的和从含混的反思中产生的一种错误元基础倾向所带来的麻烦。这的确是传统起源问题的真正意义。现象学是关于"起源"的无所不包的学说，它教导我们认识一切使得客观性得以可能的原则的母体，认识感性种类的本质和理智形式的本质，所有有效的思想出于本质性的理由（并且不是出于经验的理由）与它们紧密相关。它不是引导我们走向神秘的母体，而是说，它的领域是纯粹明见性或者清楚性的领域、超经验的观念的领域，超经验的，并且还的确恰恰因此而直接被给予，也就是说，是通过观视着的观念化抽象活动。

据此，很清楚，我们是如何**摆正现象学和先天理论学科的相互关系的**。现象学是无所不包的、在纯粹观视中进行的意识分析，也就是说，它是对一切属于意识一般的本质及其原初内容的种类的凸显，因而当然也是对属于任何相即地被给予的种类的关系和关联的种的凸显。然后，本质关系研究也自动地产生出作为先天学科的主要命题起作用的公理。一切隐藏在这些公理中的结果，因而间接包含在其中的本质法则性关联，以演绎—理论的方式脱落出来，现象学将这一任务委托给了不同的先天学科。显然，属于它自身、属于它的领域的是对意识的直接的和纯粹描述的本质分析，其中包含了这些学科中的间接推导的理论操作。先天学科，算术、三段论、概率学说、先天价值学说等的兴趣在演绎上、在系统的演绎理论的扩展上，而现象学的兴趣则在直接的分析和描述上。每一门都是从一个在现象学中确立的点或者面出发，并且遵循扩展着的演绎线路，而现象学则关注所有这些点和面的关联，关注整体意识的连接、统一、关联，更进一步说是就所有在总体直觉中观视到的本质之物而言。**现象学是起源的科学**。因而，所有真正的公理、所有先天学科的起源就在现象学之中。由此已经说到了，一切科学活动都服从的原则，每一经验成果也都服从的原则，当它们应该能够是客观有效的时，都属于现象学。①

现象学过渡到**认识论**之中，一旦兴趣指向对在一方面心理学的主观性和另一方面观念性、绝对规范性以及客观性之间关系中的困难的解决。但是，解决的原则最终是：本质法则的关联变成了经验心理学的关联，一旦人们使本质法则的普遍性涵盖了经验心理学的领域。因为〈属于〉比如判断、明见性等不可扬弃的本质而绝对有效的东西，在任意经验领域中的每一个别情况中都有效，因而对于出现在人的意识中的判断行为也有效。并且，反之亦然，逻辑之物的、原则上的伦理之物等的超经验有效性主张显示出来，并且通过回到现象学领域而表明是得到证成的，也就是说，通过如下证据：逻辑的、伦理的法则等并非表达在偶然的人类心灵生活中的任意经验普遍性，而是说，它表达了观念的本质关联，这些关联在现象学的抽象和直觉中作为不可扬弃地属于相应种类的本质之物而被观视到。

我想要通过关于现象学方法的一个补充说明来结束关于现象学观念的普遍阐释。现象学始终活动在直觉的领域之中、在清楚明晰性领域之中，如果用旧的理性主义的术语来说的话。它从经验的个别性中获取其出发点，这些个别性被体验为在心灵生活中自我界定的个别行为或者它的原初内容。关于这些个别性及其纯粹描述性成分的此在，我们在对它们的朴素关注中具有笛卡尔式

---

① 整个考察混淆了逻辑的澄清和认识的本质澄清。

的明见性、思维的明见性。因而,现象学的研究从明见的被给予性中获取其出发点。不过,要注意,正如近来已经提到的,但是或许太匆忙,体验是明见的被给予性,不是作为一个被如此这般规定的人类个体的体验,不是作为一个心理的和心理—物理的自然的事实。毋宁说,它们是作为单纯的这个的明见的被给予性。从经验上立义,它们是可疑的,但是,纯粹直觉地把握,并且排除一切经验—超越的统觉,它们是绝对没有问题的、绝对无疑的被给予性。比如,如果现象学的分析和我刚刚做出的一个判断相关,那么这一能思的明见性、这一体验的明见性所涉及的不是作为我的判断的判断,也就是说,立义为,它属于我,属于这个确定的人,也不是作为关涉我在其中评判的、我在其中设定为真的事态的明见性。对于我的自我的存在,倘若指的是经验的人格性,就没有任何明见性,对任何其他经验事物也同样如此。如果我将我做出的判断立义为我的判断,那么,对作为-"我的"-统觉的关注或许带有其明见性,但是,这只是这一统觉的存在的明见性,而非自我的、经验人格的存在的明见性。因而,如果我们说,朴素关注的和以纯粹内在性与相即性而如其所体验的那样获得的体验会是一种明见的被给予性,那么甚至表达式"体验"和"内在"也已经负有多余内容。在被标识为"体验"时,判断当然被标识为属于经验自我的事物、由一位体验者所判断之物,并且在思想中显现为在与这一自我的关涉中被规定。但是,经验的规定性将每一素材都移植到"自然的"关联体之中,将客观-科学的规定性移植到作为法则性关联个别性的理论统一体的严格意义上的自然关联体之中。**但是,先于一切规定性,存在着科学的和一般来说概念上尚未规定的东西。**(这当然就是康德在"显现"标题下所关注的东西,也就是说,当他说,经验直观的未规定对象是显现时。)现象学从这一直觉的被给予性——它还先于一切规定性——出发。它和它们打交道,并且处理它们,但不是为了研究它们、从科学上规定它们。如果它这么做,它就沦为自然科学了,因为每一未规定的这里的这个的任何科学规定都将它们转变为确定的事实,并且事实属于自然的关联体,物理的或者心理的自然的关联体。自然是一切事实的全体领域。

因而,现象学与初始的被给予性打交道,不是为了将它们规定为事实,比如,规定为在本真意义上的体验,而是为了在这些被给予性的基础上进行分析和总体化直觉。由此,它把握到种类的本质和本质关联体。它直接、纯粹直觉地和总体地把握到它们。它不是间接地、以象征意指的方式关涉这些种类,正如当人们谈及判断或者这个那个判断的种类的本质时,无须把握和观视它们自身。毋宁说,它观视这些种类,因为它在每一明见的被给予性的基础上进行种类化抽象,并且以这种方式给出和观视到普遍性自身。如果有多个被给予性,普遍之物在它们之中多方面地个别化,那么,在个别素材的交替中,普遍之物作为同一之物而被观视和把握到。现象学的分析和研究关涉以这种方式在总体直觉中把握到的种类,其目标是这些普遍本质的本质性的属、种和变种,是它们可能的关联,是它们基础的复合形式的种类,是它们的一致性和不一致性,等等。在此,直觉一直是纯粹的和相即的,总体化绝不超越纯粹素材现实被给予的内容,注意力一直有方法地致力于,从经验统觉——素材在其中以对象性的方式被释义,这些素材极其不同于在被给予之物自身中的东西——中抽象出来的东西和单纯统觉的被意指之物不要和被给予之物混淆。

现在,能思——它与初始的未规定的被给予性相关——的明见性扮演何种角色?我们当然可以说:在对初始被给予性的直接观视中的明见性在某种意义上是现象学研究的前提,虽然此外它不能也不应该为本真的现象学成果提出任何个别的命题、个别的前提。现象学应该是一门完全独立的学科,并且,现象学的方法在一切理性批判中应该是一种完全独立的方法。这意味着,它不想预设任何允许原则上可怀疑的东西。它应该展示最终的来源,一切真正的原则——不仅在科学领域中客观有效的原则,而且在情感和意志评价领域中客观有效的原则——都能够由此产生出来。据此,它应该这样开始,即,排除在批判的怀疑论意义上的一切可疑之物。因而,如果它回到最终的被给予性,以便通过提升至在它们之中观视到的普遍之物而展开本质明察,那么,通过与这些素材相关,通过从它们出发,它自身将确保它是否包含任何可疑之物。因而,它将确定,它恰恰是明见的被给予性。或者,如果直接的被给予之物应该被视为被给予的,那么,它恰恰必须被还原为纯粹内在的领域,这恰恰属于本真的和相即的被给予性范围。并且,它需要这一限定,以便在这一基础上获得普遍性,这些普遍性也绝不是超越的,而毋宁说是纯粹相即的被给予性。此外,我们要说,在纯粹内在领域中把握到的普遍性并没有预设比如个别性的、任何在笛卡尔式的明见性中确定的被给予性的存在。被相即观视的普遍之物是自为地完全独立之物。从方法上,它在被体验的个别性的基础上被给予。从方法上,为了排除任何对现象学操作的价值的怀疑,对自己说如下话语是好的和必要的:我由此出发的体验,如果我对"它是我的、经验人格的体验"这一事实进行抽象,并且如果我恰恰如其所是的那样在内容上获得它,根据我现实地在其中发现的东西,而非根据我超出在它之中并且通过它意指之物,那么它就是如此获取的体验,它肯定没有任何可怀疑的理由。并且,在这一明见性中把握到的无疑的被给予性的基础上,我形成了总体直观,我在这些个别性的基础上——分析它们,并且在纯粹内在中将它们种类化——把握种类本质。但是,如果我这么做,那么这些方法上的操作就不再有任何可疑的东西,并且首先在我选取的出发点上没有任何可疑的东西。因为这是绝对的被给予之物和无疑之物。

附录 XIII （对第六章）：〈现象学与心理学·现象学与认识论·现象学的描述相对于经验的描述〉[①]

在上一讲中,我们已经阐释了一系列极为困难的概念。

1) 纯粹逻辑学作为关于观念构造项和理论法则一般的科学,或者正如我们也可以说的那样,关于真理和对象性一般的科学的概念。就它如其必须被把握的那样来被把握而言,纯粹逻辑学与普全数学是同一的。

2) 认识论。澄清与认识的可能性相关的困难,或者说,澄清在一方面真理和对象性,以及另一方面判断、对真理,或者说对象性的

[①] 大约 1903—1905 年。——编者注

认识之间起主导作用的困难关系。正如我们也可以说的那样，它涉及澄清认识一般，或者说，在认识中把握到的存在一般的最终意义，并且因而涉及这样一门学科，它使得对事先被给予的认识和科学得以可能，它使我们处于一个境地去规定事先被给予的科学成果的最终意义。如果形而上学是真正的并且最终的意义上的关于实在存在者的科学，那么，认识论就是形而上学的前提条件。认识论是形式的存在科学，倘若它正如它事实上在某些科学的存在研究中所展示的那样不考虑存在，并且根据其本质意义研究存在一般的话。我们可以径直将依赖于纯粹逻辑学的认识批判称为**形式的形而上学**（存在论），同时，在这一形式的形而上学的基础上，本真意义上的形而上学确立了，什么现在是在范畴意义上事实性的，什么归属于实在存在，不仅一般地和本身地，而且事实上根据具体存在科学的结果而言。形而上学的第三个概念由此得以规定。

4)① 认识的现象学。在这里，涉及描述和分析不同种属的思维行为、思维行为的因素和联结形式，在此，逻辑观念获得其抽象基础。我们也可以说，现象学是关于思维本质的描述性学科，它是对思维体验的本质描述和本质分析，它通过比较观察和分析来规定理智体验的种属、它的构造因素和联结形式的种类。在这一分析中，它由一方面一开始是摇摆和模糊的纯粹逻辑学概念和另一方面理智体验的心理学概念来引导到其他概念。通过现象学的分析，因而通过回溯至被给予和被观视到的思维行为的本质和它们的因素的种类，这些概念获得了它们的明见性、它们稳固的界定，

---

① 原文如此，缺3)。——译者注

并且恰恰由此,唯一可能的基础被给予,用来解决认识论的困难,在认识与存在、认识与客观真理的关系之中的困难。

如果我们用纯粹伦理学、纯粹美学、纯粹价值学一般诸学科——它们的概念类似于纯粹逻辑学,并且必须被严格地定义和区别于所有经验的和质料的道德,等等——来代替纯粹逻辑学,那么,相应于认识论或者理论理性批判的是实践的、审美的、评价的理性一般的批判,后者具有和认识论类似的问题和困难。

要加上的是关于存在,也就是说,对象上被如此这般规定的存在和富有价值的或者没有价值的存在之间的关系问题;并且,然后与这些在形式的普遍性中被把握到的问题——它们独立于事实存在、独立于事实的现实性来把握这一关系——相应的是形而上学的问题:在何种程度上,绝对的实在性要被把握为"客观上富有价值的"或者没有价值的?在何种程度上,价值谓词〈是〉单纯主观的,并且相关于偶然的评价存在者而得到考虑,或者内在地属于现实性的本质?因而,我们具有了一门**形式的和质料的价值形而上学**。

并且最后,与纯粹价值学和价值批判相应的是伦理的、审美的和其他评价体验的现象学,后者是解决价值批判困难的前提和基础。最终,人们能够将现象学概念扩展至无所不包的本质描述和本质分析,因而扩展至对一切体验、体验因素和体验形式的种类的展示和剖析。**在此,体验一词不应该表达任何与个体的和偶然的主体的本质关涉**。毋宁说,它应该表示在相即的并且绝不超越的直观中被给予之物。恰恰是我们作为一个被给予之物来关注,并且如其自身所是的那样获得的东西,我们对之加以分节和种类化,并且由此获得查明所有可能的和我们通达的本质和本质法则的根据。

5) 我们将**描述心理学**,进一步说,很明显,心理学一般,**区分于现象学**和尤其是认识现象学。在此涉及的是一个细微差别,但是是一个至关重要的细微差别。很显然,现象学不打算查明心理体验的自然法则,或者我们更愿意说,体验着的主体、人格性、人类、动物等的体验的自然法则,并且,它也不查明不具有精确自然法则特征的常项的经验普遍性,它也不想以自然科学的方式通过回溯至自然法则或者经验的普遍规则而说明个别确立的心灵生活事件;所有这些都是心理学的事务、通常意义上心理学的事务、关于心灵生活的自然科学的事务。但是,对我们来说重要的是,除了所有其他的经验统觉,现象学也排除那些纯粹感知、相即感知所发现之物由此成为心灵体验,成为我的体验、其他某个人的体验,成为某个经验主体的体验和意识的东西。如果现象学家描述感性内容的本质,如果他区分它们本质上不同的种属,比如颜色、声音等,如果对声音领域的描述将他引导至属于声音本质的质性系列秩序、引导至声音属和声音的强度、音色和亮度等之间不可分的结合,或者,如果他在意向体验领域中区分了客体化行为属和情感行为属等,**那么,所有这些都为心理学所考虑,并且当然还不就是心理学**。

颜色、声音等是内容类型,它们发生在人的或者其他经验主体的"心灵"——或者不管人们怎么称呼它——"之中",所谓作为属于我或者另一个"心灵"等的"行为"的体现或者代现内容。它们作为时间性个别性、作为自然的事实落入一个客观的时间秩序之中、一个具体的经验自然秩序之中,这是心理学的事务。**但是,这完全落在现象学领域之外**。它并未谈及我或者其他人体验的声音,而是说，即便一个声音体验为分析奠基，并且因而是现象学研究者的一个体验，以这种方式，他指的不是这一体验本身，而是说，他关注它，只是为了观视和客观上确立红的种类和属于红一般或者颜色一般的本质的特征。现象学上确立的东西，涉及红一般、颜色一般、广延一般、表象一般、判断一般等等。并且，这在它被意指的意义上有效：因而，这适用于向任何非经验现实的，而是**可能的意识**的转移。一旦颜色、声音、表象、判断这样的事物发生，对声音一般、颜色一般等来说本质性的东西就必然会在此发现。归属于作为这个那个种类内容的内容的东西，通过自身，通过它自己的总体特性，通过它所是的东西归属于它的东西，**恰恰涉及作为它的种类的例证的内容，并且不涉及作为它的经验关联体的偶然成分的内容**。当然，这本身也是现象学分析首先必须澄清的东西：关系规定性和关联如何植根于本质之中，并且总体地由本质，由此作为必然的普遍性来限定；并且此外，本质如何使关联作为单纯的可能性开放出来——然后，这是经验领域：关联事实上发生，它们不必然为内容的本质所要求。

383　　只有通过认识本质和本质特性、本质关联、本质法则——不同于非本质的关联，后者此外还服从经验规则——的本性，现象学与心理学的区分才得以可能。并且，澄清了认识论所要求的那种向体验的回溯和它所拒斥的，因而会使得认识论依赖于心理学、自然科学的向体验的回溯之间的区分。

　　物理的自然科学预设了物理的客体化，它处理物理客体、物理过程，处理物理法则。在这里，每一个都有其空间位置和时间位置，更进一步说，在客观的空间和客观的时间中。并且这些客观的形式是所有物理关联的形式,并且涵盖了整个物理自然。

心理的自然科学预设了心理的客体化。它处理心理客体。人们想要禁用"心灵"一词,以便排除神秘的心灵实体;人们不可能避免用这个词来表达客观的统一体、表达体验着意识体验并且将它们联合为一个具体事物类统一体(当然不是通常意义上的事物统一体)的个体的统一体。并且,每一个心理过程与它所编排入其中的个体承担者一道具有其客观的时间位置,并且间接地具有其空间位置,它是在实在现实性中的一个被规定之物。现象学排除了所有这些客体化,它想要在分析中说"这里的这个",但是,客观的时间规定、向一个实在自然关联的编排、自然科学的客体化被省略了。**不是自然的事实,而是一个种类法则**或者一个种类的法则的、本质法则的本质**被确立**。

此外,现象学与心理学并非毫无关联。并且,人们也可以将前者称为后者的基础。如果我们给心理学提出任务,要认识心灵(很抱歉使用这个讨厌的词)的本性,查明心灵体验关联体的属性、种、形式,查明心灵内容据此融合为一并且改变统一体的法则,那么,首要和基础的事情就是要澄清,**每一个内容自在地是其所是,因为它从属于这个那个本质的种属**。与此相应的是普遍的语词,通过它们,我们内在地规定和标识了这些内容。因而,首先意在本质的种属,意在属于这些本质的法则和本质上包含了联结的可能性与不可能性的法则。关于本质的科学和关于"在所有所谓先天的法则中,其中包括逻辑的、伦理的法则等(只要它们实际上是真正意义上先天的),本质法则清楚地得到铸造"的认识,一般来说首先使得一门完整意义上的心理学、一种对心灵统一体的完整理解得以可能。但是，在这里，这一本质学说获得了一种转变。**心理学家将它转变为主观之物。他对本质自在不感兴趣，而是对心理体验的**，也就是一个个体意识的体验的**类概念感兴趣**。并且，他对这些体验感兴趣，不仅在它们的普遍本质方面和由这一本质事先规定的法则关联方面，而且，他对心灵事实感兴趣，对心灵的本性感兴趣，对归纳的并且只有以归纳的方式获得的法则和规则——它们支配着心灵个别性和具体的统一体的非本质的关联和进程——感兴趣。**心理学—客体化的兴趣将现象学转变为描述心理学**。所有现象学的成果进入描述心理学，只带着一点细微差别，所谓带着标号的变化。但是，现象学能够并且应该被视为**纯粹的本质学说**。**就观念而言，它既不是心理学，也不是描述性的**。并且，谁不首先理解这一区分，他就也绝不会理解一门客观的认识论的本质。

　　让我们再简要地看一看现象学和认识论的关系。即便在这里，关注可能的分别也是有用的。无须任何向认识论问题的回顾，也可以面对现象学。然后，它是纯粹本质学说，它是关于种属，更进一步说，关于内容本质上的种属的科学（关于种类，并且不是关于偶然的类构形的科学，就像比如：哥廷根的学生）。通过查明植根于种类本质之中的法则，现象学自动进入与纯粹逻辑法则和价值法则的关系之中，只要后者真正展示了属于某些认识行为和评价行为的本质法则。这些法则所经历的误解和与此相关的混乱——认识行为和认识统一体之间的关系问题将我们置入其中——自动地将现象学家引入认识论之中，并且让他看清在"认识论"标题下把握的困难和假象问题。但是，它本身无须这么做。但是，此外，没有现象学，认识论是不可设想的。当然，从对逻辑之物的错误解释出发，通过粗略的逻辑思考，人们就可以查明，它们带有何种悖谬和荒谬，并且由此以这样的方式宣告了这些解释是不被允许的。但是，由此并且通过所有类似的超越性操作方法，人们不会获得认识的最终意义。为了理解认识，人们恰恰必须回到现时之物，回到清楚明晰性，回到对所意指的种类自身和本质法则自身的直观所提供的清楚明晰性。这是自明的，并且无须进一步阐释。无须回溯至现象学，批判的考虑是必要的和有益的。但是，它只是真正的成就的准备工作、现象学的澄清的准备工作。因而，在这里，现象学获得了认识批判的功能，虽然它自身就其本质而言不是认识批判。现象学作为一门特殊的学科是否应该完全分别于认识论和心理学而被建造起来，这是一个纯粹实践的问题。

我在这里不能进一步深入的居留地是现象学的统一性问题。人们如何还能够称它为一门科学，既然它分裂为一些无关联的领域：感性本质、范畴本质等（在本真意义上心理之物的本质等等）。在这一方面，我倾向于说：现象学所指的与其说是一门统一的科学，不如说是一种方法，以澄清、使之明见的方式的研究方式。

在这里，就像在所有这些区分的情况中那样，我只强调，人们看见了本质性的分界线，人们明确地立义现象学的观念、认识论的观念、心理学的观念，以便不被对诸学科或者它们的立场和依赖关系的混淆推入错误的认识论方向之中。如果人们缺乏这些细微差别中的一个，那么，人们就无可挽回地要么陷入一种荒谬的经验论，要么陷入一种神秘的先天论。恰恰因为缺乏这些区分，认识论的整体发展还承受着感觉主义和理性主义的截然对立。在两个阵营那里,我们发现了同样的错误,心理主义的错误,两者都混淆了真正的起源问题、对认识的现象学澄清的起源问题——它们恰恰不能界定这一问题——和错误的起源问题、心理学的起源问题。一再地并且在所有方面,人们相信他们能够通过探寻认识的心理—发生的起源来理解认识。

关于描述和现象学分析的补遗(后一页的边注)。①

经验的和自然科学的描述是对存在着的个体事物和过程等的描述。这一描述是追寻经验的现象—普遍命题和自然法则的基础。在形态学中,在物理的和心理的自然科学中,情况都是这样。在现象学中,现在首先看起来是,我们也拥有体验,它是在心理个体中的过程。以某种方式,我们也拥有这样的体验;如果我以现象学的方式"描述"感知,那么,我当然在我面前具有一个感知(我的心理体验)。但是,当然又不是这样。从客观上说,当然正确的是,这些是心理现象,但是在现象学中,它们不被视为心理现象,在它之中,不是心理现象被感知,分析,与其他现象比较,形成普遍心理学的概念、形态学的和自然科学的命题、自然法则。被给予我的是最终的"个别性",它们作为"这个"在变异的笛卡尔式的明见性的状态中构成了现象学分析、描述、观念化的基质,并且,"这里的这个"不是一个时间性的个别的这里的这个,而已经意味着一种观念化,或者说,最低阶的观念化。

如果在抽象学说中,人们说,任何抽象都必然以一个个体现象为基础,那么,这在本真意义上并不是真的。人们可以说,每一个本

---

① 胡塞尔在这里所指的是哪一页的哪个边注,已不可考。——编者注

真地（直觉地）进行的普遍化都以一个个别之物为基础，经验的普遍化以经验的个别之物（因而时间性的个体之物）为基础。与之相反，本质构形、观念化的总体化以一个现象学的个别之物为基础，并且，这不是心理学意义上的个体之物。当然，无论何时，进行一种个体化，进行一种对在心理之物中、在属于某个经验自我的东西中的现象学的被给予之物的立义，这都是可能的；但是，这一心理学的统觉和设定恰恰只是可能性，并且不为现象学所考虑。如果我关注"这个"、这个感知、这个判断等，那么，我就纯粹与作为自身纯粹内在之物的这个打交道，并且其中根据其内在内容不包含任何空间、时间、个体意识。因而，它已经是一个普遍之物①、一个最低种差化的普遍之物。它是其所是，与它是否属于这种那种或者"一种""意识一般"（意识作为心灵，等等）无关。当然，它不是通过普遍化而获得的东西。但是，观念化也不是普遍化。我们必须将观念和普遍之物（原初意义上的属）分开来。红不同于红一般（属于总体判断），正如颜色一般（与"这种颜色"对立）不同于"普遍内容"（或者对象），更好地说，红本质、感知本质，等等。这里的"这个"也是一个本质，只不过是一个具体的本质、一个最低本质分别的本质。

不过，在这里我走得太远。当我看见这个红和那个红，两方面是"同一个"，或者看见这个感知和那个感知，在这里，我还不必在现象学内部谈及进一步的个体化，它们还不是以个体-心理学的方式被规定？或者，我不必说，作为红，它们可以是完全相同的，但是，在这里的这个上，它们在现象学的"时间"中、在现象学的意识

---

① 这不对！是的，如果我不考虑"这里的这个"，并且恰恰意指这一感知的观念、它的本质的话！

位置中是不同的，它们最终又是特殊类型的本质区分，并且不是真正的经验个体性，不是"实在"意义上的个体性。每一个个体都有其本质，有其个体本质，这是最低级的种差化、绝对的具体项，正如我已经说过的那样。这还不是个体，它还可以分化。个体化者不是种差，不是"质性"，不是"对象"的内容因素。它是这里的这个，但是看起来，这个与感知（印象和设定为自身，正如被体验的那样相即地被意指）特征相符。并且，这一特征不是一个可分割之物，而是说，内容和特征是不可分的一。但是，这还不完满。因为感知——它与对象的"这里的这个"相符吗？

附录 XIV （对§37b）：论现象学的方法与它的科学意向的意义[①]

始终有必要，在实际的现象学工作期间，不断地尝试通过反思来澄清它的意向和方法的意义，因为人们事后很容易谈及从高处并且在模糊的全体考察、不完整的回忆和象征考虑的基础上的，而非从低处并且从内部出发即时进行的工作和成就的意义。

这是一门关于"现象"、关于体验的科学。在"现象学的还原"内部吗？我不是接受体验为"存在着的"、被客体化的（而非实在化了的），它们不是在观视中被给予吗？我不是也还设定了"个体个别的"体验的关联体，这些体验结合为"意识流"（存在着的、非"实在的"）统一体吗？我不是也说出命题，它们对这样一个意识流有

[①] 1906年12月。

所陈述吗？现在，当然，在现象学的知觉和回忆中，我把握到一个流，在现象学的反思和回忆中，我分析一个"背景"，并且在其中发现"被客体化的"这个和那个。这个流的内容的本质包含了前经验的时间伸展和无限的伸展，更进一步说，就"过去"和"未来"而言。因而，在现象学的领域中，我也做出"事实陈述"和与它相关的本质陈述。我不仅在本质把握中设立认识的类型，固定和区分它们，并且研究它们可能的统一性形式、它们的充实的目的论形式等，而且，我发现并且陈述一个"认识"流和一个体验一般的流，以及在它们之中的前经验的统一体（实体，等等）、一个前经验的事物化和时间设定，以及与之相应，在一种事物的意义上的同时性、不同时性、质性相同性和不同性，等等。并且，我说，这一"实在性"（存在者的非实在性）的本质包含了，它们在这种类型的流中被构造起来。并且，在流中"发现的东西"的本质包含了，它必然地流动着，等等。

我不能"规定"，也就是说，在单义概念上确立个别之物，但是，我当然能够从概念上把握它，将它置于概念之下，并且在关注它时对它加以陈述。并且首先，我能够以未规定的并且还富有价值的方式说，它是这样一种个别性的关联体，可以被如此这般地刻画。当我同时在此观视它时，我能够根据其本质考察这一关联体，并且同时一并陈述存在。并且，我不能也超出观视来说："即时的"观视也有其背景，并且流伸展着，而我只在反思中把握到一个很小的部分？

从所有这些中得出，我还没有正确地规定现象学的意义。它是一种绝对的存在分析，此分析也确定绝对的存在，并且将其确定为必然的存在，它自身"构造着"，并且承担着任何其他类型的存在、任何"超越存在"。

附录 XV （对§47b的变体）:〈高阶的普遍性·普遍之物作为对象与作为标记〉[①]

在上一讲中，我们已经描述了观念化抽象意识，在其中，普遍本质、种类作为高阶对象被构造起来。不过，在此我们首先只是关注最简单的情况，在这种情况中，普遍性意识、种类意识作为一阶的思维意识直接建造在朴素直观之上。但是，一种观念化意识也可以建造在已经直观到一个种的意识的基础上。在被给予的普遍之物中，一个高阶的普遍之物可以被给予和被观视到。深红是一个普遍之物、一个相对于在对个体客体的直观中的个体个别因素的种类。红作为种是一个相对于这一红色差的普遍之物，它是将这一红色差和其他红色差——它们已经都是普遍性——统一起来的共有之物。颜色是红和蓝等的普遍之物。质性是相对于颜色、声音、味道等的普遍之物。因而，这在更新的阶次上给出普遍性。**抽象的本真施行**——它给我们产生出作为被观视的观念的普遍本质——**显然预设了这一阶次结构**；为了观视"颜色"的本质，我们必须在感性直观中关注颜色，但是朴素的红意识对本真的颜色意识来说还不够，后者在第二阶次上完全本真地出现，唯当红色和一个白色或者蓝色被统一起来。并且，情况处处如此。

在此，普遍之物总是以某种方式在特殊之物之中，它是部分关系的类似物。当然，属是诸种的共有之物，种是诸亚种的共有之

[①] 出自1906—1907年冬季学期讲座。——编者注

物,最低的种是诸相应个体和个体因素的共有之物。此外,"颜色"不是在一个整体中的抽取物——除此之外,它还有其他补充部分,这一部分与这些部分联结起来——的意义上的红色的一部分。红色不是"颜色"和其他东西的总和。红色是颜色的特殊化,并且,如果我们问,何种特殊性,那么,我们恰恰只能说:红色。我们可以形象地说,顾及于此,恰恰同一化在特殊化的基础上发生,红色、蓝色和黄色具有颜色这一普遍之物,它们具有一个共同的"因素",仿佛一个部分。但是,这一复合体不是从一个整体中,从因素的结合、聚合、混合中提取出一个部分,它现在作为与其联结之物与补充的因素相对。

并且,很不恰当的是,将属理解为种的部分,并且将它理解为种和其他东西的联结。属作为一个部分包含在种之中,普遍之物作为一个部分包含在特殊之物和最终个别之物之中,这种观念之所以荒谬,是因为只有个体之物才能是个体之物的部分,并且恰恰只有某个阶次的普遍之物才能是同一阶次的普遍之物的部分。对于种类和个体个别之物的关系来说,尤其需要注意的是,普遍之物不是在事物之中(in se),倘若这个在之中(in)在本真的意义上被看待的话(类似地,颠倒的在事物之前[ante]〈和〉在〈事物〉之后[post 〈rem〉])。柏拉图谈及分有($μέθεξις$)和交融($κοινωνία$)的关系。这明确地标识了与整体和部分关系的区分。但是,毫无疑问,最低种差和个体个别性之间的关系本质上不同于属和种差之间的关系。因而,由此澄清了属、种和最低种差之间的区分。在此,最低种差是初始的普遍之物、最低的普遍之物,属和种是对更高的普遍性的表达,它们在自身之下总是只具有普遍性。

一个重要的区分存在于真正的和非真正的亚里士多德的属和种之间。在具体项中区分出来的非独立因素奠定了个别的和在这些因素的聚合之中的观念化。如果我们提取出一个简单的因素,比如红因素或者形状因素,那么,我们通过观念化提升至亚里士多德的种和属。在简单观念化的纯粹路线中,每一个环节都是一个简单之物。颜色质性、红色,每一个都是简单的。并且,每一个普遍之物都纯粹在特殊之物之中。但是,如果我们取一匹马为例,那么,马这一普遍之物是普遍因素的复合体,这些因素中的每一个现在都自为地是可种差化和种类化的,并且由此,使得对整体不同方式的种差化得以可能。

在种类意义上的普遍之物是一种新的客观性、一个对象。在与在它之下的个别之物的关涉中,它获得了规定性、标记的特征。规定性在其中构造起来的意识并非立刻就与对作为种类之物的普遍之物的意识是一类的。如果我们说,这是白色的,那么,其中表达了白色这一种类和对象——它具有白色或者是白色的——之间的关涉。只是说,归属于对象的白色因素突出出来,并且在部分同一化中与对象统一起来,这或许是错误的。"白色"一词具有一种普遍的含义。如果我们说,这是白色的,并且,如果我们在观视中实在化这一说法的意义,那么,白色就不仅仅绝然地自为地被视为同一之物,被视为对象。毋宁说,在关涉(述谓)意识中(也就是说,在这样的意识之中,在此之中,标记、谓词"白色"被构造起来),普遍的"白色"和颜色因素相合,并且以这一相合为中介关涉对象,以这种方式规定对象。事物是白色的,它具有白色。当然,这个"具有"由此不应在具有的本真意义上来理解,后者标识了一种实项的部分关系,而是在通过这一相合变得清楚的个别之物和普遍之物的关系之中来理解,在此之中,个别之物展示为普遍之物的个别之物,并且,普遍之物展示为个别之物的规定者。如果我们说:x 是白色的,那么,这一关系是从个别之物的立场来立义的。并且,属于规定性的本质的是,x 展示为规定性的主体,"是白色的"表达了独特的述谓同一化,它以形容词形式表示普遍之物和 x 的非独立因素的被设定为一。当然,在这里,语言功能还起作用,作为语词的含义意向的意向与直观地实施之物混合在一起。我们至今还没考虑到这一点。

不过,从我们至今的展示中已经显现出,**我们活动在所谓判断理论的路线之中**,在此之中,目标是对述谓的现象学澄清,因而,首先并且在最底层,是这样一种同一化、关涉、规定性思维。我们看到,在朴素直观的基础上,一再更新的范畴客体化如何被建造起来,这些客体化彼此混合,并且在它们的混合中又展示了新的客体化,因而不是单纯地堆积。同一化,或者说,区分与抽象聚合起来,错误地被称为"关涉性"的思维产生出来,它不仅仅将部分或者因素与整体关涉起来,而且现在将规定性标记与被规定的主体关涉起来。

附录 XVI （对 §50a）:〈认识的客观性·观念法则性充实关系〉[①]

在上一讲中,我们已经讨论了:如果对于任何类型的思维行为,并且尤其是对于范畴思维行为,客观性问题得到了解决,那么,其解决形式同时为任何其他类型的思维提供了解决问题的钥匙。

[①] 出自 1902—1903 年冬季学期讲座"普遍认识论"。——编者注

认识的客观性问题说的是什么？ 客观性这一说法首先说的是什么？问题更进一步阐明：我们的思想指向客体，它作为正确的思想属于客体、切合客体，这是怎么回事？正确的思想活动，不管它们如何混乱，必然不得不与它们关涉的事态汇聚，并且，什么使得认识可能？在这一认识之中，恰恰被"认识"的是，**这个如此这般被思想之物真正存在着**？

关于思想客体和认识客体的说法，关于作为主观思想和客观存在之间的一致的真理的说法，我说，这些说法要求，主观思想之中居留着一些规定性，通过这些规定性，主观思想不仅仅是任意单纯的主观体验，这些规定性导致了，每一个被如此规定的思想一般因为这一规定性的缘故而和同一个客体相关，并且，这样，它分有了同一个真理。所谓思想客体必然包含了这样被规定的思想必然的一致性，客体自身是这一主观思想和任意其他主观思想之间的结合统一体，是这一目光偶然的思想和每一任意目光偶然的思想之间的结合统一体，是这一偶然意识的思想和每一其他现实的或者一般可能的意识的思想之间的结合统一体。

但是，普遍地说，同时，客体不是实项地居于思想之中的东西；思想及其与客体的关涉并不包含，将客体把握为实在部分：就好像任何正确的思想与客体之间的一致就在于，所有正确的、与客体相关的思维行为都包含客体作为同一部分。思想可以包含客体自身，但是一般来说，它不这么做，并且思想的客观性还在于正确思想与客体的必然一致。因而，它是如何可能的，并且如何说明它？

现在，一方面，通过非相即的思想——它是单纯的意指——和作为对自身被给予的客体的观视之相即的思想之间的对立。但是，另一方面,通过思想与客体的关涉的观念性,也就是说,通过非相即的,但是正确的思想与可能相即的思想之间一致的观念可能性。一个正确思想意向的普遍本质包含了,它是可充实的。**所有指向同一个客观之物的思维一般之间必然的一致在于,一个内容、一个意义居于每一个这样的思想之中,根据其种类特征,同一化的综合的可能性植根于其中,并且,一个这样的思想通过相即感知获得充实的可能性,因而是任何这样的思想一般的可能性。**正是因为相即的可能性纯粹植根于思想的种类内容或者意义,所以它会是同一的,当具有同一内容的思想可以随时存在,无所谓何时、在何种意识关联之中,我可以在何种现实的或者虚构的思想存在者上表象这一思想。

　　充实的对立面是冲突,和相应的属于它以及属于它与充实可能性的关系的观念关系。比如,充实的可能性排除了冲突的可能性,冲突的不可能性包含了充实的可能性,等等。简而言之,这些观念的可能性和不可能性包含了法则、纯粹逻辑法则,比如矛盾律、双重否定律,等等。正是这些法则属于思想的种类意义或者本质,并且它们由此从法则上界定了思想客观性的普遍意义。因为我们在现象学上对它加以澄清,我们因而澄清了客观性的普遍意义或者思想的观念性。

　　我们理解思想和客体的必然关涉,因为我们通过现象学的和抽象的分析获得了意向与充实或者失实之间的区分、表象的内在意义和它所意指的对象之间的区分等,并且认识到了,属于这些区分的种类之物的观念法则,恰恰是行为和行为关系的这样一些内在因素的法则。并且,恰恰由此,所有疑问——它们想要将思想的客观有效性限制在人类自然的偶然性之上——都被排除了。

我们刚刚谈及的思想法则属于更加总括性的植根于可能的纯粹的思想"形式"之中的法则领域：清楚的法则，我们完全完整地洞察到它们的真理。说出在可能的思想行为中的实在化因素之间的观念关联的总体事态，在最严格的意义上被给予我们。现在，适用于所有所谓思想形式和由它们形成的统一体的是，它们只有在范畴行为中才被构造起来：同一性只有在同一化中、区分只有在区分行为中、合并只有在合并行为中才被构造起来，等等。

现在，纯粹逻辑之物或者纯粹数学之物的全部客观性在于，范畴行为可谓可以以双重形式进行，以本真的、相即的形式，以非本真的、非相即的形式。并且，由此，这一对立和属于它的可能的充实和失实的观念法则使得范畴客观性在和朴素的实在客观性的同一意义上得以可能。在这里，我们学会理解，不具有可能的感性感知的被给予性特征的客体一般如何可能；我们学会理解，完全不同于感性感知的行为如何能够给予我们一个客体自身，以及，完全不同于非相即感性直观或者感性符号类型的行为如何能够间接地向我们表象客体。关系、区分、复多、基数、必然性、可能性、冲突等都是客体，它们不可能在任何感性中被给予，但是仍然是客体。它们是这样的，是因为它们属于相关范畴行为的观念法则关系的缘故，它们是这样的，是因为这些行为根据其本质服从意指和意指的充实之间的对立，并且，然后其中包含了所有这些这一对立在最普遍意义上所要求的法则。

并且，恰恰由此，我们理解了，在经验科学领域中情况必然如何，如果事实上，经验科学的思想也是思想，它在经验的统一性中让我们认识到一种客观性。如果所有我们至今认识的行为和行为形式不足以澄清经验科学，那么，我们恰恰必然还可以指明一些行为，它们也构造客观性，即便或许以其他方式，并且这意味着，臆指的和现实的、非相即的和相即的之间那种对立也必然适用于这些行为，并且这些行为的意义必然包含一种合法则性，它给予这一意义或者内容的所有可能行为以必然的统一性、在客体中的统一性。

在这里必然涉及一个新行为领域，这一点是清楚的。整个自然、事物性领域、事物、事物性关联、事物性过程、事物性法则、"自然法则"的存在领域，不是通过我们至今所认识的那类行为而给予我们的。虽然当然，我们具有对事物的表象，甚至对事物的直观；但是，我们从未具有对它的相即直观。这样，没有任何我们的关涉自然领域的表象能够被明察到，并且进一步来说，没有任何自然法则就其客观有效性而言能够被明察到。因而，在这里，对相即感知的符合不能够是认识原则。从理念上说，矛盾律所说的东西当然有效：每一个陈述，因而每一个关涉事物的陈述，必然为真或假；每一个实在之物，因而每一个事物，都存在或者不存在。因而，二者择一：相即感知是可能的或者是被排除的。但是，由此我们没有任何我们能够利用的东西，既然相即感知的情况当然事实上①从未发生，因而，我们没有原则来决定一个事物性主张是真还是假的问题。因而，如果除了符合感知和（为此）纯粹逻辑—数学演绎（如果实际上必要的话），没有其他决定原则，那么，这里说的就不是自然科学的证成。因而，然后，我们没有理由给予自然科学以先于与自然相关的任何介入活动的优先性。或者，那么，我们一般来说根本没有任何正当性谈及自然，当然，甚至只是谈及任意事物，并且接受它为客观存在之物。

---

① 事实上?! 本质上！

但是现在,我们很容易澄清,我们实际上没有任何绝对的正当性,只有在相即感知中的明见被给予性才赋予的正当性。并且,我们知道得很清楚,我们没有它,而这没有扬弃我们关于我们眼中的自然的假定的客观性。没有经验主张——我指的不是事物性主张——会被证成是关于它所说之物的稳固主张,因而,它的证成意义不可能在于它直接说出的东西。并且,它也不在于此,毋宁说,它在于**概率主张**。在严格意义上,我不可能知道,太阳明天会升起。我要能够这样,唯当我能够现实地观视到升起,并且这当然没法说。并且,我仍然相信,太阳会升起。但是,这一信念只作为不会排除对立面的可能性那样的信念,因而换句话说,作为一个揣测,〈不是〉作为视-为-确定的-和-真的,而是作为视-为-概率的,而是证成的。

附录 XVII （对§51d）:论概率学说[①]

人们能够称在朴素感知中的命题为概率命题(揣测命题)吗?关于它,人们可以说,在这里,这些在我周围的被感知事物,这张桌子、这张纸不存在,这一点是不可能的? 在至今的经验关联体之中,在感知连续性中,所有都为它辩护,并且没什么反对它。但是,在这里,相反的方面是一种经验进程的有动机的可能性,此进程在此为抛弃对这些事物的积极设定而做出证成。因而,当休谟发现,在不间断的经验圈中谈论概率是错误的时,他是正确的。它是一种确定性,但当然是这样一种确定性,它带着实在的对立可能性,没有什么

[①] 大约是1910年。——编者注

为它们辩护,但是也不是在自由想象意义上的空乏的可能性。

这一确定性区别于先天明见性的确定性;此外,不同于在稳固信念意义上的确定性,它仍然是稳固的,即便完全有理由谈及不存在(Nicht-Sein)的动机。信念是从自我出发的"执态"信仰。在这里要研究的是意向相关项的确定性、概率性等和信念、决定、接受确定性、存在把握、接受压倒性概率性(揣测性)的执态之间奇怪的差异。此外,在-一-方面-地基-上-置-自己-于-确定的-信念,对于仅仅压倒性的揣测之物的在-确定性-之中-执态——这是独特的事情。在这里,让我们回忆笛卡尔的将信念("判断")归置在意志之下!

附录 XVIII （对§51d):〈回忆的充实成就〉①

无论如何确定的是,我们超出了直接回忆的领域,我们在涉及遥远的过去时具有**直观**,我们视过去为真正存在的,我们不断做出关于它的判断,并且我们在实践上由这些判断来引导。我们知道得很清楚,回忆常常误导我们。并且,对我们来说,那些始终想要不信任回忆的人看起来是愚蠢的,甚至疯狂的。我们不可能以相即感知来衡量这些回忆判断。如果我们排除之前提及的直接时间域,对过去本身的感知显然是不可能的。因而肯定的是,没有这样的时间判断能够被证成是绝对的确定性,当它一般来说要被证成时,它只是作为概率判断而是这样的。现在,让我们都在摇摆的、

---

① 出自 1902—1903 年冬季学期讲座"普遍认识论"。——编者注

不清楚的回忆和稳固的、清楚的回忆之间做出区分。回忆越清楚，它就具有越多的"价值"。这是一个给定的现象学区分。人们绝对不能怀疑它。不清楚的、摇摆的回忆——不清楚的回忆最终〈是〉一个空乏意向——偶尔转变为清楚的回忆。我们在这里体验到什么：显然是充实、证实、确证的意识。并且，回忆的生动性或者清楚性越大，这一意识就得到越大的提升。

与此相应的是我们在回忆基础上对陈述的评价。如果我们做出一个关于过去事实的陈述，那么这一陈述看起来是得到证成的，当一个回忆是可能的，它当下化这个陈述建立为过去的东西。但是，回忆的观念可能性不是在一个相即感知的可能性的意义上证成判断的意向，因为回忆并不排除，我们在此回忆的东西或许曾经并不存在。回忆仅仅给予陈述一种经验分量。尽管所主张之物有可能并不曾在，这一陈述显然不同于任意捕风捉影的主张。它恰恰具有经验分量或者"经验中的根据"。并且，回忆越生动，它就具有越多的根据。

现在，我们在这里称为分量的体验是明察的揣测的一个实例。每一个回忆一般都具有使一个关涉被回忆之物的揣测成为一个得到证成的揣测的属性，一个直接建造在回忆上的揣测是对这一正当性的体验，对一个客观概率、一个现实的经验分量的体验。并且，同时很显然，这一客观分量允许程度的差异，经验分量可以是弱的，它可以更强和非常强。并且由此，我们也部分谈及假定或者判断内容——它们不直接与回忆相关，而只是以象征的方式与它相关——上的经验价值或者概率性。当然，很显然：如果我具有一个清楚的回忆——回忆越清楚，我们就在整体中发现更少具有胡思乱想特征的元素——并且同时在一个以这种那种范畴形式的陈述中表达在这一回忆中被给予的东西,那么,具有同一内容的任意一个陈述都是得到证成的,不管谁做出这一陈述。并且,它是得到证成的,这意味着,它恰恰符合被回忆之物。通过回忆来充实的观念可能性构成了证成,并且,这一证成是**一个明察揣测的观念可能性**的证成。

同样,人们能够指出如下内容。我能够将回忆编排进其中的回忆关联体越是总括性的,这一个回忆的分量就越大。有时一个回忆向我们闪现,但是孤立地展示,一个孤立的直观图像带着过去的特征,并且作为过去相信之物。但是,有时直观在一方面或者两方面伸展。回忆持续连着回忆,并且相关的事态被编排进我们经验的现时统一体之中。

很显然,一个回忆的分量会更大,如果这一回忆被编排进一个回忆关联体之中的话。并且,如果我们甚至能够遵循关联直至被体验的现在,这样,经验力量立刻增长了。个别的回忆远及不断更新的事物,并且如果它们现实地出现,那么,动机引发自然就更有力。因而,在这里,我们已经有一种方式,以这种方式,经验判断能够是理性的,不过还不是作为确定的,而只是作为概率的判断而是理性的。① 但是,这里仅仅关乎个别化的经验。

---

① 不过,这是怎么回事:回忆自身是对"概率",甚至曾在的概率的观视吗?在此,情况有些异样。观视还是感知。针对任意 x 的回忆是相即感知吗?在素朴的回忆中,我具有"感知",正如在素朴的当下感知中那样。但是,这一信仰不是相即的,它具有一份分量,这意味着,它被还原为一个假定,这一假定带着一份分量而被主张,并且,这一分量被观视到。这一假定是揣测的根据。

附录 B

附录 I 〈认识论作为一门关于认识的绝对本质的学说〉[①]

认识的斯芬克斯。

人的精神因为对认识可能性的反思而陷入的混乱,使它陷入怀疑论,或者种植下了怀疑论的倾向。认识成了神秘的东西,并且最终成了完全不可能的东西。因而,人们否认了认识的可能性。现在,人们可以很容易地指出一种无条件的怀疑论的悖谬,它自相矛盾。当然,"在认识之中"。

但是,怀疑论作为严肃的怀疑论不是极端的,而是有限的。它针对某些类型认识的可能性,尤其是自然科学认识的可能性。在这里,人们也可以证明,这是个别论证的错误,这是每一真正的怀疑论,尤其是一种休谟式的经验主义怀疑论所招致的悖谬,等等。**不过,"拒斥"怀疑,指出在理论中潜藏的矛盾**(倘若在命题中明确地否定了相关理论作为它这种类型的理论预设了,并且根据其意义预设了的东西),指出个别裂缝、错误、混淆等等,**这是不够的**。的确,它

[①] 1907 年 9 月。

们都有道理,倘若它们比如注意到某些先天的认识条件(或者说,可能的真理,可能的理论,可能的科学的条件)作为它的"富有意义的"可能性的条件的话。但是,显然需要**一门积极的认识论和科学理论。后者在何种程度上需要顾及怀疑论,并且为其所阻碍?** 认识的可能性是它的问题。怀疑论者说,没有认识。我们自己被对认识本质的不清楚如此迷惑了(或者说,我们应该假定,我们是这样的),以至于我们怀疑认识的可能性,甚至完全倒向怀疑论,倒向对认识的否定,或者甚至做出决断,没有任何的认识?我们寻找心灵药物(*medicina mentis*),它能够治愈我们的这种疾病吗?

为什么这应该是不可能的呢?我可以这样开始。我糊涂了,我倾向于认为一切认识都是不可能的。如果我透彻地思考这个那个,那么,我就得出结论,根本没有认识,也不可能有认识。因而,当然没有任何认识。现在,我这样做出判断。但是,我可以止步于此吗?这是一个矛盾。并且,这一思路也想要是一个认识,并且,我不清楚,它应该如何成就它所成就的东西?并且,它当然从某些出发点出发。我看见,这一点对我来说看起来是无疑的。我看见、有认识,我不可能怀疑它们,它们在我的怀疑思考中已经被预设了,当然是在思考中、在怀疑本身中:能思的明见性。

认识的超越就是让我感到迷惑的东西。因而,首先是自然科学的认识,然后是心理学的认识,最后是作为工具的数学,作为法官的逻辑学。规范的可能性,最后是现象学和现象学的可能性。此外,内在和"超越"是什么?什么对我来说不成问题?我暗地里做出了哪些预设、哪些混淆,等等?

不过,最好应该说:对认识及其与被认识者的关涉的反思带来了错误、不清楚、怀疑论倾向。为了治愈我或者其他人的怀疑论之病,**所要着眼的不是怀疑论**,而是认识。我使认识的本质成为问题。认识的可能性,认识的"意义"。这意味着什么?我不否认自然科学,我不否认数学,我不否认逻辑学,但是,**我不理解它们是如何可能的**。我也不否认感知、经验、思想的个别成就,我只是不理解,它们是如何可能的。

对于我和思考者来说,自然科学是一些主张的系统,我承认这些主张的认识价值;我判断并且明察到,这有效,并且,然后进一步的东西有效,等等。并且,每一门科学都是这样的。但是,认识、个别行为、个别行为系列如何能够"超出自身",并且把握、设定、认识独立于个别行为而起效的东西?这是什么?应该如何理解这一点?因而,比如,我并不否定自然科学。对我来说,它当然有效。并且,心理学、数学、逻辑学也同样如此。但是,**这一有效性的本质、意义现在是成问题的**。

研究针对自然科学认识(感知、回忆、概念思想、判断、推论、归纳,等等)和自然科学自身以及自然自身之间的关涉。它是命题系统,这些命题"有效",并且自然自身是这些命题,也就是说,自然科学的行为"关涉"的东西。我不想要只是表明自然科学的,表明任何在它之中出现的命题、证明、理论,并且因而它们的整个复杂体的有效性,就好像在此,我可以干涉自然研究者的事务,并且甚至能够教给他们更好的东西。或许,我可以这么做,但是,然后我自己就是自然研究者了。或许,自然科学还是一门不完善的科学。但是,假定它是绝对完善的;我们现在处理的问题还是同样的。无论如何,我们都有足够的理由来预设,自然科学走在正确的道路上,并且,在很大程度上它的整个理论是得到论证的,并且有效的。但是,我们不需要为此担心,因为我们想要做的事情不是研究自然科学的有效性,而是(即便它是一个理念)研究自然科学认识的可能性,或者澄清,在认识中,一种自在存在的客观性如何能够被认识。在这里,有一个"自然",一个事物——它们服从自在有效的法则——世界,一个精神——它们与一个物体自然相关——世界,等等。

现在,如果我们的研究完全依赖给定的自然科学,那么它可能就要依赖于它的不完善。但是,我最好不掺和进来。不过,如果我从上述视角来研究自然认识和自然科学认识的本质,那么,当然会有大量独立于所有"偶然"自然科学的东西。[①] 已经有最原始的东西:在感知中,事物性向我展示;并且我持续地经验这些事物。什么"在"其中? 在不断更新的经验中,事物显现出具有如此这般属性,属于它的真正属性为〈这一〉认识出现,或者显示为,事物是别样的,或者,它根本不存在,只是幻觉。什么"在"其中? 或者,事物是在空间中,并且几何学所教授的东西对于空间必然有效。什么"在"其中? 有可能,我在几何学证明中犯了错,但是,它明显与公理矛盾,然后,如果我做出正确的证明,那么正确性在明见性——它在它这方面依赖于逻辑形式——中显明出来。什么在其中?

我们还停留在自然认识之中。我关注自然和自然认识,并且研究它的可能性。**我将自然视为感知、整个经验、在此之上建造起来的自然科学的被给予之物,不多不少**。我没有做出任何精神一元论、观念论、唯物论和其他的解释。所有这些解释,这些形而上

[①] 比较重复的相邻页。

学的解释，都来自某种认识论。但是，在这里我首先寻求认识论。认识论预设了认识，我想要研究认识的本质，并且我想要研究认识对象，研究认识对象与认识有何种关系，研究借助于这一关系，什么被赋予了它。**在此，被给予之物是对象性，如其在认识中被意指的那样，并且认识作为这一对象性的意指者。这先于所有关于认识的可能性和本质的理论及其相关性。**现在，问题是：我必须处处留意现实的认识吗？由此，我不是陷入变化着的，并且整个理论常常反转过来的科学的河流之中了吗？

400　　　人们可能会说：**我当然也可以在想象中研究感知的本质。我将自己置于半人半马的国土上**，并且，在看半人半马时，我在想象中经验它们，通过新的经验来纠正这些经验，或者证实它们。我在想象中考察这些在经验中被给予的对象的本质和它们在其中被给予的意义，等等。同样，在想象中，我表象，我回忆，我期待，我做出推论，等等。我表象，在同样的情况下，常常可以经验到同样的东西，然后我发现，由此，具有某种分量的概率性被引发，等等。这肯定是恰当的，并且当然与此相关的是，逻辑学（并且，进一步说，经验逻辑）作为科学是可能的，无须预设某种自然科学。我能够在反思态度中〈获得〉认识论明察，正如我〈能够〉在客观态度中获得逻辑明察，无须所谓命题—逻辑基础。

　　　此外，在两方面，我也能够将命题之物，因而比如确定的自然科学思路视为基础。在此，我并未预设它的命题有效性，但是，它当然应该是一个论证关联体，这样，我必然具有这一关联体的明见性，否则我不可能在此之上研究论证的本质：我当然也必须在想象中作为明见性具有它。

因而，一项针对认识和认识对象性的本质的研究并未预设关于自然和自然认识的假定，更进一步说，命题。虽然我们要持续关注自然和自然认识。如果人们像康德那样始于发问：既然自然认识、自然科学被给予，那么它是如何可能的，这也不是错误的，因为这并不涉及重新论证自然科学，并且，这里所研究的可能性不是逻辑上由自然认识的现实性达成的，正如反之亦然，清楚了它是如何可能的，也没有排除自然科学的不清楚。情况并不是，就好像我还没有自然科学，既然我不清楚它是如何可能的。

　　主要的事情是要清楚，现在的研究是在一切客观科学的领域之外的，并且在某种意义上是在一切科学一般的领域之外的。现象学的还原说的是，持续地意识到这一状况，并且不沿着自然主义的思路——认识论在此得到研究——前行。不是因为我不确定自然的存在，或者我不清楚它在何种意义上存在，以至于我可以对它不做命题性使用，而是因为，在此，最美好的"清楚性"对我来说也是无用的。

　　但是，当然，人们也可以说：在认识论的思考——它针对某种认识的可能性，针对某种类型的相关性，比如自然类型的相关性（自然认识）——中，我显然不可以从已经预设了所提出问题的解决的主张中有所收获。现在，人们不能马上说，与此相反，自然之存在主张有罪。而是说，**在这里，存在与我毫不相关**：相关的只是存在的**本质**。这一点是完全自明的，如果人们已经清楚地表述了认识论问题的话。

　　现在，错误颠倒的认识论就依赖于，它们没有清楚地表述真正的认识问题，并且将这些问题与其他问题混淆起来，或者就在于，它们有认识论的意向,但是陷入命题—客观的思路之中? 人们或许会问:应该如何理解逻辑法则的客观有效性? 它只应该被理解为符合显现,等等。需要注意的是,**初始问题是一个经验问题**:应该如何说明,**人的思想**——当它根据逻辑方法行事时——切中一个自在存在的事物性、自然或者一个数学的自在存在者? 逻辑认识是人的理性的事务。人的理性事先为自然规定了法则吗? 既然人们追问人的思想、认识,追问人的理性能力,那么,人们很容易陷入自然科学的思路,这就是可以理解的了。现在,人们可以首先在客观考察中指出:**逻辑法则绝对有效**,如果它们无效,那么,每一个陈述都会丧失意义,只要它涉及形式逻辑法则。并且,如果涉及存在论法则,那么自然的假定就丧失了其意义。**必然有效的东西——我能够由此正当地将自己设定为现实性,并且设置进一个自然之中——不可能从现实性的事实中导出。**

但是,现在说的是人的思想、认识。应该如何说明,人在其思想中切中"现实性"? 现在,在形式的领域(形式的、纯粹数学的真理)中,一切都很清楚。如果逻辑法则绝对有效,那么每一个主张都为真,只要它依从这些法则,这意味着,说的是服从它们的事情。但是,认识一个逻辑法则、一个公理,这是如何可能的? 一个自在有效的东西? 明见的东西? 这不是一个价值吗? 并且,应该如何理解一个像"法则"那样的"观念之物"的存在呢? 首先在这里我们才达到认识论之物吗?[①] 并且,应该如何一般地理解对一个"存

[①] 大概指的是:逻辑法则不是思想法则? 它们如何绝对有效呢? 进一步说,它们是某物,超时间之物;这是怎样的存在? 并且,这样一个存在如何能够在心理的思想行为中被给予? 数的情况同样如此。

在"的把握，应该如何一般地理解明见性？并且，在这里，人们进一步看见，**这一问题是一个排除了"人"的完全一般的问题**。并且，在此，人必须被排除，而不考虑，应该如何理解人的认识，这也是问题。显然，**问题必须为认识一般而提出**（不考虑，它从经验上来看是人的认识），并且，适用于认识一般（感知、判断，等等）的东西本质上必然也适用于人的认识。

如果我为所有类型的认识解决了极端的本质问题，那么我也理解确立人的存在，它的力量、能力、禀赋的认识。但是，这是无关紧要的，如果事关理解人如何能够切中真理，当然是通过它的认识行为，因为**说服力植根于这些行为的本质之中**。然而，与此相反，如果认识和认识对象性的相关性在形而上学上富有意义，那么，我始终只有在认识论的基础上才能给出对科学证明的"最终解释"，因此，**我不可以想要先于认识论而从事任何形而上学**。现在，每一门形而上学都以某种方式隐含了认识论，但是，我必须看到，偶然的认识论反思是无用的，毋宁说，它需要一门彻底的，并且完全意识到其目的的认识论，作为一门绝对的关于认识的本质的学说。因而，尚需进一步的探寻。显然，尤其必要的是：具体以例证指出，持续存在着混淆自然态度和哲学态度的诱惑、允许认识的本质学说和认识的经验学说混为一谈的诱惑、将自然科学引入只有通过认识的本质学说才能解决的问题之中的诱惑。独断的形而上学、独断论恰恰存在于此。独断论者想要一门形而上学、一门关于绝对的科学。根据自然科学的训练，这门形而上学也不应该只是自然科学的复合体、它们的完成。绝对应该在自然的背后，并且不是自然自身。人们如何达至它呢？只有通过认识论的反思。认识论问题自古以来就已经规定了形而上学（埃利亚学派）。

但是，独断论不知道，只有一门彻底的、完全独立的认识本质学说，一门认识现象学才产生真正的并且唯一可能的形而上学，并且，后者通过从认识论上评价自然科学而产生出来。绝对认识不是通过将存在、绝对、思想、真理、科学等空乏概念编制成思想而获得的。而是说，材料一方面是绝对的被给予性，它们处于认识的标题之下，以及另一方面，是根据成熟科学的严格方法而加以批判性检验和验证的它们的相关项。对这些科学的认识论评价产生了对存在的真正解释、绝对。

我暂时还不完全清楚秩序。但是，肯定的是，如果科学相应于主要领域，那么，我们实际上也可以这样表述问题：自然科学如何可能？物理的自然科学如何可能？心理学，或者说，心理物理学，也就是说，经验科学如何可能？关于自然科学客观的可能性条件的科学如何可能：（经验对象性的）存在论如何可能（纯粹自然科学）？其中包含了：几何学如何可能？测时法和运动学如何可能？关于对象性一般（经验的或者非经验的）的形式条件的科学如何可能？纯粹逻辑学和数学如何可能？[①] 意向活动逻辑学作为经验的和先天的思想的规范学说如何可能？现象学如何可能？

但是，我们还有其他学科，它们不能在这条路线上找到，因为它们先于形式的和意向活动的逻辑学。也就是说，除了自然、实在性世界，还有价值和善的世界。自然是经验（感性感知等）的客观性，价值世界是评价的客观性、自由人格性的世界、世界人性。

---

① 比较〈第404页以下〉。

附录 II 〈认识论的任务〉[1]

任何本质明察的可能性都是通过本质明察被给予的，任何本质的可能性都是通过本质被给予的。但是，在这里，我们也需要探寻**相关性**，因而探寻另一种执态。情况不是，本质"存在"，即一种有效的本质、一种存在着的可能性，情况不是，本质命题有效，而是属于这样的有效一般的本质的东西（本质类型、本质范畴）有效。本质被"构造起来"，认识相关地属于它；什么属于认识的本质，在其中，"本质"明显是存在着的，明显是被给予性？**本质如何被"构造"起来？**[2]

事实存在的情况则不同。如果我在一个例证上使它的本质被给予，那么，这个例证无须是现实的存在，而是对存在的表象。比如，一个半人半马的存在：我表象一个感知和展开着并且不断获得证实的感知序列。当然，我必须观视证实；但是想象证实、变异足矣。

因而，我在现象学中研究"现象"和属于它们的相关性，操作是纯粹的"观视"，我不预设任何东西，我只是从在明见性中被给予的现象中汲取。

现在，为什么我不应该也可以做出推论呢？[3] 或许是因为我超越了被给予性？或者，因为只要推论的本质没有得到研究，〈我〉就不可以利用它？但是，我也不可以使用纯粹的表达和表达判断，

---

[1] 1907年9月。——编者注
[2] 因而，在1907年就已经有了完整的对象性构造概念，也包括"本质"构造概念。
[3] 在人们澄清它的本质之前，人们可以在认识论（现象学）中做出推论吗？

只要它们的本质没有得到研究？那么，因而我根本不可以以科学的方式开始。但是，当然不是因为我们说，我们不理解认识，我们就是怀疑论者。

首先，人们当然可以不理会一切怀疑论，并且简单地说：**认识是关于不同现象和现象相关性的一个标题**。我想要研究它们的本质、它们的必然性关联体。我不是以怀疑的方式质疑认识，而是针对它提出科学问题。不理解电气关联体的人研究它，对它提出问题，但是他不否认它。因而，现象学以这种方式是一门科学，它提出它的问题，并且根据它的方法回答这些问题。并且，这一方法是现象学的方法。因为这些问题的本性排除了，从自然科学中做出预设。并且，它不也排除，从几何学或者微积分演算、从代数中做出预设吗？这当然必须系统地研究和表明。因而，人们可以直接着手研究认识的现象学（和一门现象学一般），无须首先具有科学论的视角和怀疑论的顾虑。这是富有价值的，并且需要具体说明。如果我从科学论出发，那么，之后我也必须提出独立于它的现象学，反之亦然。如果我提出现象学，那么我必须指出，科学论的问题如何通过它而获得最终的澄清。

我也在数学中将自然的和哲学的认识对立起来。为什么？现在，**因为从事数学还不就是"理解"数学**（理解它的本质、它的可能性）。数学思考也有它的谜。比如，数不是仿佛是"对象"吗？数列不具有对象的，即便不是事物性对象的系列特征吗？并且，关于数的命题，正如算术说出它们时那样，部分是关于这些对象属性的命题，部分是关于这些数一般的个别情况的联结的命题（这些普遍对象具有个别情况，并且是作为关涉一个"普遍情况"而关涉它们）。

认识如何能够对不在它之中的情况有所言说,并且如何能够对当然不"内在"于认识的普遍对象有所言说呢?

因而,再一次,**数学认识如何可能?** 纯粹逻辑的、纯粹存在论的认识如何可能? 在这里,我也可以是怀疑论者,并且否认整个逻辑学和数学吗? 并且在此,还进行认识批判研究吗? 但是,这并不重要。但是,我将逻辑学放在"问题之中"。我不"理解"它,我不否认它。但是我研究它的可能性。

认识论的任务不是拒斥怀疑论,而是消除认识因为对它本己的可能性的反思而陷入的混乱,并且澄清这一可能性,澄清认识和属于它的与对象的相关性的本质。当然由此排除了催生怀疑论的动机,而怀疑论对那些明察这一点的人展示为荒谬的;这并不妨碍,它不可拒斥。

最后,问题是:现象学如何可能? 现象学的理性批判如何可能? 因而,这里涉及现象学认识的本质。认识一般的本质包含了现象学的、逻辑学的(分析的)、自然科学的(心理学的)认识。**因而,现象学澄清自身。**

附录 III 现象学

a) 针对现象的研究方向·现象学作为绝对的、非客体化的科学[①]

为什么任何的将"客观"前提混入认识论的做法都是被禁止

---

① 1907年9月。

的？人们从如下问题出发：**认识是什么，它能够成就什么**。人们如何能够认识在他之外存在的事物？这一认识的范围有多大？意义是什么？他认识的法则的有效性界限〈是〉什么？并且首先，人类科学本身服从的逻辑法则的有效性界限是什么？

因而，人们在认识——它臆指的自明性在反思中消失了——中遭遇困难，人们陷入昏暗、矛盾之中。比如，思想是个别人的在人类经验中被给予的主观进程，在这一进程中，他获得了所谓对独立于他并且外在于他而存在着的客体、对独立于他起效的法则的认识。思想是一种心理过程，显然与人类本性紧密相关，它的合法则性显然是心理学的，并且就像一切心理学那样被编排进生物学之中。人类特性的起源：生物学的适应原则，等等。当然，最好地适应人类的精神属性将具有最全面的有效性；逻辑法则的最普遍的有效性通过如下事实得到解释：它们表达了生物学的适应最总括性的条件。这些法则显然适用于自然本身，适用于人类自然和外部自然。其他存在者和另一种自然（并且，自然当然是一个事实）产生出其他适应形式和适应法则。这些是怎样的问题和怎样的解决之路？

当然，人们也可以得到证成地提出这样的问题：a）人类认识进程如何产生？心理学的问题。认识现实上在何种心理现象中运行？它们如何表现，所谓地？它们的种属是哪些，有哪些分别？b）应该如何说明，人类认识认识超越的对象性、事物、事物属性、事物法则、适用于事物的逻辑法则？它在何种范围内能够如此？c）人类认识是并且在何种程度上是受到人类自然的特殊性的限制？并且，在何种程度上，这一限制界定了被认识之物的有效值？

据此,人类认识的存在只是现象的存在,这意味着,既然人类只能如其"向他显现的那样"来认识存在,既然他只能在其心理学的形式中、根据其心理学法则来认识存在,那么他原则上绝不可能认识,它自在地是怎样的。认识的事物、整个世界和它无限的事件只是他的表象吗?是黑暗洞穴中的影子游戏,而不是原初的光自身吗?人们可以完全正当地这样提问。

在回答中,人们认识到如下事情:如果人们将人类认识恰恰把握为人类的、心理学的过程,那么显然,根据普遍生物学的成果来看,它分有了人类自然的特殊性,人类自然在生物学的自然关系中恰恰这样形成。此外,看起来很显然,据此,人类认识不可能是绝对的认识。此外,逻辑法则与人类自然的这样一种关涉导致悖谬,更进一步说,这不仅适用于形式逻辑法则,而且也适用于经验的逻辑法则(因为,根据它们,首先是关于一个自然的说法获得其正当性)。如果逻辑法则和规范是绝对有效的,那么人类科学,只要它现实地是根据这些法则规范被建造起来的,就是绝对有效的(只是受到限制,在这种程度上,即根据逻辑自身,经验的限制性条件存在于经验科学之中,并且概率性界限因而根据它的意义是有效的)。但是,如果人类认识只是人类生物学自然的"偶然性"的产物,那么,不可能假定任何绝对的有效性。

因而,我们陷入混乱,陷入矛盾。这里有事情不对劲,我们注意到,关于心理学法则、人类自然、生物学等的说法已经预先假定了一种超越的有效性(也就是说,一种现实的有效性,一种并非单纯人类的有效性)。如果,总是出于某些动机,超越的有效性对我们来说是成问题的,我们就不能预先假定这样的有效性,并且将其设定为现存的。因而,超越的有效性是第一个首先在这里才被感觉到的问题。

现在,为了做出澄清,让我们以最普遍的方式研究认识的本质,更进一步说,当然是这样的,我们不预设任何事情,也即是说,**不预设任何我们首先想要回答的问题是已经决定了的**。我们这样表述问题:我们不理解,认识是否、如何和在何种意义上应该切中一个超越之物。① 我们不可以这样表述问题,正如它原初被表述的那样:正如人类的认识,等等。因为其中我们预设了,有人类,因为我们当然事先知道了这一点,或者以为能够知道这一点。但是,这自身就是一个超越认识。但是,我们不理解,认识一般地是否、如何和在何种意义上切中超越之物;因而在这种情况中也不理解。**我们现在必须将任何超越存在搁置起来**,并且也一般地理解在本己人格——根据我们的信念,在这里,它在世界事物和邻人中存在着——意义上的本己自我的存在。但是,我们不是由此而丧失了任何地基吗?在这里相关的问题的意义上,是超越认识,而非内在认识是成问题的。但是,内在认识不是我的、思想者的和认识论反思者的认识吗?从经验上说,是的。但是现在还剩下点什么,如果我将我的经验存在自身放入问题之中?我通过**笛卡尔式的怀疑考察**来尝试这么做。适当地加以改变,〈它〉产生出能思的绝对存在、"现象"的绝对存在。我由此具有什么,并且这些是怎样的"现象"?"非-谜一样的"内在意味着什么? 现在,首先开始澄清作为内在的被给予性、绝对直接明见的判断的领域。比如,我现在看见的对面

---

① 超越首先还完全不清楚,内在也同样如此。

的房子。我不可以利用房子作为一个"超越之物"的存在。我绝对确定的内在是什么？1)感知；2)感知这个而非别的房子、这个文艺复兴风格的砖结构，等等；3)我在这里作为对象关注的东西（排除我的存在和作为现实性的我的眼睛），通过文艺复兴等语词来表达，只要一切超越在此也被排除，比如，人们这样那样理解文艺复兴，这座房子在这里是作为它的个例，等等。其中也有，在这一感知中，客体的存在被设定为现实的，只是，我对这一存在不做任何过度使用：它是有待澄清的，是问题，而不是前提。

如果我用一个事物性客体做试验，沿着科学的思想过程确立某物，比如一条自然法则，或者通过自然法则说明一种情况，那么，所有这些现在对于我来说都是"现象"，我考察思想过程，**我考察绝对意识以及此外**，它的"内容"，考察证明、论证、在其中被论证之物，但是作为"现象"，它也是研究的客体，而不是前提。

在这里，我不限于（比如）我已经具有的个别现象和我现在现实具有的东西，而是说，我取思想过程的统一体、意识关联——在此之中，证明思想是统一的——的统一体和证明过程自身以及在此确立的事态的关联体；并且，在重复思考中，意识关联总是不断更新，一些空乏的思想也关涉之前的东西，并且，我仍然停留在"现象"领域之中。

当我视科学为现象时，情况同样如此。一门理论作为现象，一个任意的证明作为现象。我不排斥科学，可以说，我让它褫夺性地（*privatim*）有效。只不过在这里，它不能给予我任何主要命题；我不知道，科学的"客观有效性"应该说的是什么；我不理解，它是否有效，或者说，它在何种意义上有效，既然它看起来还想要超越地有效。我不以理论为基础，就好像我想要进一步推进它或者进一步推进科学。我取理论—认识，并且研究它的"本质和〈它的〉意义"。我不想从科学成果中导出新的成果，而是说，我想要理解它宣称的超越-客观的有效性的可能性、意义、种、界限。更进一步说，关于科学，如它是行为的"产物"那样，关涉事物、属性、关系，关涉它们的法则的体验流偶尔中断，然后又通过同一化开始，返回关涉"之前的"思想，并且由此总是"指向"这同一个事物，等等。这样，我想要理解超越论的本质、真假的超越论含义、科学方法的本质、逻辑合法则性的本质，等等。

这一针对"现象"（"内在对象性"）的是怎样的一种研究方向？在这里，在现象的标题下有多个方面①：构成意识流的内容，"体验"和体验对象，更进一步说，"意识对象本身"，以及它们可能的"现实性"或者"非现实性"，它们的存在样式或者非存在样式。对象应该是"虚构的"或者"现实的"对象，更进一步说，作为这些行为的对象：在行为中，它们被"意指"为"自然的"实在性、想象构形或者"或许不是现实的"、可能现实的，等等。

现在，我们处在更高层次的反思上，我们洞察了日常的和科学的认识在它们与现实性设定或者单纯地视现实性为可能的、视-为-概率的或者搁置-起来等的关涉中的游戏，并且问道，所有这些说的是什么。首先，这个那个现实性是无疑的、得到证成的、得到论证的，这说的是什么？这个那个证明是正确进行的，等等。

我们发现行为和对象，我们发现，行为意指某物、单纯表象某

---

① a)最深刻意义上的意识流；b)持续或者变化着的感知、对判断的回忆、判断现象、愿望现象等等；c)对象"本身"；d)实际性样式；等等。

物、设定某物,以这种那种方式的执态,行为明察某物,等等。我们想要研究这些"相关性"。我们研究作为本质的行为,而不研究〈作为〉心理学过程的行为。我们不处在心理学之中。**所有客观科学都是我们的问题**,对于所有客观科学,我们都想要获得同样的东西,因为我们想要完全普遍地成就它:澄清认识的,因而科学认识一般的可能性,倘若它们想要认识、"切中"、达至超越之物,甚至一般的对象性之物。这或许是一个元基础,如果我们将客观科学包含在研究之中。或许是,客观科学还需要很多研究,当然能够无限扩展;但是,它自己可以完成,它在它的道路上遭遇不到我们的问题。**问题属于一个新的维度**:可以说,认识与被认识对象性的关涉如何"发生"?认识和对象性如何相互归属?应该如何理解一者与另一者的关系,并且由此如何理解认识的有效性,或者说,被认识之物本身的存在?在这里,对象、超越之物对我们来说不作为现实性被给予,并且不被设定为现实性(提供前提),并且同样,"心理现象"在此对我们来说也不作为现实性被给予。

在笛卡尔式的考察中,意识体验被设定为现实性。由此,它们经历了超越的客体化。由此,它们对于我们来说是成问题的,并且与它们相关的问题是心理学认识论需要解决的。对我们来说只有一种存在,现象的存在,并且存在不是实在的存在。

它们是什么,表象、判断等在认识论中是什么?它们没有位置,没有时间,没有现实性。如其显现的那样,"显现着的事物"同样也没有真正意义上的位置和时间(注意,作为现象),并且即便像科学设定的那样的事物虽然具有位置和时间,但是对于现象学来说,它们也只是"现象",也就是说,它们是科学上的被思想之物本身,"根据科学的方法被规定和论证为在空间和时间中存在着的某物",但是恰恰在引号中。① 这说的是,我们以完全不同于客观研究者的方式考察它。我们作为认识论者不是以客观科学的方式判断着的主体,而是考察客观科学判断及其结果,并且在相关性中规定它们的意义的主体。并且,这意味着:我们以认识论的方式,而非自然科学的方式判断。我们是认识论者,不是自然研究者。情况并不像是,数学家恰恰是数学家,并且不是自然研究者,并且反之亦然。数学家不和自然打交道。与之相反,当自然研究者使用数学时,他就是数学家。他或许打算将工作推给专业数学家,但是,因为他利用数学家的成果作为富有助益的前提,他就以数学的方式做判断:他不是数学家,这只是说,他没有把数学看作他的职业,这属于完全不同的线路。与此相反,认识论者与自然和自然科学打交道。但是,他当然不是自然研究者。他与自然打交道,不是为了研究它,也就是说,发现自然科学定律,与自然科学打交道,不是为了占有它,与自然科学思考打交道,不是为了从事心理学,而是说,他发问和研究,是为了〈理解〉作为自然科学思想的内容、自然科学"意识"的内容的自然的意义,是为了〈理解〉作为对一个"自在"存在的自然的思想的自然科学思想②的客观有效性的意义、"程度"。据此,"现象学的还原"说的只是持续停留在本己研究的意义之中,并且不混淆认识论和自然科学(客观主义)研究的要求。

---

① 这是不正确的。我们具有作为这里的这个,甚至作为经验的这里的这个!:判断行为、感知,等等。并且在它们"之中",有显现、想象显现、感知显现,等等。进一步说,有在科学论证中设定的事物、自然力,等等。并且,有所有在本质态度中、在引号中与它相对的"同一"实事。我们不利用任何存在设定。

② 自然科学的思想,更好地说:自然科学的意识。

需要不断注意的是,我们处理的是"超越论的"本质的、"超越论的意义"的领域,而不是现实自然的和自然观念的领域,在此,恰恰对自然"意义"的研究本身不属于自然研究。①

当然,人们也可以说:研究自然就是在自然科学思想中规定自然,并且,以本质上普遍的方式研究自然一般就是存在论,但是,认识论认识到,自然是自然科学思想的意义(更进一步说,有效意义),并且规定它为这样有效的意义。② 但是,它也指出了,什么在自然科学思想(和客观思想一般)的本质之中,并且什么在具有-意义和具有-一个-有效-意义的本质之中。并且,由此包含了,这种那种类型的自然是有效的意义。这是"自然的意义"、它的自在存在的意义,等等。在此,不同的意义概念在游戏着,它们在此还未得到足够充分的澄清。③

并且,现在,现象学! 它是一门绝对的、非客体化的科学,它不是关于事实的科学、关于经验"客观"存在的科学。什么将它的"客体"区别于这样一些"客观"科学的客体? 它和"现象"打交道。体验意义上的现象和存在(意向相关项)意义上的现象。

至于科学,我们具有:关于物理的和心理的自然的自然科学、数学科学、逻辑学,其中包括形式逻辑、价值科学、伦理学。所有这

---

① 人们可能会反对说:一个是对自然的存在设定和相关的存在研究(此在科学,事态)。与此相反,它处理对自然一般的本质的研究,而无须自然的此在设定。但是,现象学不就是存在论吗? 不,因为在现象学中,处理的是"自然一般"和认识以及意识一般的关涉,并且反之亦然(作为存在着的被设定者的存在者)。

② 意义等同于被表象、被判断、被思考、被论证的对象或者事态本身。

③ 在这里,意义当然是被意指之物本身,或者说,被设定之物和以有效的方式被设定之物本身。但是,经验存在作为经验认识的、杂多经验的有效意义等是这样的,它没有意义就什么都不是,等等。

些都不是现象学。

现象会是1)所有实项地在意识流之中的东西。我现在认为，一门关于意识的本质的学说是可能的。本质等同于本质性。感知、想象、回忆等等得到研究，并且就其普遍之物，也就是说，内在可把握的普遍之物而得到研究。我认为，在感知中作为感觉起作用的感性内容也要这样来考察。颜色杂多、声音杂多和"在意识中具有这些内容"。①

2)但是，在超越"对象"方面也可以有一门在体现象学。感知对象、素朴感知的对象、想象对象、回忆对象本身，等等，"正如其被意指的那样"②，现象的空间、现象的时间。普遍的描述。显现的对象"自在"和它们的映射、它们的面：对象，如其直觉地被"给予"、明见地被收回（作为对象现象），表象对象（被表象的），根据"关于"它们不"显现"的东西，它们的"未规定性"和规定性。因而，这显然与对作为"现象"的行为（行为本质）的分析是不可分的。一门行为现象学必须这样描述行为，根据"它们意向什么"、它们"使什么显现"、它们"意指"什么，等等。并且，"存在的"显现只有在与行为的关涉中才得到规定。空乏的表象、高级（分析）领域的思想行为及其含义和本质性的情况同样如此。

因而，没有本己的在体现象学，并且，关于作为在审美和逻辑关联行为中构造起来的对象性的"现实性"的现象学不只是（比如）一

---

① 处处贯穿着最终的意识流和在它之中被构造的实项的内在现象（延续的和变化着的能思）之间的区分。

② 对象性的被意指性：它们是某种意义上的"含义"。一个领域，它先于实在意义上的存在："感官"。

门自然的形态学和生理学,就像在客观科学中发展的那样,只不过所有都"被设定为现象",而是"显现"的形态学和生理学,在这些显现中,自然在不同类型和形式的经验中展示。只是和"感觉"或者(如果人们在感觉和感觉内容之间做出区分的话)感觉内容相关,一门"颜色几何学"才看起来是不可分割的,等等。问题仍然是,什么合乎意识地本真存在着,正如问题是,几何学、测时法和运动学是什么。

b) 颜色几何学与现象学

颜色和其他质性是意识流的因素吗?相关于时间和位置,它们肯定不是这样的东西。在意识流中,我们具有对颜色的体验:**颜色被感觉为现在的,并且同时它减弱。减弱是质性变化吗**?它是强度变化吗?它是可把握、可规定的吗?(这是怎样的变化,当我听到一个声音,并且它突然停止:意识还作为声音意识在此吗?不过,问题是这是否中的。)与此相反,如果一个声音不变地延续着,那么我可以固定它,也就是说,关注它保持同一的质性(虽然可能未被注意地有微小摆动,这样仍然产生了很大程度上的同一之物、质性种类,虽然是"大概的")。我可以安排在这种意义上的声音,作为时间上的同一之物。我可以在回忆中重新认识它们,但是只是大概地,并且因而只是大概地安排它们。但是,关于流,我只能说,它具有"声音"相位,在它们之中,我能够把握住区分,但是我不能这样安排和固定它们,**就像内在客体化的声音,并且,无论如何,声音几何学只与后者相关**。同样,颜色几何学也不和"流"的颜色相关。在那里,没有颜色,而只有真正意义上的颜色褪色或者颜色感觉。

因而,我们一般来说需要区分(并且不仅仅在感性领域中):

1) 流因素，以及更加确切地说，那些构造颜色意识、声音意识等的东西。这些是感觉。它们不是稳固的统一体，它们是"无定限"（ἄπειρον）。

2) 在如其被给予的那样把握声音、如其现实被给予的那样把握颜色等时，通过对所有事物性含义进行抽象，我们具有了较低阶次的客观性。这一声音是一个客体，它在"主观"时间中有其此在。这一时间不是世界时间，关于世界，根本无须知道什么。因而，这一声音是在这一时间中的此在之物、在它之中延续之物和可能"变化之物"。在变化的情况下，与每一相位相应的是一个不变声音的一个可能的延续延展：我们在此通过一种**观念化**进行操作。然后，正如我们一般来说通过抽象化设定同一的声音，它们通过它们同一的观念种类来相互区分，或者彼此一致，等等。

关于单一声音，无须陈述任何科学之物，如果我们局限于这一领域的话。一个声音在前，另一个声音在后，一个延续更长，另一个延续更短，等等，这没有给出任何"科学"陈述。与此相反，应考虑观念种类，也就是充盈时间的"质性"（或者更好地说，充盈时间的"真正意义上的质料"），它的秩序和秩序服从的相关本质法则的种类同一化。**因而，本质法则是关于质料（充盈时间之物）的种类-法则（种类关系法则），而不是在流中指明的东西的本质法则：不是感觉法则**，并且情况处处如此。颜色的情况同样如此，它不被理解为事物性颜色，而是被理解为这样的颜色，正如它"内在地被给予"的那样。并且情况一般如此。

然后，当然进一步说，这一声音、颜色等的法则对感知对象的感觉颜色，或者说，对想象对象和回忆对象的想象颜色有效，因而对显现着的和准-显现着的经验对象的颜色有效。因而，很显然，对象显现，或者说，对象在其中显现的显现杂多是这样的，以至于，在杂多的颜色被给予性——我们从它之中抽取出它，并且它属于同一个事物性颜色（比如立方体的这个那个面的颜色）——中，**其中一个获得优先性，整体在它的意义上被立义**。这意味着，每一个对象在它的每一个感性性质方面都包含了一个正常的感知（更进一步说，在相当小的表面部分方面；因而，又涉及一种**理念化的界限考察**），在此，内在感性被给予性给出"自身"，在这方面，显现杂多的所有其他感性被给予性都是"展示"。① 比如，一个事物有如此这般的气味：它具有气味，但是在客体的每一客观状态中，我们都有气味映射、气味展示。在我们的"最佳"嗅闻的情况下，我们具有"这个"气味。颜色同样如此，并且尤其如此。我看见，客体如何在相关的"位置"上"现实地"有颜色，如果我在某个正常的位置上面对客体的话（前面有一个立方体，以至于，我以最佳的方式看见它，比如，如果甚至没有映射，它也有颜色，等等）。**所有这些都是在流动中相对的，但是感性质性恰恰就是这样在流动中相对的**，并且我们（但是只是直觉地，而非逻辑地）在感性被给予性中具有的不是标记的观念规定性，而是个别内在被给予性的观念规定性。

但是，现在需要考虑，关于感性类型的"内在"被给予性，比如声音、颜色等，更进一步说，声音质性、声音强度等能够先天陈述的东西范围有多大。任何两个强度都奠基了一种单方面的关系，对于任何三个强度都有一种强度序列起效（传递性法则），等等。声

---

① 这当然不那么简单。这对于科学事物无效，只对于实践的世界立义的事物有效，它毕竟根据实践的兴趣总是具有另一种实践的意义。

音的和颜色的"几何学"①情况如何？

　　为了安排我们"通达的"颜色,我们必须首先能够固持它们为同一的,并且总是一再地同一化它们,它们对于我们来说必须是客体,我们能够随时回溯到它们上,我们能够以某种方式规定、固持它们,我们能够一再地返回到它们上。

　　我们的确能够比较和安排现时地"被给予"我们的即时的"内在"颜色。但是,它们在何种程度上保持着？现在,如果外在客体保持着它的光亮、我们相对它的位置,如果我们能够现实地很好地进行内在还原（这并不立即就是现象学的还原）,并且如果我们能够总是一再地同样建立这些条件,并且我们维持正常的感觉感官,那么,我们就将总是一再具有同样的被给予性：也就是说,我们将具有可以预设的经验根据。在此,我们不限于回忆的,或者说,被回忆之物和再-感知之物在"这个"质性方面的同一化。我们知道,回忆不允许绝对的比较基础,我们无法确定,提供给我们的这个还是那个细〈微差别〉和我们之前具有的是不是同样的。我们甚至说,回忆欺骗我们,但是,这预设了,我们有正当性来假定,在"同样的"客观条件下,显现是同样的,并且由此是从它们中"抽取出来的"那种"内在"类型的被给予性。我们现在通过这些客观中介、光谱等建构一个持续的连续统,并且研究它的维度性,等等。在这里,我们走心理物理学的道路,并且在这些道路上,它们是经验的,我们归于立义着的经验人格以可能的感觉被给予性,将其作为我们能够在心理上建构的观念统一体。并且与此相应,也有现象学

---

① 参阅以下附录（下文第416页以下）。

之物在经验上的介入，也就是说，同样的"质性"也包含了同样的观念样式的时间意识、变化意识、等等，以及绝对〈意识〉，倘若与每一心理体验相应的是一个绝对体验、一个绝对意识因素的话。显然，因而在这里，我们**不处于纯粹先天之物的领域之中**，并且由此不处于现象学的领域之中。毋宁说，我们面对一个本己的观念的、以自然构造为中介而构造的客观性群：感性对象意识的本质包含了，使得一种"反思"——如果人们想要这样称呼的话——得以可能，在其中，不是一个事物性的，而是一个"内在的"颜色被构造起来，它是一个"显现颜色"，既然它需要从显现中抽取出来，或者在显现中具有其个别情况。因为它自己是一个种类。并且如果不同经验个体能够具有经验上相同的显现，那么它们也能够发现相同的显现颜色（但是，这不是心理之物，也不是显现）。并且，在此，既然显现根据原则——正常的个体在相同情况下"具有"相同的显现——以交互主体的方式被规定，那么，因而显现和显现颜色、显现声音等以自然客观性自身为中介在客观上被规定，并且然后，根据它们的种类来安排，它们研究这些种类的杂多形式。**在此，秩序法则是先天的和现象学的，因为它们是从现时被给予的显现中被抽取出来的。**

在此需要注意，显现自身恰恰在同样的意义上是客观性，更进一步说，首先是非事物性的、纯粹内在的，就像任何颜色、声音等。它们也是在"主观时间"中，并且只是在它之中被给予，并且不是绝对意识，而是在绝对意识中被构造起来的。因而，从真正心理学的立场来看，它们（并且，它们的颜色等也一样）也不是心理现象，就像和它们在内容上完全一致的显现事物的感性质性或者显现事物自身，它们"正如其显现的那样"，也就是说，带着它们的感性质性，被称为"单纯主观的",被许多人视为单纯心理学的,因而是心理学的产物,而它们全部恰恰都不是心理学的素材。在此,问题出来了,人们如何规定"心理学之物"、心理学的客体(见〈这一〉页以下)。

当然,在某种意义上,颜色、声音等属于现象学,也就是说,它们是在主观时间中被客体化的(或者将客体化的)东西。但是,我们在颜色几何学中构造起来的科学客观性不再是原初的客观性。现在,这意味着:**所有能够为我和其他人、为人类和动物所"感觉"的颜色都能够被如此这般地规定和安排**。这当然切中我现在"感觉"(同样地:在主观时间中构造)的颜色,但是这一颜色的同一性是通过某些经验中介而假定的同一性。在"相同客观情况"下,任何他人都会"感觉到"同样的颜色。在与人类世界和世界一般的关系中,这一颜色的同一性需要带着概率性,在某些限度之内被建立起来,它恰恰要在观念化中被建立起来。

但是,不管情况如何,不过,我发现的是同一颜色,并且它还是现象颜色。因而,还涉及关于现象颜色的科学,甚至涉及一门建立在自然科学(或者说,心理学)基础上的经验科学,并且更普遍地,涉及一门事物显现(事物映射)的科学,显现,以画家大概在它们的同一性中把握它们的方式,并且因而通过经验的中介:他知道,这在多大程度上依赖于外在的光亮,等等。事物性显现当然由感性元素组成,并且这些元素是"这些"颜色感觉、声音感觉,等等;每一个都是一种"内在中的超越"。**如果人们将心理学理解为关于一切"主观之物"的科学,那么,这一显现学说也属于心理学**。但是,当然,"主观之物"以何种方式产生出一个统一体呢?这一点需要考虑,并且也还必须考虑。

首先，我补充：如果现象学想要是一门科学，它包含了所有经验的假设，并且能够为认识批判提供基础，就像理性批判一般，那么，这里展示为经验上有中介的颜色几何学等的东西和普遍的显现学说就不是现象学。此外，它也是一门现象学，并且由此，我们需要区分**"纯粹的"现象学和经验中介的现象学**，或者绝对的现象学和经验中介的现象学（通过和自然以及经验的人的关系，以经验的心理存在者为中介）。

附　录

如果颜色被安排在颜色流形（颜色几何学）之中，那么在此，被安排的对象不是意识流的感觉现象。而是说，它们恰恰是首先在意识中被构造起来的对象。它们是非-事物性的对象。它们是事物性的颜色，在这面墙的颜色这样的属性意义上的对象性的吗？或者，与之相应的种类？并且，我们不是一方面谈及内在颜色、被感觉的，另一方面又谈及属性颜色吗？谈及被感觉的颜色，这是正确的吗？而不是谈及颜色感觉或者其他的？颜色因素作为感觉流的内容？在意识流中，带着它的现在点和它的时间彗尾，我们具有与现在相应的颜色体验相位和"减弱着的"相位流。如果"我关注"内在对象，那么我具有一个被构造的"时间"，更进一步说，红色现在和在过去之物中与减弱着的相位相应的颜色。并且，然后，红色现在并且总是一再现在，延续着。如果我这样反思，那么我具有相位流形，并且**减弱的东西不属于颜色流形**。一个个别的颜色，也就是说，现在存在并且可能作为同一个之前曾在的颜色，它延续着，等等，但是"不变"。延续着的、不变的客体颜色，可能一直延续，客体在时间中充盈时间,在或长或短的时段中,但是不考虑这一时间和时段。充盈时间的质料根据其本质或者内容。如果我们取时段极限＝0,那么我们具有一个相位,更进一步说,一个"客观的时间相位"。时间充盈作为事物性客体和事物性的红关涉一个优先的显现相位。**我们还能够说及在流自身中的因素——颜色——,或者也只能说及属于现在的因素?**

看起来很清楚,颜色几何学处理的对象红色、蓝色等不是流的因素,但也不立刻就是内在体验(感觉),而是事物性内容,只不过被认为独立于现实的存在和个体性,虽然与每一客观的红相应的是红感觉。但是,需要注意,感觉流形包含了区分,这些区分并不并且绝不被视为对象性颜色的实事,并且并没有被编排进有秩序的颜色流形之中。其中包含了含混与清晰之间的区分。如果我看着一个客体,但不将目光固定在它上面,并且观察内在之物,比如这一个绿,并且然后固定下来:这些区分是以颜色物体为条件的区分吗?这是两种不同的绿色色差吗?人们很难,至少不能确定地这么说。看起来,虽然与某些"颜色自在"相应的是种类上相同的感觉颜色,但是还不立刻是颜色自在相应于所有的感觉颜色。至少,这是需要认真考虑的,并且在我看来确定的是,颜色自在是独特的客体化。

c)先天的客观科学相对于关于构造意识的科学·时间问题

现在,几何学、测时法、运动学的情况同样如此吗?如果我们将"感觉被给予性"用于任何之前提及的内在客观性,那么我们也要在时间和空间方面谈及被感觉之物,也就是"主观的"时间、"声音"在其中"被感觉"的时间、本身是被感觉的时间。(当然,感觉一词是否合适?)同样,我们具有被感觉的"伸展"。与事物的构造一道,平面、表面、物体——它们为颜色和其他"感性质性"(不是心理学意义上的质性,而是感性属性)所充实——和整个空间。显现的事物带着它的显现着的物体、它的广延属于现象学,如果我们恰恰考察作为"显现着的"、作为纯粹"现象"的它:在现象学的态度中。并且,事物和它的属性的时间延续,事物性过程的时间延续、时间延展(它作为对于感觉和相应的标记来说的同一个而"显现")的情况同样如此。现在,我如何达至几何学? 在这里,我也需要经验手段,也就是说,通过自然和人类世界的中介? 空间是经验上有中介的,关涉客观世界和作为一个交互主体统一体的世界的统一体吗? **在几何学中隐含了经验的假定,就像在颜色几何学中那样**,在此,为了颜色的一种同一规定性(我还需要它们,如果我想要全面地安排它们),我需要光谱、颜色盘等,并且假定,我和每一个人在相同的外部的和心理学的情况下,能够并且必然"感觉"相同的东西? 我看见事物,并且发现它们伸展着。我表象事物,在空间中延展和分散。我表象它们运动着,等等。每一个都是可分的,是可衡量的,等等。为了思考这一点,我需要一个经验的假定和与现时人格性的经验关涉吗? 当然,如果空间和尤其是现前事物的广延应该对于每一个人来说、对于每一个经验的人来说是同一的,并且如果对于每一个人来说,我的事物也应该能够是他的事物,那么我谈及陌生人,等等。**但是,几何学没有谈及这些。**当然,没有几何学公理是关于"感觉"或者感觉被给予性的陈述。我们现在是在一个新的领域之中。几何学也不谈论质性,它们本身是空间充盈,并且始终预设了空间。质性——不考虑空间性——与感觉被给予性一致。通过空间客体化(它"做出"事物客观性),一个感觉被给予性当然代现了客观的事物质性,更进一步说,是作为相同之物。这样,表面是有色的,并且所有其他颜色显现恰恰只是显现颜色。

此外,几何学公理也不是关于作为现实存在客体的自然客体的陈述。它们是存在论的,倘若它们关系到单纯的"本质"、单纯的"内容"、单纯的"现象"的话。但是,在此,现象现在是事物—本质,对"可能性"做出判断,对"观念"做出判断。并且,在这里,"理念化"处处都是属于本质之物。在"接近客体"和它的表面时,点彼此分离,接近是无限"可能的"。**这个"无限"仍然需要很多研究。**

因而,几何学保持在纯粹领域之中,倘若它无须经验假定的话。时间学说、运动学说同样如此。**但是,现在,几何学被说成属于现象学了吗?**

因而,在此需要考虑考虑。这些科学是先天的。此外,它们始终是"客观的"科学。我一方面能够从事经验—客观科学,在这里,事物变化着、运动着、彼此作用,等等。如何来描述这一点,并且带至法则之下?此外,我可以撇开经验设定而考虑,事物性一般的本质包含了什么,并且尤其是,空间性、时间性、运动类型的本质,颜色、声音等的本质包含了什么。相互关系的事物和属性的本质、事物性变化和变化一般的本质包含了什么,等等。人们也可以进行对一个自然的可能性条件的先天考量,在这种意义上:必须充实什么,由此而将杂多不变和变化的许多事物相互结合和相互关涉,以至于它们能够构成一个自然,这个自然是并且保持与自身同一。当然,这是怎样的一种同一性呢?一个个别"事物"也与自身同一,即便我们设想,它无法则地变化①;只不过,它一般地(作为同一个)变化着。或者只是部分无法则的,不是完全合法则的。一个事物是自然的一部分,如果它具有某种稳固的"自然"的话,并且,许多事物构成了自然的统一体,如果它们在这种意义上被规定和相互协调(或者,如果它们各自在这种意义上具有一个自然)的话。即,在这一关联体之中,在它们存在的这些情况下,每一个其他因素的自然都事先绝对由一个因素的状况,或者说,一个因素的变化差异所规定了。自然进行一种"自身保存",它改变它的状况,但是保存它的"本质"。它也不是事物的单纯总和,这些事物每一个都自为地服从它的变化法则(单子),而是说,存在着杂多的最大的统一性:事物性变化是相互依赖的,并且是合法则地相互依赖的。

因而,当人们关注"自然"的观念时,人们以科学的方式规定它,并且研究自然先天的可能性条件,并且,然后在运用中考虑,在事实自然中,什么在以下意义上是先天的,即,它为自然一般的观念所需要,并且什么是事实性的。**康德的超越论的方法**(亦见以下)。

在所有这些中只是说到客观性,而没有说到客观性的认识和自-构造(参阅之后的页张 A〈附录 B IV〉)。研究自然先天!什么属于事物——作为在不变和变化中与自身同一的事物——的观念?什么属于空间——作为同一事物性的可能性条件——的观念?事物的本质包含了,它具有一个物体,这个物体能够保持不变,并且能够单纯运动。空间的同质性本身,等等。作为形式的时间的观念。人们也可以加上:自然法则性的观念?因果性观念?

---

① 但是,然后它就不是事物了,它没有质料的"自然",只是单纯的想象材料。

当然自然的,但是至少也:事物和属性。最普遍的形式存在论:对象和属性、关系、可能的关系形式、整体与部分、数、事态,简而言之,形式逻辑之物,它没有预设任何作为对象性的事物性。因而,在所有这些之中,没有什么关于认识,没有什么关于"主观性"。

然后,人们也不能在客观科学中研究自我主观性的观念吗?自我的复多性。自我的复多性,他们处于相互理解的关联中。交往的可能性条件。自我的复多性,对于他们来说,同一个事物性存在。对于许多个自我来说的一个自然的观念,以及与一个自然相关的自我。作为一个心理物理世界的可能性条件。一切先天之物。

客观科学!一切科学不都是研究客观性的科学吗?界限会在哪里?此外,我们不是谈及绝对意识和一切客观性在它之中的构造吗?并且,如果我们不是在一门科学中这么做,那么我们不想对它们做出科学成果吗?

有一点是确定的。存在着一门**关于**意识和任何类型的在意识中构造起来的客观性的**最终科学**。并且,同样确定的是,在这里,意识不是事物、心灵、世界这样意义上的对象:不是"客体"。比如,我问道:什么属于"感知"的本质、属于这一对自身当下的对象性,更进一步说,对"时间性的"对象性、现在存在着的对象性的意识?什么属于感知关联的本质,倘若在它们之中,一个同一的、延续着并且总是现在存在着的对象从不同方面显示出来?什么属于思想及其与感知、回忆等的关系的本质?首先:感知不也是像颜色、声音(作为非事物性被给予性的具体项)的对象,因而在时间上延续着,作为构造时间客体者?

我可以在感知中反思一个事物,并且意指感知本身、对事物的意识、感知意识。我可以在其中发现感性具体项,它变成一个本己的被给予性(显现映射,排除含义的显现),变成一个延续被给予性,变化被给予性,等等。它并且变成一个被给予性,关于它我看到,它在事物感知之中、在对过去事物感知的反思中,我发现它"隐含"其中,它已经在此,但是不是作为被意指性。并且,我能够发现含义、被意指之物、信仰。这些也具有时间中本真的延续,并且它只是"主观的"、现象的时间吗?或者,它们只将时间性归于被构造的原初时间对象性的核心?它本身"消散"进入颜色感觉相位、声音感觉相位的流,更进一步说,进入非客体之物的流,不过更好的说法是,进入感觉流之中。感觉的余声,简而言之,进入构造时间流之物中。

意谓、注意、意指、信仰等不是新的"原初内容"。它们是本真意义上的可感知之物吗?如果人们应该断定,它们是非时间性的,那么,它们就配不上本真意义上的这个名称:但是它们当然是时间性的,并且人们只能将非时间性归于构造它们的绝对意识。但是,它们如何成为对象性的?研究它们的本质,这意味着什么?理解它们的本质,是在理解颜色、形状等的本质同样的意义上的吗?

现在,所有本质研究都回溯至最终的个别性,它们必须作为"内容"(而不是作为本质性)被给予,由此,"普遍之物"可以在它们之中被把握到。人们可以说:最终的个别性是被构造的,更进一步说,作为时间上延续的或者变化的个别性,作为同一性(虽然不总是在事物性,甚至在自然意义上实在的),还是作为构造着的、非实在的?

但是,人们如何能够严肃地谈及构造着的意识,它是个别性:对于一种本质考察来说!然后,当然,它一定会被给予。但是,绝对意识被给予,并且甚至要被给予吗?所有被给予之物不都是被感知,所有被感知之物不都是在主观时间中是对象性的,所有时间之物不都是被构造,因而首先回溯至一个绝对意识吗?

面对这一困难,至少需要坚持:至少存在着在如下意义上的"构造"需要研究,即,人们从经验对象出发,正如它通过感知、回忆等而被给予,并且通过自然科学思考而以科学的方式被认识,回溯至感知关联、回忆关联等,并且研究它们在主观时间形式中的本质。

仍然剩下的是时间问题。因为,如果可以说现象学的自我,这意味着,〈如果〉所有这些意识现象在它们的交织中、在它们的统一性中自身是一个"绝对自我"的"单纯现象",那么,这些现象(这些现象学的客观性)的构造就处处是同样的。时间意识的大问题不仅仅是这一个客观世界的客观时间问题,而是"主观"时间问题,它是一切"内"感知之物的形式。但是,这个问题是唯一的,它不根据不同的可内感知之物而是不同的。①

如果我们离开认识论,并且转向心理学,那么,经历经验-心理学的客体化的东西就不是绝对的意识,而是感知、回忆、期待等,是"可内感知之物"。它有它的现在、它的主观时间,但是,正如主观时间一般那样,此时间也客体化为一种世界时间。心理物理世界的整体统一体和秩序只与"现象"相关,所有在此被设定为现实性的东西都回溯至主体及其显现。主体是经验的主体,并且,经验的主体"具有"它们的显现、它们的心理显现。个别自我的感知等形成一个关联体、现象学意识的关联体,这意味着,从作为心理物理自我的经验自我中,我们能够区别出一个内感知的自我意识,也就是自我—意

---

① 但是,我们必须区分构造意识的时间和被构造的现象学对象的时间(意向之物本身的时间)。

识,它作为感知、表象、判断等的统一体处在内感知之中。自我在主观时间流中、在这些行为中有其生活。(当然,这是一个大问题,我已经逃避太多:自我作为同一之物——因而,它当然不可能是成束的——的明见性。① 我们不是必须承认,自我发现"我自己"作为绝对确定的东西具有这些行为,在杂多行为中生活,但是同一个?自我不是内容,不是任何可内感知的东西,然后,它当然是自我所具有的东西。但是,我不是发现我自己,并且我不是在主观时间中发现我自己吗?因而,我不是可感知之物吗?并且,在此,不是还涉及一种对所有可内感知之物的统觉,更进一步说,一种这样的统觉,它包含所有可内感知之物作为现象学上明见的东西,而且是这样一种统觉,它恰恰与被同感的另一个自我形成对照。)②

内感知自我在心理学中通过与身体关涉而被客体化。实在世界是一个事物和有心灵存在者的世界。此外,这一世界分解为复多的非"实在的"自我,那些自我中的每一个都有其内感知,每一个都有感知、表象、判断等的流。这一自我—复多性——它作为复多性当然不是直接被给予的——现在还不是最终之物吗?还不是绝对吗?因而,在此,我以一个问题来结束对主观时间意识构造之谜的思考。③

---

① 单纯的束给出一个关联体,但是不是自我。体验着的自我是具有认识、性格的自我,并且生活在每一行为之中,它感觉、思考等现在这个,并且然后那个。因而,它是一个意向统一体。这是真正意义上内感知的自我。

② 亦参阅普凡德尔,《心理学导论》(*Einführung in die Psychologie*),1904年,引论。

③ 这里还有很多不清楚的地方。一个内部统一体当然是一个意识流的统一体,并且由此是所有在内在显现学的(phansilogical)感知中可感知之物的统一体。自我统觉的本质包含了,它们所有都在显现学对可感知之物的流统一体中被把握为现时地属于自我的"体验"、它的感觉和被感觉之物等,被把握为它的显现和显现者、感知和被感知之物、表象和被表象之物,以及与之相应,想象的另一个自我和同感的另一个自我,等等。

附录 IV　先天存在论与现象学[1]

人们已经谈及一门**颜色几何学**。人们也能够在同样的意义上谈及一门感知几何学、回忆几何学和一般地，一门**体验"几何学"**吗？这当然涉及一门本质学说。并且，在这里，这不是也涉及间接推导出来的命题吗？一切都必须现实地直接被把握吗？

至于本真的几何学，它建立在直接明见的命题基础上，并且由此进行间接推导。几何学的公理不属于现象学，**因为现象学不是有关形状、空间客体的本质学说。它一般来说不是存在论。**当然，在某种意义上，在宽泛的意义上，"体验"也是对象，并且，这些对象的本质当然应该得到研究。但是，如果我们的出发点是，对象一般和每一个属的对象都是认识的对象，它们包含了能够被思考、被感知（被给予）、被回忆等，或者能够以其他方式在行为中被思考、被观视等，那么，对象和"认识"，或者说，"意识"（考虑到体验自身也是，并且可以是认识对象）之间的这种相关性就产生了**将对象分化为不是和是认识、体验，或者说，意识的对象**。据此，也会产生出关于"客观"对象的本质学说和关于非客观对象的本质学说之间的区分。但是，这一区分是主要事情，或者突出了主要事情吗？

我谈及认识现象学（以及进一步，意识现象学[2]）。我们意在"认识"。我们研究认识的"本质"，也就是它和不同类型与形式的对象性的关涉。

我们也可以不关涉认识来研究对象性的本质。这自为地给出

---

[1] 大约 1907 年 9 月。——编者注
[2] 这里，意识等于"被内感知的"体验。

存在论。但是,现在表明了,对象性的"本质"也包含了它的可认识性,并且,它的可能的认识又包含了杂多可能的认识行为、"体验",这些体验具有确定的本质,因而,**认识体验的本质与在此被认识的对象的本质处于本质关涉之中**。但是,这意味着,它处于与这一被认识对象的本质的关涉之中。不仅一个对象一般,而且一个具有这种那种内容或者本质的对象被表象、感知、思考、认识,其中包含了认识行为、具有确定本质的认识关联。并且,**与对象本质的每一种变体相应的是认识杂多在其本质方面的变体**。

因而,关于对象的本质命题不属于认识现象学,倘若他们是对象真理,并且作为真理在一个真理系统一般中有其位置的话。几何学公理属于几何学,不属于现象学。但是,此外,**以某种方式,所有原则性公理都属于现象学**,也就是说,所有对象性范畴都属于它。此外,对象属于对象领域,并且,每一个对象性范畴都包含了一个领域(带有其形态、质性等等的空间性、时间性)。但是,所有对象也都属于认识,它们在认识中被构造起来。倘若认识的本质得到研究,那么也必须研究每一个对象范畴的构造方式。

如果我展开属于任何范畴一般的一个对象之本质的东西和适用于它的东西,如果我为任何范畴的对象性说出公理,那么,这可以 a) 在认识这些对象性的兴趣中发生,然后,我从事客观科学和客观存在论,b) 或者,我这么做是为了研究认识形态,它们先天地属于这一对象性,也就是说,属于这一原则性事态,然后,我从事认识现象学,或者说,认识论。①

---

① 每一个对象真理当然都事先给意识——相关对象性在此之中被构造起来——规定了规则。并且,在此,原则性真理当然有重要的含义。

因而，在此，认识客体和认识之间的相关性得到研究，认识的本质联系到这一相关性而得到研究。同样，人们可以联系到与价值的关涉来研究评价体验，通过与被意愿之物的关涉来研究意志体验。

但是，现在看起来，人们也可以研究体验一般，无须顾及它们所关涉的客观性。所有"体验"（等同于所有可在内在感知中被把握的东西）要么是意向体验，要么包含在意向性之中，类似于感觉体验具有"被代现者"的功能？所有体验都具有客体化的功能？**因而，认识现象学涵盖了整个现象学？**①

我说到认识现象学。我们当然区分事物、价值和要求（意愿的应当）。但是，这些不是最广义的对象（更进一步说，"个别的"、单一的对象）范畴吗？我们倾向于将认识、情感、意志对立起来。认识包含"理论对象"，情感包含价值对象，比如，审美对象，意志包含实践对象，尤其是道德义务。感知属于理论领域，感觉、立义；但是，当然美本身不是也在某种意义上被给予吗？我不是明察一个义务本身吗？我不仅感知风景（作为事物），它是美的，而且也感知美。我不仅思考我想要施行的行动，而且我在此感知，它是应当的。

因而，人们一定会说：**事关不同的对象性，更进一步说，不同**

---

① 重要的问题：一切都好。但是，为什么没有感知、判断等的本质学说，类似于关于空间量、数等的本质学说，一门先天理论科学？或者，这样一门学说在哪里？认识是对象，它们就像其他对象那样可以就其本质得到研究？在此，我还感到困难。但是，它们不会简单地由此得到解决，即，只有这样的本质属才使得一门"几何学"、一门演绎的理论科学得可能，它们以数学形式、作为数学意义上的"流形"而种类化？这样也说明了一门（不再纯粹的）颜色几何学的可能性，因为颜色恰恰构造了一个流形。

"范畴"①的对象性,它们在不同方式的基础上被构造起来。当然,在此,人们不可以具有康德的认识概念,它首先关涉事物。人们不是需要并置:作为现实的、实在的对象,作为美的对象,作为对于意志来说应当的对象? 但是,然后我还总是停留在认识之中。因而,在此有许多大难题。

在这里,人们可以阐述道:一切对象都在认识中被构造起来(更进一步说,一切单一对象;我们当然不考虑普遍之物)。

附录V 超越论的现象学〈作为〉关于超越论的主观性与一切认识和价值客观性在其中的构造的科学②

《逻辑研究》视现象学为**描述心理学**(虽然认识论兴趣在它们之中是决定性的)。但是,人们必须将这一描述心理学——更进一步说,被理解为经验性的心理学——区别于**超越论的现象学**。描述的自然科学是对具体自然客体、自然过程等的描述。因而,描述心理学不仅在这种意义上限于心理学体验及其内涵,限于体验着的人和动物的事实性意识过程类型的内涵,而且是说,对联想类型、脾气、性格等的描述性的、合乎经验的描述也属于其中。但是,在我的《逻辑研究》中被称作描述心理学的现象学只涉及单纯体验的实项内涵领域。体验是体验着的自我的体验,倘若它们在经验

---

① 现在:畿域。
② 大约1908年夏季。——编者注

上关涉自然客观性的话。但是,对于一门现象学——但是它想要是认识论的——,对于一门有关认识的本质学说(先天)来说,它排除了经验的关涉。**一门超越论的现象学以这种方式产生,它本真地是在《逻辑研究》中已经零星阐述的东西。**

在这一超越论的现象学中,我们现在不关心先天的存在论①,不关心形式逻辑学和形式数学,不关心作为先天空间学说的几何学,不关心先天测时法和运动学,不关心任何类型的先天实在存在论(事物、变化等)。

超越论的现象学是构造意识的现象学,并且由此不包含任何一个客观公理(与不是意识的对象相关)在它之中。它不包含任何作为对象真理的先天命题,作为对象真理,后者在形式普遍性上属于关于这些对象的,或者关于对象一般的客观科学。认识论的兴趣、超越论的兴趣并不意在客观存在和为客观存在设立真理,因而并不意在客观科学。② 客观之物恰恰属于客观科学,并且获得客观科学的完满所缺乏的东西就是它的事务,并且只是它的事务。**毋宁说**,超越论的兴趣、超越论现象学的兴趣意在作为对象意识的意识,它只意在"现象",双重意义上的现象:1)在显现的意义上,客观性在其中显现;2)此外,在客观性的意义上得到考察,只有恰恰当它在显现中显现时。更进一步说,"超越论的",排除一切经验设定;作为相关项。由此不是说,超越论的现象学没有对于科学所服从的原则性概念和法则,或者说,对于对象性范畴和范畴—存在〈论〉法则的特殊兴趣。

---

① 参阅 P BI. 10〈上文第 419 页〉。

② 为此参阅 P 10 以下〈上文第 419 页以下〉。

每一个感知都面对一个对象,将它带入现在中的自身被给予性,每一个想象都使一个对象作为被当下化的而是直观的,等等。可以先天地陈述属于对象本质的东西,正如它在此被直观化的那样。在此,在这一感知中。但是,在此,先天在于这一(种类)感知的本质,而绝对的这里的这个一般是不可规定的,并且每一个以单义的方式做出的关于这一感知的陈述都植根于种类意义上的这一感知的本质之中。这一这个性(Diesheit)当然不包含任何内容。

先天地能够对这些感知、表象等做出判断,更进一步说,对它们做出陈述:它们根据其本质表象如此这般类型的对象。因而存在着与如此这般类型的意识形态相关、在它们表象的对象性方面的先天认识,也就是说,在它们之中,一个对象性被表象,并且,在它们的"意义"中,它是一个需要如此这般规定的对象性;这些那些规定性归属于"它们的"对象,它们的:这一感知,这一表象。(并且个体性,这里的这个,总是不相干的,因而我们总是处于本质之物之中。)并且在这些个别性的基础上,我们能够把握明见的普遍性,正如事物感知一般(或者也可以说,视觉事物感知等)带着相关项、事物一般等。

当然,一门这样的科学是不可能的,它处理这些认识类型的**最终的种差**,也就是说,描述、以科学地方式固定它们,并且处理属于它们的本质的对象性,作为在此之中被给予之物、被意指之物本身。这些最终的种差不可以固定,正如绝对的个别性、个体之物不可以固定。

与此相反,我们可以以科学的方式处理感知和不同类型的感知的一般本质,并且因而针对所有种属的意识形态,并且处理不同

范畴的对象的普遍本质，倘若它们在构造它们的意识形态时被感知、被思考、"被意识到"的话。

在此需要注意：针对一种感知，我们可以描述，它感知一个对象为什么（怎样的一种、怎样的性状、何种范畴，等等），它视对象为什么，它意指它为什么。这是描述它的"意义"。在一个象征表象中，它的"意义"同样如此（它在这里不是显现之物）。

显然属于行为内在本质的是，它关涉一个对象性，它具有一个"意义"，并且，一种明见的判断方式是可能的，这种方式"描述"了被意指的对象本身。此外，这一关于意向对象本身的述谓不是在这种意义上对行为的描述，就好像列举行为的〈一个〉组成部分。同样明见的是，同一个对象〈可以〉在不同行为中是意向的，不同的行为在这种意义上可以具有同一意义。这些意向对象、这些"含义"不是"现实性"，不是真正的对象。在这里说不上真假、存在和不存在（真理意义上的存在）。和（实在性领域之中的）现实对象一样，也说不上真实价值。然后，如果我们进入本真的"认识"，进入**关涉有效性和无效性视角的行为的"目的论"关联体**，那么，**我们就遭遇不同存在范畴上的真实存在**。

物理实在的存在（事物性存在、物理自然意义上的存在）的本质学说是纯粹自然科学。我们进行我们在其中感知，或者说，直观地表象事物的行为，我们考虑，什么属于这样一些事物，当它们应该可以显明为现实的时，并且在此，我们投入思考所有类型的显明的思想过程（不管现实地还是变异地体验它们）。这样，我们明察相关的先天命题，而无须关注"构造"行为和现象，并且使它们成为研究对象。更进一步，并且我们进行反思，我们认识到，事物性对象的本质不仅包含了这个那个真理,倘若它们应该能够是真的的话,而且包含了要如此这般地展示,在这样那样的显明行为中显明,如果行为合乎含义地指向它们的话,然后,它们要是真正现实的对象,唯当行为嵌入充实关联之中时,等等。

澄清真实存在和认识之间的这种关联,并且一般地以这种方式研究行为、含义、对象之间的相关性,这是**超越论的现象学**(或者**超越论哲学**)**的任务**。如果我们对超越论的任务不感兴趣,并且如果我们停留在纯粹含义学说和存在学说上,那么,我们就是从事逻辑学、自然科学的存在论、纯粹空间学说,等等。它们根本无须关心认识形态,无须关心意识。同样,我们从事作为纯粹伦理学(或者道德的逻辑学)的伦理学、美学或者审美的逻辑学、价值学或者纯粹价值逻辑学。① 不过,我在这里最好把与行为的关涉搁置起来。正如与实在性认识相应的是自然科学,并且实在存在论是自然科学(纯粹自然科学)的特殊逻辑学,与伦理行动相应的是一个始终进行道德行动的人格性的观念、一个始终道德的(个体的和社会的)人的此在的观念、一个正确的国家和一个正确的共同体的观念:一个观念,它不是像科学那样被客体化和组织。但是,或许人们会说,与作为真实存在的事物统一体和作为("理论的"、感性客体化的)自然认识相关项的自然相应的是作为实践认识(作为对实践"存在"的,也就是在意志上应当是的东西的认识)相关项的理想的(完善的)人类共同体、理想的国家。现在,正如自然的逻辑学(也就

---

① 需要区分形式逻辑学(形式存在论)和质料存在论、形式逻辑学和狭义的数学,并且平行地,也区分形式伦理学和价值学。为什么接下来没有考虑到这些呢?形式的和纯粹的不是一回事。

是说,自然科学)是实在的存在论,作为共同作用的理想民族国家的系统之关于理想国家,或者说,关于理想世界国家的逻辑学(或者说,理想国家的科学)就是纯粹伦理学。在评价领域中的平行理想是一个充满价值的此在的理想(理想地评价着和充满价值的人关涉一个理想的充满价值的、对抗他们的评价的自然),并且关于这一理想的逻辑学是纯粹价值学,并且对于理想审美此在来说是纯粹美学。[①] 我们也可以将所有这些逻辑学称为存在论。自然的存在论,精神的存在论,伦理人格性的存在论,价值的存在论,等等。

所有这些都包含了超越论的现象学。不同范畴的有效对象,这些存在论的客体,在与本质上属于它们的意识类型(行为)的关涉中得到研究,更进一步说,以超越论的方式得到研究;并且,有必要研究含义领域、被臆指的对象本身、不同类型的行为,并且将含义和真实对象设定于正确的关涉之中。

感性感知的对象被感知为什么?它在感知判断中对于此在来说被描述为什么?它在自然科学思考中被规定为什么?真正的对象作为如此这般"显现着的",作为如此这般单纯被意指的,作为相对于在有方法的科学工作中、在显明的思想中如此这般现实地被规定着的,这些已经是超越论层面上的研究。

处处涉及的,不是以任意无关的方式展现不同的"认识形态"、不同类型的意识,不是以超越论的方式研究它们的意义,毋宁说,最高目标是理解在与意识的关涉中的真实存在。并且,在这里,需要探寻意识的目的论关联。平行的区分在所有主要领域中重复

[①] 我没有坚持这一过渡性的想法,它或许染上了对马堡学派系列思想的个人报道的色彩。

着。首先是作为最低阶,"朴素的"感知,以及一般地,朴素的"设定"行为(和它们的变异),在它们之中,"存在者"直接被给予,展示为直接被把握的。以及这些行为之间冲突的可能性、扬弃设定、否定设定,等等。然后是这些感知阶次,感知杂多和在平行领域中与它们相应的东西,空乏的意向,等等。然后是"思想"——它作为正确的思想在朴素直觉的基础上处理真正的存在者、真正的自然、真正的价值、真正的国家等。

从不同的存在者出发,我们总是可以反过来问:一个这样的存在者是如何被给予的?它如何能够作为这一范畴的存在者而被给予?并且,它在何种程度上即时不完满地被给予?它如何获得完全的被给予?并且绝对的被给予性在何种程度上是一个无限的任务?[①] 并且,思想如何思考存在者,并且在不完满的被给予的基础上规定它?并且,规定进程又在何种程度上是一个无限的和总是不完整的、总是一再纠正或者进一步界定的进程,并且还在无限的进程中产生"向真理的接近"?这仅仅适合自然对象吗?或者也适合价值对象?这些当然已经是在高层上的问题了。

首先:逐步遵循认识进程,并且描述和就其本身来认识必要的阶次,通过这些阶次,意向对象(在这些不同的设定阶次中)进展成为真正的对象。[②](在此,也要考虑真理,考虑不同实在性科学意义上的真实存在,比如在形态学、描述自然史、生物发展学说等意义上的真理和存在,以及"抽象"物理学意义上的存在。)当然,问题关涉所有类型的对象性,并且也关涉事态的构造,因而关涉在公理

---

① 超越论的线索。
② 这通过对象自身得到规定。

中、在原则中说出的东西。问题处处是各种对象性在超越论的"主观性"中、在超越论的意识和超越论的"自我"中的"构造"。

需要考虑：人们能够以理性的方式构造一门本己的科学，它与不同的对象类型和关涉它们的认识以及相应的认识类型（表象类型等等）之间的先天关系相关吗？比如，因而，一个事物根据其本质在"感性感知"中被给予，并且然后只是从前面被给予，等等。最近的一步就是超越论的现象学，它恰恰始终预设了上述类型的研究，并且它在这种意义上推进，即，它研究感知——在它们之中，一个事物逐步被给予——关联的形式，并且逐步研究所有这些"超越论主体的"现象，并且在此澄清，事物除了这些现象，什么都不是，而是说，它们的本质因而必然包含了与存在的相关性。

人们或许会说：意向现象的本质包含了"表象-一个-对象"。因而，如果人们研究它们及其关联，那么人们就获得了所有这样的先天之物，它们现在从它们的方面作为隐含超越的东西而提出了问题，要在内在之物中寻找在内在之物中揭示出来的超越之物的来源；因而回到意识"统一体"。

因而，现象学包含了：对在"意识"现实素材意义上的一切现象的本质分析。① 并且，它由此包含了所有属于意识和对象的关系的先天之物，并且最终包含了对所有先天一般的一切超越论的研究。

如果谈到意识，人们总是会遭遇"主体之物"；人们研究一个外部对象的被给予方式，并且触及"想象材料"（感性显现），触及显现形态、显现颜色等。又触及"感觉颜色"、感觉伸展等，或者触及带

---

① 但是，什么是"意识的素材"？

着"被意指之物本身"的"陈述"统一体,触及在陈述中陈述出来的"这个"判断统一体。触及被陈述的、被判断的事态本身,等等。人们由此也触及行为,意指行为、判断意指的行为、揣测行为、愿望行为,等等。最后,人们触及作为最终之物的时间意识。在它和在认识中设定并且带着正当根据设定的对象之间存在着一系列的"观念"对象,我们可以谈及最广义的含义和"显现"。被认识的对象是被感知的,更进一步说,"总是一再以不同的方式被感知"和被回忆的。① 因而,在这里,我们具有杂多"显现",它们具有某种共属关系。并且在此又有狭义的显现和超出它们的被意指之物。显现形成一个观念的共同,但是依赖于其他这样的共同、依赖于这些杂多。"视觉事物"突出出来,不与"现实的"东西同一,但是组成一个现实性构造的"层次"。**想象物、视觉事物、各种显现都属于"超越论的主观性"的领域**,在此之中也包含感觉内容和特殊的"意识"、统觉和所有本质上属于它的东西、注意力等等。

附录 VI 逻辑的澄清与认识论的澄清之间的区分②

清楚明晰性的目标。从模糊的表象、概念回到清楚的表象、概念,回到明见性:1)以逻辑的意图,意在逻辑的完成,最高的理想,科学的逻辑的完成;2)以**认识论**的**意图**。

---

① 个别感知具有一个"被感知对象本身"。多个感知可以以臆指的方式具有同一个对象作为被感知之物。在一个连续性之中,它可以明见地是同一个意义。
② 出自1908年9月。

补充1：a）比如，我想要澄清，"事物"意味着什么，"事物概念的内容"包含了什么。在此，我必须回到概念的个别情况上；一个事物的例证，更进一步说，回到事物被给予的情况，这首先是回到感知。

b）但是，事物在其中"现实地"被给予吗？当然，感知是一种明见性，但是是一种不完满的、不完整的明见性。我问：它延伸至多远？或者毋宁说，我在实事上问：在这里，事物的什么被给予我？我进一步走向更完满的明见性，我回到感知关联，并且一般地回到杂多感知进程和感知关联，在此之中，事物就其不同的部分、性状、对象因素"显示"出来，因而被给予。更确切地说：我回到感知（休谟说，"印象"），这意味着，我设置我自己在感知着，我想象，并且设想我自己（直观地）在感知中。我现在进行这一追复感觉着的行为关联，关注显现的对象，并且总是问：它的什么被给予？

然后，我进行普遍化，事物一般，这种类型的事物，什么属于它，我通过普遍化在被给予性的基础上"看见"它，如此深度地进行，以至于我能够在本真实施的普遍性意识中观视事物性的本质和所有属于它的东西，或者说，看到完全实在化了的事物一词的意义。当然，我们在这里进行的描述以反思—论题的方式回到认识，以意向活动的概念——它们可以通过反思研究而得到规定——来把握它们。

在现实的澄清活动中恰恰只满足于说：在此，一个事物被给予我（在追复感受到的感知关联中），它现在意指的东西，一个事物一般，同一之物，它具有空间广延，在它的结合中保持自身同一，等等？事物一般的本质在此清楚地被给予我，并且在此，我明见地发现它作为这个那个。同样，如果我想要澄清，什么属于一个存在判断、一个总体判断等的意义,并且想要区分这些表达(在不同关联体之中)所标识的不同概念,那么,我就要澄清这些关联体,回到例证上,并且从空乏的表象回到清楚的表象,我能够"看见"它。

对于这一澄清需要说的是,它具有意向活动—逻辑的目标。**它是科学最终论证的重要关怀**。这要求绝对地使基础和方法变得明见,通过对它的澄清而最终规定基础概念,最终确立原理,更进一步说,确立每一门科学(科学类型)的原理和(特殊逻辑的)方法论原则,它排除任何混乱、任何事后错误的释义。

成问题的是,在完全澄清的基础上,在以最高科学的方式完成科学时,对科学和逻辑学饱满的形而上学—认识论的解释是否可能。当产生逻辑完成的需要时,每一门科学(或者说,每一位科学研究者)都进行澄清。在最伟大的研究者那里,这些需要常常出现。科学的发展当然已经显示了、已经成就了许多富有成效的工作,并且科学能够大步前进,无须最终的澄清。不过,在相应的更高发展阶次上,在科学自身中必然产生最终完成的理念,正如此外可以说,不仅在开始,而且在决定性的转折点上,逻辑反思都总是一再介入,并且必须介入。一直以来,它都是客观科学的理想——没有它,科学就不可能是真正完全有效的、完全得到论证的科学——,这一最终澄清和论证的理想、意向活动—逻辑的理想,它从它这一方面回〈到〉成熟的逻辑学和得到完全澄清的逻辑学。

在此,还需要注意如下内容:存在着未反思的、它自己未意识到的清楚性和经过反思的清楚性。具有明见性和意识到明见性是两回事。并且当然更好地说:偶尔一次具有明见性,并且从它之中有所得,这是不够的。因而,具有概念和论证(证明)——它们因为曾经从大量的明见性中获得，所以变得明见——是不够的。毋宁说，考虑到模糊的、半清楚的、空乏的表象和思想所扮演的角色，考虑到明见性与一方面模糊性，另一方面之后变得富有意义和富有影响的方面〈带着清楚性〉倾向于紧密结合，**就有必要处处通过完全有意识的工作"回到明见性"**。但是，这意味着，这不仅涉及，人们通过这么做而具有明见性，而且是说，检验他的思想意向、他的概念表象、他的判断思想等，并且确信，什么能够和什么不能够以明见性在它们那里兑现，并且进行相应的原则性逻辑变异。

不是涉及素朴的清楚性，而是涉及清楚性和通过清楚性来充实即时的"意见"，即确信，在何种程度上可能的被给予性现实地相应于被意指之物，并且，涉及随时显明清楚意义的禀赋。我认为，概念允许其兑现，这可能是"偶然的"，但是同样，其他东西不允许〈兑现〉。这样，真正的科学必然具有这样的性状，即，一切基础肯定允许兑现，并且，它们是从澄清的和在它们的意义充实中确定的工作中产生出来的。

433　　因而，事关方法与逻辑。科学家必须完全确定他的方法的严格性和有说服力，并且他是这样的，他具有完全的清楚性，并且清楚地确信，他现实地以被给予性为导向，他区分被给予性在何处开始和终结，并且不让任何事物作为被给予性起效。**他具有最高的清楚性、绝然的明见性，当他在他所有的方法中能够回到意向活动的本质学说上，并且能够具有明见性时：普遍地这样操作，以一种明见的得到论证的方式操作。**

客观科学的理想是它的意向活动——逻辑的完成，是逻辑的理想（意向活动的理想）。一门科学作为这样理想的严格科学进展得多远,对它的领域的完满认识就达到多远,并且在这一方面不再留有要希望的东西。

〈补充〉2:与逻辑的澄清及其目的相对,**认识论的**澄清是本质上不同的东西。它的目的根本不在于科学的完成,而是在于"认识的可能性",在于如下问题:应该如何理解认识和超越对象性的关涉,如何用逻辑法则来规整认识,等等。这些问题对于一门理想的完成了的、逻辑上绝对完满的科学和一门不完满的科学来说同样成立。

在这里,澄清的任务不是回到方法和实事上的明见性,并且确定完全的被给予性,而是〈涉及〉澄清认识和对象性之间的关系,将它们所有的形态带入明见的被给予性之中,因而在明见性中研究明见性与在其中被给予之物的关系。意见一般和在其中被意指之物的关系同样如此,等等。

现在,人们当然必定会说,在从实事到明见性地和从明见性到实事(它是明见的)地进行逻辑澄清时,我们也来回比较。更进一步说,又是在明见性之中,因而,我们具有关于明见性与实事之间的关系的明见性。不过,在这里当然有巨大的区分。对于逻辑澄清,我说:实事对于我来说是明见的,并且进一步说,通过它,这个那个对于我来说是明见的,以上升的完满性,在我需要它,以便给出我在此意指之物的程度上。但是,研究被给予性的本质,比如,使感知系列的显现及其关联、它们的因素、相互关涉成为科学研究的对象的情况则不同。或者,通过分析和抽象来把握象征意识、"符号"在其中显现的那种类型、它的意指等,并且将它们置于新的理论概念之下。

附录 VII 范畴理论的阶次与它们的相互依赖·全部形式数学的系统建造的任务[1]

命题一般的形式学科和概念一般的形式学科是一门数学学科，并且本身具有和你们所熟悉的数学学科，比如算术，同样的特征与方法。算术和几何学科中操作的数学之物不在于，我们在它们之中与数和量打交道。纯粹数学首先是在数和量的领域中被构造起来，并且由此使我们产生思维习惯，它使我们将数学之物和可以以量的方式规定之物等同起来，这一点带有历史发展的偶然性。但是，数学的本质不在于量，而在于从绝然的原理中建立对一个领域真理的纯粹绝然论证。与此相关的是整个操作形式，与此相关的是方法论基础。

说数学的本质在于数和量，这只是完全没有得到论证的偏见，它说明了近代逻辑学家反对首先在这个世纪形成的概念和命题推论的数学理论的态度。以数学的方式处理推论，这说的不是将它们还原为通常意义上的数学，而说得不多不少，只是一门严格科学的、从基础建造起来的先天理论，它先天地以严格演绎的方式从公理基础中导出杂多可能的推论。计算活动的可能性也与此相关。

人们可以用概念和命题来计算，这根本没什么令人奇怪的，如果人们一般来说只要澄清了，计算本真地是什么的话。让我们考

---

[1] 出自1908—1909年冬季学期讲座"旧逻辑学与新逻辑学"。——编者注

察数的领域。在它之中,计算的特征是什么? 显然是,为了使用数从事任何思想活动,比如为了解开一个方程式,或者为了找到一个平方根等,我们根本不必想到概念自身,而是说,对于我们来说,通过使用某些事先由固定规则来界定的程序将符号和符号联结起来,用其他符号复合体来代替给定的符号复合体等,这可能就够了。最后,产生出某种符号关联体,我们称它为结果;也就是说,它具有当我们过渡到相应的含义时表达了一个命题的属性,此命题说出了任务的解决。

计算的可能性显然建基于,一切概念都通过精确严格区分的符号而被象征化,一切概念关涉都具有其关涉符号,然后,这些概念并没有被用来进行任何不是以普遍的形式、以公理的形式来固定的命题形式上的关涉。由此,在概念与符号之间,在(一方面)概念关涉和概念联结与(另一方面)符号关系和符号联结之间存在着完全的平行关系。如果说出公理 $a+b=b+a$,任意一个数 b 和任意一个〈数〉a 的和等于同一个数 a 和同一个〈数〉b 的和,那么,然后与此相应的是一个纯粹象征—演算的命题。人们随时可以用象征性的 $b+a$ 来代替符号结合 $a+b$。以这种方式,游戏规则,所谓象征演算规则就从命题中产生出来。并且,通过在思考和符号演算之间建立起的平行关系,除了这样的具有含义的符号结果,不可能产生任何〈其他〉的符号结果。因为,只有这样一些演算才能以符号的方式通过公理来进行,它们是公理性思想的表达。当然,一种类比是可能的,当人们纯粹演绎地操作,并且通过公理来固定所有思想步骤,并且严格选择不同的符号时,因而,在我们的领域中也是如此。

三段论看起来是最基础的学科。包含概念,这一点属于每一个命题（或者如你们所愿意的：判断）的本质；因而，通过寻求植根于概念一般的观念之中的真理，我们获得了最基础类型的先天的和范畴的真理。如果算术由判断构成，那么，它也包含概念，有限领域的概念；并且在它的推论中，它也不可避免地将不得不运用这样的推论，它们本性上是三段论的，并且它们恰恰不仅仅适用于数的概念，而且也适用于概念一般。当然，它们也适用于三段论自身。通过为概念一般设立命题，它使用确定的概念来演算，并且通过推论，这些推论服从它自身首先设立的法则。这是不可避免的。其中没有循环，虽然这是在理论发展中的一个问题，我们将不得不立刻进一步加以阐述。

但是，现在，让我们考察命题推论，它们在命题一般的观念中起效。它们显然也具有基础性，更进一步说，与植根于概念观念之中的推论恰恰一样是基础性的。每一个推论都由命题建造而成。一般来说，命题的内容将从这里得出。词项将在于此。但是，也可能是，并且常常出现的是，命题自身是词项，推论保持有效，不管我们如何改变命题。显然，这种推论是在其可运用性上最普遍的推论。在任何质料的和范畴的科学领域之中，这些推论不可能不出现，甚至必然出现。三段论也不可以缺少它。以例说明。如果我们在三段论中比如证明，一个三段论法则 A 从另一个法则 B 中得出，而后者从第三个法则 C 中得出，那么，我们推论，从 C 中得出 A。这显然是如下法则的具体情况：在命题一般的领域中，传递性成立。显然，这一法则是不可或缺的，无论我们如何推论。肯定前件推理（*modus ponens*）、否定后件推理（*modus tollens*）和许多其他推论形式的情况同样如此。

现在，与这种纯粹命题推论形式对于任何理论领域来说明显的不可或缺性相关，看起来很明显，这些推论理论，或者更好地说，关于真理——它们纯粹植根于命题一般的观念之中——的理论学科，形成了一切范畴学科一般的开端（因而也必然先于三段论）。

不过，与此相反，一种疑虑产生出来：在这样一门处理命题一般的理论中，某些命题会出现，它们本身会具有其主词概念和谓词概念。据此，会出现植根于概念之中的推论和其中那些植根于概念一般之中的推论。事实上，我们不会有任何进步，如果我们不可以做出从普遍到特殊的推论的话，这种推论当然属于三段论领域。在这里，困难也进一步出现，它在三段论观念上令人不安，也就是说，这样一门命题理论是否需要一种循环。如果在每一门学科中都需要命题推论，比如，肯定前件推理，那么，在命题学科本身中也是如此。为了能够论证命题推论的理论证成，我们必须已经具有理论，我们首先想要导出的那种理论。这些是显著的困难，并且它们不仅涉及三段论和命题科学的领域，经必要修正后，它们也涉及所有范畴理论一般。

首先，看起来很显然，植根于范畴概念之中的理论，因而形式数学（*mathesis formalis*）的不同分支，必须有步骤地被建造起来。最下层比如命题的，然后概念的数学，然后关于未规定的集的套装关系（施罗德[Schröder]的恒等式〈计算法〉），然后基数理论，或者，正如数学家新近所说的，关于力的学说，然后关于序数（序数类型）的学说，等等。在第一步上我们很快就看到，这不可行。这些理论的独立性——它是所筹划的阶次结构的预设——不成立。并且不仅命题理论和三段论理论相互需要，它们也需要更多，比如，基数学和序数学。在这里，只强调如下内容就足够了：如果我们比如想要设立一种完全普遍的和完备的三段论理论,那么我们也必须表述普遍情况。我们不可以局限于两个前提。我们必须允许任意多的前提、同样任意多的不同的可变项。但是,然后就清楚了,我们不可以摒弃数学推论的伟大工具,我指的是从 n 到 n+1 的推论方式。这预设了序列观念,更进一步说,"ω 类型的良序序列",并且始终属于算术。也很清楚,我们将要进行组合演算,我们因而必须要运用组合定理,等等。看起来几乎会是,每一门范畴理论都必然预设了另一门范畴理论!一种可疑的情况。现在,它会是可疑的,只是因为比如命题理论只为了可以开始,就现实地预设了整个概念理论,并且概念理论预设了整个命题理论,并且,整个算术、整个组合论等的情况同样如此。完全成熟的理论的依赖性说的不是一种理论的每一个命题都依赖于整个另一种理论,甚至依赖于作为整体的所有其他理论。

并且由此可以理解,我们可以坚持理论的阶次秩序,尽管它们相互依赖。以下情况看起来仍然是可能的:作为原始范畴概念的那些范畴包含了有限数量的公理,它们彼此相互独立。现在,公理论证了作为结果的不同理论,它们在不是作为整体的情况下、在相当程度上相互独立。最基础的部分,或者说,定理群,会是那些必须形成,以便一般来说能够进行理论演算的定理群。这显然成为概念的和命题的理论的部分。现在,这些当然不完满,不是以最总括性的普遍性和完整性而形成,如果没有来自其他理论的命题或者推论方式的牵引,而后者的法则原则又属于其他理论的话。但是,或许这些是其他理论的公理,并且或许这些是从它们那一方面只要求在最低阶上形成某种命题理论和概念理论的法则。简而言之:一个系统建造是可设想的,它逐步发展出理论,但是不是每一门学科完全作为独立的学科,而是作为一个阶次结构,它包含了作为阶次的不同范畴学科的部分。这样,所有这些学科都彼此平行发展,并且贯穿在它们更高的发展中。

由此标识了一个确定的并且始终重要的任务,这个任务还从未表述出来过,更不用说得到解决了:涉及范畴理论总和的系统建造,或者说,在这里,所有这些理论表明是相互依赖的,涉及一门无所不包的、以严格系统的方式前进的理论学科,它有秩序地提出大量我们的先天的和纯粹范畴的认识。如果这一完整的和逻辑上统一的数学的任务得到完成,那么我们就在这一科学的公理总和中具有了对纯粹知性作为纯粹思想"能力"的完整的和最简单的描述。什么属于思想一般的观念,什么成就了独立于特殊思想质料的思想,并且通过什么使得理论统一体一般得以可能,这一系列纯粹的,也就是说,摆脱了所有质料的原理在我们面前伸展。在它们之中包含了整个法则性,它们为理论一般的观念给出了它在同一性和可能性方面的范畴形式。并且,在这些原理基础上建造的系统发展的全部数学将法则世界的内部组织摆在我们面前,它完整包含了所有有效的纯粹思想形式,并且它恰恰由此赋予质料上被规定了的思想以我们在具体情况下标识它的形式精确性、它的形式严格性和一致性的东西。

为了达成这一目标,需要克服的不是一点点困难,它们已经集聚在最初级的步骤上了。肯定,我们可以并且必须假定,纯粹数学的系统建造的开端必然始于纯粹命题的和纯粹概念的理论。既然每一种思想一般都在命题中活动,并且每一个命题都包含了"概念",那么,并且我们已经说过这一点,必然在最基础的意义上也具有一些法则,它们陈述什么对于命题一般有效,并且完全不考虑它们可能属于怎样的科学领域；并且此外，它们说，什么对于概念一般有效，或者说，什么对于对象一般有效，倘若它们属于任何不管归于什么科学领域的概念的话。

现在，比如如果我们从本性上初始的命题理论开始，并且，如果我们假定，我们已经发现在直接明见的、原始的和彼此独立的原理的形式中的公理，那么，纯粹演绎就给我们提出了定理和不断更新的定理，并且以这种方式产生了命题真理学科。这看起来非常简单。但是，我们不可以以这种方式素朴地行事，我们在这里不可以这样行事，即，当涉及纯粹逻辑思想的法则形式的演绎时。在其他所有地方，我们可以信任逻辑思想和在它之中的明见性的自然轨迹，而无须说明在这里逐步运用的推论形式，而在这里，情况则完全不同。在我们的情况里，我们由此出发的基本法则是可能推论的原则，导出的法则却是推论法则，并且推导自身是推论，它本身必然具有法则形式，因而必然在推论法则中具有其原则，如果它一般来说是正确的话。现在，如果我们要演绎一个推论法则，以至于为演绎行为奠基的法则恰恰会是要导出的法则吗？（A→B, F 具有形式 B）。人们当然不能说，这是一个普通的循环；其中人们当然理解的是这样的情况，推演出的命题在前提中潜在地被预设了。此外，还是当然存在着循环这样的东西。在系统的推论理论的意义中当然包含了，我们从一开始就接受这样的立场，即，没有推论作为有效性被给予我们，而且是说，每一推论的有效性都首先需要论证。在此，唯一的例外是公理性推论，也就是说，那些为作为个别情况的基本法则奠基的推论。关涉到所有其他推论，我们仿佛必然是怀疑论者。只有在证明了法则之后，我们才可以使用它们。因而，我们不可以做出推导,而没有意识到推导法则自身,并且,推导必然会被抛弃,如果这一法则还不处在公理之下,或者还不处在得到证明的定理之下的话。因而,循环不仅需要避免,根据这种循环,推导法则就是在推导中恰恰应该得到证明的东西,而且它必然处在事先已经得到表述和表明的推论法则之下。因而,困难和麻烦在于,看起来,在表述了原始推论法则之后,我们不可以满足于从它们中演绎出新的法则,而是说,我们必须在每一步演绎中都反思和证明,证成它的推论法则已经是已知的和得到论证的。现在,人们可能会说:困难得到排除,如果我们在论证演绎中完全进行原始直接的推论的话。每一个这样的推论都服从直接的法则,并且如果我们现实上事先具有在顶端的一切公理,那么每一个直接推论因而都服从这个那个公理。不过,我们从何得知,我们已经具有所有公理呢?只有反思每一步骤的形式,才能使我们确定这些。有一点是清楚的,范畴法则的基础理论必须满足这一条件,即,推论的每一步骤都服从在公理基础上确立的,或者在此期间已经表明的定理的原则。

附录 VIII 1906 年 9 月 28 日给科尔内留斯的信的纲要

尊敬的同事!

衷心地感谢您友好地送来一份您的《心理学原则问题》[①]的单行本,感谢您格外友好的随包裹寄来的信件,它令我非常高兴。

---

① 科尔内留斯,《心理学原则问题,I. 心理学与认识论》,载于《心理学与感官生理学杂志》,单行本,莱比锡,1906 年。——编者注

我希望能够在我对您的讨论内容的回应中立刻表明态度，不过很快又看到，我还是必须首先期待计划好的续集，并且此外重新研究您的《心理学》。① 听说，根据您的看法，我们应该本质上是站在共同的基础上，我感到非常惊讶。我必须承认，在您与马赫（Mach）和阿维那留斯（Avenarius）关于思维经济学的学说之间，我没有假定和观察到任何明显的区分（而您在《心理学》中的所有论述都指向共同点）。当我在《逻辑研究》第Ⅰ卷中写下了激烈的评论时，我还没有系统仔细地研究过您的著作，或许我被这些表述误导了。我只是奇怪，在我出版付印的半年中断期间（归咎于在付印期间变得必要的出版社变更），当我更加仔细地研究了您的著作的一些主要部分，并且将激烈的讨论插入第Ⅱ卷时②，我没有注意到任何东西，并且也没有注意到在方法和实事关涉上有任何本质性的共同点。

我已经开始重新仔细研究您富有价值的著作，我真的一点儿也没有低估它，并且这当然需要一些时间。

我会非常感谢您，如果在下一篇文章③中，您会为您的如下主张提供证明，即，未经事先检验，我已经在我的预设下接受了布伦塔诺心理学的概念和主张。与您的评论的第 410 页相关，我想要进一步指出，我不可能将我的代现理论归功于您的《心理学》的启发，既然在 1894 年初，我就已经开始要在"对基础逻辑学的心理学

---

① 科尔内留斯，《心理学作为经验科学》，莱比锡，1897年。——编者注
② 科尔内留斯，《心理学原则问题，Ⅱ. 现象学的材料》，载于《心理学与感官生理学杂志》，单行本，莱比锡，1906年。——编者注
③ 参阅《胡塞尔全集》第 XXII 卷，第 92 页以下。——编者注

研究"(《哲学月刊》XXX)发表一系列文章,它们应该致力于代现(和抽象)问题。第一篇和唯一一篇发表的(我不再感到满意)文章可以说已经包含了所有我们一般来说共同拥有的东西。而且,通过不断重新修改续篇,最终产生了《逻辑研究》第II卷。此外,我已经在我在1891—1892年关于心理学的讲座中报告了最近文章的主要思想。通过类似的出发点、问题和方法,人们恰恰得到类似的结果。我们也具有其他彼此独立的相似性,比较我的《算术哲学》(1891年,进一步修订我的1887年的教职论文)和您关于综合、分析的第一篇论文(如果我没有搞错的话,它发表于1892年)应该就显示出这一点。至少在早年,我有紧密相似性的印象。此外,我之所以提到所有这些,不是为了提出任何主张(就我所知,我在我的《逻辑研究》中没有在任何地方,而且也没有以任何方式这么做),而是为了不招致任何不公平现象。当然,存在着有意识的和半有意识的不诚实,并且,没有任何地方会比在我们的科学中更容易包含它。

我非常渴望进一步阐释因果说明的心理学和发生的心理学之间的区分,我在我的《逻辑研究》中没有做出这一区分。自从它出版以来,我也注意到了这一区分,尤其与澄清经验—描述的科学(自然史、文明史等)和此外物理科学之间本质区分的问题相关。法则和说明在两方面意味着不同的东西(力学的、电子的法则——生物学法则、种系发生法则、社会法则、声波法则)。在自然史中,无须任何超越之物,无须原子、离子、力,等等。人们进行描述、归纳,设立法则,通过它们进行说明,始终在本真现象性领域中活动:可感知、可直觉表象的事物、过程、状态、发展等和它们的类型规则。历史说明(在最广义上历史的)是"内在的",与物理说明的"超越"相对立。(在这里,我们当然不是说形而上学。)但是,纯粹现象说明,包括发生说明,绝非与现象学说明一致。现象学的起源并不意味着发生,而是指明本真含义的直觉意义。我从未在发生上理解起源,并且,在《逻辑研究》中没有任何地方,我想要证明一种发生。现象学研究对自我和自我的或者在自我之中的状态、体验、发展根本不感兴趣。现象学研究对"我的"自我和**它**的行为也不感兴趣,对植物和它们的进化同样不感兴趣。当我将现象学和描述的(内在的)心理学等同起来时,我犯了大错。有四至五年时间,我一直警告我的学生避免这一错误。一切经验存在,甚至本己自我的存在,在现象学研究中也都被搁置起来。它仅仅给出意义分析或者本质分析。什么属于感知、回忆等的"本质"?什么属于"表象"和"对象"的关系的"意义"?这并不意味着,它如何在我们某些机体的智性组织——由此产生出释义、某种条理、特征——的基础上发展出来。当然,**我**是那个现在(晚上6点)在**我的**意识中(比如)分析感知本质的人,此外,我面前浮现这些那些感知、**我的**积极体验,等等,并且**我陈述:我**发现这个那个。但是,自我(恰恰称呼自己为我的在时空中的人)的存在不是研究的前提,即便我视自己为一个半人半马,或者河马,或者任何其他东西,结果仍然一样。即便体验在心理学意义上恰恰被视为一个人、一只河马、一个自我的体验,这个自我也不是就它的存在,而是纯粹就它的内容或者本质而得到考虑的。

为了能够理解一切科学、认识、主观性和客观性的一切相关性的最终意义,为了能够进行对给定科学的最终评估,并且为了能够由此应对主观主义(怀疑论)的所有攻击,我们将所有科学、所有知识、所有事物、所有存在都放在问题之中。我们使科学本身、认识本身成为问题。我们想要澄清它们的意义、它们的可能性。科学、认识,因而包括它们的相关项世界、事物、自我、我自身、时间等都被搁置起来。它们现在只作为"现象"起效。休谟会说:作为观念。我研究这些观念本身和属于它们的、不能脱离它们的本质的观念关系(所有真正现象学成果的先天性就在于此)。统觉态度和存在态度以及所有结果的一点小小的变化就获得了描述心理学的价值。这一细微差别和一般来说将现象学研究分别于心理学(自古以来,它从未是别的东西,并且从未被视为别的东西,除了是一门关于人的心理体验方面的科学,或者关于积极现象的科学,但仍然作为在客观时间中、在一个个体统一体中与物理进程相关的事件,等等)是一种彻底的和真正的理性批判的可能性预设。反过来说,一旦施行了"现象学的还原",或者说,一旦它是可施行的,很大一部分的描述心理学就转变为(理性批判上有用的)现象学了。

英国心理学是心理学,并且建立在心理学基础上的英国认识论是最糟糕的心理主义。但是,在洛克和休谟那里——他们不自知——存在着真正现象学的片段、开端,他们提出了一些很容易纯粹彻底摆脱一切自然科学习惯、摆脱经验—存在联想的阐述。根据我对英国心理学的认识,对我来说,您如何能够相信,从一开始它就是在我的意义上的现象学,这是完全不可理解的。即便没有明确地被称为人的科学,洛克等人的研究不是被称为人类理解研究吗?并且,绝不只是在书名上。

不过,我已经阐述得太详细。很遗憾,我不得不总是一再地感到惋惜,我在我的《逻辑研究》"引论"(和第五研究)中对现象学意义的反思,极其不恰当地表达了《逻辑研究》的真正意义和它真正的方法。在这里,1902年之后我所做的认识论讲座的出版会有所纠正。

附录IX 私人札记,1906年9月25日、1907年11月4日与1908年3月6日

1906年9月25日

自本月初以来,我一直沉浸在工作之中。但我做得对吗?一开始我研究迈农的书《论假定》①,为此,我必须重新回顾我自己的旧文章,并且投入对它们的思考。

我读了很多《算术哲学》。在我看来,这本书多么不成熟,多么幼稚,几乎像孩子一样。现在看来,这本书的出版曾经让我良心不安,这不无道理。在我出版它的时候,我实际上就已经超越了它。它当然在本质上出自1886—1887年。我当时还是个新手,没有正确认识哲学问题,没有正确运用哲学思考的能力。在我殚精竭虑给数学思维的逻辑学,尤其是数学计算的逻辑学划定大纲时,不可把握的陌生世界让我感到不安:纯粹逻辑之物的世界和现时意识的世界,就像今天我会说的那样,现象学之物以及心理学之物的世界。我不知道如何把它们统一起来,不过,它们一定有相互关涉,并且一定会形成一个内部统一体。我一方面冥思苦想表象和判断的本质、关系理论等,另一方面绞尽脑汁澄清数学—逻辑形式性之

---

① 迈农,《论假定》,莱比锡,1902年。——编者注

间的关联。向整个纯粹逻辑领域的延展当然首先是由1890年冬季的逻辑演算研究造成的。① 然后是1891—1892年关于心理学的讲座,它让我深入考察描述心理学的文章,充满期待。詹姆斯的《心理学》②,我只能读一点,读得太少了,它提供了一些灵感。我看到,一个勇敢无畏而又富有原创力的人如何能够摆脱传统的束缚,并且现实地尝试固持和描述他看到的东西。当然,这一影响对我来说并非毫无意义,尽管我当然只能阅读和理解少数几页。的确,描述和忠实,这始终是必要的。当然,很大一部分只是我在1894年的文章③发表之后才阅读和摘录的。我现在又重新阅读了这篇文章(关于我在上述讲座中提出的思想的阐述)。它是《逻辑研究》,尤其是第三和第五研究的第一份纲要。

很遗憾,我不再能够判断出,迈农的关系理论在多大程度上影响了我。1890年左右我就已经读了它。不过,只是1891年和迈农的通信才导致了根本的研究。但是,我很难说,它在方法上给我提供了什么,除了几点有限的想法。

最近,我又读了我前些年的书评④,连同《逻辑研究》中的相关部分。

迈农的书在表象和判断研究方面不再能够提供给我很多东

---

① 为此参阅《胡塞尔全集》第XXI卷,第一部分,第3页以下。——编者注
② 詹姆斯(W. James),《心理学原理》(*Principles of Psychology*),伦敦,1890年。——编者注
③ 《关于基础逻辑学的心理学研究》,参阅《胡塞尔全集》第XXII卷,第92页以下。——编者注
④ 《关于1895—1899年的德国逻辑学杂志的报告》(1903—1904年),参阅《胡塞尔全集》第XXII卷,第162页以下。——编者注

西，除了说，当一位并非不重要的人物思考着我们多年来所研究的同样的问题时，总是包含了巨大的刺激。在这本书里，我只发现一个重要的想法，我在《逻辑研究》中没有谈到它，虽然在加工时我有了并且考虑到了这个想法，但是那时我并没有冒险接受它：将判断在"单纯表象"中的变异转用到愿望和所有其他行为上。我还有关于这一问题的标注了日期的页张（1894年），在这一页上，我完全接受了迈农的立场。但是，当然，我看到了巨大的困难，迈农没有看到它们，它们阻碍我给出结论。对我来说，迈农的表象概念是完全不可理解的。当然，出于实事的理由，与迈农的争论变得必要和无可避免了；撇开这些不谈，有一天一定会证明，现实上这些研究领域和最本质的认识这两方面是一致的。

我们就像两个走在同一片黑暗大陆上的旅人。当然，我们常常看到同一事物，并且描述它，但是相应于我们不同的统觉标准，又在多方面是不同的。除了关于情感行为以及关于假言判断和假定推论的章节，人们可以逐段逐段地证实这一点。当然，我认为此章节是完全错误的。

迈农之后，我开始整理和通览我的文稿。我吃惊地发现，在这些文稿中包含了多少东西，开始了多少，又很遗憾有多少没有完成。它们明显地证明，我曾经多么强烈地被深刻的和最深刻的问题所捕获。并且我在检查这些文稿时再一次被它们重新捕获！这是肯定的：我从来都不可以放弃这些研究领域，任这些已经开始钻的孔和地基半途而废。这意味着放弃我自己。这是我多年来的生活，并且，我的生活绝不可以，也绝不应该四分五裂。〈我〉已经浪费了多少时间、生命、精神工作和精神思路（富有认识价值的思路)！有多少房子刚开始盖就又荒废了！自《逻辑研究》出版以来，我的生活就获得了内心的坚定。并且，从现在开始，应该并且必须显示出内心的统一。很遗憾，我的人格性不再能够变成一个完全的整体。它不再能够获得世界观的统一，获得自由生长、美好自然的有机形态的统一。但是，感谢上帝，果实一直不缺，还有果实正在成熟。现在，能够在这根——上帝保佑——伤痕累累的树干上繁盛结出的独特果实应该要成熟了。从此以后，这就是我的生活，这就是我独有的人生使命领域。我不愿气馁，而是希望，当我在做真正有利于后来者的工作时，我会感到满意。对我来说，放弃自然美好的形态中的和谐统一和自由带来的快乐，这会是多么困难，但我必须这么做。我只能欣赏他者的美好和统一。但是我必须安住在我的人生使命中，并且在使命的完成中寻找我的价值和我内心的确定性。在他们的果实上，你们应该认出他们。① 我将在我的果实上认出我自己；如果我通过努力工作而使它们成熟、井然有序，我将能够敬重我自己。

　　首先需要最大的内心专注，并且利用好时间。需要整理和系统贯通所有至今的草稿。我花了三周来做整理工作，这些时间没有白费。这些时间远远不够。我也犯了一个错误，没有首先研究我的讲座，然后是那些常常用来澄清相关的，却又有新变化的同一些问题的附页。我必须完成怎样的写作任务？以及哪些问题？

　　1. 首先，我提出普遍的任务，我自己必须完成这一任务，如果我自己能够称得上是哲学家的话。我指的是**理性批判**。对逻辑的

---

① 原文为"凭着他们的果子，就可以认出他们来"。典出《新约·马太福音》7:16。——译者注

和实践的理性的批判，对评价理性一般的批判。

没有澄清理性批判的意义、本质、方法、主要观点的大概，没有为它们想出、画出、确立和论证一份普遍的纲要，我不能真正真实地活着。我已经饱受不清楚、游移不定的痛苦。我必须获得内心的坚定。我知道，这里面对的是重大的和最重大的事务，我知道，伟大的天才们也在此折戟沉沙。如果想要与他们相较，我一定会从一开始就感到绝望。我不想〈和他们〉比较，但是，没有清楚性，我也不能活。我愿意，并且也必须通过忘我的工作、通过纯粹客观的投入来接近崇高的目标。我为我的生活而斗争，并且由此，我相信应该能够前进。最艰难的生活境地，面对死亡的威胁奋起反抗，带来了未曾预料的无可估量的力量。在这里，我不追求荣誉和声名，我不想得到赞赏，我不考虑他人，也不考虑我的外部需要。只有一件事能够满足我：我必须获得清楚性，否则我就不能活，我不能忍受生活，如果我不能相信我将获得它，我用自己清楚的双眼真正看到应许之地。

我的许多个别研究已经给我自己提供了抓手，它们让我自己熟悉了一些方法。我首先必须清楚这些最普遍的观点。

2. 此外：我们需要的不仅是了解目标、路线、标准、方法、对其他知识和科学的执态。我们也需要现实的施行。我们必须踏上这些道路本身。我们必须一步一步解决个别问题。因而，在这里首先有必要的是处理理性现象学，一步一步地，并且在它的基础上现实地澄清在两方面原则和基本概念形式上的逻辑理性和伦理理性。

在这里，首先提出的是有关感知、想象、事物现象学的问题。

在1904—1905年关于"〈出自现象学与认识理论的〉主要部分"的讲座①中,我第一次为系统研究制定了一份极其不完满的纲要。不过,在之前就已经有一些出自1898年的准备出版、至少纯粹加工好了的文章,它们为我的讲座奠定了基础,必须重新看看它们。有用的必须提取出来,其他的则舍弃掉。此外,有大量的附页经常处理困难问题。

与此相关,我也尝试研究**注意力的现象学**,而我还缺一门空间现象学,虽然我在1894年就想要着手并且做出了各种尝试(但是毫无用处)。

进一步说,需要对含义现象学的系统阐述。它的基础是我的《逻辑研究》,这本书虽然极有价值,但并没有为此提供充分的东西,提供充分的系统之物。

与此相关,需要空乏意向与象征表象的现象学。

进一步说,需要一门判断理论,为填补这一巨大的空白,我已经做了很多工作。为此,我有一些讲座,还有多得多的尚未处理的文稿可以利用。

对不同命题形式的本质分析与现象学判断理论相关,它们此外属于纯粹语法学领域。现在,这又是一本新的大作的领地了。

关于纯粹逻辑学(和纯粹语法学)、逻辑演算,以及确定的流形、概率逻辑的研究,关于范畴命题本质、存在命题本质的研究。

关于假言判断和推论以及关于必然性和不可能性概念等的一部总括性著作。

---

① 参阅《胡塞尔全集》第X和XXIII卷,第1号。——编者注

对我来说,迄今为止以下内容已经准备就绪:

1. 一部**理性批判引论**著作,尤其是理论理性。

2. 一部关于**感知**、**想象**、**时间**的极其总括性的著作。

我还不太清楚,一门**事物表象**现象学的开端是否属于这里,虽然对我来说当然是这样,不清楚它们是否已经在某种程度上足够纯粹。注意力现象学(至少在直觉的和感性的领域中)要算是属于事物表象现象学。看起来,这就成了一本大作,并且必须尽可能快地完成。

3. 关于纯粹逻辑学、命题本质分析的论文。在这里(除了关于存在命题和范畴命题的分析)特别有价值的是**关于假言命题和推论学说的理论**。后者自为地为一项有意义而且我也乐意做的工作提供了理由。

4. 表象和判断的现象学,或者首先是施行一门**判断理论**。但是,这又会有一本重要的著作。这已经准备充分了吗?

信念(belief)理论已经在第2部分中。

5. 一篇反对迈农的论文,与他关于表象、假定(假言命题)、判断概念的争论。

6. 与科尔内留斯的争论。

7. 关于先天—后天、分析—综合、范畴、**动机引发和因果性**的论文。

应该怎样处理"关于**意向**对象的论文"[①]草稿?它现在还不能发表。或许主体部分可以用在和迈农的争论关联中:如果这些争

---

① 参阅《胡塞尔全集》第 XXII 卷,第 303 页以下。——编者注

论需要几篇文章的话。

这当然没有穷尽所有的任务。（上面我忘了列举抽象、普遍-形式存在论等）。但是在这里，我说的只是可以首先施行的计划，因为准备工作已经做了很久。在选择我的讲座，尤其是那些针对高年级学生的讲座上，我必须寻求对自己的帮助，获得用于出版的草稿。

首先，我需要上帝保佑。合适的工作条件和内心的专注、内心与问题的合一。总是一再阅读，改善，誊抄旧文稿。并且时刻为这一宏大的目标做好准备。参阅阿米埃尔（Amiel）和卡莱尔（Carlyle）的许多优美词汇。我是多么虚弱：我需要伟大心灵的帮助。他们充盈的力量和他们纯粹的意志必须使我强大。我从他们那里获得充足的滋养，并且学着将目光从日常诱惑那里移开。上帝，这最近一年！我如何能够允许我自己被我的同事们的鄙视、学院的反对、被我获得更高职位的落空的希望所打垮呢？我难道是为了这些而工作的吗？如果曾经是——我相信，现实上绝非如此——，那么这十年来肯定不是。纯粹的信念，纯粹的内心生活，汲取问题，纯粹关注它们，并且只关注它们，这是我未来的希望。如果这不成功，那么我就只能过一种毋宁说是死的生活。我还可以希望。但是，已经到了我必须做出决断的时候了。作为一次性决断的单纯"意志"并不足够。需要内心的更新或者内心的纯化和坚定。对抗一切外部事物，对抗一切亚当的诱惑，我必须武装九层青铜。

我必须像丢勒的骑士那样，尽管面对死亡和恶魔，仍然坚定，决绝且严肃。啊，生活对我来说已经足够严肃了。感官生活的享受于我如浮云,并且必须如此。我不可以是被动的(而享受就是被动性),我必须活在工作、斗争中,活在为真理桂冠而努力的奋斗之中!不会缺少喜悦:当我勇敢而坚定地前行时,喜悦的天空在我头上,就像在丢勒的骑士头上那样!上帝与我同在,尽管我们都是罪人。

1907年11月4日

因而,〈我〉已经再一次品尝了追求生活的严峻。品尝?就好像只是难得的悲伤、难得的痛苦。我现在在哥廷根已经六年了,自我的《逻辑研究》出版以来快七年了。在多年的从迷茫困惑走向云开雾散的奋勇追求之后,我分享了这些确定问题、阐述方法、开辟可能的解决之路,并且使之畅通的尝试。我的心随着骄傲而膨胀,当它们尤其对年轻一代开始产生迅速而又强烈的影响,而这本是我不敢希望的东西;我的希望多么高扬,在我看来,获得对逻辑学、认识批判和理性批判一般的现实明察,确立问题的自然秩序,发现研究的自然秩序,将问题自身提升至最精确的阶次上,改善方法至纯粹而完全确定,并且现在以这一清楚性而设立目标,并且逐步施行各自所需的方法,这一宏伟目标几乎唾手可得。

自我开始加工《逻辑研究》的各个部分,或者说,自我开始完全投入它的问题域之中以来直至《逻辑研究》的出版,现在,几乎同样长的年头过去了。结果呢?这些当然是年复一年严肃的工作,即便我不算上其中的一年,这一年充满了外部阻碍和外部焦虑。我当然进展顺利,虽然在沮丧的时候,我也倾向于贬低这一进展。我的教学活动大部分是以我的生活目标为指导的:多少思路、多少尝试需要深切而又广阔的钻研,现在一再更新的尝试,去澄清逻辑学、认识批判和方法的意义,并且在此之后,我还落后了多少。生命流逝,精力旺盛的年岁翻滚而去。我真伤心啊,我还陷在这些研究和工作方式之中!这无异于丧失了努力奋进的生活、最艰难工作的生活。徒劳地生活:绝不。我想要并且也将不会放弃。现在,我的努力追求首先就是进入一条绝对稳固的轨道上。现在,我所有的努力都围绕着我所研究的自然秩序问题、围绕着重新开始和安排基础研究自身的方式。

1908 年 3 月 6 日

在接下来的 1906—1907 年冬季学期,我非常勤奋地工作,并且也并非毫无收获。在讲座的前半部分,关于逻辑学(直至圣诞节),我给出了普遍的科学论引论;我寻求获得科学论观念所要求的本质性划界的可能性。圣诞节之后,我尝试简要地提出不同的客体化形式。但是,并未成为整体,虽然这些展示并非全无价值。我一直极其尽心尽力,不过在 2 月,我感到筋疲力尽。在复活节(也就是 1907 年),我去了意大利,我的首次德国人的应许之地之旅。夏天,在关于"⟨出自⟩现象学⟨与理性批判⟩的主要部分"的四课时讲座中,重大的尝试,尝试一种关于事物性,尤其是关于空间性的现象学。[①] 这是一个重大的新开端,很遗憾,我的学生们并未像我所希望的那样理解和接受它。困难也很大,并且不是一下子就能克服的。

---

① 参阅《胡塞尔全集》第 II 和 XVI 卷。——编者注

在假期中，直到关于康德的冬季学期讲座，我处理含义和分析判断问题；我尝试加工之前的冬季学期讲座，并且在命题逻辑观念上，我发现有必要澄清含义问题。

在1907—1908年冬季，我的工作力量减弱。我看到，在这些情况下，最好是转向我的学生们并非不满意的讲座。无论如何，我从深入研究康德的《纯粹理性批判》中获益良多。

在圣诞节，我"恢复了"我自己。我亲爱的海因里希来访。很不幸，马尔文娜的状况在恶化，这样，我越来越缺乏内心的快乐。之后是格尔哈德的意外和他的脑震荡。乌云密布。我几乎要说，出于一些我不想说的理由，这是我生命中最不幸的日子。现在还不是反思的时候。复活节开始了。我独自待在这里。我希望整顿身心。我希望克服内心分裂。我想要恢复生活，并且给我的精神生活设定与它的宏伟目标之间的统一关涉。我曾经并且现在一直处在严重的"生命危险"之中。现在，蒙神的喜悦。但是我想要要么胜利，要么死去。在精神中死去，在为建立内心的清楚、哲学的统一而斗争，并且仍然在物理上的活着中屈服：我希望，这不会是我注定的命运，对我来说不可能的。不过，我当然还不可以反思，直到我获得内心更多的安宁、平静和确定。

首先是几天客观的事务。我要写日记。

概念译名索引

（德—汉）

（概念后的数字为原著页码，即本书边码）

（只采纳主要出处。在词目下的记录安排上结合了实事上的相关性）

A

Akt 行为

一方面观念命题和观念真理与另一方面实在行为之间的关系 141ff.

行为及其含义与对象的关涉问题 149ff., 169, 172, 174, 196f.

行为作为执态 249；在执态的意义上和在注意力的意义上的行为 250

Allgemeines, Allgemeinheit（vgl. Auch Wesen） 普遍之物，普遍性（亦参阅本质）

一个个体对象的因素不是普遍之物 296f., 300；普遍之物作为标记 300ff., 389f. 产生逻辑意义上的事态 302f.

普遍之物论证对象的相同性 296f.

普遍性意识作为被奠基的意识 296, 298；在个别个体直观基础上的普遍性意识 297f.

每一个普遍之物都在客观上被视为一个本质 299

不同阶次的普遍性 299f., 301ff., 388ff.; 普全的普遍性相对于特殊的普遍性 305；复数的普遍性相对于无条件的普遍性 307

Anschauung 直观

范畴直观的形式学说作为一门先天的法则学说 329

Analysis vgl. Mannigfaltigkeitslehre 分析，参阅流形论

Apperzeption 统觉

现象学的统觉相对于经验的统觉

211

Apriori vgl. Wesen 先天，参阅本质

Arithmetik（vgl. Auch Mathematik）算术（亦参阅数学）

 算术作为纯粹理论科学 34；纯粹算术作为先天科学 48ff.

 算术允许不同的解释 159f.，170

Aufmerksamkeit 注意力

 注意力的变异 250f.

Aussage（vgl. Auch Satz）陈述（亦参阅命题）

 需要在一个陈述上区分出来的因素 36

B

Bedeutung（vgl. Auch Satz）含义（亦参阅命题）

 含义与对象的相关性 51ff.

Begriff 概念

 概念作为表象与作为本质 299

Begründung 论证

 间接论证相对于直接论证 9f.，13ff.；在概率判断领域中的直接论证与间接论证 11f.；间接论证的本质 16ff.

 属于每一论证的形式服从一个论证法则 17ff.；论证法则对于原始思维步骤来说是一个公理 68；论证形式与论证法则作为一切科学共有的东西 21；论证形式与论证法则使科学得以可能 22ff.

 归纳论证相对于形式逻辑论证 126ff.

Beweis 证明

 同一些区分不仅适用于陈述，也适用于推论、证明和整体理论 39f.

Bewußtsein（vgl. auch Erlebnis）意识（亦参阅体验）

 意识作为体验 243ff.；意识作为意向体验 246ff.；意识作为执态，作为行为 249f.；意识作为注意力 251

 绝对意识作为时间流 246

 对象性背景意识相对于体验意义上的意识 243f.，252

 绝对构造性意识的被给予性问题 420

D

Denken 思想

 逻辑思想相对于非逻辑思想 2f.，4f.；真理作为科学—逻辑思想的目的 2，35

Disziplin（vgl. auch Logik）学科（亦参阅逻辑学）

理论的、规范的与实践的学科之间的区分 27f.

E

Einzelheit 个别性

观念的与实在的个别性 103ff.；最终的个别性 106, 364

Empfingung（vgl. auch Phantasma）感觉（亦参阅想象材料）

感觉与想象材料之间的不连续性 259

过去了的感觉时间上的映射作为对曾在的表象 260, 注释 1 和 2；261, 注释 1；感觉已经是意识-对 262, 注释 1

感觉作为流的因素 412

Epoché 悬搁

认识批判的态度作为绝对的悬搁 186ff.

Erfüllung 充实

充实作为信仰执态的验证 311；在充实同一化意识中对"它是现实的"的意识 316ff.

充实综合根据其本质涉及行为 313, 323f., 391

间接充实 314

Erinnerung 回忆

想象意识与原初回忆之间的区分与类比 257ff.

再造的回忆与原初的回忆之间的关系 272

感知与回忆证成命题性的经验执态 120, 345ff., 394ff.

Erlebnis（vgl. auch Bewußtsein）体验（亦参阅意识）

前现象体验相对于在反思中被给予的体验 243f.

心理学的体验概念 244f.

并非所有体验都是意向的体验 49

Erkenntnis 认识

认识作为主观行为 130, 169；认识作为理智执态 131

终极认识作为绝对善的意向活动良知的认识 139

认识的图像理论批判 150ff.

超越认识作为成问题的认识 369, 398, 406f.

对象与认识之间的相关性 423

对象在认识中的构造 424

Erkenntnistheorie, erkenntnistheoretisch, erkenntniskritisch（vgl. auch Epoché, Philosophie）认识论，认识论的，认识批判的（亦参阅悬搁，哲学）

普遍的认识论相对于特殊的认识
论 134,注释 1
认识论作为科学理论的终结 157
认识论通过形式存在论、实在存在
论与意向活动学的中介关涉一
切科学 158,166,365ff.
E. und Psychologie 认识论与心理
学：认识论与心理学之间的关系
问题 166ff.;认识论建立在心理
学的基础上表面上的必然性
173ff.;心理学的起源分析不是
认识论的澄清 204ff.,385;区分
认识论与描述的心理学 207ff.;
通过在现象学上为认识论奠基
而避免心理主义及其怀疑论的
与相对主义的后果 239f.,374f.
认识论先于一切自然的科学
176ff.,400;认识论的考察相对
于对自然的自然科学的考察
410f.;认识论不可以预设任何超
越的被给予性 215,407ff.
形而上学预设了认识论 177f.,380,
399,402
科学的逻辑完善与它的认识论澄清
之间的区分 170,注释 1;190f.,
363f.,377,注释 1;430ff.;认识论

终极澄清的操作 173
论在施行悬搁之后认识论的可能
性 192ff.;认识论必然返回关涉
自身 193f.,199f.,笛卡尔式的基
础考察作为认识论的开端 198
E. und Phänomenologie 认识论与
现象学：认识论与现象学的关系
217ff.,373,384f.;通过对本质法
则的现象学澄清为形式逻辑学、
规范逻辑学、现象学与实在存在
论奠基 334
E. und Skepsis（vgl. auch Skepsis）
认识论与怀疑论（亦参阅怀疑
论）：怀疑论对于认识论的意义
367f.;认识论不应该驳斥怀疑论,
而应该研究认识的可能性,也就
是说,认识的本质 398,404f.
本质认识的认识论问题 403

Ethik 伦理学
理想国家的逻辑学作为纯粹伦理学
428

Evidenz 明见性
逻辑的明见性相对于盲目的信念
7ff.：逻辑的明见性不同于信念
的稳固性与生动性 7f.;明见作
为被给予性特征的名称 155;明

见性作为事态感知 321f.；明见性的感觉理论与标志理论批判 155f.

逻辑的明见性仅仅在直接观视中被给予 8,137

绝然的明见性作为在演绎科学中的主观的正当性来源 121f.

明见性概念不是纯粹逻辑概念 125

明见性问题 153ff.

具有明见性还不是清楚了，人们在它之中并且通过它拥有了什么 374,432

Existenz 存在

观念对象的存在 37f.

狭义与广义的存在（Seins）概念 309f.,314f.

F

Form（vgl. auch Wissenschaft）形式（亦参阅科学）

Stoff und F. 材料与形式：材料与形式之间的先天关联 61,104f.,107f.；材料与形式之间的根本性区分 108f.

思想形式（＝逻辑形式）相对于感性对象的形式（＝形而上学的形式）291ff.,318f.

Formalisierung vgl. Verallgemeinerung 形式化，参阅普遍化

G

Ganzes 整体

整体的概念作为原初的对象概念 77,注释 1；78

部分与整体作为被奠基的对象 286ff.

Gedanke 思想

含有实事的思想与纯粹逻辑的思想之间的区分 63f.

Gegenstand（vgl. auch Bedeutung, Existenz）对象（亦参阅含义,存在）

对象概念的范围 53；高阶对象 75f.；思想对象作为被奠基的对象相对于感性对象 290ff.；感性对象作为交织的统一体 279f.；292f.

对象与认识之间的相关性 423

Gemeintes als solches（vgl. auch Sinn）被意指之物本身（亦参阅意义）209,注释 1；210,注释 1；220,注释 2；222,注释 1；225,注释 1 和 2；227,注释 1

Geometrie 几何学

几何学的存在论特征 365,417f.

声音几何学与颜色几何学 412ff.

Gesetz vgl. Begründung, Logik, Wahrscheinlichkeit, Wesen 法则, 参阅论证, 逻辑学, 概率, 本质

Gewißheit 确定性

经验的确定性, 先天明见性的确定性与稳固信念的确定性 394

Glaube 信仰

信仰作为奠基于表象之中的执态 310

信仰在判断中没有获得任何特殊的表达 315f.

Gleichheit 相同性

相同性与不同性作为被奠基的对象 284f.

Grammatik 语法学

纯粹语法学作为命题的形式学说 71ff.

H

ὕλη vgl. Form 原素, 参阅形式

I

Ich 自我

在认识论与现象学中排除对作为自我体验的体验的经验统觉 215f., 377ff., 381f., 385f., 407, 425, 441

内感知的自我 421f.

Ideation vgl. Verallgemeinerung 观念化, 参阅普遍化

Identität 同一性

分明的同一性意识相对于持续的统一性意识 279ff.; 同一性作为被奠基的对象 279ff.

本真的与非本真的同一性意识 281ff.

K

Kategorie 范畴

命题范畴作为最高的逻辑范畴 69ff.

实在范畴通过形式范畴的实在化产生 105

不同的对象范畴 423f., 426

Konstitution 构造

构造问题 173, 注释 1 关于本质 403

在认识中对象的构造 424; 在意识的目的论关联中真实存在的构造 426ff.

本原构造 280

Korrelation vgl. Bedeutung, Gegenstand 相关性, 参阅含义, 对象

L

Logik, logisch 逻辑学, 逻辑的

概念译名索引　　563

L. und Psychologie（vgl. auch Psychologismus）逻辑学与心理学(亦参阅心理主义)：逻辑学与心理学之间的区分 1ff.；逻辑学作为关于含义的科学 41f. 不是心理学的一部分 43ff.；纯粹逻辑学作为先天科学 50

逻辑学作为科学理论 5f. 是纯粹知性真理的宝藏 59ff., 88f.；逻辑学作为科学理论的自然界限 51ff., 57ff.

逻辑学作为规范的与实践的学科 28ff.；逻辑法则作为规范 2, 29ff.

逻辑学作为纯粹理论科学＝纯粹逻辑学 34f.；逻辑法则摆脱一切规范的与实践的意义的可能性 33f.

L. und Mathematik 逻辑学与数学：逻辑学与数学的统一 52, 55ff.；命题逻辑作为数学理论 162f., 434

逻辑学返回关涉自身 65ff., 125, 435f., 438f.

逻辑学的建造：逻辑学建造的理念 67f.；逻辑学科的自然秩序 68ff.；尽管相互依赖,逻辑学科的阶次建造 436f.；命题逻辑作为根本性的 69ff.；命题逻辑的二阶性 71ff.；超出命题逻辑的逻辑学科 77f.；与命题逻辑相应的是一门形式存在论 53ff., 74f.；整体纯粹逻辑学作为形式存在论 78；将流形论编排进形式存在论与纯粹逻辑学 87ff.；纯粹逻辑学作为普全数学 94f., 380；形式逻辑学科的统一性 105f.；108ff.；将逻辑学观念扩展至实在性认识的理论 107, 110ff.；形而上学存在论作为认识工艺论意义上的逻辑学的分支 114f.

Reale L. vgl. Metaphysik, Ontologie 实在逻辑，参阅形而上学，存在论：形式逻辑和实在逻辑之间的区分与康德的一方面普遍的和纯粹的逻辑学和另一方面超越论的逻辑学之间的关系 112f.

L. und Erkenntnistheorie 逻辑学与认识论：形式逻辑不是关于主观正当性来源的科学 124ff.；形式逻辑法则作为明见性条件 125f., 132, 137, 141；形式逻辑与实在逻辑不是绝对善的意向活动良知的领域 140；命题逻辑也不需要认识论的奠基 162；数学逻辑学与哲学逻辑学之间的区分 163f.；科学的逻辑完善与它的认识论澄清之间的区分 170，注释 1；190f.，363f.，377，注释 1；430ff.

M

Mannigfaltigkeit 流形

流形作为仅仅通过形式进一步规定的领域 85ff.，88

通过任意定义建构流形 86

Mannigfaltigkeitslehre 流形论

流形论作为关于流形形式的科学 86f.；流形论处理假言的科学形式 91f.

将流形论编排进形式存在论与纯粹逻辑学 87ff.

纯粹分析作为流形论 90

定量数学与流形论之间的区分 91ff.

流形论中逻辑范畴的不可排除性 93f.

Mathematik（vgl. auch Arithmetik, Logik, Mannigfaltigkeitslehre）数学（亦参阅算术，逻辑学，流形论）

形式数学的形式-存在论特征 55，58f.

计算方法作为数学的本质之物 80；数学之物的本质不在于量，而在于演绎论证 434

数学用未澄清的基本概念来演算 158ff.，365f.；数学需要认识论的奠基 160ff.，366，404f.；数学的客观有效性问题 161

Menge vgl. Zahl 集合，参阅数

Mathesis universalis（vgl. auch Logik）普全数学（亦参阅逻辑学）

普全数学总括一切形式理论 56，94f.

普全数学作为形式存在论 106，注释 1

Metaphysik（vgl. auch Ontologie）形而上学（亦参阅存在论）

形而上学作为终极的存在科学 99

形而上学本质上关涉经验科学 99f.

先天形而上学＝实在之物的形而上学存在论相对于经验上被奠基的质料形而上学 100ff.

形而上学预设了认识论 177f.，380，399，402

Methode 方法

概念译名索引　　565

区分论证中的认识方法与论证的
辅助工具 24ff.

μορφή vgl. Form 形式，参阅形式

Motivation 动机引发

正当性意识通过主观行为的动机
引发 119ff., 130f., 167f.

N

**Naturgesetz，Naturwissenschaft vgl.
Wahrscheinlichkeit，Wissenschaft 自
然法则，自然科学**，参阅概率，科学

Negation 否定

否定的功能 308f.

**Noesis und Noema 意向活动与意向相
关项**

意向活动之物与意向相关项之物
之间的区分 128，注释 1

Noetik 意向活动学

意向活动学作为关于提出正当性
主张的执态的科学 131ff.

意向活动学与康德的理性批判的
关系 134f.；意向活动学在洛克
的《人类理解论》中的第一次尝
试 135f.

外部形态学的意向活动学的任务
136ff.；外部—宏观的意向活动
学还不是绝对善的意向活动良

知的领域 140f.

意向活动学返回关涉自身 140

O

**Objektivation（vgl. auch Vorstellung,
Zeit）客体化**（亦参阅表象，时间）

原初的与次级的＝本真的客体化
相对于空乏的＝非本真的客体
化 276ff.

本质的客体化相对于事物的客体
化 340f.

感性客体化与思想客体化之间的
类比 290f.

Objektivität（vgl. auch Zeit）客观性
（亦参阅时间）

一切客观性都在现象学的观念性
中有其来源 340

相即的与非相即的被给予性的对
立作为范畴的以及实在的客体
化的可能性条件 390ff.

内在客体化相对于流的因素 372,
412ff., 420

**Ontologie（vgl. auch Logik, Metaphysik）
存在论**（亦参阅逻辑学，形而上学）

对实在之物的存在论的普遍概念
的不同界定 99ff.；实在性存在
论与逻辑—形式存在论之间的

关系 102ff.;实在存在论的主要任务 366

超越论的现象学属于一切存在论 427ff.

P

Phänomen 现象

现象作为无疑的被给予性 197ff.,369f.;个体现象的属与种作为绝对的被给予性 232f.

现象的绝对个体性在概念上的不可把握性 221ff.

多重意义上的现象 225,注释 1 和 2;407f.,411,425,430

Phänomenologie, Phänomenologisch（vgl. auch Philosophie）现象学,现象学的（亦参阅哲学）

现象学与认识论以及实践的和评价的理性批判的关系 216ff.,371,384f.

现象学作为关于纯粹意识的科学 219

论现象学的可能性 220ff. 作为交互主体的科学 224,注释 1;227,注释 1

现象学作为本质研究 224ff.,232f.,378ff.,419f.,426,430;现象学不仅是本质研究 387f.;现象学的本质明察在现象的当下化和感知的基础上才是可能的 228ff.;现象学的本质研究也针对显现的超越对象 230ff.,411f.,417,425ff.;行为现象学与在体形而上学 411f.;现象学的本质研究在纯粹观视活动中进行,并且排除一切偏见 233,378f.

在现象学道路上得到绝对论证的,也就是说哲学的认识的可能性 237ff.

现象学与其他先天科学的关系 240f.,372f.,376f.,418f.,422ff.,425f.,427ff.

现象学与心理学的关系 241f.,381ff.,424f.,441f.;纯粹现象的发生说明,物理学的说明与现象学的澄清 440f.

理智现象学的任务 327ff.

现象学的自我澄清 334,405

经验上间接的显现颜色与显现声音的现象学 412ff.

超越论的现象学属于一切存在论 427ff.

Phantasie vgl. Erinnerung 想象,参阅

回忆

Phantasmas（vgl. auch Empfindung）**想象材料**(亦参阅感觉)

 想象材料作为感觉的再造 259,260f.,注释 1 和 2

Philosophie，Philosophisch（vgl. auch Erkenntnistheorie，Phänomenologie）**哲学,哲学的**(亦参阅认识论,现象学)

 自然的科学与哲学（认识论）的关系 164ff.,176f.,398f.

 哲学的非自然的思想方向 164f.

 第一哲学＝理论理性批判＝认识论 166

 现象学方法作为特殊的哲学方法 239f.

Psychologie（vgl. auch Erkenntnistheorie，Logik，Phänomenologie）**心理学**(亦参阅认识论,逻辑学,现象学)

 心理学作为自然科学 46f.,146f.附有超越问题 202f.,209ff.；一门局限于严格意义上的现象的描述心理学也进行经验统觉 209ff.

 因果说明的心理学与发生心理学之间的区分 440f.

Psychologismus（vgl. auch Erkenntnistheorie）**心理主义**(亦参阅认识论)

 逻辑心理主义的颠倒 143ff.

R

Rechnerische Methode 计算方法

 计算方法的本质 26

 计算方法作为数学的本质之物 80ff.

 计算方法在一切演绎学科中的可运用性 80f.,434f.

 计算方法的认识实践的意义 82f.

 计算方法使一门关于可能理论形式的学说得以可能 83ff.

Reduktion 还原

 现象学的还原 211ff.,216f.,219,222,224,238f.,370f.,372,400,410,442；现象学还原的判断悬置的意义 212f.

 认识论的还原 214,240

 内在还原 414

Reflextion 反思

 反思原则上的可能性 197f.,200,244

Relation 关系

 外部和内部关系 289

S

Sachlage vgl. Sachverhalt **事况**,参阅事态

Sachverhalt 事态

事况与事态 38,注释 1;71,注释 1

同一个事态在不同关系中被给予 287ff.

存在事态 309ff.

Satz（vgl. auch Kategorie）命题（亦参阅范畴）

命题作为语法陈述的含义,或者说意义 37

命题的超时间性（＝观念性）36f., 43f.,141ff.,324ff.;纯粹逻辑命题的观念性相对于经验的、机遇性的命题的观念性 143,注释 1;命题概念不是心理学概念 45f.;命题作为判断的种类意义 324

命题无所谓真假,作为存在着的某物 38

Schluß vgl. Beweis 推论,参阅证明

Sinn（vgl. auch Gemeintes als solches）意义（亦参阅被意指之物本身）

不同的意义概念 410f.

Skepsis, skeptisch 怀疑论,怀疑论的

历史上的怀疑论作为独断的怀疑论 180ff.;独断的怀疑论在哲学史中的目的论功能 180;独断的怀疑论的本真的意义 181f.;近代哲学的怀疑论相对于古代怀疑论 183f.

任何怀疑论的悖谬 147,183;休谟怀疑论的悖谬 350

认识论的怀疑论作为批判的怀疑论 180,185ff.;认识论的怀疑论相对于笛卡尔式的怀疑论 198ff.

怀疑论对于认识论的意义 367f.

Staat 国家

理想的国家作为实践认识的相关项 427f.

Stellungnahme（vgl. auch Akt）执态（亦参阅行为）

批判的与现象学的执态 370f.

Stoff vgl. Form 材料,参阅形式

Subjektivität 主观性

在科学中表达的,并且为它们所预设的主观性不是在个体上被规定的 117f.,168

心理学的主观性相对于现象学的主观性 365

T

Teil vgl. Ganzes 部分,参阅整体

Theorie vgl. Beweis 理论,参阅证明

Theorienlehre （vgl. auch Mannigfaltigkeitslehre）理论学说（亦参阅流

形论）

一门总括性的理论学说的理想 89f.

Transzendentalphilosophie 超越论的哲学

超越论的哲学问题作为一切科学问题中最困难，并且最重要的问题 139

U

Ungleichheit vgl. Gleichheit 不同性，参阅相同性

Unverträglichkeit vgl. Verträglichkeit 不相容性，参阅相容性

Urteil（vgl. auch Wahrscheinlichkeit）判断（亦参阅概率）

在存在判断与范畴判断中的"是" 315

在本质判断和经验判断上表象与它的对象之间的一致性 323，注释 1

先天综合判断问题 336f.

V

Verallgemeinerung 普遍化

数学的普遍化（=形式化）相对于含有实事的普遍化 108f.

观念化与普遍化之间的区分 386

Vergangenheit 过去

通过每一现在及其回忆彗尾的连续时间变异构造一个统一的过去现象 263f.

Vergegenständlichung 对象化

形式的对象化 75

Vernunft 理性

理性的观念 94；排除关于理性的神秘说法 119

理性原则作为本质法则 236f.

绝对理性的理念 237f.

Verträglichkeit 相容性

相容性与不相容性（冲突）作为被奠基的对象 284

Vorstellung（vgl. auch Objektivation）表象（亦参阅客体化）

简单的与复合的表象，直接的表象与高阶的表象 253

表象一般=客体化 278

W

Wahrheit（vgl. auch Denken）真理（亦参阅思想）

真理的超时间性（=观念性）36f.，141f.，325

形式的与含有实事的真理 62

真理概念作为纯粹逻辑概念 125

对本质的与植根于它们之中的本

质法则的直观产生出绝对的真理 235f.

在事态的直觉被给予性的本质意义上的真理,在命题与第一种意义上的真理一致的意义上的真理,在相应于第一种意义上的真理的命题意义上的真理,在存在着的事态意义上的真理 315,325

Wahrnehmung 感知

经验的(=外部的与内部的)感知相对于现象学的感知 371f.;相即的感知相对于非相即的感知 311;事物性感知作为非相即的感知 335f.;感知和再造对立与作为原感知的感知 271

对时间客体的感知 255ff.

外部感知的信仰意向在感知的连续综合中得到充实 314

感知概念的扩展 318f.

感知与回忆证成命题性的经验执态 120,345ff.

Wahrscheinlichkeit（vgl. auch Begründung）概率(亦参阅论证)

经验判断仅仅作为概率判断得到证成 342ff.,393f.;

自然法则只具有得到良好论证的概率值 10f.,47ff.,127f.;

通过概率原则证成普遍的经验判断,概率原则作为本质法则 351ff.

概率理论作为演绎—数学的,但不是形式—数学的学科 132

Weltauffassung 世界立义

自然的世界立义的基本图式 96f.

Wesen（vgl. auch Allgemeines, Wahrheit）本质(亦参阅普遍之物,真理)

本质法则独立于存在陈述 234f.;本质法则在唯一真正意义上是先天的 235;自然法则相对于本质法则 334f.

每一个普遍之物都在客观上被视为一个本质 299

分析的与综合的本质法则 330ff.;不同类型的综合本质法则 332f.

本质认识的认识论问题 403

Widerstreit vgl. Verträglichkeit 冲突,参阅相容性

Wissen 知识

知识作为现时的与潜在的明察 12

Wissenschaft 科学

科学的逻辑特征 4f.;科学论证着的 3f., 6ff.;间接论证的建造作为科学的本真任务 3f., 12ff.;科

学根据其观念成分是一个命题系统 35,39;对于一切科学一般来说不可免除的逻辑形式相对于不必出现在一切科学之中的逻辑形式 59ff.,69ff.

自然科学作为后天科学 47ff.;自然科学的世界认识不是终极的实在性认识 96ff.;自然科学不是绝对善的意向活动良知的领域 139;自然科学通过逻辑地处理经验远离了直接经验 120f.;在科学中表达的,并且为它们所预设的主观性不是在个体上被规定 117f.,168;自然科学在主体经验行为中的论证 120f.;绝然明见性作为演绎科学中的主观正当性来源 121f.;客观科学需要主观正当性来源,但不研究它 122ff.

自然科学与哲学(认识论)的关系 164ff.,176f.,398f.

在科学上需要区分的关联体 167

科学的逻辑完善与它的认识论澄清之间的区分 170,注释 1;190f.,363f.,377,注释 1;430ff.

Wissenschaftstheorie(vgl. Auch Logik)

科学理论(亦参阅逻辑学)

认识论作为科学理论的完成 157

Z

Zahl 数

数作为观念对象 48;数作为对象与作为非独立的命题形式 75ff.

Zeit 时间

现象学的时间分析的任务 254f.

时间作为个体客观性的必然形式 227,272ff.

属于一切感知与当下化的客观的与现象学的时间性 254f.

时间位置的客体化与时间内容的客体化之间的区分 262f.;时间质料在时间被给予性形式的交替中保持同一 263;时间点的客观性构造 264ff.

时间法则 270f.

时间意识并不总是时间感知 275

主观时间问题 421

构造性意识的时间与被构造的现象学对象的时间 421,注释 1

人名译名索引

（人名后的数字为原著页码，即本书边码）

Amiel 阿米埃尔 447

Aristoteles 亚里士多德 62，65，69，71，95，107，138，147，249，315，361，389

Augustinus 奥古斯丁 99，255

Avenarius 阿维那留斯 439

Beneke 贝内克 144

Berkeley 贝克莱 295

Bolzano 鲍尔扎诺 143

Boole 布尔 162

Brentano 布伦塔诺 256，315，440

Carlyle 卡莱尔 447

Cornelius 科尔内留斯 439ff.，447

Descartes 笛卡尔 188f.，192f.，198f.，206，209，216，220，362，368f.，377，379，386，394，407，409

Erdmann 埃德曼 144

Dürer 丢勒 447

Euklid 欧几里得 6，13，42，165，365

Ferrero 费列罗 147

Fichte 费希特 201

Gilbert 吉尔伯特 35

Gorgias 高尔吉亚 147

Hanel 哈内尔 147

Hegel 黑格尔 200

Helmholtz 赫尔姆霍兹 160

Herbart 赫尔巴特 56，144，179

Heymans 海曼斯 145f.

Hipp 希普 204

Hume 休谟 183，338f.，348ff.，368，394，397，431，441f.

Jacob 雅可比 54

James 詹姆斯 443

Kant 康德 6，56，97，112，135f.，144，147，186，191，201，33，337ff.，373，378，400，419，424，449

Kehrbach 科尔巴赫 112

Keppler 开普勒 36，38，127f.

Klein 克莱因 55

Kronecker 克罗内克 160

Laplace 拉普拉斯 132
Leibniz 莱布尼茨 56,80
Locke 洛克 135,143,206f.,442
Lotze 洛采 56,162
Mach 马赫 439
Meinong 迈农 442ff.,446f.
Mill 穆勒 144,161,296,364,374
Natorp 纳托尔普 57
Nietzsche 尼采 206
Pfänder 普凡德尔 421
Plato 柏拉图 138,300,389
Pythagoras 毕达哥拉斯 14
Rickert 李凯尔特 156
Riehl 里尔 56,81

Riemann 黎曼 54
Schopenhauer 叔本华 27f.
Schröder 施罗德 171,436
Sigwart 西格瓦特 56,144
Spencer 斯宾塞 205f.,362
Spinoza 斯宾诺莎 52
Spir 斯皮尔 205
Teniers 泰尼埃 253
Tycho 第谷 127
Veronese 韦罗内塞 282
Weierstraß 维尔斯特拉斯 54,160
Windelband 文德尔班 162
Wundt 冯特 56,144

译后记

关于本书的编辑过程、结构和内容，它与胡塞尔其他文本的关系以及它在胡塞尔思想发展中的地位，本书编者乌尔利希·梅勒在他准确翔实的"编者引论"中已经给出了充分的说明。而对于熟悉胡塞尔思想的人来说，在本书中，其中的两个相互关联的要点会显得尤为突出。

第一，本书的主要部分是胡塞尔在1906—1907年冬季学期所做的关于"逻辑学与认识论导论"的讲座，讲座的时间惹人注目。正如编者所说，"1906—1907年冬季学期的讲座在时间上正好落在1900—1901年《逻辑研究》的出版和1913年《观念Ⅰ》的出版的中间"。在此期间，除了一些文章，胡塞尔并没有出版任何著作，与此形成鲜明的对照，这段时期是胡塞尔思想成果最丰富的时期（如果考虑到这是他的思想转变的关键时期的话）。可以说，他的思想成果正是体现在了他大量的讲座之中。而在这些讲座中，本书所包含的1906—1907年冬季学期关于"逻辑学与认识论导论"的讲座尤其重要，"它很大一部分是对胡塞尔在过去几年的逻辑学—科学理论的、认识论的和认识现象学的研究的总结和统一"。对这次讲座内容的理解必须要在《逻辑研究》的背景下来进行，胡塞尔自己也在讲座中常常以《逻辑研究》为参照，以说明他思想的发展和在具体问题上的观点变化。从基本的论题——逻辑学、认识论与现象学——中，我们就能看出两者的内在关联，甚至可以说，这次讲座在结构上给出了一种更为系统的说明，从逻辑学到认识论再到现象学的过渡线索极为清晰，而这应该是《逻辑研究》所缺乏的。

第二，如果循着胡塞尔的思想发展往后看，我们自然会将本书与胡塞尔的《观念 I》联系起来，因为这次讲座是胡塞尔所谓"超越论的转向"的重要环节。在这里，胡塞尔首次明确运用了现象学还原这一对于胡塞尔超越论的现象学来说至关重要的方法，用编者的话来说，它"展示了从《逻辑研究》中对纯粹逻辑学的描述-心理学的澄清到《观念 I》中关于绝对意识和在它的行为中构造的对象相关项的超越论现象学的道路上的重要一步。在它之中，胡塞尔首次明确地运用了悬搁和现象学还原的方法，用以建立一门彻底无偏见的、最终澄清一切认识的认识论和现象学"。

如果将语境扩大，和在胡塞尔同时期以及之前的文稿中一样，我们也可以在本书中明确地看到，胡塞尔所讨论的问题也是他同时代其他一些哲学家们讨论的基本问题。至少在此时，胡塞尔还不是一位沉浸在"孤独的心灵中的表达"之中的思想者，除了他的老师布伦塔诺，鲍尔扎诺、洛采、弗雷格、纳托尔普等都是胡塞尔现实或潜在的对话伙伴。心理主义，含义理论，科学、数学与逻辑学的关系，科学论，胡塞尔所关注的这些重要论题也同样出现在同时期其他哲学家，尤其是德语哲学家的讨论之中，我们未尝不可将胡塞尔视为这一学术共同体的一位重要代表。

在译者看来，在这些论题之中，"观念性"（观念自在、含义等）的"发现"可谓 19 与 20 世纪之交德语哲学的一个重要成就，甚至可以说是这些哲学家思想中的最小公分母。由此,哲学的基本问题不仅仅是主客二元关系问题,而且是"观念性一方面和客观性,另一方面和主观性之间的关系"的三元关系问题,而胡塞尔的现象学则是对这一问题的一种回答的尝试。胡塞尔将这一明察表达为,"所有客观性都在现象学的观念性中有其来源"。借助于这一尝试,胡塞尔充分意识到,现象学超出了认识论,"没有现象学就没有认识论。但是现象学也包含独立于认识论的意义",现象学敞开了一门"纯粹意识科学"的可能性,也正是伴随着这一论域的扩展,时间性的维度能够和逻辑学发生关联。在这种意义上,胡塞尔提出了弗雷格没有,并且也不愿意提出的问题:"命题,尤其比如,真理是一个超主观的、超时间的、观念的东西,思想行为是一个主观的、时间性的、心理实在的东西。观念之物如何进入实在之物,超主观之物如何进入主观行为?"在译者看来,19 与 20 世纪之交哲学家们提出的问题在本世纪之交仍然有效,如果情况如此,那么进入前人们发掘的"宝藏",探寻他们走过的道路,并且承受他们的馈赠就仍有必要了。

在本书的理解上,译者参考了 Claire Ortiz Hill 的英译本 *Introduction to Logic and Theory of Knowledge (Lectures 1906-1907)*,本书附录中胡塞尔的私人札记的理解和翻译参考了倪梁康先生已经发表的中文译文。本书的翻译在术语翻译上极大地受惠于倪梁康先生的《胡塞尔现象学概念通释》和《内时间意识现象学》的"概念译名索引",这一"受惠"甚至延伸到了一些非哲学概念的翻译上。在这里,或许唯一需要说明的是"Subjektivität"和"Objektivität"这对概念的翻译,译者选择了"主观性"和"客观性",一方面是出于王炳文先生在《欧洲科学的危机与超越论的现象学》"译后记"中给出的理由，"排除任何从物体实在性获得其意义的实在性理解，排除任何实体性理解"，另一方面则是遵照在术语统一的情况下尽可能减少理解障碍的术语译名选择原则。在翻译的过程中，译者深深体会到"信"与"达"，更不用说与"雅"之间的冲突（这难道不是翻译中必然会遭遇到的吗？）。在这一冲突中，译者选择了"信"。

本书的翻译工作可以追溯至 2011 年，在这几年间，没有倪梁康先生的信任和支持，本书的翻译是不可能的。此外，译者也想借此机会向倪梁康先生表达译者的感谢与敬意，译者在胡塞尔的思想研究和文本翻译上始终受惠于倪梁康先生的著作、译著和"活生生的当下"话语。

郑辟瑞

2015 年 2 月于天津

修订后记

这本译著初版于2016年。之后，译者陆续收到一些朋友和读者的意见和建议，除了指出一些翻译错误，还包括建议将文中的希腊文、拉丁文译出；指出如何更加恰当地翻译一些数学名词和学科名称，等等。由此，译者一直希望有机会对此译著做出修订，以期弥补一二。感谢倪梁康先生和商务印书馆，在将本译著加入《胡塞尔文集》（倪梁康主编）之际，给予译者修订的机会。

此次修订工作持续一年多，感谢钱立卿先生寄来"修改建议"，译者接受了其中大部分的意见；感谢邓向玲女士，她在为修订版补充希腊文和拉丁文的译文上给予译者很大的帮助；感谢第一版和修订版的编辑钱厚生和朱健老师细心认真的校订工作。

郑辟瑞

2022年3月于广州

图书在版编目(CIP)数据

胡塞尔文集. 逻辑学与认识论导论：1906-1907年讲座 /（德）埃德蒙德·胡塞尔著；郑辟瑞译. — 北京：商务印书馆，2022
ISBN 978-7-100-20128-5

Ⅰ. ①胡… Ⅱ. ①埃… ②郑… Ⅲ. ①胡塞尔（Husserl, Edmund 1859-1938）—逻辑学—研究 Ⅳ. ①B516.52 ②B81

中国版本图书馆 CIP 数据核字（2021）第 139479 号

权利保留，侵权必究。

胡塞尔文集
逻辑学与认识论导论
（1906—1907年讲座）
〔德〕埃德蒙德·胡塞尔 著
郑辟瑞 译

商务印书馆出版
（北京王府井大街36号 邮政编码100710）
商务印书馆发行
山东临沂新华印刷物流
集团有限责任公司印刷
ISBN 978-7-100-20128-5

2022年5月第1版 开本 787×960 1/16
2022年5月第1次印刷 印张 37¼
定价：186.00元